"十四五"职业教育国家规划教材

建材化学分析

第二版

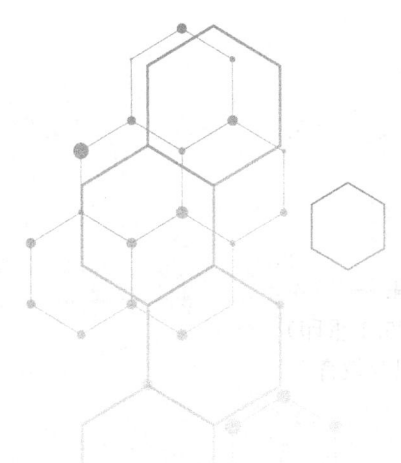

孟庆红 李小娟 谢志峰 主 编

王 英 陈 芳 副主编

化学工业出版社

·北京·

内 容 简 介

本书为"十四五"职业教育国家规划教材。全书共分 8 个项目，主要介绍硅酸盐工业分析基础知识、水泥、玻璃及原料主要成分的测定原理、水泥生产过程的化学分析、水泥生产过程的控制分析、玻璃及玻璃主要原料的分析、玻璃配合料及着色剂的质量控制与检测、室内装饰装修材料有害物质检测等内容。

本书内容融入立德树人思政目标，与最新国家和行业标准、企业生产实际、岗位能力要求紧密结合，融合先进的仪器分析技术，以提高职业综合能力为目标，促进人才培养高质量发展。

积极响应党的二十大报告关于教育数字化要求，本书配有操作视频、动画、微课等丰富的教学资源，随时随地可扫码学习。

本书可作为高职高专和高等院校应用型本科材料工程技术等材料类专业、工业分析技术等化工技术类相关专业的教学用书，也可作为建材企业分析技术人员的参考用书和岗位培训技术用书。

图书在版编目（CIP）数据

建材化学分析/孟庆红，李小娟，谢志峰主编. —
2 版 . —北京：化学工业出版社，2020.10（2025.1重印）
"十二五"职业教育国家规划教材 经全国职业教育
教材审定委员会审定
ISBN 978-7-122-37434-9

Ⅰ.①建… Ⅱ.①孟…②李…③谢… Ⅲ.①建筑材
料-化学分析-高等职业教育-教材 Ⅳ.①TU502

中国版本图书馆 CIP 数据核字（2020）第 135824 号

责任编辑：李仙华 王文峡 　　　　　　　　装帧设计：史利平
责任校对：边 涛

出版发行：化学工业出版社（北京市东城区青年湖南街 13 号 邮政编码 100011）
印 　　装：北京捷迅佳彩印刷有限公司
787mm×1092mm 1/16 印张 18½ 字数 473 千字 2025 年 1 月北京第 2 版第 2 次印刷

购书咨询：010-64518888 　　　　　　　　售后服务：010-64518899
网 　　址：http://www.cip.com.cn
凡购买本书，如有缺损质量问题，本社销售中心负责调换。

定 　价：49.80 元 　　　　　　　　　　　　　　　　版权所有 违者必究

高职高专材料工程技术专业教材编审委员会

前　言

本书作为"十二五"职业教育国家规划教材，自出版以来受到广大读者的欢迎，2023年本书入选为"十四五"职业教育国家规划教材。近年来随着企业对产品质量的要求越来越高，分析方法越来越多样化，教育教学采用信息化手段越来越普遍，为了使教材更加适应新形势下企业需要，满足教育教学信息化要求，更好地服务于广大读者，我们对教材进行了修订。

本版教材在保持第一版教材针对性、实用性、创新性、先进性和信息化的特点的基础上，还具有以下特色：

1. 内容按照企业生产实际，进行项目化、任务化组合；

2. 内容共分 8 个项目，各项目将严谨的态度、勇于探索的创新精神等内容融入教学目标，提出了促进人才高质量发展职业素质目标；立德树人，突出了教材的价值引领作用；

3. 内容更全面、更切近生产，产教深度融合，满足产业发展对高质量人才素质要求。项目 6 部分增加了石灰石、炭粉、玻璃成分的分析，使内容更加全面；配合料含碱量的测定许多企业采用了电导法测定，项目 7 部分对此测定方法进行了补充；

4. 内容呈现形式更合理、更直观。积极响应党的二十大报告关于教育数字化要求，增加操作视频、动画、微课等数字资源，以二维码呈现，可随时扫码学习。

5. 深度对接国家最新标准，将实际生产应用、岗位能力要求、标准等内容有机融入教材内容，反映了最新生产技术、工艺、规范和未来技术发展。

本书由河北建材职业技术学院孟庆红、李小娟、谢志峰担任主编，秦皇岛浅野水泥有限公司王英、秦皇岛市玻璃工业研究设计院陈芳担任副主编，河北建材职业技术学院赵春峰、石家庄职业技术学院张永芬、浙江长兴诺万特克玻璃有限公司胡桂庚、河北建材职业技术学院王莹参编。编写分工为：各项目教学目标、项目概述由李小娟编写；绪论由陈芳编写；项目 1 由赵春峰、李小娟共同编写；项目 2，项目 3 中任务 3.1、3.2、3.4，项目 5，附录由孟庆红编写；项目 3 中任务 3.3、3.5 由王英、谢志峰、李小娟共同编写；项目 4 由孟庆红、谢志峰、李小娟和王英共同编写；项目 6 中任务 6.1~6.3、6.5、6.6 由张永芬编写；项目 6 中任务 6.4、6.7、6.8 由李小娟编写；项目 7 中任务 7.1、7.2 由李小娟编写；项目 7 中任务 7.3 由胡桂庚编写；项目 8 由王莹编写。视频微课、动画由谢志峰和李小娟共同完成。本书在编写过程中秦皇岛市玻璃工业研究设计院陈芳高级工程师、王德宪博士提供了大量国内、国际最新的玻璃分析技术及相关资料。

本书配套有 PPT 电子课件，读者可登录 www.cipedu.com.cn 免费获取。

本书参阅了相关文献资料，在此表示衷心感谢。由于编者水平有限，书中疏漏、不妥之处在所难免，恳请各院校、企事业单位及读者批评指正，以便修订时改进。

编者

第一版前言

　　近年来，由于建材行业发展迅猛，要求材料的分析技术做出相应的调整和提高，但关于建材产品及原材料的分析论著较少，高职高专院校教学大部分采用自编教材，与国家标准要求相差较远，规范性也较差。基于这种状况，我们不断与建材企业深度合作，总结教学经验，与行业专家、科研技术专家一起编写了本书。本书是根据材料类、化工类专业的教学规范，按照高职高专教学改革精神，以及专业的培养目标，应达到的知识、能力结构的要求而编写的。本书入选为"十二五"职业教育国家规划教材。本书在编写过程中力求突出以下特点：

　　（1）全书突出针对性和实用性。以人才培养目标和就业为导向，以素质教育和能力培养为根本，注重理论与实践的结合，将相关的《建材化学分析工》《建材质量控制工》两个工种的职业资格要求和就业岗位技能要求贯穿于教材内容中，增强了针对性和实用性。

　　（2）本教材突出创新性和先进性。教材内容与现代最先进的分析方法和国家标准紧密结合。形式上注重知识结构优化，与教育教学改革结合，反映学科专业最新进展和教改成果，注重提高学生的综合素质和创新能力。

　　（3）本教材是系列教材之一。符合教学指导委员会制订的基本教学内容要求：分专业、分层次组织编写系列教材，加强知识之间的联系，为学生提供完整的专业知识体系。

　　（4）编写人员分布合理。有高校教师、企业技术人员，还有科研技术单位相关高级工程师和教授级高级工程师，保证了教材的先进性和实用性。

　　本书可作为高职高专和高等院校应用型本科材料工程技术等材料类专业、工业分析与检验等化工类相关专业的教学用书，也可作为建材企业分析技术人员的参考用书和岗位培训技术用书。

本书由河北建材职业技术学院孟庆红担任主编，秦皇岛浅野水泥有限公司王英、秦皇岛玻璃工业研究设计院陈芳担任副主编。编写分工为：第1章由河北建材职业技术学院赵春峰编写；绪论，第2章，第3章第3.1、3.2、3.4节，第5章，第6章第6.6节及附录由河北建材职业技术学院孟庆红编写；第3章第3.3、3.5节由秦皇岛浅野水泥有限公司王英编写；第4章由河北建材职业技术学院孟庆红和秦皇岛浅野水泥有限公司王英共同编写；第6章第6.1～6.5节由河北建材职业技术学院张永芬编写；第7章由河北建材职业技术学院李晓娟和浙江长兴诺万特克玻璃有限公司胡桂庚编写；第8章由河北建材职业技术学院王莹编写。秦皇岛市玻璃工业研究设计院陈芳高级工程师、王德宪博士为本书提供了大量国内、国际最新的玻璃分析技术及相关资料。秦皇岛市玻璃工业研究设计院陈芳高级工程师对书稿玻璃部分进行了审阅，董春艳提出部分编写意见。全书由孟庆红拟定编写大纲并负责统稿工作。

本书还参阅了相关文献资料，在此向这些文献作者表示衷心感谢。

由于编者水平有限，书中疏漏、不妥之处在所难免，恳请各教学院校、企事业单位及读者批评指正。

本书提供有PPT电子课件，可登录网站www.cipedu.com.cn免费获取。

编者
2015 年 9 月

目 录

第三部分　玻璃篇　　137

项目 5　玻璃及玻璃原料主要成分的测定原理 ·················· 138

第四部分　建筑装饰材料篇　　　　　　　　　　　　　　　　　　　239

附录 ………………………………………………………………………… 277

参考文献 ………………………………………………………………………… 282

资 源 目 录

0

绪论

0.1 硅酸盐定义及分类

硅酸盐是指由二氧化硅和金属氧化物所形成的盐类。硅酸盐在自然界分布极广，种类繁多，是构成地壳岩石、土壤和许多矿物的主要成分。天然的硅酸盐有长石、石英、高岭土、石灰石等。它们需用相当复杂的分子式表示。通常将硅酸酐分子（SiO_2）和构成硅酸盐的所有氧化物的分子式分开来写，如：

正长石　$K_2Al_2Si_6O_{16}$　或　$K_2O \cdot Al_2O_3 \cdot 6SiO_2$

高岭土　$H_4Al_2Si_2O_9$　或　$Al_2O_3 \cdot 2SiO_2 \cdot 2H_2O$

以硅酸盐矿物为主要原料，经高温处理可以生产出各种硅酸盐制品或硅酸盐材料。

如：石灰石（$CaCO_3$）＋硅质原料（$Al_2O_3 \cdot 2SiO_2 \cdot 2H_2O$）＋铁矿石（$Fe_2O_3$）等──→水泥（$3CaO \cdot SiO_2$；$2CaO \cdot SiO_2$；$3CaO \cdot Al_2O_3$；$4CaO \cdot Fe_2O_3 \cdot Al_2O_3$）

0.1 带你走进二氧化硅

又如：硅砂（SiO_2）＋石灰石（$CaCO_3$）＋碱金属盐（Na_2CO_3）等──→玻璃（$Na_2O \cdot CaO \cdot 6SiO_2$）

0.2 硅酸盐工业分析的任务和作用

硅酸盐工业分析是分析化学在硅酸盐工业生产中的应用，其任务是综合运用分析化学的方法原理，对硅酸盐生产中原料、燃料、中间产品、成品的化学成分进行分析，及时提供准确可靠的分析数据，为原料和产品的质量评价提供依据，并检查工艺过程是否正确进行，从而使大家在生产中能最经济地使用原料；科学地指导生产，及时消除生产故障；保证产品合格、减少废品提高经济效益。由此可见，硅酸盐工业分析是硅酸盐生产中的眼睛，起着指导生产的作用。

尽管硅酸盐组成十分复杂，但硅酸盐工业分析的项目有 SiO_2、Fe_2O_3、Al_2O_3、CaO、

MgO、K_2O、Na_2O、TiO_2、MnO、FeO、P_2O_5、SO_3 及烧失量等，前五个组分为常规系统分析项目。根据硅酸盐制品、原料的不同及特殊要求，还需要增加与之适应的分析项目。虽然分析的项目大体相同，但由于不同的样品中各种氧化物的含量范围不同，测定所用方法也有差异。如测定水泥、玻璃中三氧化二铝时，虽都采用 EDTA 配位滴定法，但当测定水泥样品中的三氧化二铝时，由于氧化钙的含量较高而采用 PAN 为指示剂的铜盐返滴定法；当测定玻璃中的三氧化二铝时，由于玻璃中氧化钙的含量较水泥中氧化钙含量低得多，因此采用二甲酚橙为指示剂的锌盐返滴定法更为合适。

0.3 硅酸盐工业分析方法的分类

硅酸盐工业分析是依据分析化学的原理和方法进行的。分析化学就其任务来说主要分为定性分析和定量分析。在硅酸盐工业分析中，原料、燃料、中间产品、成品的化学组成都是已知的，一般均不需要做定性分析，而仅需要进行定量分析。

硅酸盐工业分析对准确度的要求决定于生产的要求。它应该有符合生产上所需要的准确度。对准确度的要求不同所采用的分析方法也就不同。根据实际需要硅酸盐工业分析方法主要分为两类，即标准分析法和快速分析法。

标准分析法：用来测定原料、成品的化学组成，用所得结果进行工艺上的计算及用作买卖价格计算的根据，也用于校核或仲裁分析。此种方法要求有较高的准确度，为保证准确，往往在分析过程中增加一些辅助操作，因而增加了分析时间。较为理想的标准分析方法是既能保证结果准确，操作又足够迅速。如水泥化学成分分析、玻璃化学成分分析及各种原料的品质分析等，这种分析工作通常在企业中心化验室进行。

快速分析法：主要用于控制生产工艺过程中至关重要的阶段。要求用快速分析法加速分析的过程，缩短分析时间。可在允许范围内降低准确度。有的快速法就是以标准法简化一些操作手续，从而缩短了分析的时间。如水泥厂原料车间化验室对水泥生料中碳酸钙滴定值和三氧化二铁的测定；玻璃配合料中含碱量的测定等，就属于此种分析方法。

标准分析方法是由国家相关部门审核、批准的，具有法律效应，并公布实施的。种类有国家标准和行业标准，国家标准代号为 GB，行业标准如建材行业标准代号为 JC、化工行业标准代号为 HG 等。此外，也允许有企业标准。这些标准不是一成不变的，随着科学技术的发展和生产实际的需要，不断地进行修补更新。新标准一旦公布，旧标准即行废止。

0.4 室内装饰装修材料有害物质检测任务及方法

人类至少 70% 以上的时间在室内度过，而居住在城市的人在室内度过的时间超过了 90%，有专家检测发现，在室内空气中存在 500 多种挥发性有机物，其中致癌物质就有 20 多种，致病病毒 200 多种，这些物质中绝大多数正是来自于室内装饰装修材料的释放。

基于室内环境安全要求，在掌握室内装饰装修材料中的主要有害物质种类，国家标准规定的有害物质的限量要求，以及有害物质的化学检测方法的基础上，才能真正了解室内空气的污染程度，有针对性地开展治理，以保证室内空气的质量安全。

室内装饰装修材料有害物质大多以挥发性有机物的形态释放，室内有害物质的检测，其任务是根据室内有害物质种类，运用仪器分析的原理，对装饰装修材料中挥发的挥发性有机气体成分及重金属物质等有害物质进行分析，通过与标准中的限量要求做对比，为室内环境污染治理提供基础数据和依据。

室内装饰装修常用材料人造板及其制品在使用过程中甲醛释放量的检测，常采用穿孔萃取法、干燥器法、气候箱法、进行定量测定时常采用碘量法、分光光度法；内墙涂料、溶剂型木器涂料、胶黏剂、木家具中挥发性有机化合物的检测常采用气相色谱检测法，游离甲醛含量测定常采用分光光度法；混凝土外加剂中释放氨的测定常采用滴定法；对于装修装饰材料中重金属的测定常采用原子吸收法。

0.5 课程学习方法和基本要求

本课程是一门实践性非常强的课程，实验学时通常占总学时的一半以上。通过本课程的学习，主要在于全面提高学生分析化学在生产中的应用知识，使学生灵活掌握硅酸盐工业分析和室内装饰装修材料有害物质检测的方法，锻炼学生综合分析问题的能力，其基本要求如下：

（1）在分析化学理论指导下，进行大量实验，掌握分析测定方法、原理及其关键所在。积累经验，最终达到灵活运用、熟能生巧、融会贯通的目的。

（2）在实验课前应该认真准备，写出实验预习报告。明确每一个操作单元的目的和要求，熟练掌握操作流程，实验过程仔细认真，如实填写实验数据，实验结束对数据进行分析，写出分析报告。

（3）多去参加实践，多了解生产实际情况，了解新技术和先进的分析仪器设备，丰富信息量，使在校学习的知识与生产实际联系起来，达到零距离上岗。

综上所述，要学好本门课程，需要将实验分析与生产实践紧密结合，重视实践（实验）环节，达到熟练掌握操作的基本技能，分析和判断实验数据准确程度的能力，为将来从事分析检验工作打下坚实的基础。

0.6 实验习惯和工作态度

良好的实验习惯和一丝不苟精益求精的工作态度，不仅是做好实验的保证，而且也反映了分析工作者的思想修养和品德、科学态度及职业素养。因此，一定要养成良好的实验习惯和一丝不苟精益求精的工作态度。

（1）培养实践第一、善于思考、勤于总结、踊跃讨论的科学思维方法和工作态度。

（2）养成保持实验环境整洁、操作规范的实验习惯。养成认真严谨、细心细致、有序有质的工作作风。

（3）养成节约试剂，节约水、电，节约使用实验用品和实验仪器，爱护公共仪器设备的良好习惯。

（4）树立安全环保意识，做到实验安全操作，做到实验室废水、废液、废渣不随意丢弃，合理处理处置。

（5）树立不断学习意识，做到主动接受新知识、新技术、新标准、新规范，培养不断更新、灵活适应发展变化的能力。

（6）树立实事求是的实验态度，树立一丝不苟的敬业精神，树立精益求精的工匠精神。

（7）树立团结协作意识，做到不怕吃苦，具备良好的沟通能力。

（8）善于发现问题，培养创新意识和创新能力，提升职业能力和素质。

第一部分

○————○————○————○

基础知识篇

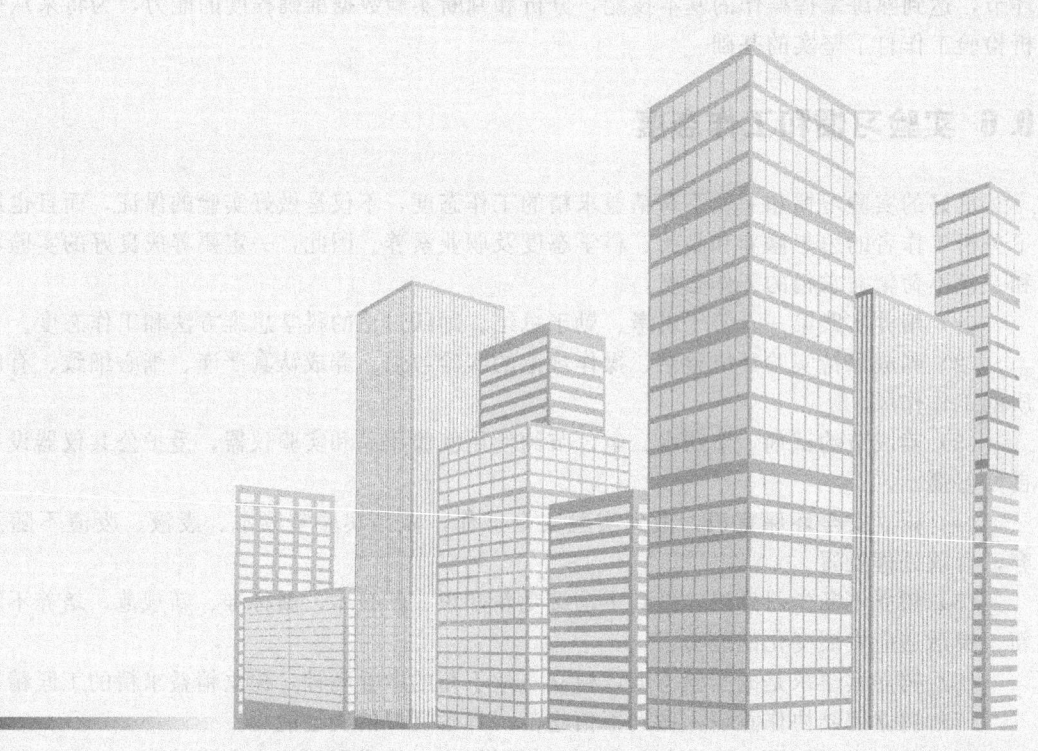

项目1
硅酸盐工业分析基础知识

 **教学目标**

通过本项目的学习，了解硅酸盐工业分析方法的分类、选择原则、常用的分析方法，了解误差、有效数字等基本概念，掌握分析测定中误差来源、误差的表征及相关的实验数据处理方法，掌握采样、制样、溶（熔）样的方法、注意事项及操作要点。

 项目概述

硅酸盐工业是无机化学工业的一个重要组成部分，它是制造以硅酸盐为主体的玻璃、水泥、陶瓷、搪瓷、耐火材料等各种成品和材料的工业。除用硅酸盐外，凡以难熔的氧化物、碳化物、硼化物、硅化物等为原料，并按与硅酸盐工业类似工艺制造无线电陶瓷、高温材料、磨料等产品，也属于硅酸盐工业的范畴。

硅酸盐工业分析是分析化学在硅酸盐工业生产上的应用。其任务是研究硅酸盐工业生产中原料、辅助原料、燃料、中间产品、成品的化学组分的分析方法及其有关的基本理论。本项目先行介绍试样的采集、制备、保管，试样的处理方法、分析方法，分析数据处理等基础知识，这是全面学习和进行原料、辅助原料、燃料、中间产品、成品的化学组分的实验分析所必备的基础，是后续生产科学配料、工艺参数调整、产品质量提高的保证。

任务 1.1 试样的采取、制备、保管

硅酸盐工业分析的全过程通常包括采样、制样、溶（熔）样、分析方法的选择、干扰元素的消除、分析测定、结果报出等几个环节。要确保分析结果的正确，必须对以上各个环节进行认真综合的考虑。

进行硅酸盐工业分析，首先要保证所取试样具有代表性。忽略了试样的代表性，则无论分析做得如何认真、仔细也是无意义的，甚至是有害的。硅酸盐工业生产中原料、产品等的量是很大的，往往以千吨、万吨计，而其组成又很不均匀，但在进行分析时却只能测定其中很小的一部分。正确采取能够代表全部物料的平均组成的少量样品，是硅酸盐工业分析中的重要环节，是获得准确分析结果的先决条件。

送实验室供检验或测试而制备的样品叫实验室样品，就是按科学的方法所选取的少量能代表整批物料或某一矿山地段的平均组成的样品，也叫原始平均试样。取样应从两个方面来考虑：一是取样点的选取；二是取样量的多少。取样点应根据分析的目的、物料的存放情况，从不同的部位、不同的深度选取多个取样点。取样点越多越有代表性，但相应的给样品处理带来麻烦。取样量的多少，与物料的均匀程度和颗粒大小有关。在采样点上采集一定量的物料称为子样；在一个采集对象中应采的取样品点的个数称为子样的数目；合并所有的子样称为实验室样品，即原始平均试样；采取一个实验室样品的物料总量，称为分析化验单位；由实验室样品制得的样品叫试样；用以分析测定所称取的一定量的试样叫做试料。

1.1.1 试样的采取

1.1.1.1 试样的采取量

一般来讲，取样量与物料最大颗粒直径的平方成正比。通常用以下经验公式来计算取样量。

$$Q=Kd^2 \tag{1-1}$$

式中　Q——采样试验的最低可靠质量，kg；

　　　d——采取试样中最大颗粒的直径，mm；

　　　K——随物料特性不同而取的经验系数。

K 一般为 $0.02\sim1$。物料均匀的，可取小一点，如 $0.1\sim0.3$；物料不太均匀的，可取 $0.4\sim0.6$；物料极不均匀的，可取 $0.7\sim1.0$。

> **》》【例 1-1】**
>
> 采取某较均匀的矿石样品时，其中最大颗粒直径约为 20mm，设 K 值为 0.1，原始样品应采取多少千克？
>
> 解：原始试样的最低可靠质量为：$Q=Kd^2=0.1\times20^2=40$（kg）

> **》》【例 1-2】**
>
> 某一样品，经粉碎后，其最大颗粒直径约为 0.08mm，设 K 值为 0.05，则不失其代表性样品应采取的最低质量是多少克？
>
> 解：样品应采取的最低质量为：
>
> $$Q=0.05\times0.08^2=0.00032\text{（kg）}=0.32\text{（g）}$$
>
> 测定此样时，若称取 0.5g 仍不失其代表性。

从而看出：取样量的多少与物料的均匀程度成反比，而与物料的最大颗粒直径的平方成正比。即物料越均匀取样量越少；物料颗粒越大则取样量就越多。

1.1.1.2　取样方法

（1）矿山取样　掌握整个矿山的化学成分的变化情况，为编制矿山网点和制定开采计划提供必要和充分的分析数据。整个矿山矿石的质量往往差别很大，为充分利用矿山资源，可将矿山按质量情况分成若干网点，对各网点的矿石分别取样分析。生产中便可根据各网点的质量情况搭配使用，既保证矿石质量稳定又可使劣质矿石充分发挥作用。

由于各矿山的情况不同，采样方法也不同，可根据矿层分析情况、矿层的均匀程度、矿山大小等来制定取样方法。现将矿山取样的几种方法介绍如下：

① 沿矿山开采面分格取样法。分格取样。实际是指取样点分布的规律性。在沿矿山开采而划定的方格或菱形网格的各角，采取相等量的矿样，通常是每平方米面积上取一个样，合成样品。

② 刻槽取样法。此法就是在矿体的不同部位刻出规则的槽，刻槽时凿下的矿样作为样品。槽的断面一般是长方形，断面为 3cm×2cm～10cm×5cm，深度 1～10cm。刻槽前，应将岩石表面弄平扫净。

③ 钻孔取样法。钻孔取样主要用于了解矿山的内部结构和成分变化情况。

④ 炮眼取样法。在矿山放炮打眼时，取其凿出的碎屑细粉组合而成。

⑤ 拣块取样法。就是在爆堆上或破体的适当部位拣矿块作为样品（若整体矿应将表面的风化层去掉）。这种方法优点是简便易行，但不足之处是存有相当的主观性。取样人员必须是对矿山的质量情况相当熟悉、具有丰富的实践经验的人，方可取得有代表性的试样。尤其是矿山质量不太均匀，各矿层的成分变化较大时尤其要慎重。

（2）车厢和小车中取样　首先将物料铲平，按图 1-1 分别选取取样点。

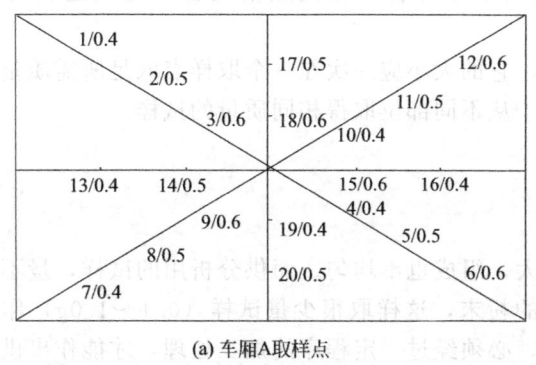 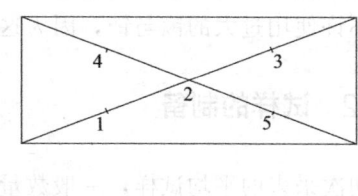

(a) 车厢A取样点　　　　　　　　　　　　(b) 小车B取样点

图 1-1　车厢 A 和小车 B 中取样点分布图

图 1-1(a) 中分子为取样点的号码，分母为取样点离物料表面的距离（m），然后按图中所示各点在每个车厢中取样。如有 50 个车厢，需取 50 个样。即在第一车厢的第一取样点取样；自第二车厢中第二取样点处取样；以此类推。20 个车厢中取样后各取样点都已取过一次，自第 21 车厢又从第一取样点开始重复进行，直至全部取完为止。

取样时，如是在刚装好的车厢中，物料尚未因沉落和运输而分层，可以在表面取样。各取样点的取样量一致。如物料既有粉状又有块状，取样既不能只取粉状也不能只取块状，应按比例适当采取。将各点所取样品混合而成平均试样。

（3）料堆上取样　从料堆上取样，首先在料堆的周围离堆底 0.5m 处画一条横线，然后依次每隔 0.5m 画一横线；再与横线垂直，每隔 1～2m 画一条竖线，选取横竖线的交点作为取样点。如图 1-2 所示。

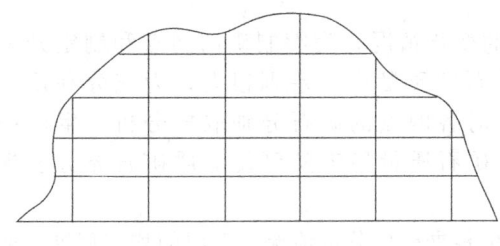

图 1-2　料堆取样图

堆放的物料原来就是不均匀的，在堆放过程中由于大小块的不同或密度不同，大块的物料从上滚下，聚集在料堆底部，而细粒堆集在中心，从而造成分层现象，增加了物料的不均匀性，因此必须从不同的部位取样。故从取样点取样时，应将表面剥去，在 0.3～0.5m 的深处用铁铲各取一份试样，各取样点所取之样混合而成平均试样。取样时应注意，若有块状物，也应按比例砸取。如若表面杂质较多，使用时又不能将表层完全剥去，可考虑从表层取几个点使所取样和物料使用时条件尽量一致，以保证其试样的代表性。

（4）运输机上取样　在运输机上每隔一定时间采取一次试样，取样时可以将物料自输送带上按全宽拨下，混合而成。物料在输送机上，由于输送带是运动着的，物料也会分层，大块靠近输送带的边缘而细粒留在中心，因此必须全宽拨下，可不失代表性。

（5）小包中取样　许多物料包装成桶或袋等小包装。取样时则首先从一批包装中选定一定的包数，从中取样。物料为粉状物时，可用探料钻将探料钻插入包中，直至包底，在钻的凹处落入物料，可以从不同深度取得试样，将钻孔提起取出试样。

（6）生产线上自动连续取样或瞬时取样　为了控制生产，各生产线都在关键部位设有自动取样装置。如水泥厂在绞刀（螺旋输送机）的外壳上钻 1～1.5cm 的小孔，放入一弹簧，利用绞刀转动使弹簧将物料弹出，流入取样桶内，相隔一定时间此样品就是这段时间的平均试样。此种连续取样比较准确可靠，也可用人工定时取样（也称瞬时取样），如半小时或一小时，将规定时间内所取个样各取相同数量混合，组成这段时间内的平均试样。

取样用的工具一般可用卷边的锹和铲，它的大小应一次在一个取样点取足所需质量的试样，不许使用过大的锹与铲，因为这样难于从不同部位取得相同质量的试样。

1.1.2　试样的制备

初次采来的平均试样，一般数量都很大，组成也不均匀。而供分析用的试样，量不是很大，但组成却是非常均匀的，而且是很细的粉末，这样取很少量试样（0.1～1.0g）作出的结果才有代表性。对于组成不均匀的试样，必须经过一定程序的加工处理，才能作出供分析用的试样。分析试样的制备过程如下。

1.1.2.1　破碎

试样破碎可用机械破碎，也可用人工破碎。对大颗粒的样品，一般先以颚式破碎机或在钢板上用铁锤粗碎。对颗粒在 10mm 以下者，可用轧辊式破碎机或用铁锤粗击破。每次破碎完毕，应将试样全部通过指定的筛子。首先用较粗的筛子，随着试样颗粒的减小，选用的筛孔数目应逐渐增加（孔径逐渐减小），当破碎至 2～3mm 时可用球磨机、圆盘粉碎机、瓷研钵或玛瑙研钵研细，最后使样品全部通过 0.08mm 孔径的方孔筛。分析用分样筛的各筛号及孔径见表 1-1。

表 1-1 分析用分样筛号及孔径

筛号(网目)	孔径/mm	筛号(网目)	孔径/mm	筛号(网目)	孔径/mm
3.5	5.66	20	0.84	100	0.149
4	4.76	25	0.71	120	0.125
5	4.00	30	0.59	140	0.105
6	3.36	35	0.50	170	0.088
8	2.38	40	0.42	200	0.074
10	2.00	45	0.35	230	0.062
12	1.68	50	0.297	270	0.053
14	1.41	60	0.250	325	0.044
16	1.19	70	0.210	400	0.037
18	1.10	80	0.177		

试样在破碎过程中，不要使其失去代表性，这与分析结果的准确性同等重要。要确保试样组成不发生改变，必须注意以下几点：

(1) 不得混入其他杂质。因此在破碎、磨细样品之前，应将所用设备与物品，用刷子刷洗干净不得有残存的其他物质，然后用待磨试样洗刷 1~2 次，弃去，方可开始正常工作。破碎过程中，由于破碎器的磨损而可能使样品中铁的含量增加，因此破碎器的材料最好是锰钢的。一般情况下，如样品中不含金属铁或磁铁成分，可以在分析前以吸铁石吸去由于破碎器磨损而掉落的铁。

(2) 在破碎过程中应尽量减少小块试样和粉末的飞溅。

(3) 试样中质地坚硬的组分难以破碎，但过筛时必须使试样全部通过筛子，不得弃去难磨组分。

(4) 如果样品过于潮湿，致使粉碎、研细与过筛发生困难的（如发生黏结、堵塞等现象），应先将样品干燥，然后进行处理。如系大量样品可将其摊开在空气中风干；如系小量样品可放烘箱中干燥，一般在 105~110℃ 的温度下进行。但对易分解的样品如石膏应在较低温度下进行。对吸水较强的样品可在较高温度下如 120~130℃ 烘干。

1.1.2.2 混合

经破碎过筛后的试样，应加以混合，使其组成均匀。混合可以人工进行。对于试样量较大的，可以在平坦、光滑、干净的地板上，用锹取样，将其堆成一个圆锥体。堆时每一锹都应倒至堆顶，使试样围绕堆四周下落，当全部试样堆成一堆后，再用锹将此堆以同样的方法堆成另一锥体，如此反复进行，直至混合均匀。对于少量试样的混合，可先在光滑、干净的纸上或塑料布上用掀角法进行混匀，即试样放在纸或塑料布上，提起纸或塑料布的一角，使试样滚到对角，然后提起对角，如此进行 3~4 次之后，将试样留于中央，然后用另外两个对角，如此反复进行 3~4 次，使试样充分混匀后进行缩分。

1.1.2.3 缩分

所取试样没有必要全部加工成分析试样。经破碎、混合过的试样，随着颗粒越来越小，其组成也就越来越均匀，可将试样不断的缩分，以减少试样的处理量。缩分时，保留的具有足够的代表性的样品的最低可靠质量，仍按取样公式 $Q=Kd^2$ 计算，其中样品的最大颗粒直径 d，以粉碎后样品能全部通过的孔径最小的筛号的孔径为准。缩分的方法有以下几种：

（1）锥形四分法（图1-3）。将混合均匀的试样堆成圆锥体，用铲子或木板将锥顶压平，使成为截锥体。通过截面上相互垂直的两条直径将试样分成四等分，去掉任一相对的二等分，再将剩余的二等分混合，堆成圆锥体，如此重复进行，直至缩分到所需质量为止。再磨碎、混合、缩分至规定粒度与质量。

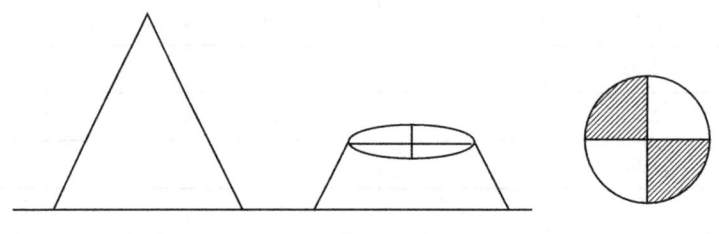

图1-3　锥形四分法

（2）挖取法（正方形法）。将混合均匀的试样，铺成正方形或长方形的均匀薄层，并将其划分成若干个小正方形。用小铲将每一定间隔的小正方形中的样品全部取出（图1-4），放在一起再进行混匀，如此反复进行，缩分少量样品常用此法。

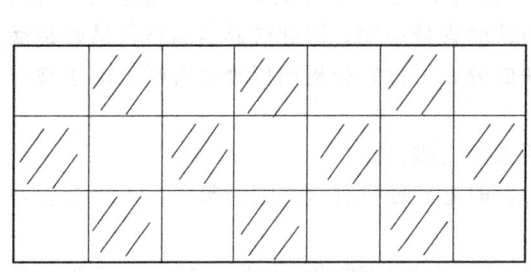

图1-4　挖取法

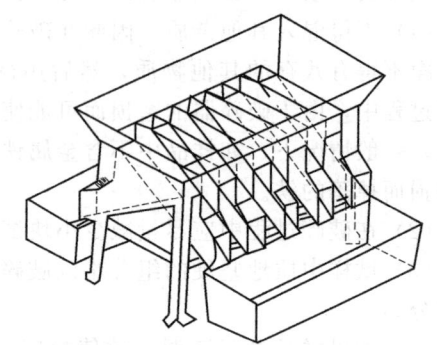

图1-5　槽形分样器

（3）分样器缩分法。分样器种类很多，最简单的是槽形分样器（图1-5）。分样器中有数个左右交替的用隔板分开的小槽（一般不少于10个而且必须都是偶数）。在下面的两侧分别放有承接的样槽，将样品倒入分样器中后，试样即从两侧流入两边的样槽中，于是把试样均匀地分成两等份。用分样器缩分试样时，不必预先混合均匀即可直接进行缩分。但缩分试样的最大颗粒直径不应大于格槽宽度的1/3～1/2。

1.1.3　试样的保管

试样处理完毕，缩分成两份，分装在两个磨口玻璃瓶中。一瓶送化验室进行分析，一瓶保存以备校验。瓶应包装严密，将瓶与盖的连接处用胶布缠好，以免样品的化学组成发生变化。贴上标签，注明样品的名称、编号、产地、送样单位、取样地点、收样时间、分析项目等。

试样都要保留一定的时间，目的是测定结果有误差时再进行试验抽查和发生质量纠纷时进行仲裁分析用，因此试样应妥善保管。除出厂产品应保留三个月外，其他试样的保留时间可根据情况自行决定。

任务 1.2　试样的分解

硅酸盐分析过程中遇到的样品，绝大多数为固体样品，要测定其各种组分的含量，首先要将固体样品制备成试样溶液，此过程称为试样的分解。试样的分解，较为理想的是既简便迅速，又能将试样全部转入溶液中去，没有残余的物质。溶样过程中，不得混入被测组分，也不应有任何溅失，试液的组成就可代表试样的组成，然后测定试液中各组分含量。

由于硅酸盐分析多采用系统分析法，即取一份试样制成试样溶液后，利用同一份试液分别测定数个成分的方法，因此在溶剂选择上，不仅应使样品溶解，同时要适应多种组分测定的需要，对后续测定组分的测定无干扰，这就为硅酸盐样品的分解提出了更高的要求。

硅酸盐样品，除硅酸钠外一般都不溶于水，样品能否被酸溶解主要决定于样品中二氧化硅的含量与碱性氧化物的含量之比以及碱性氧化的碱性的强弱，比值越小，碱性氧化物的碱性越强，越易被酸分解。如水泥原料石灰石主要成分是氧化钙，因此易被酸分解。而硅质原料 $Al_2O_3 \cdot 2SiO_2$ 就不同了，只有用碱熔融法处理。因此硅酸盐样品的处理方法有两种，一是酸溶解法，二是熔融法。酸溶解法较为简单，凡能为酸溶解的样品就不用熔融法处理了。

但必须注意的一点是一些混合料能否被酸分解，不能单从混合料的总成分来判断，而应从组成混合材的每个组分能否都被酸分解来判断。如水泥生产中，石灰石、硅质原料、铁矿石按一定比例混合组成了生料，从生料化学成分看二氧化硅只有 12% 左右，而氧化钙占 40% 以上，似乎可用酸溶解，但当加入酸后，石灰石溶解，铁矿石可能部分或全部溶解，但硅质原料不溶，制成的试液的组成和生料的组成是不一样的，由于溶样不完全而造成错误的分析结果。

1.2.1　酸溶解法

硅酸盐分析中所用的酸有 HCl、HNO_3、H_2SO_4、H_3PO_4、HF 等。在系统分析中经常用盐酸处理试样。盐酸是一种良好的溶剂，它生成的氯化物除 $AgCl$、$HgCl_2$、$PbCl_2$ 外，都易溶于水，而在硅酸盐中这几种金属存在极少，这就给各组分测定带来很大方便。同时氯离子能与某些离子生成稳定的配位化合物如 $[FeCl_6]^{3-}$ 可促使试样的分解。而浓盐酸的沸点较低为 108℃，当用质量法测定二氧化硅时比较容易蒸发。盐酸虽有以上的优点，但硅酸盐样品中只有少数样品如水泥熟料、碱性矿渣等能被它分解，而多数不能被其分解。

系统分析中很少采用硫酸和硝酸，尤其是重量法测定二氧化硅时，因为硝酸在加热蒸发过程中易形成难溶性碱式盐沉淀，而硫酸则易形成溶解度很小或几乎不溶的碱土金属硫酸盐而干扰测定。但在单项测定中，HNO_3、H_2SO_4、H_3PO_4 都广泛使用。

浓磷酸在 200~300℃ 具有很强的溶解能力，能溶解一些难溶于 HCl 和 H_2SO_4 的试样，如铁矿石、钛铁矿等。但 H_3PO_4 只适用于某些元素的单项测定如水泥生料中，如 Fe_2O_3 的测定，水泥中全硫的测定等。大量 H_3PO_4 的存在在系统分析中是不适宜的。

多数的硅酸盐样品都可被氢氟酸所分解，只有很少数不能完全被分解，如锆石英等。当样品与氢氟酸作用时，二氧化硅与氢氟酸生成四氟化硅气体逸出，反应为：

$$SiO_2 + 4HF = SiF_4 \uparrow + 2H_2O$$

除硅以外，有的金属（如钛、锆、铌、钽等）与氢氟酸也有类似的反应，生成氟化物而挥发，如：

$$TiO_2 + 4HF \overline{} TiF_4\uparrow + 2H_2O$$

为消除干扰，常常不是采用单一的 HF，而是用 HF-H_2SO_4 的混合酸来处理硅酸盐样品，若有硫酸存在，上述干扰反应不会发生，而是以金属的硫酸盐形式存在。当样品中碱土金属含量较高时，为避免生成难溶性碱土金属硫酸盐，H_2SO_4 也可用 $HClO_4$ 代替。

以 HF-H_2SO_4 处理试样的目的有两个。一是测定样品中除硅以外的其他组分，大量的硅以 SiF_4 形式放出，消除干扰。但是 HF 蒸发完毕必须将氟全部除掉，否则将对铝、钛等元素的测定发生干扰。除去方法可用 H_2SO_4 蒸至三氧化硫白烟赶尽，并重复一次。二是根据用 HF-H_2SO_4 处理样品前后质量之差，求得二氧化硅的百分含量。但是，只有样品中 SiO_2 的纯度达 98% 以上时方可使用。否则由于以 HF-H_2SO_4 处理前后，样品中其他金属的存在形式不同而带来较大的误差。

当用 HF 处理试样时，由于 HF 能与玻璃作用，因此不能在玻璃器皿中进行，可选用铂金器皿或塑料器皿。HF 弄到皮肤上能烧伤皮肤并难以治愈，HF 的蒸气有强烈的刺激性，因此使用时应特别小心，注意安全。操作时要戴上乳胶手套并在通风橱中进行。

样品分解过程中，温度不宜过高，可在电热板、砂浴或能调压的电炉上进行，否则容易使试样从铂金坩埚或铂金器皿中溅出，并不断用铂夹夹取铂金器皿，轻轻搅动反应物，使其作用完全，也可防止由于底部局部过热而发生溅出，如发现有未被分解的颗粒时应反复以 HF 处理，至全部分解完全。蒸发完毕的残渣为除硅以外的其他金属的盐类，以水提取加酸溶解或以熔融法处理后制成试样溶液。

1.2.2　熔融法

当试样不能用酸分解时，可用熔融法处理。试样中具有酸性的物质，与碱性熔剂在高温下发生复分解反应如：

$$SiO_2 + Na_2CO_3 \overline{} Na_2SiO_3 + CO_2\uparrow$$
$$SiO_2 + 2NaOH \overline{} Na_2SiO_3 + H_2O$$

若以 M 代表金属离子，则金属的硅酸盐与熔剂的反应为：

$$MSiO_3 + Na_2CO_3 \overline{} Na_2SiO_3 + MCO_3$$
$$MSiO_3 + 2NaOH \overline{} Na_2SiO_3 + M(OH)_2$$

经反应后，不被盐酸溶解的硅酸盐转化成碱金属的硅酸盐，增加了碱性氧化物的成分，从而可被酸分解。而其他金属形成了碳酸盐、氢氧化物或其他盐类也都可被酸分解。

$$Na_2SiO_3 + 2HCl \overline{} H_2SiO_3 + 2NaCl$$
$$MCO_3 + 2HCl \overline{} MCl_2 + CO_2\uparrow + H_2O$$
$$M(OH)_2 + 2HCl \overline{} MCl_2 + 2H_2O$$

总之，熔融的作用就是借助熔融的方法，增加碱金属氧化物的比值，使本来不能被酸分解的试样能被酸所分解。因此熔剂多为碱金属的氧化物，如：Na_2CO_3、K_2CO_3、NaOH、KOH、Na_2O_2、$K_2S_2O_7$ 等。

熔融多在坩埚中进行，坩埚是灼烧和熔融试样的容器，分析中常用的有 10~30mL 的。坩埚的材质也不一样，有瓷坩埚、石英坩埚、铂金坩埚、银坩埚、镍坩埚、铁坩埚、聚四氟乙烯坩埚。坩埚的材料不同，耐高温和耐腐蚀的程度也不同。选用何种坩埚熔样，应根据分析的样品、分析的项目、选择的熔剂、仪器条件而定。现将几种常用熔剂的熔样方法介绍如下：

1.2.2.1 Na₂CO₃（或 K₂CO₃）作熔剂在铂金坩埚中熔样

无水 Na_2CO_3 是分解硅酸盐样品及其他矿石最常用的熔剂之一，其熔点为 851℃，可在铂金坩埚中熔融试样。熔剂用量一般是试样量的 6～8 倍，熔融的温度通常是在 950～1000℃，熔融的时间一般是 30～40min。比较难熔的样品，熔剂加入量最大可加为试样的 8～10 倍，熔融的时间可适当延长。

（1）反应 以分解高岭土和正长石为例反应如下：

$$Al_2O_3 \cdot 2SiO_2 \cdot 2H_2O + 3Na_2CO_3 == 2Na_2SiO_3 + Na_2O \cdot Al_2O_3 + 3CO_2\uparrow + 2H_2O$$

$$K_2O \cdot Al_2O_3 \cdot 6SiO_2 + 6Na_2CO_3 == 6Na_2SiO_3 + K_2O \cdot Al_2O_3 + 6CO_2\uparrow$$

然后以盐酸处理，生成硅酸和各种金属氯化物：

$$Na_2SiO_3 + 2HCl == H_2SiO_3 + 2NaCl$$

$$Na_2O \cdot Al_2O_3 + 8HCl == 2AlCl_3 + 2NaCl + 4H_2O$$

（2）熔样方法 以硅质原料为例说明如下：

准确称取已在105～110℃烘干过的试样置于干燥的铂金坩埚中，加 4g 研细的无水碳酸钠，用玻璃棒搅匀，再以 1g 无水碳酸钠擦洗玻璃棒并铺于试样表面。盖上坩埚盖，于高温炉中从低温开始，逐渐升高温度，于 950～1000℃熔融。用包铂头坩埚钳夹取坩埚旋转，使熔融物均匀地附着于坩埚内壁，放冷后再将坩埚置于高温下灼热至暗红色（时间不要太长）。以热水将熔块浸出，倒入 400mL 烧杯，用玻璃棒仔细压碎块状物并使之分散。盖上表面皿，从杯口加入 40mL 1+1 的盐酸，待气泡停止发生后加热使熔块完全分解。再用 3～5mL 1+1盐酸及热水洗净坩埚，洗液并转入烧杯中，冷却后，转入 250mL 容量瓶中，稀释至刻度、摇匀，备用。

（3）操作注意事项

1）熔样是在铂金坩埚中进行的，铂金坩埚比较昂贵，使用时应防止坩埚受浸蚀。当样品中某些元素如硫化物、磷、金属铁及有机物碳含量高时，对铂浸蚀严重，需给予处理。

① 样品中如含有碳及硫化物等物质时，在熔融前应将样品灼烧，使其充分氧化。这类物质含量较高时（如水泥的全黑或半黑生料），应当在瓷坩埚中灼烧，然后再转入铂金坩埚中熔融。

② 对含铁较高的铁矿石，应当先在烧杯中用盐酸处理试样，使绝大部分的铁溶解，然后过滤，将滤出的不溶残渣灼烧，再用碳酸钠熔融。熔融应在充分的氧化气氛中进行，否则被还原的铁与铂形成铁铂合金，为一紫褐色的薄层，既浸蚀铂金坩埚又影响下一步测定铁的结果。因此每次用完坩埚都要检查是否有这样的薄层。有时不明显，将空坩埚经灼烧后可明显看出。此时应加稀酸，加热溶解，溶液并入主液。如仍不能见效，应用焦硫酸钾熔融处理。

2）旋转坩埚使熔融物附着于坩埚壁，冷却后再将坩埚放入高温下至暗红色，是为了易于提取。应掌握好时间，不宜太长，否则熔块重新熔化将失去作用。

3）不能在铂金坩埚中直接加酸提取熔融物。若样品中含有锰，熔融后的冷却物为蓝绿色，是由于熔融时锰被氧化生成锰酸钠。

$$2MnO_2 + 2Na_2CO_3 + O_2 == 2Na_2MnO_4 + 2CO_2\uparrow$$

以水提取时，锰酸钠形成高锰酸钠而出现玫瑰红色。

$$3Na_2MnO_4 + 3H_2O == 2NaMnO_4 + MnO(OH)_2 + 4NaOH$$

当熔融物以盐酸溶解时，高锰酸钠中的锰被还原为 Mn^{2+}，盐酸中的氯离子被氧化为元素氯。

$$2NaMnO_4 + 16HCl == 2MnCl_2 + 2NaCl + 5Cl_2 + 8H_2O$$

氯与铂强烈起作用，而使铂转入溶液。

$$4Cl^- + Pt + 2HCl \longrightarrow [H_2PtCl_6]^{4-}$$

同样，三氯化铁也能与铂起类似的反应。因此，不能直接用酸在铂坩埚中浸取熔融物，以防损坏铂金坩埚。应以水提取出熔融物之后，再加几滴稀盐酸，以沉帚擦洗坩埚、冲洗干净。

碳酸钾熔点为891℃，比碳酸钠略高，其吸湿性较强，同时钾盐被沉淀吸附的倾向比钠盐大，沉淀不易洗净，因此以重量法测定的系统分析中很少采用碳酸钾做熔剂。但熔融物比以碳酸钠作熔剂时易溶解，好提取。当以氟硅酸钾容量法测定硅酸盐样品中二氧化硅时常以碳酸钾做熔剂。

有时也以碳酸钾和碳酸钠1∶1的混合物作熔剂。其熔点大大降低，约700℃。常用于一些含有某种易挥发成分（如氟、氯等）的样品的熔解。但由于熔点较低，一些难熔样品将不能分解完全。

1.2.2.2 氢氧化钠或氢氧化钾作熔剂在银坩埚中熔样

氢氧化钠或氢氧化钾都是强碱性熔剂，熔点分别为318℃和380℃。熔样时熔剂的加入量一般是试样质量的10～20倍，熔样温度一般在650℃左右，保持20～40min。适用于熔解硅含量高的样品，而对铝含量高的样品往往分解不完全。

由于氢氧化钾和氢氧化钠的腐蚀性强，因此不能用铂金坩埚熔样，可以用银坩埚、镍坩埚、铁坩埚等，可根据分析的要求选择使用。当用于系统分析时，可选用银坩埚，不能用铁坩埚，若用镍坩埚，熔样时总有或多或少的镍被熔下进入溶液，对以后配位滴定测定硅以外其他成分有干扰；而用银坩埚，即使少量的银被熔下，由于银与EDTA的配位化合物稳定性较小，不干扰其他元素的测定，尤其适用于亚铁含量较高或含还原性物质的样品。如用铂金坩埚 Na_2CO_3 熔样，由于形成 Fe-Pt 合金既浸蚀铂坩埚且铁的含量偏低，而用银坩埚，氢氧化钾或氢氧化钠熔样，由于银和铁较难熔合，因此铁的测定结果可靠（若以氟硅酸钾法单测二氧化硅也可选用镍坩埚熔样）。银坩埚有价廉、易购、使用简便、应用范围广等优点，目前在硅酸盐分析中已迅速得到推广使用。

熔样时，可以在高温炉内也可在小电炉上进行。由于银散热较快，若在小电炉上熔样，最好四周用耐火材料保温。银的熔点960℃，镍的熔点1400℃，在温度很高的空气中易被氧化，在高温炉中熔样时温度不得超过750℃。

（1）反应　以熔融硅质原料为例　反应如下：

$$Al_2O_3 \cdot 2SiO_2 \cdot 2H_2O + 6NaOH \longrightarrow 2Na_2SiO_3 + Na_2O \cdot Al_2O_3 + 5H_2O$$

$$Al_2O_3 \cdot 2SiO_2 \cdot 2H_2O + 6KOH \longrightarrow 2K_2SiO_3 + K_2O \cdot Al_2O_3 + 5H_2O$$

然后以 HCl 处理：

$$Na_2SiO_3（或 K_2SiO_3）+ 2HCl \longrightarrow H_2SiO_3 + 2NaCl（或 2KCl）$$

$$Na_2O \cdot Al_2O_3（或 K_2O \cdot Al_2O_3）+ 8HCl \longrightarrow 2AlCl_3 + 2NaCl（或 2KCl）+ 4H_2O$$

（2）熔样方法　现以硅质原料为例说明熔样方法如下：准确称取约0.5g烘干过的试样，放于预先熔有6～7g氢氧化钠（或氢氧化钾）的银坩埚中，再将1～2g氢氧化钠（或氢氧化钾）覆盖于上面，盖上坩埚盖（应留一缝隙）置于650～700℃的高温炉中，熔融20～30min（中间用坩埚钳夹取摇动熔融物一次）。取出坩埚，旋转使熔融物均匀附着于坩埚壁上。冷却后，放入一盛有100mL热水的烧杯中，盖上表面皿，待熔融物完全浸出后，以热水冲洗坩埚及盖，然后一次加入浓盐酸25～30mL，立即以玻棒搅均匀，使熔融物全部溶解，再以少量稀盐酸（1∶5）洗净坩埚及盖，以水冲洗干净，冷却澄清液冲至250mL容量瓶中摇匀备用。

（3）操作注意事项

1）熔剂易吸水，加热时易溅失。因此可先将熔剂于坩埚中加热熔化，赶出水分。然后用坩埚钳夹取坩埚转动，使熔剂均匀铺于坩埚底部，并迅速将称好的样品倒在熔剂上，再盖一层熔剂即可熔样。

2）熔块以水浸取后，溶液为强碱性，久放对玻璃有浸蚀作用，影响二氧化硅测定。因此提取后应迅速酸化。

3）浸取后应一次加入足量盐酸，因

$$Ag^+ + Cl^- =\!=\!= AgCl\downarrow$$

当有足量盐酸存在时，Ag^+ 与 Cl^- 形成配离子 $[AgCl_4]^{3-}$

$$Ag^+ + 4Cl^- =\!=\!= [AgCl_4]^{3-}$$

防止形成氯化银沉淀而变混浊或析出海绵状银。

4）加酸后一般均可得澄清的溶液，但有时底部会有海绵状银析出，或者在容量瓶中稀释时，由于酸度降低而略有混浊，但对测定无影响。

氢氧化钠、氢氧化钾两熔剂相比较，在系统分析中多采用氢氧化钠。因为氢氧化钠熔融时比较稳定，熔融物酸分解后易得到澄清溶液；氢氧化钾吸湿性、挥发性都比较强，熔融时温度稍高，熔融物易沿坩埚壁逸出。提取物以酸分解后常出现混浊。氟硅酸钾容量法测二氧化硅时可用氢氧化钾做熔剂。

1.2.2.3　焦硫酸钾作熔剂在铂金坩埚中熔样

焦硫酸钾是一种酸性熔剂，它对酸性矿物的作用很小，一般硅酸盐矿很少用这种熔剂进行熔融。焦硫酸钾适用于熔融金属氧化物如磁铁矿、刚玉、钛渣等，在硅酸盐分析中，主要用来分解在分析过程中所得到的已灼烧过的混合氧化物，来测定其中的某些组分。如以 $HF\text{-}H_2SO_4$ 处理并灼烧过的残渣、Fe_2O_3、Al_2O_3、TiO_2 等沉淀或其混合物。

一般熔剂用量为试样量的 8～10 倍，难熔样可达 20 倍，其用量和操作条件有关。熔样可在铂金坩埚或瓷坩埚中进行。一般熔融温度在 450℃左右。

（1）反应　熔融时，在近 300℃焦硫酸钾开始熔化，约于 450℃时开始分解，放出三氧化硫。

$$K_2S_2O_7 =\!=\!= K_2SO_4 + SO_3\uparrow$$

熔融在 450℃左右进行，此时三氧化硫与金属氧化物反应，生成可溶性的硫酸盐。

$$Al_2O_3 + 3SO_3 =\!=\!= Al_2(SO_4)_3$$
$$Fe_2O_3 + 3SO_3 =\!=\!= Fe_2(SO_4)_3$$
$$TiO_2 + 2SO_3 =\!=\!= Ti(SO_4)_2$$

（2）熔样方法　现以二氧化钛标准溶液配制为例说明：称取 0.1000g 高温灼烧过的二氧化钛于铂金坩埚或瓷坩埚中，加 2g 焦硫酸钾，在高温炉或小电炉上，逐渐升高温度，在 500～600℃熔融至透明。旋转坩埚使熔融物均匀分布于坩埚内壁上形成一较薄层。熔块以 1+9 硫酸提取，加热达 50～60℃熔块完全熔解。移入 1000mL 容量瓶中，以 1+9 硫酸稀释达到刻度，摇匀。此标准溶液为含有 0.1mg 二氧化钛。

注意事项：

1）焦硫酸钾常因吸收空气中的水分而形成硫酸氢钾，反应为：

$$K_2S_2O_7 + H_2O =\!=\!= 2KHSO_4$$

开始加热时，由于水分的挥发而引起溅失。因此熔剂开始加热应小火，待气泡冒出后再升高温度。

2）应适当控制升温速度，升温不要太快，温度不要太高，否则分解生成的三氧化硫来不及与样品反应就挥发掉了，使熔剂不能充分发挥作用。

3）试样熔好后，观察熔融物应是透明的。如若焦硫酸钾已全部用完，即三氧化硫已停止放出，而熔融物底部还有未作用的物质时，则可将熔融物冷却，再加入一些焦硫酸钾继续熔融。可以小心加几滴浓硫酸使与反应产物硫酸钾反应生成焦硫酸钾：

$$K_2SO_4 + H_2SO_4 \longrightarrow K_2S_2O_7 + H_2O$$

小心加热，且勿使水分逸出引起熔融物溅出。

4）将熔融物均匀附着于坩埚壁上的作用有两个：一是容易提取，二是保护铂金坩埚。因熔融物冷却后，体积要膨胀可能会引起铂金坩埚下底胀大，甚至发生裂缝。

5）提取熔融物以 50～60℃ 的 1+9 的 H_2SO_4 为好，可防止钛的水解。

6）若无 $K_2S_2O_7$，也可以 $KHSO_4$ 代替，但要防止溅失。可先将所需 $KHSO_4$ 于铂金坩埚中加热，使其熔化至水蒸气的小气泡停止冒出后，冷却即为 $K_2S_2O_7$，再加试样熔融。

1.2.3 半熔法

半熔法是指熔融物呈烧结状态的一种熔融方法，该法又称为烧结法。

可以碳酸钠为熔剂在铂金坩埚中进行，熔剂加入量一般为试样量的 0.6～1 倍，熔融温度为 950℃左右，时间为 3～5min。

如火山灰水泥、粉煤灰水泥或水泥生料的半熔法为：准确称取 0.5g 试样于铂金坩埚中，在 950～1000℃灼烧 5min，取出冷却，用细玻璃棒仔细压碎块状物，加入 0.5g 研细的无水碳酸钠拌匀，用毛刷扫净玻璃棒，在台面上轻轻颠几次，使熔剂和样品之间更紧密，然后置于 950～1000℃的温度下灼烧 3～5min，放冷。此时熔融物收缩为一烧结块，周围与坩埚壁间有缝隙，轻压熔融物，烧结块即可与坩埚分开。将烧结块倒入蒸发皿中，以 HCl 分解，以水与稀盐酸洗净坩埚即成为被测试液。

烧结时的温度和时间，应根据操作的具体条件而定，最佳条件是既使样品烧结好又不熔化为原则。粉煤灰水泥、全（半）黑生料最好先在瓷坩埚中预烧，然后转入铂金坩埚中烧结。

半熔法熔样有许多优点：

① 用熔剂少，带入的干扰离子少。

② 操作速度快。熔样时间短，且易于提取。尤其以重量法测定二氧化硅时，大大省去了蒸发溶液的时间。

③ 由于熔样时间短，易提取，也大大缩减了对铂金坩埚的浸蚀作用。

但此法对一些较难熔的样品难以分解完全，多用于一些较易熔样品的处理。如水泥、石灰石、水泥生料、白云石等。

任务 1.3 硅酸盐工业分析方法分类及选择

1.3.1 硅酸盐工业分析方法的分类

硅酸盐工业涉及的分析方法种类较多，从不同角度有不同的分类方法。

（1）根据样品的用量及操作规模不同，分为常量分析、半微量分析、微量分析和超微量分析。

常量分析：试样质量大于 0.1g，试液体积大于 10mL。

半微量分析：试样质量为 0.01～0.1g，试液体积为 1～10mL。

微量分析：试样质量为 0.1～10mg，试液体积为 0.01～1mL。

超微量分析：试样质量小于 0.1mg，试液体积小于 0.01mL。

（2）根据待测组分含量高低不同，可分为常量组分分析、微量组分分析和痕量组分分析。

常量组分分析：大于 1%。

微量组分分析：0.01%～1%。

痕量组分分析：小于 0.01%。

注意：痕量组分的分析不一定是对痕量的分析，为了测定痕量组分有时取样量有千克以上。

（3）根据分析的目的和要求，可分为例行分析和仲裁分析。

例行分析：又称为常规分析，一般化验室日常生产中的分析。

仲裁分析：不同单位对分析结果有争议时，请权威单位进行裁判的分析工作。

（4）按照分析的方法原理，可分为化学分析和仪器分析。

化学分析：以测量物质的化学性质为基础的分析方法。

仪器分析：以测量物质的物理或物理化学性质为基础的分析方法，需要特殊精密的仪器。

1.3.2　分析测定方法的选择

每一种组分的测定往往有几种分析方法，例如铁的测定，就有氧化还原滴定法、配位滴定法、重量分析法、分光光度法等，而分光光度法又有硫氰酸盐法、磺基水杨酸法和邻二氮菲法。选择何种测定方法，直接影响分析结果的准确度、可靠性及完成的快慢程度。因此，必须根据不同的情况考虑选用何种分析方法进行测定。一般从以下几个方面选择。

（1）测定的具体要求　首先要明确测定的目的和要求，其中主要是需要测定的组分、准确度及完成测定的速度等。例如，对原材料和成品分析，准确度是主要的；生产过程中的控制分析，速度便成为主要考虑的问题。所选择的分析方法，应是在能满足要求的准确度前提下，测定手续愈简便、完成测定时间愈短愈好。

（2）待测组分的性质　了解待测组分的性质，常有助于测定方法的选择。例如酸碱性物质首选酸碱滴定法；常量金属离子可用配位滴定法；微量金属离子可选用原子吸收光谱法；具有氧化、还原性物质可选用氧化还原滴定法测定。

（3）待测组分的含量范围　各种方法的准确度、灵敏度高低不同，相比较而言，化学分析的准确度高，但灵敏度低，仪器分析灵敏度高，但准确度低。因此，常量成分分析一般采用化学分析方法，微量成分分析一般采用仪器分析方法。

（4）共存组分的影响　在选择分析方法时，必须考虑共存组分对测定的影响，应尽量采用选择性较好的分析方法。如测定水泥、玻璃中三氧化二铝时，虽都用 EDTA 配位滴定法，但当测定水泥样品中的三氧化二铝时，由于氧化钙的含量较高而采用 PAN 为指示剂的铜盐返滴定法；当测定玻璃中的三氧化二铝时，由于玻璃中氧化钙的含量较水泥中氧化钙含量低得多，因此采用二甲酚橙为指示剂的锌盐返滴定法为更合适。

（5）实验室条件　选择分析方法应尽可能地使用新的分析技术及方法，但还要根据实验室的具体设备条件、特效试剂的有无、标准试样的具备情况、仪器灵敏度的高低、操作人员的技术素质等综合加以考虑。

随着科学技术的飞速发展，新的分析方法及测试仪器不断出现，但各种方法均有其特点和不足之处，完整无缺的适用于任何试样、任何组分的测定方法是不存在的，因此必须根据分析试样的组成、待测组分的性质和含量、测定的具体要求、共存组分的干扰、本单位实验室的具体条件等，综合予以考虑，选择一个较为适宜、切实可行的分析方法，进行准确的测定。

任务 1.4 分析方法简介

1.4.1 滴定分析法

滴定分析法又叫容量分析法。这种方法是将一种已知准确浓度的试剂溶液滴加到被测物质的溶液中，直到所加的试剂与被测物质按化学计量关系定量反应为止，然后根据试剂溶液的浓度和用量，计算被测物质的含量。这种已知准确浓度的试剂溶液就是滴定剂（也叫标准滴定溶液）。滴定剂从滴定管加到被测物质溶液中的过程叫做滴定。当加入的标准溶液与被测物质定量反应完全时的一点，称为化学计量点。

通常利用指示剂颜色的突变或仪器测试来判断化学计量点的到达而停止滴定操作，停止滴定操作的这一点称为滴定终点。滴定终点与化学计量点不一定恰好符合，由此而造成的分析误差称为终点误差。

1.4.1.1 滴定分析法对化学反应的要求

适合滴定分析法的化学反应，应具备以下条件：

（1）必须具有确定的化学计量关系。即反应按一定的反应方程式进行，这是定量的基础。

（2）反应必须定量地进行。通常要求达到 99.9% 以上。

（3）必须具有较快的反应速率。对于速率较慢的反应，有时可通过加热或加入催化剂来加速反应的进行。

（4）必须有适当简便的方法确定终点。

（5）共存物不干扰测定。

1.4.1.2 滴定分析方法分类

根据标准溶液与待测物质间反应类型的不同，滴定分析法分为以下几类。

（1）酸碱滴定法　利用酸和碱在水中以质子转移反应为基础的滴定分析方法。可用于测定酸、碱和两性物质。最常用的酸标准溶液是盐酸，标定的基准物质是碳酸钠。最常用的碱标准溶液是氢氧化钠，标定的基准物质是邻苯二甲酸氢钾。酸碱滴定法使用的指示剂多为酸碱指示剂。

（2）配位滴定法　以配位反应为基础的滴定分析方法称为配位滴定法。乙二胺四乙酸是含有羧基和氨基的螯合剂，能与许多金属离子形成稳定的螯合物，是配位滴定中常用的滴定剂，一般是测定金属离子的含量。乙二胺四乙酸简写为 EDTA，常用 H_4Y 表示，由于其在水及酸中的溶解度很小，常用的为其二钠盐：$Na_2H_2Y \cdot 2H_2O$，也简写为 EDTA。

EDTA 几乎能与所有的金属离子形成配位物且稳定，因此可用于多种金属离子的测定，同时共存离子可能会彼此干扰，滴定时可利用缓冲体系控制酸度选择滴定，也可以通过加入掩蔽剂来消除干扰。常用的缓冲体系有：HAc-NaAc 和 NH_3-NH_4Cl。配位滴定法使用的指示剂多为金属指示剂。

（3）氧化还原滴定法　氧化还原滴定法是以溶液中氧化剂和还原剂之间的电子转移为基础的一种滴定分析方法。它以氧化剂或还原剂为滴定剂，直接滴定一些具有还原性或氧化性的物质；或者间接滴定一些本身并没有氧化还原性，但能与某些氧化剂或还原剂起反应的物质。氧化还原滴定法有高锰酸钾法、重铬酸钾法、铈量法、碘量法。硅酸盐工业分析中常用重铬酸钾法，用氧化还原指示剂二苯胺磺酸钠确定滴定终点。重铬酸钾容易提纯，在 $140 \sim$ $250 ℃$ 干燥后，可以直接称量配制标准溶液。重铬酸钾标准溶液非常稳定，可以长期保存。

（4）沉淀滴定法　沉淀滴定法基于沉淀反应的滴定方法。作为沉淀滴定的反应除了必须符合滴定分析的几个基本条件（反应必须迅速、定量进行、有适当的方法确定终点外），还须符合一个特殊的条件，那就是生成沉淀溶解度必须要小，能完全满足这些要求的沉淀反应数量很少。

1.4.1.3　滴定方式

（1）直接滴定法　满足滴定分析基本条件的反应，即可用标准溶液直接滴定待测物质。直接滴定法是最常用和最基本的滴定方式。当反应不能完全符合滴定反应的条件时，可以采用下述几种方式进行滴定。

（2）返滴定法　当试液中待测物质与滴定剂反应很慢、无合适指示剂、用滴定剂直接滴定固体试样反应不能立即完成时，可先准确地加入过量标准溶液，与试液中的待测物质或固体试样进行反应，待反应完全后，再用另一种标准液滴定剩余的标准溶液，这种滴定方式称为返滴定法。例如 Al^{3+} 的滴定，由于 Al^{3+} 对指示剂有封闭作用且 Al^{3+} 与 EDTA 配位缓慢，故不宜采用直接滴定法，可采用返滴定法。为此，可先加入一定量过量的 EDTA 标准溶液，在 $pH=3.5$ 时，煮沸溶液，配位完全后，调节溶液 pH 值至 $5 \sim 6$，加入二甲酚橙，即可顺利地用 Zn^{2+} 标准溶液进行返滴定。

（3）置换滴定法　置换滴定法是先加入适当的试剂与待测组分定量反应，生成另一种可滴定的物质，再利用标准溶液滴定反应产物，然后由滴定剂的消耗量、反应生成的物质与待测组分等物质的量的关系计算出待测组分的含量。例如测定锡青铜中的锡，先在试液中加入一定且过量的 EDTA，使四价锡与试样中共存的铅、钙、锌等离子与 EDTA 配位。再用锌离子溶液返滴定过量的 EDTA 后，加入氟化铵，此时发生化学反应，并定量转换出 EDTA。用锌标准溶液滴定后即可得锡的含量。

（4）间接滴定法　不能与滴定剂直接起反应的物质，有时可以通过另外的化学反应，以间接滴定法进行滴定。例如，溶液中 Ca^{2+} 几乎不发生氧化还原的反应，但利用它与 $C_2O_4^{2-}$ 作用形成 CaC_2O_4 沉淀，过滤洗净后，加入 H_2SO_4 使其溶解，用 $KMnO_4$ 标准滴定溶液滴定 $C_2O_4^{2-}$，就可间接测定 Ca^{2+} 含量。

1.4.1.4　标准滴定溶液的配制

能用于直接配制或标定标准滴定溶液的物质，称为基准物质。基准物质应该符合以下要求：

（1）试剂的组成应与它的化学式完全相符。

（2）试剂纯度应足够高。一般大于 99.9% 以上，杂质含量不影响分析的准确度。

（3）试剂稳定。

（4）试剂有较大的摩尔质量，以减少称量误差。

（5）试剂反应时，应按反应式定量进行，没有副反应。

配制标准滴定溶液的方法一般有两种，即直接法和间接法。

（1）直接法　准确称取一定量基准物质，溶解后定量转移至容量瓶，加蒸馏水稀释至一定刻度，充分摇匀，根据基准物质的质量和容量瓶体积即可计算出该标准溶液的准确浓度。如 $K_2Cr_2O_7$ 标准溶液的配制。

（2）间接法　非基准物质不能直接用来配制标准滴定溶液，但可将其先配制成一种近似于所需浓度的溶液，然后用基准物质或另一种标准滴定溶液来标定它的准确浓度。如 HCl、NaOH 标准滴定溶液等。

1.4.1.5 滴定分析法的计算

（1）计算中常用的物理量

① 物质的量（n）：表示物质多少的一个物理量，单位为 mol（摩尔），其数值的大小取决于物质的基本单元。基本单元可以是分子、原子、离子、电子及其他粒子，或是这些粒子的特定组合，根据化学反应确定基本单元。

② 摩尔质量（M）：表示每摩尔物质的质量（g/mol），必须指明基本单元。

③ 物质的量浓度（c）：表示单位体积溶液中所含物质的物质的量（mol/L）。

$$c_B = n_B/V \ (mol/L)$$

由于物质的量的数值取决于基本单元的选择，因此，在表示物质的量浓度时必须指明基本单元。基本单元的选择以化学反应为依据。例如：

$$c(H_2SO_4) = 0.1 \ (mol/L)$$

$$c\left(\frac{1}{2}H_2SO_4\right) = 0.2 \ (mol/L)$$

④ 滴定度（$T_{A/B}$ 或 T_A）：A—被测物质的分子式；B—滴定剂溶质的分子式。单位：g/mL 或 mg/mL。

1mL 滴定剂相当于被测物质的质量（g 或 mg），如 $T_{HAc/NaOH} = 0.005346$ g/mL

1mL 滴定剂相当于被测物质的百分含量（%），如 $T_{Fe/K_2Cr_2O_7} = 1.00\%/mL$

⑤ 质量分数（w）：表示待测组分在样品中的含量，可以是百分数或 mg/g。

⑥ 质量浓度（ρ）：表示单位体积中某种物质的质量，可以是 g/L、mg/L 等。

（2）滴定分析法计算　在滴定分析中，可根据滴定反应中滴定剂 A 与待测物质 B 之间的化学计量关系来计算待测物质 B 的含量。可以通过"换算因素法"和"等物质的量反应规则"。

① 换算因素法：采用分子、原子或离子作为基本单元，而不采用粒子的特定组合作为基本单元，根据被测物质 B 与滴定剂 A 发生反应时的化学计量数确定 n_B 与 n_A 的关系。常使用于单一反应。

$$bB + aA == cC + dD$$

$$n_B : n_A = b : a \tag{1-2}$$

② 等物质的量反应规则：在滴定反应中，待测物质 B 与滴定剂 A 反应完全时，消耗的两反应物特定基本单元的物质的量相等。常使用于多步反应。

$$bB + aA == cC + dD$$

分别以（1/a）B 和（1/b）A 作基本单元，则

$$n_{(1/a)B} = n_{(1/b)A} \tag{1-3}$$

因此，通过反应中反应物之间的物质量的关系，当已知某一物质的量后就可求出另一物质的量。

>> 【例 1-3】

称取已烘干的基准试剂碳酸钠 0.6000g，溶解后以甲基橙为指示剂，用盐酸标准滴定溶液滴定消耗 22.60mL，计算盐酸标准溶液的物质的量的浓度。

$$c(HCl)V(HCl) = \frac{m}{M\left(\frac{1}{2}Na_2CO_3\right)}$$

$$c = 0.5009 \ (mol/L)$$

>> **【例 1-4】**

称取 0.5000g 水泥熟料，将其溶解转入 250mL 容量瓶中，摇匀后取出 50mL，在适宜条件下，以 0.1500mol/L EDTA 标准滴定溶液滴定铁，消耗 5.00mL，求试样中 Fe_2O_3 的质量分数 。

$$w_{Fe_2O_3} = \frac{c(EDTA)V(EDTA)M\left(\frac{1}{2}Fe_2O_3\right)}{m_s \times \frac{50}{250}} \times 100\% = 5.99\%$$

>> **【例 1-5】**

取 0.2500g 不纯碳酸钙试样，溶解于 25.00mL 0.2600mol/L 的 HCl 标准滴定溶液中，过量的酸用去 0.2450mol/L 的 NaOH 标准溶液返滴定，消耗 6.50mL，求试样中 $CaCO_3$ 的质量分数。

$$w_{CaCO_3} = \frac{[c(HCl)V(HCl) - c(NaOH)V(NaOH)]M\left(\frac{1}{2}CaCO_3\right)}{m_s} \times 100\% = 98.24\%$$

>> **【例 1-6】**

将样品溶解并使铁转变为 Fe^{2+} 后，用 $K_2Cr_2O_7$ 滴定铁，求 0.01500mol/L 的 $K_2Cr_2O_7$ 标准滴定溶液对 Fe_2O_3 的滴定度。

$$T = c \times 10^{-3} \times M\left(\frac{1}{2}Fe_2O_3\right) = 6 \times 0.01500 \times 10^{-3} \times \frac{1}{2} \times 159.69 = 0.007186 \text{ (g/mL)}$$

1.4.2　重量分析法

在重量分析中，先用适当的方法将被测组分与试样中的其他组分分离后，转化为一定的称量形式，然后称重，由称得物质的质量计算该组分的含量。重量分析法特点如下：

(1) 成熟的经典法，无标样分析法，用于仲裁分析。

(2) 用于常量组分的测定，准确度高，相对误差在 0.1%~0.2%。

(3) 耗时多、周期长，操作繁琐。

(4) 常量的硅、硫、镍等元素的精确测定仍采用重量法。

1.4.2.1　重量分析法分类

根据被测组分与其他组分分离方法的不同，有三种重量分析法。

(1) 沉淀法　沉淀法是重量分析法中的主要方法。被测组分以微溶化合物的形式沉淀出来，再将沉淀过滤、洗涤、烘干或灼烧，最后称重并计算其含量。

(2) 气化法　又称为挥发法，利用物质的挥发性质，通过加热或其他方法使试样中待测组分挥发逸出，然后根据试样质量的减少计算该组分的含量；或当该组分逸出时，选择适当吸收剂将它吸收，然后根据吸收剂质量的增加计算该组分的含量。

(3) 电解法　利用电解原理，用电子作沉淀剂使金属离子在电极上还原析出，然后称量，求得其含量。

硅酸盐工业分析中应用最多的是沉淀法。

1.4.2.2 沉淀法的过程和对沉淀的要求

沉淀法的一般沉淀过程如下：

首先在一定的条件下，往试液中加入适当的沉淀剂使被测组分沉淀出来，所得的沉淀称为沉淀形式。沉淀经过滤、洗涤、烘干或灼烧后使之转化为适当的称量形式，经称量后，即可由称量形式的化学组成和质量，求得被测组分的含量。测定误差主要来自于沉淀的溶解损失、沾污和称量。

称量形式和沉淀形式可以相同，也可以不同。

测 SiO_2 时，沉淀形式：H_2SiO_3，称量形式：SiO_2。

测 SO_3 时，沉淀形式：$BaSO_4$，称量形式：$BaSO_4$。

(1) 对沉淀形式的要求

① 沉淀的溶解度要小，要求沉淀的溶解损失不超过天平的称量误差，即小于 0.2mg；

② 沉淀应易于过滤和洗涤（最好得到粗大的晶形沉淀）；

③ 沉淀必须纯净，不应带入沉淀剂和其他杂质；

④ 应易于转变为称量形式。

(2) 对称量形式的要求

① 应具有确定的化学组成，否则无法计算测定结果。

② 要有足够的稳定性，不易受空气中水分、CO_2 和 O_2 等的影响。

③ 应具有尽可能大的摩尔质量。称量形式的摩尔质量越大，被测组分在其中所占的比例越小，则操作过程中因沉淀的损失或沾污对被测组分的影响就越小，测定的准确度就越高。称量形式的摩尔质量越大，由同样质量的待测组分所得到的称量形式的质量也愈大，因此称量相对误差越小，方法的灵敏度和准确度越高。

1.4.2.3 沉淀的类型及沉淀条件

沉淀可分为晶形沉淀和无定形沉淀。晶形沉淀内部排列规则，结构紧密，沉淀所占体积小，易沉降于容器底部，沉淀易于过滤，如 $BaSO_4$；无定形沉淀排列杂乱无章，有时又包含大量 H_2O 分子，大多是絮状沉淀，易形成胶体，沉淀较难过滤。

(1) 晶形沉淀的条件 为了获得纯净和颗粒大的粗晶形沉淀，对于晶形沉淀必须控制以下条件：

① 沉淀在较稀的溶液中进行。溶液的相对过饱和度不大，有利于形成大颗粒的沉淀。为避免溶解损失，溶液的浓度不宜太稀。

② 搅拌下慢慢加入沉淀剂，避免局部过浓生成大量晶核。

③ 在热溶液中进行沉淀。增大沉淀的溶解度，降低溶液的相对过饱和度，获得大颗粒沉淀，减少对杂质的吸附。但要冷却至室温后再过滤，以减少溶解损失。

④ 沉淀完全后，让初生成的沉淀与母液一起放置一段时间，这个过程称为"陈化"。目的是形成粗晶形沉淀，并且使沉淀更加纯净。

(2) 无定形沉淀的条件 为了防止无定形沉淀形成胶体，对于无定形沉淀必须控制以下条件：

① 在热的、浓的溶液中，不断搅拌下进行沉淀。在热和浓的溶液中，离子的水化程度降低，有利于得到含水量小、体积小、结构紧密的沉淀，沉淀颗粒容易凝聚。防止形成胶体溶液，减少沉淀表面对杂质的吸附。沉淀完毕，用热水稀释、搅拌，使吸附在沉淀表面的杂质离开沉淀表面进入溶液。

② 沉淀时加入大量电解质或某些能引起沉淀微粒凝聚的胶体。因电解质和带有相反电

荷的胶体颗粒能中和胶体微粒的电荷，降低其水化程度，有利于胶体颗粒的凝聚。为防止洗涤沉淀时发生胶溶现象，洗涤液中也应加入适量电解质。例如 NH_4Cl、NH_4NO_3。

例如测 SiO_2，在强酸性介质中析出带负电荷的硅胶沉淀，沉淀不完全，向溶液加入带正电荷的动物胶，相互凝聚作用，使硅胶沉淀完全。

③ 沉淀完毕，趁热过滤，不必陈化。

1.4.2.4　重量分析法计算

在重量分析中，多数情况下获得的称量形式与待测组分的形式不同，待测组分的摩尔质量 M_1 与称量形式的摩尔质量 M_2 之比称为换算因数（又称重量分析因素），以 f 表示：

$$f = \frac{M_1}{M_2} \tag{1-4}$$

进而求出被测组分的质量分数 w：

$$w = \frac{m}{m_s} \times f \times 100\% \tag{1-5}$$

式中　　w——被测组分的质量分数；

m——称量形式的质量；

m_s——试样的质量；

f——换算因数。

1.4.3　仪器分析法

滴定分析法和重量分析法都属于化学分析法，它们适用于测定试样中含量大于 1% 的常量组分。但是，对于含量小于 1% 的组分不宜采用化学分析法，需采用仪器分析法。仪器分析法是以测量物质的物理或物理化学性质为基础的分析方法，主要可分为光学分析法、电化学分析法、色谱分析法三大类。其中光学分析法中的分光光度法、原子吸收光谱法、火焰光度法、X 射线荧光光谱法在硅酸盐工业分析中用得比较普遍的，色谱分析法中气相色谱法在建筑装饰材料检测中应用较多。

1.4.3.1　分光光度法

分光光度法是基于物质分子对光的选择性吸收而建立起来的分析方法。分光光度法的特点：灵敏度高，一般分光光度法所测定的下限可达 $10^{-5} \sim 10^{-6}$ mol/L，因而有较高的灵敏度，适用于微量组分的分析；准确度较高，分光光度法的相对误差为 2%～5%，采用精密的分光光度计测量，相对误差为 1%～2%，其准确度虽不如滴定分析法高，但已满足微量组分测定的准确度要求，而对微量组分的测定，滴定分析法是难以进行的；简便、快速，分光光度法所使用的仪器操作简单，易于掌握。

（1）分光光度计　分光光度法使用的仪器是紫外-可见分光光度计，就其基本结构来说，都是由五个基本部分组成，即光源、单色器、吸收池、检测器及信号显示系统。

1）光源　在紫外可见分光光度计中，常用的光源有两类：热辐射光源和气体放电光源。热辐射光源用于可见光区，如钨灯和卤钨灯；气体放电光源用于紫外光区，如氢灯和氙灯。

2）单色器　单色器的主要组成：入射狭缝、出射狭缝、色散元件和准直镜等部分。单色器质量的优劣主要决定于色散元件的质量。色散元件常用棱镜和光栅。

3）吸收池　吸收池又称比色皿或比色杯，按材料可分为玻璃吸收池和石英吸收池，前者不能用于紫外区。吸收池的种类很多，其光径可在 0.1～10cm 之间，其中以 1cm 光径吸收池最为常用。

4）检测器　检测器的作用是检测光信号，并将光信号转变为电信号。现今使用的分光光度计大多采用光电管或光电倍增管作为检测器。

5）信号显示系统　常用的信号显示装置有直读检流计、电位调节指零装置，以及自动记录和数字显示装置等。

（2）定量分析

1）定量依据　分光光度法定量关系简称朗伯-比耳定律。朗伯-比耳定律数学表达式：

$$A = \lg(1/\tau) = Kbc \tag{1-6}$$

式中　A——吸光度；

τ——透射比，是透射光强度与入射光强度之比；

K——摩尔吸收系数，它与吸收物质的性质及入射光的波长 λ 有关，$L/(mol \cdot cm)$ 或 $L/(g \cdot cm)$；

c——吸光物质的浓度，mg/L 或 g/L；

b——吸收层厚度，cm。

朗伯-比耳定律物理意义是当一束平行单色光垂直通过某一均匀非散射的吸光物质时，

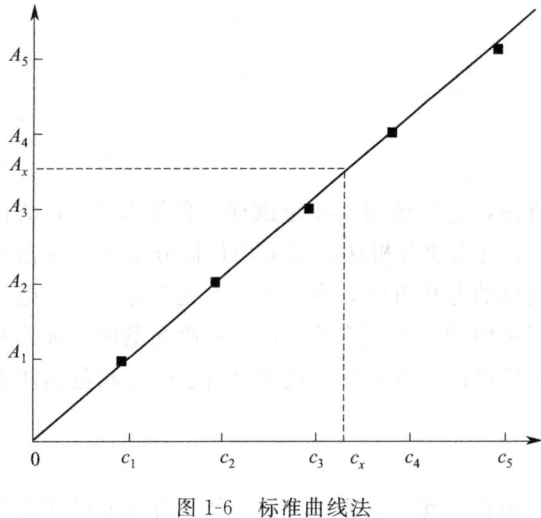

图 1-6　标准曲线法

其吸光度 A 与吸光物质的浓度 c 及吸收层厚度 b 成正比。

朗伯-比耳定律成立的前提：

① 入射光为平行单色光且垂直照射；

② 吸光物质为均匀非散射体系；

③ 吸光质点之间无相互作用；

④ 辐射与物质之间的作用仅限于光吸收，无荧光和光化学现象发生。

2）标准曲线法　也称为工作曲线法，其方法是先配制一系列浓度不同的标准溶液，用选定的显色剂进行显色，在一定波长下分别测定它们的吸光度 A。以吸光度 A 为纵坐标，浓度 c 为横坐标，绘制 A-c 曲线，若符合朗伯-比耳定律，则得到一条通过原点的直线，称为标准曲线。然后用完全相同的方法和步骤测定被测溶液的吸光度，便可从标准曲线上找出对应的被测溶液浓度或含量，如图 1-6 所示。

在仪器、方法和条件都固定的情况下，标准曲线可以多次使用而不必重新制作，因而标准曲线法适用于大量的经常性的工作。

3）回归分析法　作图法具有一定的随意性，可以用一元线性回归方程 $y = a + bx$ 表示，其中 x 为浓度或质量，y 为吸光度，a、b 确定了，一元线性回归方程及回归直线就定了。其中：

$$a = \frac{\sum\limits_{i=1}^{n} y_i - b \sum\limits_{i=1}^{n} x_i}{n} = \bar{y} - b\bar{x} \tag{1-7}$$

$$b = \frac{\sum\limits_{i=1}^{n} (x_i - \bar{x})(y_i - \bar{y})}{\sum\limits_{i=1}^{n} (x_i - \bar{x})^2} \tag{1-8}$$

$$r = b\sqrt{\dfrac{\sum\limits_{i=1}^{n}(x_i - \bar{x})}{\sum\limits_{i=1}^{n}(y_i - \bar{y})}} = \dfrac{\sum\limits_{i=1}^{n}(x_i - \bar{x})(y_i - \bar{y})}{\sqrt{\sum\limits_{i=1}^{n}(x_i - \bar{x})^2 \sum\limits_{i=1}^{n}(y_i - \bar{y})^2}} \tag{1-9}$$

式中　$\bar{x}$——x 的算术平均值；

　　　$\bar{y}$——y 的算术平均值；

　　　a——直线的截距；

　　　b——直线的斜率；

　　　r——相关系数，说明线性关系的好坏。

>> 【例 1-7】

用分光光度法测定硅酸盐材料中 Mn 的含量，吸光度与 Mn 的含量间有下列关系：

Mn 的质量/μg	0	0.02	0.04	0.06	0.08	0.10	0.12
吸光度 A	0.032	0.135	0.187	0.268	0.359	0.435	0.511

未知试样的吸光度为 0.242，试列出标准曲线的回归方程并计算未知试样中 Mn 的含量。

解：此组数据中，组分浓度为零时，吸光度不为零，这可能是在试剂中含有少量 Mn，或者含有其他在该测量波长下有吸光的物质。设 Mn 含量值为 x，吸光度值为 y。

$$\bar{x} = \frac{0 + 0.02 + 0.04 + 0.06 + 0.08 + 0.10 + 0.12}{7} = 0.06(\mu g)$$

$$\bar{y} = \frac{0.032 + 0.135 + 0.187 + 0.268 + 0.359 + 0.435 + 0.511}{7} = 0.275$$

$$\sum_{i=1}^{n}(x_i - \bar{x})^2 = (0 - 0.06)^2 + (0.02 - 0.06)^2 + (0.04 - 0.06)^2 + (0.06 - 0.06)^2 +$$
$$(0.08 - 0.06)^2 + (0.10 - 0.06)^2 + (0.12 - 0.06)^2$$
$$= 0.0112$$

$$\sum_{i=1}^{n}(y_i - \bar{y})^2 = (0.032 - 0.275)^2 + (0.135 - 0.275)^2 + (0.187 - 0.275)^2 + (0.268 - 0.275)^2 +$$
$$(0.359 - 0.275)^2 + (0.435 - 0.275)^2 + (0.511 - 0.275)^2$$
$$= 0.175$$

$$\sum_{i=1}^{n}(x_i - \bar{x})(y_i - \bar{y}) = (0 - 0.06) \times (0.032 - 0.275) + (0.02 - 0.06) \times (0.135 - 0.275) +$$
$$(0.04 - 0.06) \times (0.187 - 0.275) + (0.06 - 0.06) \times (0.268 -$$
$$0.275) + (0.08 - 0.06) \times (0.359 - 0.275) + (0.10 - 0.06) \times$$
$$(0.435 - 0.275) + (0.12 - 0.06) \times (0.511 - 0.275)$$
$$= 0.0442(\mu g)$$

$$b = \frac{\sum\limits_{i=1}^{n}(x_i - \bar{x})(y_i - \bar{y})}{\sum\limits_{i=1}^{n}(x_i - \bar{x})^2} = \frac{0.0442}{0.0112} = 3.95$$

$$a = \frac{\sum\limits_{i=1}^{n}y_i - b\sum\limits_{i=1}^{n}x_i}{n} = \bar{y} - b\bar{x} = 0.275 - 3.95 \times 0.06 = 0.038$$

所以，标准曲线的回归方程为 $y=a+bx=0.038+3.95x$

$$r=b\sqrt{\dfrac{\sum\limits_{i=1}^{n}(x_i-\bar{x})}{\sum\limits_{i=1}^{n}(y_i-\bar{y})}}=\dfrac{\sum\limits_{i=1}^{n}(x_i-\bar{x})(y_i-\bar{y})}{\sqrt{\sum\limits_{i=1}^{n}(x_i-\bar{x})^2\sum\limits_{i=1}^{n}(y_i-\bar{y})^2}}=\dfrac{0.0442}{\sqrt{0.0112\times0.175}}=0.9984$$

求得 $r=0.9984$，标准曲线具有很好的线性关系。

未知试样的吸光度为 0.242，代入回归方程 $y=0.038+3.95x$，求得未知试样中 Mn 的含量为 $(0.242-0.038)/3.95=0.052\mu g$。

1.4.3.2 原子吸收光谱法

原子吸收光谱法的测量对象是呈原子状态的金属元素和部分非金属元素，由待测元素灯发出的特征谱线通过试液经原子化产生的原子蒸气时，被蒸气中待测元素的基态原子所吸收，通过测定辐射光强度减弱的程度，求出试液中待测元素的含量。原子吸收遵循分光光度法的吸收定律，通常借比较标准溶液和待测溶液的吸光度，求得样品中待测元素的含量。

（1）原子吸收光谱仪　原子吸收光谱法所用仪器为原子吸收光谱仪，又称原子吸收分光光度计，由光源、原子化系统、分光系统和检测系统组成。

1）光源。作为光源要求发射的待测元素的锐线光谱，有足够的强度，背景小，稳定性好，一般采用空心阴极灯和无极放电灯。

2）原子化系统。可分为预混合型火焰原子化器、石墨炉原子化器。火焰原子化器由喷雾器、预混合室、燃烧器三部分组成。其特点：操作简便，重现性好，准确度高。石墨炉原子化器是一类将试样放置在石墨管壁、石墨平台、碳棒盛样小孔或石墨坩埚内用电加热至高温实现原子化的系统。其中管式石墨炉是最常用的原子化器。原子化程序分为干燥、灰化、原子化、高温净化。原子化效率高，在可调的高温下试样利用率达 100%；灵敏度高，其检测限达 $10^{-6}\sim10^{-14}$；试样用量少；适合难熔元素的测定。

3）分光系统。由凹面反射镜、狭缝或色散元件组成，色散元件为棱镜或衍射光栅，分光系统的性能包括色散率、分辨率和集光本领。

4）检测系统。一般由检测器（光电倍增管）、放大器、对数转换器和微机组成。

在原子吸收分光光度分析中，必须注意背景以及其他原因引起的对测定的干扰。仪器某些工作条件（如波长、狭缝、原子化条件等）的变化可影响灵敏度、稳定程度和干扰情况。在火焰法原子吸收测定中可采用选择适宜的测定谱线和狭缝、改变火焰温度、加入配位剂或释放剂、采用标准加入法等方法消除干扰；在石墨炉原子吸收测定中可采用选择适宜的背景校正系统、加入适宜的基体改进剂等方法消除干扰。具体方法应按各品种项下的规定选用。

（2）定量方法

1）标准曲线法。配制一系列不同浓度的标准溶液，由低到高依次分析，将获得的吸光度 A 对应于浓度 c 作标准曲线。在相同条件下测定试样的吸光度 A 数据，在标准曲线上查出对应的浓度值。或由标准试样数据获得线性方程，将测定试样的吸光度 A 数据代入计算。该方法适用于组成简单试样的分析。

2）标准加入法。取同体积待测试液溶液 4 份，分别置于 4 个同体积的容量瓶中，除 1 号容量瓶外，其他容量瓶分别精密加入不同浓度的待测元素标准溶液，分别用去离子水稀释至刻度，制成从零开始递增的一系列溶液，测定吸光度，将吸光度读数与相应的待测元素加入量作图，延长此直线至与含量轴的延长线相交，此交点与原点间的距离即相当于待测溶液取用量中待测元素的含量（图 1-7），再以此计算样品中待测元素的含量。此法适用于标准曲线呈线性并通过原点的复杂样品分析。

1.4.3.3 火焰光度法

某些碱金属或碱土金属元素的供试品溶液用喷雾装置以气溶胶形式引入火焰光源中,靠火焰的热能将试样元素原子化并激发出它们的特征光谱,通过光电检测系统测量出待测元素特征光谱的光强程序可求出供试品中待测元素的含量。通常借比较标准品和供试品的光强程度,求得试样中待测元素的含量。

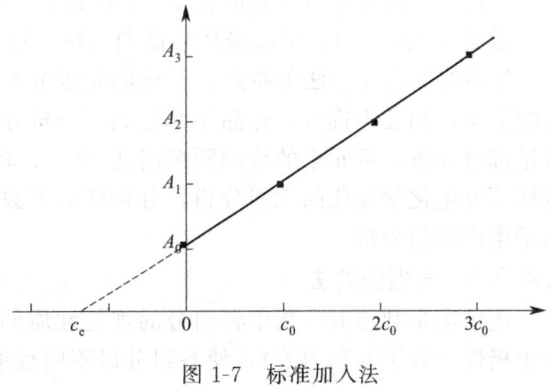

图 1-7 标准加入法

火焰光度法所用仪器为火焰光度计,它由燃烧系统、色散系统和检测系统等部件组成。燃烧系统由喷雾装置、燃烧灯、燃料气体和助燃气体的供应等部分所组成。燃烧火焰通常是用空气作助燃气,用煤气或液化石油气等作燃料气组成的火焰,即空气-煤气或空气-液化石油气火焰。仪器某些工作条件(如火焰类型、火焰状态、空气压缩机供应压力等)的变化可影响灵敏度、稳定程度和干扰情况,应按各品种项下的规定选用。

火焰光度法定量关系:

$$I = ac^b \tag{1-10}$$

式中　I——特征谱线强度,cd;

　　　c——待测物浓度,md/L 或 g/L;

　　　a——与元素激发电位、温度及试样成分有关的参数;用火焰作为激发光源时,因燃烧稳定,且组分在火焰中分散度好,此时 a 为常数;

　　　b——自吸情况参数;

当 c 很低时,$b = 1$,此时,自吸现象可忽略,则:

$$I = ac \tag{1-11}$$

即特征谱线强度与待测物浓度成正比。

火焰光度法方法特点:准确、快速,灵敏度较高。但因用火焰作为激发光源,温度较低,只能激发碱金属、碱土金属等几种激发能低、谱线简单的元素,难激发的元素测定较困难。

1.4.3.4 X 射线荧光光谱法

X 射线荧光光谱法是利用样品对 X 射线的吸收随样品中的成分及其含量变化而变化来定性或定量测定样品中成分的一种方法。当照射原子核的 X 射线能量与原子核的内层电子的能量在同一数量级时,核的内层电子共振吸收射线的辐射能量后发生跃迁,而在内层电子轨道上留下一个空穴,处于高能态的外层电子跳回低能态的空穴,将过剩的能量以 X 射线的形式放出,所产生的 X 射线即为代表各元素特征的 X 射线荧光谱线。其能量等于原子内壳层电子的能级差,即原子特定的电子层间跃迁能量。不同元素的荧光 X 射线具有各自的特定波长或能量,因此根据荧光 X 射线的波长或能量可以确定元素的组成。X 射线荧光光谱法进行定量分析的依据是元素的荧光 X 射线强度 I_i 与试样中该元素的含量 c_i 成正比:

$$I_i = I_s c_i \tag{1-12}$$

式中　I_s——$c_i = 100\%$ 时,该元素的荧光 X 射线的强度,cd;

　　　I_i——荧光 X 射线强度,cd;

c_i——试样中该元素的含量，md/L 或 g/L。

根据公式(1-12)，可以采用标准曲线法、增量法、内标法等进行定量分析。

X 射线荧光光谱法的特点：分析的元素范围广，从 Na_{11} 到 U_{92} 均可测定；荧光 X 射线谱线简单，相互干扰少，样品不必分离，分析方法比较简便；分析浓度范围较宽，从常量到微量都可分析；重元素的检测限可高达 10^{-6}，轻元素稍差；属于物理过程的非破坏性分析，试样不发生化学变化的无损分析，分析样品不被破坏，分析快速，准确，便于自动化。经常用于生产控制分析。

1.4.3.5　气相色谱法

色谱法是利用混合物中各组分的理化性质的差异（吸附力、溶解度、分子形状和大小、分子极性、分子亲和力等），使各组分以不同程度分布在两相中，其中一相固定不动叫固定相，另一相做相对运动叫作流动相，由于各组分受流动相作用产生的推力和受固定相作用产生的阻力的不同，使各组分产生不同的移动速度，使得结构上只有微小差异的各组分得到分离，再配合相应的光学、电学、电化学和或其他相关检测手段，对各组分进行定性和定量分析。

如果用液体作流动相，就叫液相色谱；用气体作流动相，就叫气相色谱。气相色谱法的流动相叫做载气，可用氦气、二氧化碳、氢气、氮气等。气相色谱法根据所用的固定相不同可以分为两种，一种用固体吸附剂作固定相的叫气固色谱；一种用涂有固定液的担体作固定相的叫气液色谱。在实际工作中以气液色谱应用为主。

（1）气相色谱仪　气相色谱法所用仪器为气相色谱仪，由气路系统、进样系统、分离系统、检测系统、数据处理系统、温度控制系统及其他辅助部件组成。

1）气路系统。指载气及其他气体（燃烧气、助燃气）流动的管路和控制、测量元件。所用的气体从高压气瓶或气体发生器流出后，通过减压和气体净化干燥管，用稳压阀、稳流阀控制到所需的流量。

2）进样系统。进样就是把气体或液体样品迅速而定量地加到色谱柱上端。由进样器与汽化室组成。进样器有气体进样阀、液体注射器、热裂解进样器等多种形式。

3）分离系统。分离系统由柱箱和色谱柱组成，核心是色谱柱，它的作用是将多组分样品分离为单个组分。色谱柱通常为内径 2～3mm、长 1～3m、内盛固定相的填充柱，或内径 0.25mm、长 20m 以上、内涂固定液的毛细管柱。样品从进样室被载气携带通过色谱柱，样品中的组分在色谱柱内被分离而先后流出，进入检测器。

4）检测系统。检测系统包括检测器、微电流放大器、记录器。检测器将色谱柱流出的组分，依浓度的变化转化为电信号，经微电流放大器后，把放大后的电信号分别送到记录器和数据处理装置，由记录器绘出色谱流出曲线。

5）数据处理系统。近年来气相色谱仪主要采用色谱数据处理机。色谱数据处理机可打印记录色谱图，并能在同一张记录纸上打印出处理后的结果，如保留时间、被测组分质量分数等。

6）温度控制系统及其他辅助部件。温度控制系统用于控制和测量色谱柱、检测器、气化室温度，是气相色谱仪的重要组成部分。温度控制方式有恒温和程序升温两种。对于沸点范围很宽的混合物，往往采用程序升温法进行分析。程序升温指在一个分析周期内柱温随时间由低温向高温作线性或非线性变化，使沸点不同的组分，分别在其最佳柱温下出峰，以达到用最短时间获得最佳分离的目的。

（2）定性分析　在一定色谱分析条件下，表示组分在色谱柱内移动速度的调整保留时间。t'_R 是色谱定性分析的指标，即某组分在给定条件下的 t'_R 值必定是某一数值。为了尽量免除载气流速、柱长、固定液用量等操作条件的改变对使用 t'_R 值作定性分析指标时产生的不方便，可进一步用组分相对保留值 α 或组分的保留指数 I 来进行定性分析。将样品进行色谱分析后，按同样的实验条件用纯物质做实验，或者查阅文献，把两者所得的定性指标（α 值、t'_R 值或 I 值）相比较，如果样品和纯物质都有定性指标数值一致的色谱峰，则此样品中有此物质。

相同物质具有相同保留值的色谱峰，但相同保留值的色谱峰不一定是同种物质，保留值并不具有专属性。为了更好地对色谱峰进行定性分析，还常采用其他手段来直接定性，例如采用气相色谱和质谱或光谱联用，使用选择性的色谱检测器，用化学试剂检测和利用化学反应等。

（3）定量分析 气相色谱定量分析的依据是被测组分的量与检测器的响应值成正比，也就是与它在色谱图上的峰面积或峰高成正比。可用手工的方法测量峰高，以峰高 h 与峰高一半处的峰宽（半峰宽 $W_{1/2}$）的乘积表示峰面积，新型的色谱仪都有积分仪或微处理机给出更精确的色谱峰高或面积。

进入检测器的组分的量（m_i）与其色谱峰面积（A_i）之比为一比例常数 f_i，该比例常数 f_i 就称为该组分的绝对校正因子。

$$f_i = \frac{m_i}{A_i} \qquad (1\text{-}13)$$
$$m_i = f_i A_i$$

式中 f_i——该组分的绝对校正因子，g/cm^2；

　　　m_i——该组分的量，g；

　　　A_i——该组分的色谱峰面积，cm^2。

由于组分的绝对校正因子难以测定，它随实验条件的变化而变化，故很少采用，实际工作中一般采用相对校正因子 f'_i：某组分 i 与所选定的基准物质 s 的绝对校正因子之比。

$$f'_i = \frac{f_i}{f_s} = \frac{m_i/A_i}{m_s/A_s} = \frac{A_s m_i}{A_i m_s} \qquad (1\text{-}14)$$

式中 f'_i——相对校正因子；

　　　f_i——某组分 i 的绝对校正因子；

　　　f_s——基准物质 s 的绝对校正因子；

　　　m_i——某组分 i 的量；

　　　m_s——基准物质 s 的量；

　　　A_i——某组分 i 的色谱峰面积；

　　　A_s——基准物质 s 的色谱峰面积。

相对校正因子值只与被测物和标准物以及检测器的类型有关，而与操作条件无关。因此，f'_i 值可自文献中查出引用。

色谱分析中常用的定量方法有归一化法、外标法和内标法。

1）归一化法。把所有出峰的组分含量之和按 100% 计的定量方法，称为归一化法。当样品中所有组分均能流出色谱柱，并在检测器上都能产生信号的样品，可用归一化法定量，其中组分 i 的质量分数可按式(1-15) 计算：

$$w_i = \frac{m_i}{\sum m_i} \times 100\% = \frac{f'_i A_i}{\sum f'_i A_i} \times 100\% \qquad (1\text{-}15)$$

式中　w_i——任一组分 i 的质量分数，%；

　　　m_i——任一组分 i 的量，g；

　　　$\sum$——求和符号；

　　　f'_i——任一组分 i 的相对校正因子；

　　　A_i——任一组分 i 的色谱峰面积。

归一化法前提是试样中所有组分都产生信号并能检出色谱峰；依据是组分含量与峰面积成正比；优点是简便、准确，色谱条件略有变化对结果几乎无影响，定量结果与进样量、重复性无关；缺点是必须已知所有组分的校正因子，不适合微量组分的测定。

2）外标法。用待测组分的纯品作为标准物质，以标准物质和样品中待测组分的响应信号相比较进行定量的方法称为外标法。此法可分为工作曲线法及外标一点法等。

工作曲线法是用标准物质配制一系列浓度的标准品溶液确定工作曲线，求出斜率、截距。在完全相同的条件下，准确进样与标准品溶液相同体积的样品溶液，根据待测组分的信号，从标准曲线上查出其浓度，或用回归方程计算，工作曲线法也可以用外标二点法代替。外标二点法就是用两个标准溶液代替标准系列。

当工作曲线的截距为零时，也可用外标一点法（直接比较法）定量。当对照品浓度与待测组分浓度接近时，直接用一个标准溶液浓度对比样品中待测组分含量。

$$c_{样} = \frac{A_{样}}{A_{标}} \times c_{标} \tag{1-16}$$

外标法的特点是：不需要校正因子；不需要所有组分出峰；结果受进样量、进样重复性和操作条件影响大。

3）内标法。内标法在气相色谱定量分析中是一种重要的技术。使用内标法时，在样品中加入一定量的标准物质，它可被色谱柱所分离，又不受试样中其他组分峰的干扰，只要测定内标物和待测组分的峰面积 A_i 和 A_s 与相对校正因子 f'_i 和 f'_s 值，即可求出待测组分在样品中的百分含量。

$$\frac{m_i}{m_s} = \frac{A_i f'_i}{A_s f'_s}$$

$$w_i = \frac{m_i}{m} \times 100\% = \frac{A_i f'_i}{A_s f'_s} \times \frac{m_s}{m} \times 100\% \tag{1-17}$$

式中　w_i——待测组分的质量分数，%；

　　　m_i——某组分 i 的量，g；

　　　m_s——基准物质 s 的量，g；

　　　A_i——某组分 i 的色谱峰面积，cm^2；

　　　A_s——基准物质 s 的色谱峰面积，cm^2；

　　　f'_i——待测组分相对校正因子；

　　　f'_s——基准物质 s 相对校正因子；

　　　m——待测试样的量，g。

采用内标法定量时，内标物的选择是一项十分重要的工作。对内标物要求：内标物应当是样品中不含有，相对校正因子已知；它应当和被分析的样品组分有基本相同或尽可能一致的物理化学性质，保留时间接近且分离要好；纯度要高。

内标法的优点是：重复性及操作条件对结果无影响；只需待测组分和内标物出峰，与其他组分是否出峰无关；适合测定微量组分。缺点是：制样要求高；找合适内标物困难；要已知校正因子。

任务 1.5　分析数据处理

1.5.1　误差与偏差

在分析测试过程中，由于主、客观条件限制，使得测定结果不可能和真实含量完全一致。即使是技术最熟练的人员，用同一最完善的分析方法和最精密的仪器，对同一试样仔细地进行多次分析，其结果也不会完全一致，而是在一定范围内波动。也就是说，分析中客观存在难以避免的误差。因此，在进行分析时，不仅要得到被测组分的含量，而且必须对分析结果进行评价，判断分析结果的可靠程度，检查产生误差的原因，以便采取相应的措施减小误差，使分析结果尽量接近客观真实值，真实值简称真值。

真值（x_T）：试样中某组分客观存在的真实含量。客观存在，但绝对真值不可测。

理论真值：如某化合物的理论组成等。

约定真值：国际计量大会上确定的长度、质量、物质的量单位等。

相对真值：认定精度高一个数量级的测定值作为低一级的测量值的真值。例如科研中使用的标准样品及管理样品中组分的含量等。

1.5.1.1　误差的表征——准确度与精密度

测定值 x 与真值 x_T 相接近的程度称为准确度，常以误差和相对误差表示。误差和相对误差越小，则分析结果的准确度越高。

为了获得可靠的分析结果，实际分析中，需要在相同条件下对试样平行测定几次，然后求平均值。多次重复测定某一量时所得测量值的离散程度称为精密度，常以偏差和相对偏差表示，也称为再现性或重复性。再现性是指不同分析工作者在不同条件下所得数据的精密度。重复性是指同一分析工作者在同样条件下所得数据的精密度。

如何从精密度和准确度两方面评价分析结果呢？

图 1-8 是甲、乙、丙、丁四人分析同一铁矿石试样中三氧化二铁的示意图。

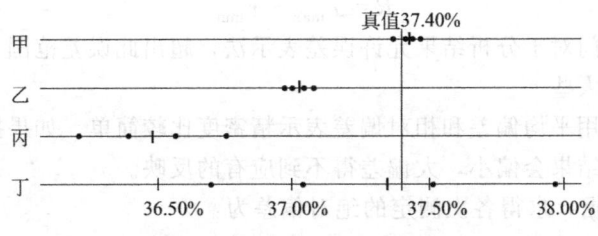

图 1-8　不同人员分析同一试样的结果

甲：精密度高且准确度也好，结果可靠。

乙：精密度高，但其平均值的准确度差，存在负的系统误差。

丙：精密度不高，且准确度差。

丁：精密度很差，由于误差相互抵消凑巧使平均值接近真值，不可靠。

综上所述：精密度好是准确度好的前提，精密度好不一定准确度高。

1.5.1.2　误差的种类

（1）误差　误差表示测定结果与真值的差异。误差一般用绝对误差和相对误差表示。绝对误差是指测量值与真值间的差值，用 E 表示：

$$E = x - x_{\mathrm{T}} \tag{1-18}$$

相对误差是指绝对误差占真值的百分比，用 E_{r} 表示

$$E_{\mathrm{r}} = \frac{E}{x_{\mathrm{T}}} \times 100\% = \frac{x - x_{\mathrm{T}}}{x_{\mathrm{T}}} \times 100\% \tag{1-19}$$

误差有正、负之分。当测定值大于真值时误差为正值，表示测定结果偏高；当测定值小于真值时误差为负值，表示测定结果偏低。由于相对误差能反映误差在真值中所占比例，因此反应测定结果的准确度更加可靠。

（2）偏差 在实际分析中，真值并不知道，一般取多次测定结果的算数平均值 $\bar{x}$ 来表示分析结果：

$$\bar{x} = \frac{x_1 + x_2 + \cdots + x_n}{n} = \frac{1}{n} \sum_{i=1}^{n} x_i \tag{1-20}$$

偏差是指测量值与平均值的差值，偏差的大小可表示测定结果的精密度，偏差分绝对偏差和相对偏差。绝对偏差用 d 表示：

$$d = x - \bar{x} \tag{1-21}$$

相对偏差用 d_{r} 表示：
$$d_{\mathrm{r}} = \frac{d}{\bar{x}}$$

偏差只能衡量每个测量值与平均值的偏离程度，为反映整体数据的精密度，引入平均偏差和相对平均偏差，平均偏差是指各单个偏差绝对值的平均值，用 $\bar{d}$ 表示：

$$\bar{d} = \frac{\sum\limits_{i=1}^{n} |x_i - \bar{x}|}{n} \tag{1-22}$$

相对平均偏差是指平均偏差与测量平均值的比值，用 $\bar{d}_{\mathrm{r}}$ 表示

$$\bar{d}_{\mathrm{r}} = \frac{\bar{d}}{\bar{x}} \times 100\% = \frac{\sum\limits_{i=1}^{n} |x_i - \bar{x}|}{n\bar{x}} \times 100\% \tag{1-23}$$

（3）极差和公差 极差又称全距，是测定数据中的最大值与最小值之差，用 R 表示：

$$R = x_{\max} - x_{\min} \tag{1-24}$$

公差是指生产部门对于分析结果允许误差表示法，超出此误差范围为超差，分析组分越复杂，公差的范围也大些。

（4）标准偏差 用平均偏差和相对偏差表示精密度比较简单，如果按总的测定次数要求计算平均偏差，所得结果会偏小，大偏差得不到应有的反映。

如 A、B 两组数据，求得各次测定的绝对偏差为：

d_{A}：$+0.15$、$+0.39$、0.00、-0.28、$+0.19$、-0.29、$+0.20$、-0.22、-0.38、$+0.30$

测定次数：$n = 10$，平均偏差：$\bar{d}_{\mathrm{A}} = 0.24$，极差：$0.77$

d_{B}：-0.10、-0.19、$+0.91$、0.00、$+0.12$、$+0.11$、0.00、$+0.10$、-0.69、-0.18

测定次数：$n = 10$，平均偏差：$\bar{d}_{\mathrm{B}} = 0.24$，极差：$1.60$

两组平均偏差相同，而实际上 B 数据中出现两个较大偏差（$+0.91$，-0.69），测定结果精密度较差。为了反映这些差别，当测定次数较多时，常用标准偏差或相对标准偏差来表示一组平行测定值的精密度。标准偏差又称均方根偏差，标准偏差的计算分两种情况：

① 当测定次数趋于无穷大时标准偏差：

$$\sigma = \sqrt{\sum (x - \mu)^2 / n} \tag{1-25}$$

μ 为无限多次测定的平均值（总体平均值）即：

$$\lim_{n \to \infty} \bar{x} = \mu \tag{1-26}$$

当消除系统误差时，μ 即为真值。

② 有限测定次数标准偏差：

$$s = \sqrt{\sum (x - \bar{x})^2 / (n-1)} \tag{1-27}$$

相对标准偏差，也称变异系数 RSD：

$$RSD = \frac{s}{\bar{x}} \times 100\% \tag{1-28}$$

1.5.1.3　误差的来源

根据误差的来源和性质不同可以分为系统误差和随机误差。

（1）系统误差　由固定的原因造成的，使测定结果系统偏高或偏低，重复出现，其大小可测，具有"单向性"。可用校正法消除。系统误差产生主要原因如下。

① 方法误差：分析方法本身所造成的误差，如重量分析法中沉淀溶解损失、滴定分析中的终点误差。

② 仪器误差：仪器本身不够准确或未经校准所引起的。如滴定管刻度不准、砝码磨损。

③ 试剂误差：试剂不纯或蒸馏水中含有杂质所引起的。

④ 主观误差：又叫操作误差，由于操作人员的主观原因引起的。如终点颜色观察、滴定管读数的个人误差。

（2）随机误差　又称偶然误差。由偶然性、不固定的因素引起的，是可变的，有时大，有时小，有时正，有时负。不可校正，无法避免，服从统计规律。不存在系统误差的情况下，测定次数越多其平均值越接近真值。一般平行测定 4～6 次。

（3）操作过失　指工作人员粗心大意、违反操作规程，产生明显与事实不符的异常值。如看错砝码、读错数据等，是应该坚决杜绝的。

系统误差影响测定的准确度，而随机误差对精密度和准确度均有影响；评价测定结果的优劣，要同时衡量其准确度和精密度。

1.5.2　有效数字

1.5.2.1　有效数字的意义及位数

（1）有效数字的意义　有效数字是指实际能测到的数字。在有效数字中，只有最后一位数是不确定的，可疑的。有效数字位数由仪器准确度决定，它直接影响测定的相对误差。例如由分析天平称得某物质的质量为 0.5000g，这一数值中，0.500 是准确的，最后一位 "0" 是可疑的，可能有一个上下单位的误差，即真实值在 (0.5000±0.0001)g 范围内的某一数值。如果记录为 0.500、0.50、0.5，最后一位是可疑的，分别表示真实值在 (0.500± 0.001)g、(0.50±0.01)g、(0.5±0.1)g 范围内的某一数值。可见，小数点后末尾多写或少写一位 "0"，从数学角度看关系不大，但测量的精确程度无形中被夸大和缩写，因此记录测量结果时，要根据仪器的精密程度，只保留一位可疑数据。

（2）有效数字的位数

① 0 在具体数值之前，只作定位，不属于有效数字；而在数值中间或后面，均为有效数字。例如：

1.0008，5 位有效数字；0.1000，4 位有效数字；0.0358，3 位有效数字；0.0040，2 位

有效数字。

② 对数中有效数字的位数，取决于小数点后数字的位数，常用的 pH、pK 等均为此类。

③ 计算单位需改变时，其有效数字位数不变；对很大或很小的数字，可用 10 的方次表示，其有效数字位数亦不变。

④ 在记录或运算式中的倍数或分数视为无误差数字或无限多位有效数字。

（3）分析过程中的有效数字位数

① 分析天平称量质量：0.0001g。

② 滴定管体积：0.01mL。

③ 容量瓶：100.0mL、250.0mL、50.0mL。

④ 吸量管、移液管：25.00mL、10.00mL、5.00mL、1.00mL。

⑤ pH：0.01 单位。

⑥ 吸光度：0.001。

⑦ 分析结果表示的有效数字：两位小数。

⑧ 分析中各类误差的表示：通常取 1 至 2 位有效数字。

1.5.2.2 有效数字的修约规则

通常的分析测定过程中，往往包括几个测量环节，然后根据测量所得数据计算，最后求得分析结果。但各个测量环节的测量精度不一定完全一致，因而几个测量数据的有效数字位数可能也不相同，在计算中要对多余的有效数字进行修约。有效数字修约采取"四舍六入五成双"规则：当测量值中修约的那个数字等于或小于 4 时，该数字舍去；等于或大于 6 时，进位；等于 5 时（5后面无数据或是 0 时），如进位后末位数为偶数则进位，舍去后末位数为偶数则舍去。5 后面有数时，进位。修约数字时，只允许对原测量值一次修约到所需要的位数，不能分次修约。

例如：

0.32554→0.3255；0.36236→0.3624；10.2150→10.22；150.65→150.6；75.5→76；16.0851→16.09。

1.5.2.3 运算规则

（1）加减法　当几个数据相加减时，它们和或差的有效数字位数，应以小数点后位数最少的数据为依据，因小数点后位数最少的数据的绝对误差最大。

例如：0.0121＋25.64＋1.05782＝?

绝对误差：±0.0001、±0.01、±0.00001

在加和的结果中总的绝对误差值取决于 25.64。

$$0.01 + 25.64 + 1.06 = 26.71$$

（2）乘除法　当几个数据相乘除时，它们积或商的有效数字位数，应以有效数字位数最少的数据为依据，因有效数字位数最少的数据的相对误差最大。

例如：0.0121 × 25.64 × 1.05782＝?

相对误差：$\pm 0.8\% \left(\dfrac{\pm 0.0001}{0.0121}\right)$、$\pm 0.04\% \left(\dfrac{\pm 0.01}{25.64}\right)$、$\pm 0.0009\% \left(\dfrac{\pm 0.00001}{1.05782}\right)$

结果的相对误差取决于 0.0121，因它的相对误差最大，所以

$$0.0121 \times 25.6 \times 1.06 = 0.328$$

1.5.3　分析化学中的数据处理

在分析工作中，最后处理分析数据时，都要校正系统误差和剔除由于明显原因与其他测

定结果相差甚远的那些错误测定结果后进行。

在例行分析中，一般对单个试样平行测定两次，此时测定结果可作如下简单处理：计算出相对平均偏差，若其相对平均偏差≤0.1%，可认为符合要求，取其平均值报出测定结果，否则需重做。如果标准规定了公差，两次测定结果差值如不超过双面公差（即公差的2倍），则取它们的平均值报出分析结果，如超过双面公差，则需重做。

例如水泥中 SiO_2 的测定，标准规定同一实验室内公差为±0.20%，如果实际测得数据分别为 21.14% 及 21.58%，两次测定结果的差值为 0.44%，超过双面公差（2×0.20%），必须重新测定，如又进行一次测定结果为 21.16%，则应以 21.14% 和 21.16% 两次测定的平均值 21.15% 报出。

对于要求非常准确的分析，如考核新拟定的方法时进行标准试样成分的测定，对于同一试样，由于实验室不同或操作者不同，做出的一系列数据会有差异，因此需要用统计方法进行结果处理。数据处理按以下几个步骤用统计方法进行：

① 对于偏差较大的可疑数据按 Q 检验法进行检验，决定其取舍；

② 计算出数据的平均值、各数据对平均值的偏差、平均偏差与标准偏差等；

③ 按要求的置信度求出平均值的置信区间。

1.5.3.1 随机误差的正态分布

因测量过程中存在随机误差，使测量数据具有分散的特性（测量时误差的不可避免），但仍具有一定的规律性，具有一定的集中趋势，大误差少而小误差多，符合标准正态分布曲线。标准正态分布曲是以总体平均值 μ 为原点，标准偏差 σ 为横坐标单位的曲线，如图 1-9 所示。

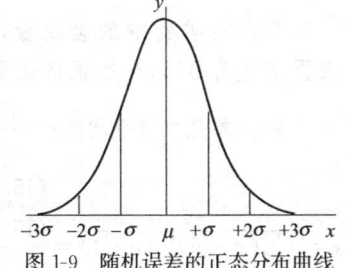

图 1-9 随机误差的正态分布曲线

由图可得：$x=\mu$（即误差为零）时 y 值最大。说明大多数测量值集中在算术平均值附近，或者说算术平均值是最可信赖值。x 值趋于 $+\infty$ 或 $-\infty$（即 x 与 μ 差很大）时，曲线以 x 轴为渐近线，说明小误差出现的概率大而大误差出现的概率小。曲线以 $x=\mu$ 的直线呈轴对称分布，即正、负误差出现概率相等。σ 值越大，测量值的分布越分散；σ 越小，测量值越集中，曲线越尖锐。

1.5.3.2 置信度与置信区间

由正态分布得知，只要已知其真值 μ 和标准偏差 σ，便可以期望测量值会以一定概率落在 μ 值附近的一个区间内。反之，当 μ 未知时，也可期望测量值以一定概率包含在 x 值附近的一个区间内。将以测定结果为中心，包含 μ 值在内的可靠性范围称为置信区间。真实值落在这一范围的概率，称为置信度或置信水准。曲线上各点的纵坐标表示误差出现的频率，曲线与横坐标从 $-\infty$ 到 $+\infty$ 之间所包围的面积表示具有各种大小误差的测定值出现的概率的总和，设为 100%。由数学统计计算可知，真实值落在 $\mu\pm\sigma$、$\mu\pm2\sigma$ 和 $\mu\pm3\sigma$ 的概率分别为 68.3%、95.5% 和 99.7%。也就是说，在 1000 次的测定中，只有三次测量值的误差大于 $\pm3\sigma$。

对于有限次测定，平均值与总体平均值 μ 关系为：

$$\mu=\bar{x}\pm t\times\frac{s}{\sqrt{n}} \tag{1-29}$$

式中 s——标准偏差；

      n——测定次数；

t——在选定的某一置信度下的概率系数，可查表 1-2 取得。

在一定置信度下，增加平行测定次数可使置信区间缩小，说明测量的平均值越接近总体平均值。

表 1-2 不同测定次数及不同置信度的 t 值表

测定次数 n	置 信 度				
	50%	90%	95%	99%	99.5%
2	1.000	6.314	12.706	63.675	127.32
3	0.816	2.920	4.303	9.925	14.089
4	0.765	2.353	3.182	5.841	7.453
5	0.741	2.132	2.776	4.604	5.598
6	0.727	2.015	2.571	4.032	4.773
7	0.718	1.943	2.447	3.707	4.317
8	0.711	1.895	2.365	3.500	4.317
9	0.706	1.860	2.306	3.335	3.832
10	0.703	1.833	2.262	3.14	3.690
11	0.700	1.812	2.228	3.169	3.561
21	0.687	1.725	2.086	2.845	3.153
∞	0.674	1.645	1.960	2.576	2.807

》》【例 1-8】

测定某矿物中的含铁量，结果为 15.40%、15.44%、15.34%、15.41%、15.38%，求置信度为 95% 时的置信区间。

解：首先求得平均值 $\bar{x} = \dfrac{15.40\% + 15.44\% + 15.34\% + 15.41\% + 15.38\%}{5} = 15.40\%$，

$$s = \sqrt{\sum (x-\bar{x})^2 / (n-1)} = \sqrt{\frac{\begin{array}{c}(15.40\%-15.40\%)^2 + (15.44\%-15.40\%)^2 + (15.34\%-15.40\%)^2 + \\ (15.41\%-15.40\%)^2 + (15.38\%-15.40\%)^2\end{array}}{5-1}}$$

$= 0.0385$，

当 $n=5$，置信度为 95% 时，查表 1-2 得到 $t = 2.776$，

$$\mu = 15.40\% \pm \frac{2.776 \times 0.0385}{\sqrt{5}}\% = (15.40 \pm 0.048)\%$$

即可理解为：总体平均值 μ 落在 $(15.40 \pm 0.048)\%$ 的区间内的可能性是 95%。

不能理解为：未来测定的实验平均值有 95% 的可能性落在 $(15.40 \pm 0.048)\%$ 的区间内。

1.5.3.3 可疑值的取舍

在定量分析中，实验数据往往会有一些偏差较大的，称为可疑值或离群值。除非确定为过失误差数据，任一数据均不能随意地保留或舍去。可疑值的取舍问题实质上是区分随机误差与过失误差的问题。可借统计检验来判断。常用的有较简单的 $4\bar{d}$ 法、Q 检验法。

（1）$4\bar{d}$ 法

① 首先，求可疑值除外的其余数据的平均值 $\bar{x}$ 和平均偏差 $\bar{d}$；

② 然后，若 $|x_{可疑} - \bar{x}_{其余}| > 4\bar{d}$，则舍去，否则保留。

该法处理可疑数据的取舍存在较大误差，但比较简单，不必查表，故仍为人们采用。

>> **【例 1-9】**

用 EDTA 标准溶液滴定某试液的 Zn，平行测定 4 次，消耗 EDTA 标液的体积（mL）分别为：26.37、26.40、26.44、26.42，试问 26.37 这个数据是否保留？

解：首先不计可疑值 26.37，求得其余数据的平均值 $\bar{x}$ 和平均偏差 $\bar{d}$

$$\bar{x} = \frac{26.40 + 26.44 + 26.42}{3} = 26.42,$$

$$\bar{d} = \frac{|26.40 - 26.42| + |26.44 - 26.42| + |26.42 - 26.42|}{3} = 0.013$$

可疑值与平均值的绝对差值为：

$$|26.37 - 26.42| = 0.05$$

大于 $4\bar{d}$（0.052），所以应舍弃。

（2）Q 检验法

① 首先，数据由小到大排列。将数据顺序排列为：x_1，x_2，…，x_{n-1}，x_n

$$Q_{算} = \frac{|可疑值 - 邻近值|}{最大值 - 最小值} \tag{1-30}$$

② 其次，计算统计量

$$Q_{算} = \frac{x_2 - x_1}{x_n - x_1}，或 \ Q_{算} = \frac{x_n - x_{n-1}}{x_n - x_1} \tag{1-31}$$

式(1-31) 中分子为可疑值与相邻值的差值，分母为整组数据的极差。$Q_{算}$ 越大，说明 x_1 或 x_n 离群越远。

③ 再次，根据测定次数和要求的置信度由 Q 值表查得 $Q_{表}$（表 1-3）。

④ 最后，再以计算值与表值相比较，若 $Q_{算} > Q_{表}$，则该值需舍去，否则必须保留。

表 1-3 舍弃可疑值的值 $Q_{表}$（置信度为 90% 和 95%）

测量次数 n	3	4	5	6	7	8	9	10
$Q_{0.90}$	0.94	0.76	0.64	0.56	0.51	0.47	0.44	0.41
$Q_{0.95}$	0.97	0.84	0.73	0.64	0.59	0.54	0.51	0.49

>> **【例 1-10】**

平行测定盐酸浓度（mol/L），结果为 0.1014、0.1021、0.1016、0.1013。试问 0.1021 在置信度为 90% 时是否应舍去。

解：（1）排序：0.1013，0.1014，0.1016，0.1021

（2） $$Q_{算} = \frac{0.1021 - 0.1016}{0.1021 - 0.1013} = 0.63$$

（3）查表 1-3，当 $n = 4$ 时，$Q_{表} = Q_{0.90} = 0.76$

因 $Q_{算} = 0.63 < Q_{0.90} = 0.76$，故 0.1021 不应舍去。

1.5.3.4 分析结果的数据处理与报告

在实际工作中，分析结果的数据处理是非常重要的。在实验和科学研究工作中，必须对试样进行多次平行测定（$n \geq 3$），然后进行统计处理并写出分析报告。

>> 【例1-11】

测定某矿石中铁的含量（%），获得如下数据：79.58、79.45、79.47、79.50、79.62、79.38、79.90。用 Q 检验法检验并且判断有无可疑值舍弃，并报出分析结果。

解：（1）用 Q 检验法检验并且判断有无可疑值舍弃。从上列数据看79.90偏差较大：

$$Q_{算} = \frac{79.90 - 79.62}{79.90 - 79.38} = \frac{0.28}{0.52} = 0.54$$

现测定7次，设置信度 $P = 90\%$，则 $Q_{表} = 0.51$，所以 $Q_{算} > Q_{表}$，则79.90应该舍去。

（2）根据所有保留值，求出平均值：

$$\bar{x} = \frac{79.58\% + 79.45\% + 79.47\% + 79.50\% + 79.62\% + 78.38\%}{6} = 79.50\%$$

（3）求出平均偏差：

$$\bar{d} = \frac{0.08 + 0.05 + 0.03 + 0.12 + 0.12}{6} = 0.07$$

（4）求出标准偏差 s：

$$s = \sqrt{\frac{0.08^2 + 0.05^2 + 0.03^2 + 0.12^2 + 0.12^2}{6-1}} = 0.09$$

（5）求出置信度为90%、$n = 6$ 时，平均值的置信区间，查表1-2得 $t = 2.015$

$$\mu = 79.50\% \pm \frac{2.015 \times 0.09}{\sqrt{6}}\% = (79.50 \pm 0.07)\%$$

1.5.4 提高分析结果准确度的方法

硅酸盐工业分析的任务是测定试样中组分的含量。要求测定的结果必须达到一定的准确度，方能满足生产的需要，不准确的分析结果将会导致生产的损失、资源的浪费。提高分析结果准确度可以采取以下措施：

（1）选择合适的分析方法　容量分析的准确度高；仪器分析灵敏度高。

（2）减小测量误差　为了保证分析结果的准确度，必须尽量减小测量误差。

称量：分析天平的称量误差为 ±0.0002g，为了使测量时的相对误差在0.1%以下，试样质量必须在0.2g以上。

滴定管读数常有 ±0.01mL 的误差，在一次滴定中，读数两次，可能造成 ±0.02mL 的误差。为使测量时的相对误差小于0.1%，消耗滴定剂的体积必须在20mL以上，最好使体积在25mL左右，一般在20~30mL之间。

微量组分的光度测定中，可将称量的准确度提高约一个数量级。

（3）减小随机误差　增加测定次数，可以提高平均值精密度。在化学分析中，对于同一试样，通常要求平行测定2~4次。

（4）消除系统误差　由于系统误差是由某种固定的原因造成的，因而找出这一原因，就可以消除系统误差的来源。通常根据具体情况，采用下述几种方法来检验和消除系统误差。

① 对照试验。以标准样品代替试样进行的测定，以校正测定过程中的系统误差。

方法有标准样比对法或加入回收法（用标准样品、管理样、人工合成样等）、选择标准方法（主要是国家标准等）、相互校验（内检、外检等）。

由不同分析人员（内检），不同实验室来进行对照试验（外检）。

② 空白试验。在不加待测组分的情况下，按照试样分析同样的操作手续和条件进行实验，消除由试剂、蒸馏水、实验器皿和环境带入的杂质引起的系统误差，所得结果为空白值，需扣除。但空白值不可太大，若空白值过大，则需提纯试剂或换容器。

③ 校准仪器。消除因仪器不准引起的系统误差。主要校准砝码、容量瓶、移液管，以及容量瓶与移液管的配套校准。

④ 分析结果的校正。主要校正在分析过程中产生的系统误差。如：重量法测水泥熟料中 SiO_2 含量，可用分光光度法测定滤液中的硅，将结果加到重量法数据中，可消除由于沉淀的溶解损失而造成的系统误差。

 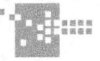 **能力训练题**

1. 硅酸盐工业分析的全过程通常包括哪些环节？

2. 试样的采取需要考虑哪两方面？

3. 硅酸盐工业分析方法如何分类？

4. 误差的来源有哪些？如何消除？

5. 提高分析结果准确度的方法有哪些？

6. 已知浓硫酸的相对密度为 1.84，其中 H_2SO_4 含量为 98%，现欲配制 1L 0.1mol/L 的 H_2SO_4 溶液，应取这种浓硫酸多少毫升？

7. 计算 0.1015mol/L HCl 标准溶液对 $CaCO_3$ 的滴定度。

8. 分析不纯 $CaCO_3$（其中不含干扰物质）。称取试样 0.3000g，加入浓度为 0.2500mol/L HCl 溶液 25.00 mL，煮沸除去 CO_2，用浓度为 0.2012mol/L 的 NaOH 溶液返滴定过量的酸，消耗 5.84mL，试计算试样中 $CaCO_3$ 的质量分数。

9. 标定 NaOH 溶液时，得下列数据：0.1014mol/L、0.1012mol/L、0.1011mol/L、0.1019mol/L。用 Q 检验法进行检验，0.1019 是否应该舍弃？（置信度为 90%）

10. 某同学用 Ca^{2+} 标准溶液标定 EDTA 溶液的浓度，平行测定 6 次结果如下（单位为 mol/L）：0.1020、0.1029、0.1022、0.1023、0.1026、0.1025。

按定量分析要求以 95% 的置信度报出其测定结果。

第二部分

水 泥 篇

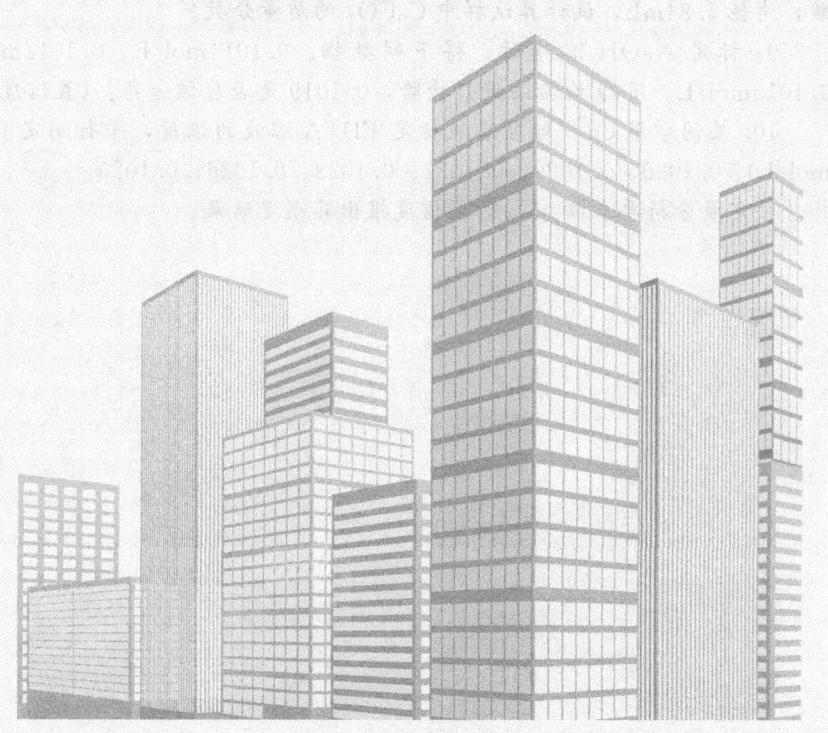

项目 2
水泥及水泥原料主要成分的测定原理

任务 2.1 二氧化硅的测定

硅酸盐中除碱金属硅酸盐（Na_2SiO_3、K_2SiO_3）可溶于水外，只有少数硅酸盐可被酸完全分解，大部分硅酸盐既不溶于水，又不溶于酸，故必须借熔融的方法使其转变为可溶性的碱金属硅酸盐。多采用碳酸钠（钾）在铂坩埚中熔融或烧结，或用氢氧化钠（钾）在镍或银坩埚中熔融。

熔融物用酸处理时，所形成的碱金属硅酸盐便被分解：

$$Na_2SiO_3 + 2HCl \Longrightarrow H_2SiO_3 + 2NaCl$$

此时一部分硅酸变成白色片状的水凝胶析出，其余则以水溶胶的状态留于溶液中。随着溶液的浓度、酸度及温度等条件的改变，硅酸可完全成溶胶状态不生成沉淀。反之，也可通过蒸发干涸，或在溶液中加入适当的电解质等，都能使硅酸溶胶凝聚，而从溶液中析出沉淀。因此，二氧化硅的测定方法大致可分为重量法和容量法两种。

2.1.1 氯化铵凝聚重量法

在含硅酸的浓盐酸溶液中，加入足量的固体氯化铵于水浴上加热 $10 \sim 15min$，可使硅酸迅速脱水析出，这是由于氯化铵的水解，夺取了硅酸中的水分，从而加速了脱水过程，促使含水二氧化硅由溶于水的水溶胶变为不溶于水的水凝胶。脱水过程的反应如下：

$$[HO \cdot SiO_2]^- H^+ + HOSiO_2 \cdot H \longrightarrow [HO \cdot SiO_2 \cdot SiO_2]^- H^+ + H_2O$$

$$NH_4Cl \Longrightarrow NH_4^+ + Cl^-$$

$$NH_4^+ + 2H_2O \Longrightarrow NH_3 \cdot H_2O + H_3O^+$$

同时，因氯化铵是强电解质，电离出的带正电荷的铵离子，被吸附在带有负电荷的硅胶微粒上，正负电荷中和，从而加速了硅胶的凝聚与沉积作用。

硅酸溶胶加入电解质后并不立即聚沉，所以，必须加热进行蒸发干涸，但加热温度必须严格控制在 $100 \sim 110℃$ 以内，不能太高，否则，由于形成难溶性的碱式盐，将使二氧化硅的分析结果偏高。

硅酸经过蒸发干涸，使其全部成为不溶性的 $SiO_2 \cdot 1/2H_2O$ 状态，再经高温灼烧，即得纯二氧化硅。灼烧后的二氧化硅，经冷却、称重、计算，求得 SiO_2 百分含量。由于灼烧后的 SiO_2 易吸水，所以在称量时应尽可能迅速。用氯化铵测定 SiO_2 的操作条件较宽，对可溶于酸的样品，称取 $0.5g$ 试样，加入 $0.5 \sim 4g$ 氯化铵，$2 \sim 5mL$ 浓盐酸，沸水浴加热蒸发 $10 \sim 30min$，均能得到准确的分析结果。

2.1.2 氟硅酸钾容量法

氟硅酸钾容量法测定二氧化硅的原理，是依据硅酸在有过量的氟离子和钾离子存在下的强酸性溶液中，能与氟离子作用，形成 SiF_6^{2-} 离子，并进一步与过量的钾离子作用，生成氟硅酸钾（K_2SiF_6）沉淀，该沉淀在热水中水解，生成氢氟酸，可用氢氧化钠标准溶液进行滴定。根据滴定消耗氢氧化钠毫升数，计算样品中二氧化硅的含量。有关反应如下：

沉淀反应：　　　　　　$SiO_3^{2-} + 6F^- + 6H^+ \rightleftharpoons SiF_6^{2-} + 3H_2O$

$$SiF_6^{2-} + 2K^+ \rightleftharpoons K_2SiF_6 \downarrow$$

水解反应：　　　　　$K_2SiF_6 + 3H_2O \rightleftharpoons 2KF + H_2SiO_3 + 4HF$

滴定反应：　　　　　　$HF + NaOH \rightleftharpoons NaF + H_2O$

要使上述反应进行完全，必须满足下列条件：

（1）把不溶性二氧化硅完全转变为可溶性硅酸。

（2）保证测定溶液有足够的酸度。酸度应保持在 3mol/L 左右，若过低易形成其他盐类的氟化物沉淀而干扰测定；但过高会给沉淀的洗涤和中和残余酸带来困难和麻烦。实验证明：用硝酸分解试样和熔融物时，比用盐酸还好些。因为用硝酸分解样品不易析出硅酸凝胶，同时还可减少铝离子的干扰，因为在浓硝酸介质中，氟铝酸盐比在同体积的浓盐酸介质中溶解度要大得多。

（3）必须有足够过量的氟离子和钾离子。溶液中需有过量的氟化钾和氯化钾存在，由于同离子效应，而有利于形成氟硅酸钾沉淀的反应进行完全。但是，当试样中含有较高的铝时，易生成难溶性的氟铝酸盐（K_2AlF_6）沉淀，此沉淀也能与热水水解，游离出氢氟酸，引起分析结果偏高。为消除铝的影响，在能满足氟硅酸钾沉淀完全的前提下，适当控制氟化钾的加入量是很有必要的。体积在 $50 \sim 60$mL 溶液中含有 50mg 左右的二氧化硅时，加 $1 \sim 1.5$g 氟化钾足够。氯化钾的加入量应控制至饱和并过量 2g。

（4）保证氟硅酸钾水解完全。氟硅酸钾沉淀的水解，在整个二氧化硅测定过程中有两个主要倾向：

① 滴定前，在过滤、洗涤、中和未洗净的残余酸等过程，均会发生局部的水解，严重影响了分析结果的准确性。为防止这一不利因素的发生，选用 5％的氯化钾溶液洗涤沉淀 $2 \sim 3$ 次，洗涤液的用量控制在 $20 \sim 25$mL 为宜。中和残余的酸时，操作应迅速。通常是用 5％氯化钾-50％乙醇溶液为抑制剂，用氢氧化钠中和至酚酞变红。当室温高于 30℃时，可改用 5％氟化钾-50％乙醇溶液作抑制剂，结果准确。

② 水解滴定，要求水解完全。氟硅酸钾沉淀的水解反应，实际上是分步进行的

$$K_2SiF_6 \rightleftharpoons SiF_6^{2-} + 2K^+$$

$$K_2SiF_6 + 3H_2O \rightleftharpoons 2KF + H_2SiO_3 + 4HF$$

由于 K_2SiF_6 的溶解和 SiF_6^{2-} 的水解均为吸热反应，所以，水解时水的温度愈高，体积愈大，愈有利 K_2SiF_6 的溶解和 SiF_6^{2-} 的水解反应的进行，因此，必须加 200mL 以上沸水使其水解。

在用 NaOH 溶液滴定的过程中，溶液的温度相应下降，终点时溶液的温度不应低于 60℃。

氟硅酸钾容量法测定二氧化硅，具有操作简便、准确、快速等优点，所以在硅酸盐分析中得到了广泛的应用，并列为国家标准之一。

任务 2.2 三氧化二铁的测定——EDTA 直接滴定法

可用于测定三氧化二铁的方法很多，如重铬酸钾法、高锰酸钾法、EDTA 配位滴定法，少量铁的测定则用比色法。当前应用最为普遍的是 EDTA 配位滴定。

磺基水杨酸及其钠盐，在 pH 值为 $1 \sim 3$ 的溶液中，能与三价铁离子结合生成紫红配位化合物（$FeIn^+$），但此配位化合物不如 FeY^- 稳定，当滴入 EDTA 后，其中三价

铁离子即被 EDTA 所夺取，紫红色逐渐消失，最后呈现 FeY^- 的亮黄色即达到终点。以 HIn^- 代表磺基水杨酸根离子，以 H_2Y^{2-} 代表 EDTA 离子，则 EDTA 配位滴定铁的反应如下：

指示剂显色反应：$$Fe^{3+} + HIn^- \Longrightarrow FeIn^+（紫红色）+ H^+$$

滴定反应：终点前 $$Fe^{3+} + H_2Y^{2-} \Longrightarrow FeY^- + 2H^+$$

终点时 $$H_2Y^{2-} + FeIn^+（紫红色）\Longrightarrow HIn^-（无色）+ FeY^-（黄色）+ H^+$$

终点的颜色是随溶液中铁含量的多少而深浅不同。铁含量很低时，则变为无色，铁含量在 10mg 以内，则可滴至亮黄色，随铁含量增高黄色加深，终点难以判断。

本方法的关键问题，是严格控制溶液的 pH 值。虽然 Fe^{3+} 与 EDTA 在 pH 1～2.5 之间均能定量的配位，但在操作过程中：如果 pH 值低于 1.5，终点变色缓慢；如果 pH 值大于 2.5 时，一方面由于 Fe^{3+} 易水解，形成 $Fe(OH)^{2+}$、$Fe(OH)_2^+$，配位能力减弱。另一方面，溶液中的 Al^{3+} 对滴定 Fe^{3+} 的干扰随溶液 pH 值增加而显著增大。并且铝的含量愈高，影响也愈高。温度愈高，铝对铁的干扰程度也相应地增大，故测铁的适宜条件是 pH 值在 1.6～1.8，温度控制在 60～70℃。

这里介绍一种简便可行，调整溶液 pH 值的方法，即首先加入磺基水杨酸（钠）指示剂，用氨水（1+1）调至溶出现红棕色（pH>4），然后滴加盐酸（1+1）至溶液刚刚变成紫红色，再继续滴加 8～9 滴，此时溶液的 pH 值一般都在 1.6～1.8 范围内。

任务 2.3 三氧化二铝的测定

用 EDTA 配位滴定铝的方法很多，但从滴定方式来看，只有直接滴定和返滴定两大类型。现对有关的测定方法原理分别简述如下。

2.3.1 铜盐返滴定法

在滴定完 Fe^{3+} 后的溶液中，加入对铝、钛过量的 EDTA 标准溶液（一般过量 10～15mL 为宜），加热至 70～80℃，调整溶液的 pH 值至 3.8～4.0，将溶液煮沸 1～2min，以 PAN 为指示剂，用铜盐标准溶液返滴过量的 EDTA。此时溶液中少量的钛也能与 EDTA 定量地配位。因此，所得结果为铝、钛的合量。有关反应如下。

加入过量 EDTA 与铝、钛配位的反应：
$$Al^{3+} + H_2Y^{2-} \Longrightarrow AlY^- + 2H^+$$
$$TiO^{2+} + H_2Y^{2-} \Longrightarrow TiOY^{2-} + 2H^+$$

用铜盐返滴过剩 EDTA 的反应为：
$$Cu^{2+} + H_2Y^{2-}（过剩）\Longrightarrow CuY^{2-}（蓝绿色）+ 2H^+$$

终点时变色反应：
$$Cu^{2+} + PAN（黄色）\Longrightarrow Cu\text{-}PAN（红色）$$

滴定终点的颜色，与过剩 EDTA 的量和所加 PAN 指示剂的量有关。如溶液中剩余 EDTA 的量较大，或 PAN 指示剂的量较少，则 CuY^{2-} 配位物的蓝绿色较深，终点为蓝紫色或蓝色；反之，如 EDTA 过量较少，或 PAN 指示剂的量较大，则 Cu-PAN 红色配位化合物的色调比较明显，此时终点显紫红色或红色。一般 EDTA 过量 10～15mL，加 0.2% 的 PAN 5～6 滴即可获得敏锐好看的紫红色终点。

在用 EDTA 滴定完 Fe^{3+} 的溶液中，加入过量的 EDTA 之后，应将溶液加热至 $70 \sim 80℃$，再调整溶液的 pH 值至 $3.8 \sim 4.0$，这样可以使溶液中的少量 TiO^{2+} 和大部分 Al^{3+} 与 EDTA 配位，防止 TiO^{2+} 及 Al^{3+} 的水解。

滴定时应在热溶液中进行。由于 PAN 及 Cu-PAN 红色配位化合物都不易溶于水，为增大其溶解度，使滴定终点时颜色变化敏锐，通常将溶液煮沸后取下，加入指示剂之后即可开始滴定。

该法测得的结果是铝、钛合量，要想求得铝的真实含量，还必须根据比色法测得的二氧化钛的含量加以校正。把测定铝（钛）时所消耗的 EDTA 毫升数，按 EDTA 标准溶液对 Al_2O_3 滴定度，计算三氧化二铝的含量后，再从中减去 $TiO_2 \% \times 0.64$ 即可得到三氧化二铝的含量。

当氧化亚锰的含量超过 0.5% 时，用返滴定法。由于锰有明显的干扰，致使终点突跃不明显，且结果偏高。对锰含量超过 0.5% 以上的样品，应采用 EDTA 直接滴定法。

2.3.2 EDTA 直接滴定法

在滴定完 Fe^{3+} 后的溶液调 pH 值至 3，加热煮沸，使 TiO^{2+} 水解生成 $TiO(OH)_2$ 沉淀，不再与 EDTA 配位，然后以 PAN 和等摩尔的 Cu-EDTA 为指示剂，用 EDTA 标准溶液直接滴定 Al^{3+}，到达终点时，微过量的 EDTA 夺取了 Cu-PAN 中之 Cu^{2+}，使 PAN 游离出来，溶液显亮黄色。有关反应如下：

（1）Al^{3+} 与 CuY^- 产生置换反应：

$$Al^{3+} + CuY^- \Longrightarrow AlY^- + Cu^{2+}$$

（2）游离出来的 Cu^{2+} 与加入的 PAN 指示剂配位：

$$Cu^{2+} + PAN \Longrightarrow Cu\text{-}PAN(红色)$$

（3）滴定反应：

终点前 $$H_2Y^{2-} + Al^{3+} \Longrightarrow AlY^- + 2H^+$$

终点后 $$Cu^{2+} + H_2Y^{2-} + Cu\text{-}PAN（红色）\Longrightarrow CuY^{2-} + PAN（黄色）+ 2H^+$$

用 EDTA 滴定 Al^{3+} 最适宜的 pH 值在 $2.5 \sim 3.5$ 之间，若溶液的 pH 值低于 2.5，Al^{3+} 与 EDTA 配位不完全；pH 值高于 3.5 时，Al^{3+} 水解的倾向增大。以上两种情况，都会导致铝的分析结果偏低。

Cu-EDTA 溶液是以 $0.015 \sim 0.02 mol/L$ 的 $CuSO_4$ 和 EDTA 标准溶液按等物质量比准确配制的。加入量以 10 滴为宜，如加入量太少，则终点的变化不太敏锐，若加入量太多，将随溶液中 TiO^{2+}、Mn^{2+} 含量的增大而产生一定的正误差。

PAN 指示剂的用量，一般加入 $2 \sim 3$ 滴为宜，若加入太多，则溶液底色较深，不利于终点的观察。

在 $pH = 3.0$ 左右于煮沸的溶液中，Al^{3+} 与 EDTA 配位速度是很快的。由实验可知，当第一次滴定到指示剂呈稳定的黄色时，约有 90% 以上的 Al^{3+} 被配位，为继续滴定剩余的 Al^{3+}，须再将溶液煮沸，继续滴定溶液呈稳定的亮黄色，此时被配位 Al^{3+} 的总量可达 99% 左右。对于普通硅酸盐水泥一类样品的分析，一般滴定 $2 \sim 3$ 次，所得结果的准确度，已能满足生产的要求。

该法所测得的结果为纯铝的含量，不受 TiO^{2+}、Mn^{2+} 的干扰。由于省去了铜盐溶液返滴定的操作，所以说此法简便、准确。

任务 2.4 二氧化钛测定

水泥及水泥原料中大多数含有 TiO_2，一般含量在 $0.2\% \sim 0.3\%$，硅质原料中约含 $0.6\% \sim 1.0\%$。

二氧化钛的测定，在日常例行分析中，多用 EDTA 配位滴定法，有时也用比色测定法、苦杏仁酸置换-铜盐溶液返滴定法。

在滴完 Fe^{3+} 后的溶液中，加入过量 EDTA，使之与 Al^{3+}、TiO^{2+} 完全配位，在 pH 值为 $3.8 \sim 4.0$ 的条件下，以 PAN 为指示剂，用 $CuSO_4$ 回滴过量的 EDTA，可测得 Al^{3+}、TiO^{2+} 的含量。然后加入 $10 \sim 15mL$ 苦杏仁酸溶液，由于苦杏仁酸溶液能与 TiO^{2+} 生成更稳定的配位化合物，因此，可将 $TiOY^{2-}$ 配位化合物中的 TiO^{2+} 夺取，置换出等量的 EDTA，补加 PAN 指示剂 $1 \sim 2$ 滴，继续用 $CuSO_4$ 标准溶液滴定至亮紫色，即可求得 TiO_2 的含量。

苦杏仁酸又名苯羟乙酸，以 H_2Z 符号代表，则有关反应如下：

苦杏仁酸与 $TiOY^{2-}$ 产生置换反应：

$$TiOY^{2-} + H_2Z \Longrightarrow TiO\text{-}Z(苦杏仁酸钛) + H_2Y^{2-}$$

置换出的 EDTA 用 $CuSO_4$ 滴定时的反应：

$$H_2Y^{2-} + Cu^{2+} \Longrightarrow CuY^{2-}(蓝绿色) + 2H^+$$

终点时的反应：

$$Cu^{2+} + PAN \Longrightarrow Cu\text{-}PAN(红色)$$

用苦杏仁酸置换 $TiOY^{2-}$ 配位化合物中的 Y^{4-} 时，适宜的酸度 pH 为 $3.5 \sim 5$，如 $pH < 3.5$ 时，则置换反应进行不完全。

TiO_2 的含量也可以同时分取两份试样溶液，按差减法进行测定。即在一份溶液中，用铜盐返滴定铝、钛的总量；而在另一份溶液中，先加入苦杏仁酸将 TiO^{2+} 掩蔽，然后再以铜盐返滴定法测定纯 Al_2O_3，根据两者消耗 EDTA 毫升数之差，计算出 TiO_2 的含量。

用苦杏仁酸置换返滴定法测定钛，对某些成分比较复杂的样品，如有的硅质原料、粉煤灰、页岩等，滴定终点褪色较快，遇到这种情况时，可在滴定之前，将溶液冷却至 50℃ 左右，然后加入 $2 \sim 5mL$ 50% 的乙醇，则褪色的速度可大为减慢，对滴定终点有很大的改善。

任务 2.5 氧化亚锰的测定

2.5.1 高碘酸钾氧化比色法

在酸性溶液中，用高碘酸钾作氧化剂，将 Mn^{2+} 氧化成紫红的高锰酸（$HMnO_4$），其颜色深度与锰的含量成正比。当锰的浓度在 $15mg/100mL$ 以下时，符合比耳定律，反应如下：

$$2Mn^{2+} + 5IO_4^- + 3H_2O \Longrightarrow 2MnO_4^- + 5IO_3^- + 6H^+$$

高锰酸钾溶液的最大光吸收波长为 530nm。

显色时溶液的酸度对氧化过程的快慢，以及显色反应的完全程度都有很大关系。实验证明，当比色溶液的酸度小于 $1mol/L$ 和大于 $3.5mol/L$ 时，显色均不完全。在进行氧化还原反应时，如溶液的体积为 $50 \sim 60mL$，一般加入 $10mL$ 硫酸（$1+1$）、$5mL$ 磷酸（$1+1$）即可，同时，磷酸还可以掩蔽 Fe^{3+}，使之生成无色的 $[Fe(PO_4)_2]^{3-}$ 配位化合物，借以消除黄色三价铁离子对比色的影响。

氯离子对比色测定有影响，当 Cl^- 含量超过 1mg 时，会使高锰酸的颜色强度降低，因此，如取过滤二氧化硅后的滤液测定 MnO 时，由于其中含大量的 Cl^-，在显色前应将其除去。为此，可将试液加入硫酸蒸发至冒白烟。

一般是单独称样进行锰的比色分析。

2.5.2　过硫酸铵氧化沉淀分离锰 EDTA 直接滴定法

在酸性溶液中，用硫代硫酸铵将 Mn^{2+} 氧化为 Mn^{4+}，然后再将所得 $Mn(OH)_2$ 沉淀过滤，并以热水洗涤后，再加盐酸和 H_2O_2，使其溶解，加入三乙醇胺掩蔽少量共沉淀的铁、钛，调整溶液至 pH＝10 时，用盐酸羟胺将 Mn^{4+} 全部还原为 Mn^{2+}，再用 EDTA 直接滴定 Mn^{2+}。有关反应如下。

过硫酸铵氧化 Mn^{2+} 的反应：

$$S_2O_8^{2-} + Mn^{2+} + 3H_2O \Longrightarrow MnO(OH)_2 + 2SO_4^{2-} + 4H^+$$

$MnO(OH)_2$ 的溶解反应：

$$MnO(OH)_2 + H_2O_2 + 2H^+ \Longrightarrow Mn^{2+} + O_2\uparrow + 3H_2O$$

盐酸羟胺还原 Mn^{4+} 的反应：

$$2Mn^{4+} + 2NH_2OH \Longrightarrow 2Mn^{2+} + N_2O\uparrow + 4H^+ + H_2O$$

生成 $MnO(OH)_2$ 沉淀的完全程度，与沉淀时溶液的酸度有关，酸度高，$MnO(OH)_2$ 沉淀不完全；酸度低，铁钛的共沉淀现象严重。

对水泥及其原料中锰的测定，pH 值可控制在 1.5～2.0 之间。

本法的优点是：可在分离锰后的滤液中，仍按常规方法分别进行铁、钛、铝、钙、镁的测定，较好地解决了硅酸盐分析中锰的干扰问题。

任务 2.6　氧化钙的测定

测定水泥及其原料中 CaO，目前广泛应用 EDTA 配位滴定法。Ca^{2+} 与 EDTA 在 pH 值为 8～13 时，能定量地形成 CaY^{2-} 配位化合物。在 pH 值为 8～9 时滴定易受 Mg^{2+} 干扰，所以一般在 pH＞12 时进行滴定 Ca^{2+}。在 NH_4Cl 系统中，采用分离二氧化硅后的滤液进行 CaO 含量的测定，而在氟硅酸钾系统，由于硅酸的存在，溶液调节 pH 值大于 12 时，能产生硅酸钙沉淀，为消除硅酸对滴定 Ca^{2+} 的影响，需加入一定量的 KF。现分别介绍如下：

2.6.1　分离硅酸后 CaO 的测定

Ca^{2+} 的配位指示剂很多。在水泥化学分析中，应用普遍的有甲基百里香酚蓝（缩写 MTB）及三混指示剂（钙黄绿素-甲基百里香酚蓝-酚酞，缩写为 CMP）。

（1）以 MTB 为指示剂　将分离硅酸后的滤液调至 pH＝12.8 左右，以 MTB 为指示剂，用 EDTA 直接滴定 Ca^{2+}，形成蓝色配位化合物，此配位化合物不如钙离子与 EDTA 形成的配位化合物的稳定，因此，当以 EDTA 标准溶液进行滴定近终点时，原来与 MTB 配位的钙离子逐步为 EDTA 所夺取，当与指示剂配位的钙离子全部被 EDTA 夺取后，指示剂

MTB便游离出来呈现出其本身的颜色，呈现它本身的灰色，指示终点的到达。

Ca^{2+}与MTB的配位反应：

$$Ca^{2+}+HIn^{5-}(浅灰色)=\!=\!=CaIn^{4-}(蓝色)+H^+$$

用EDTA滴定Ca^{2+}的反应：

$$Ca^{2+}+H_2Y^{2-}=\!=\!=CaY^{2-}+2H^+$$

终点时的反应：

$$CaIn^{4-}(蓝色)+H_2Y^{2-}=\!=\!=CaY^{2-}+HIn^{5-}(浅灰色)+H^+$$

此法的关键在于掌握好溶液的pH值，最佳pH值为12.8 ± 0.1，终点突跃明显，底色浅，返色轻；当pH<12.5时，由于Mg^{2+}的干扰，终点返色较快，容易使Ca^{2+}的滴定结果偏高；当pH>13时，指示剂本身的底色加深，到pH值在13.4以上为深蓝色，无法指示终点的到达。

溶液中的Fe^{3+}、Al^{3+}、TiO^{2+}、Mn^{2+}、Mg^{2+}等离子会干扰滴定，故需在酸性溶液中先加入三乙醇胺（TEA），使之与Fe^{3+}、Al^{3+}、TiO^{2+}、Mn^{2+}、Mg^{2+}配位，将其掩蔽，例如镁是利用在pH>12的条件下，生成$Mg(OH)_2$沉淀而消除干扰。

（2）以钙黄绿素-甲基百里香酚蓝-酚酞（1+1+0.2）为指示剂　在pH>12的溶液中，钙黄绿素本身呈橘红色，与Ca^{2+}配位呈黄绿色荧光，反应特别灵敏，但和Mg^{2+}不显色，这比MTB指示剂更为优越，该指示剂对pH值的要求也较宽，只需pH>13即可。另外，在使用银坩埚熔样时，即使引入$1\sim5mg$的Ag^+，对钙的滴定无影响。

钙黄绿素指示剂，因分解而含有少量的荧光黄，使滴定至终点时，仍残留微弱的荧光，为此，需与甲基百里香酚蓝和酚酞混合使用，使终点颜色变化敏锐，共存镁量较高时，终点也无返色现象，被视为EDTA法滴定钙的最为理想的指示剂。以CMP为指示剂，用EDTA滴定Ca^{2+}的反应如下：

$$Ca^{2+}+CMP(红色)=\!=\!=Ca\text{-}CMP(绿色荧光)$$

用EDTA滴定Ca^{2+}的反应：

$$Ca^{2+}+H_2Y^{2-}=\!=\!=CaY^{2-}+2H^+$$

终点时变色反应：

$$Ca\text{-}CMP(绿色荧光)+H_2Y^{2-}=\!=\!=CaY^{2-}+CMP(橘红色)+2H^+$$

使用此指示剂滴定时，阳光不能直接照射，也不能使用灯光从烧杯底部和侧面照射，但灯光从上向下照射则无影响。

2.6.2　硅酸存在下配合滴定钙

在硅酸存在下，当用碱调整溶液pH>12时，能产生硅酸钙（$CaSiO_3$）白色沉淀，使滴定钙的终点无法确定，不断返色，结果还明显偏低。为消除硅酸对滴钙的影响，需在酸性溶液中，加入一定量的KF，使硅酸与氟离子作用生成氟硅酸。其反应为：

$$H_2SiO_3+6H^++6F^-=\!=\!=H_2SiF_6+3H_2O$$

再将溶液加水稀释和碱化时，氟硅酸与OH^-作用又游离出硅酸。其反应为：

$$H_2SiF_6+6OH^-=\!=\!=H_2SiO_3+6F^-+3H_2O$$

当采用大体积溶样时（酸度<1mol/L），新生成的硅酸与Ca^{2+}离子的配位能力较弱，生成硅酸钙沉淀的速度也就比较缓慢，实验结果发现，在半小时之内看不到硅酸钙沉淀生成，可以顺利地进行钙的滴定。本法的关键是：

① KF一定要在较强的酸性溶液中加入，方可生成氟硅酸；

② KF 的加入量要适当。加入量少了，不能有效地消除硅酸对钙的影响，加入 KF 的量过多，当溶液调至 pH＞12 之后，又很容易产生氟化钙（CaF$_2$）沉淀，也会使钙的测定得不到正确的结果。KF 的加入量应视硅的含量不同而有差别。一般在被测溶液中：

SiO$_2$ 含量≥25mg 时，加入 2％氟化钾溶液 15mL；

15mg≤SiO$_2$ 含量＜25mg 时，加入 2％氟化钾溶液 10mL；

2mg≤SiO$_2$ 含量＜15mg 时，加入 2％氟化钾溶液 5～7mL；

SiO$_2$ 含量＜2mg 时，可不加入氟化钾。

任务 2.7　氧化镁的测定

用 EDTA 配位滴定法测定镁，多采用差减法。即在一份溶液中，调 pH＝10，用 EDTA 滴定钙、镁合量，在另一份溶液中，调 pH＞12.5，用 EDTA 滴定钙，从钙、镁合量中减去钙，即可求得镁的含量。

在 pH＝10 时，酸性铬蓝 K 指示剂与钙、镁离子生成酒红色配位化合物，但其稳定性小于 EDTA 与钙、镁的配位化合物，所以当用 EDTA 滴定时，原先与酸性铬蓝 K 结合的钙、镁离子都被 EDTA 所夺取，生成更为稳定的 CaY^{2-}、MgY^{2-} 的无色配位化合物，因此酒红色逐渐消失，最后溶液完全呈现出指示剂本身的纯蓝色指示终点到达。通常将酸性铬蓝 K 与萘酚绿 B 混合使用，简称 KB 指示剂，二者的配比要适宜，一般为 1∶2.5，若萘酚绿 B 的比例过大，绿色背景加深，使终点提前到达，反之则终点为蓝紫色不易观察。混合指示剂中的萘酚绿 B，在滴定过程中没有颜色变化，只起衬托颜色的作用。因酸性铬蓝 K 在碱性介质中为蓝紫色，单独使用，终点的变化不明显（由酒红色变为紫色），使用 KB 混合指示剂，终点为纯蓝色。有关反应如下：

酸性铬蓝 K 与 Ca^{2+}、Mg^{2+} 离子反应：

$$Ca^{2+} + HIn^{5-} \Longrightarrow CaIn^{4-}（酒红色）+ H^+$$
$$Mg^{2+} + HIn^{5-} \Longrightarrow MgIn^{4-}（酒红色）+ H^+$$

滴定时：

$$Ca^{2+} + H_2Y^{2-} \Longrightarrow CaY^{2-} + 2H^+$$
$$Mg^{2+} + H_2Y^{2-} \Longrightarrow MgY^{2-} + 2H^+$$

终点时的反应：

$$CaIn^{4-}（酒红色）+ H_2Y^{2-} \Longrightarrow CaY^{2-}（无色）+ HIn^{5-}（纯蓝色）+ H^+$$
$$MgIn^{4-}（酒红色）+ H_2Y^{2-} \Longrightarrow MgY^{2-}（无色）+ HIn^{5-}（纯蓝色）+ H^+$$

用酒石酸钾钠与三乙醇胺联合掩蔽铁、铝、钛，比单用三乙醇胺或酒石酸钾钠掩蔽的效果好；但需在酸性溶液中先加酒石酸钾钠，然后再加三乙醇胺，对于一般硅酸盐水泥生、熟料及其原料的分析，加 1～2mL 10％酒石酸钾钠及 5mL 三乙醇胺（1＋2）已足够，但对含铁、铝高的样品，应加 10％酒石酸钾钠 2～3mL 以及三乙醇胺（1＋2）10mL。

在 Mn^{2+} 存在时，当加入三乙醇胺并调整溶液 pH 值至 10 时，Mn^{2+} 迅速被空气氧化成 Mn^{3+} 并形成绿色的 Mn^{3+}-TEA 配位化合物，该绿色配位化合物虽能使滴定的终点提前，但由实验可知，随着溶液中锰含量的增加而增大测定镁的正误差，这说明加入三乙醇胺仍不能有效地消除锰对测定镁的干扰。MnO 含量在 0.5％以下影响程度较小，可以忽略，当 MnO＞0.5％时，则需向溶液中加入盐酸羟胺（NH$_2$·HCl），使 Mn^{3+}-TEA 配位化合物中之 Mn^{3+} 还原为 Mn^{2+}，则用 EDTA 滴定的结果为钙、镁、锰的合量。

任务 2.8 其他组分的测定

2.8.1 烧失量的测定

一般规定，试样在 1000℃下灼烧后的失重即为烧失量。硅酸盐中各种样品在高温灼烧时，试样中许多组分会发生化学变化，如有机物、硫化物和铁、锰等低价氧化物被氧化，碳酸盐、硫酸盐分解放出气体及附着水、化合水的排出等。有关反应如下：

氧化亚铁被氧化成三氧化二铁：

$$4FeO + O_2 = 2Fe_2O_3 \text{（增重）}$$

碳酸钙分解放出二氧化碳：

$$CaCO_3 = CaO + CO_2 \text{（减重）}$$

硫酸钙分解放出三氧化硫：

$$CaSO_4 = CaO + SO_3 \text{（减重）}$$

硅酸盐失去其结晶水或化合水：

$$Al_2O_3 \cdot 2SiO_2 \cdot 2H_2O = Al_2O_3 \cdot 2SiO_2 + 2H_2O \text{（减重）}$$

由此可见，测得的灼烧失量，实际上是试样增加的质量和减少的质量的代数和。烧失量数值的大小与灼烧温度、时间有直接关系。因此，必须将试样放在已恒重的瓷坩埚中，置于马弗炉中，从低温开始灼烧，在 950~1000℃下保持 30~40min，取出冷却、称重。反复灼烧，直至恒重。

2.8.2 不溶物的测定

水泥熟料中不溶物的主要成分是游离二氧化硅，其含量一般在 0.2% 左右。大多是由硅质原料中带入的晶质石英，虽经高温煅烧，仍有小部分未起化合作用，而呈游离状态存在。

酸碱溶解方法测定不溶物的原理，是将试样先经盐酸处理，将可溶物全部溶下。为了避免部分二氧化硅呈凝胶状态析出，所以再用碱液处理，残渣经高温灼烧后，冷却、称量，便得到不溶物的含量。

2.8.3 萤石中氟和氟化钙的测定

2.8.3.1 氟的测定

生料及熟料中的氟，多数是由加入复合矿化剂时掺入的，含量一般都在 10% 以下。低含量氟的测定最好采用氟离子选择电极法，而对萤石中氟的测定，可采用快速蒸馏分离-中和法。

2.1 带你走进氟化钙

样品与磷酸共热时，其中的含氟矿物（CaF_2）被酸分解，借通入水蒸气将其蒸馏分离。在本蒸馏体系中，氟主要以氢氟酸形态逸出，含量占 80% 以上，氟硅酸的含量约占 20%，反应如下：

$$CaF_2 + 2H^+ = 2HF + Ca^{2+}$$
$$4HF + SiO_2 = SiF_4 + 2H_2O$$
$$SiF_4 + 2HF = H_2SiF_6$$

因此，可用中和法进行测定，反应如下：

$$HF + OH^- \Longrightarrow H_2O + F^-$$
$$H_2SiF_6 + 2OH^- \Longrightarrow 2H_2O + SiF_6^{2-}$$
$$SiF_6^{2-} + 2H_2O \Longrightarrow SiO_2 + 4H^+ + 6F^-$$

根据消耗氢氧化钠标准溶液的体积，计算出氟的质量分数。

2.8.3.2　氟化钙的测定

萤石的主要成分是 CaF_2，在一般情况下，配料中了解萤石中 CaF_2 的含量就可以了。测定时用 10％醋酸处理试样，其中的碳酸钙和硫酸钙能完全被醋酸所溶解，而氟化钙则不溶，从而达到分离的目的。经过滤后的 CaF_2 留在不溶的残渣中，再加盐酸使之溶解，并用硼酸消除大量氟后，调节溶液 pH＞13，以 CMP 为指示剂，用 EDTA 标准溶液滴定至溶液呈现稳定的橘红色为止，根据消耗 EDTA 的体积，即可计算出 CaF_2 的含量。

能力训练题

1. 二氧化硅的测定方法有哪些？分别叙述测定原理。
2. 三氧化二铁的测定方法有哪些？分别叙述测定原理。
3. 三氧化铝的测定方法有哪些？分别叙述测定原理。
4. 氧化钙的测定方法有哪些？分别叙述测定原理。
5. 氧化镁的测定方法有哪些？分别叙述测定原理。

项目 3

水泥生产过程的化学分析

教学目标

通过本项目的学习，掌握水泥用天然矿石、水泥用工业副产品、水泥生料、水泥熟料、水泥用煤的分析方法；在实验过程中引导学生善于思考，培养创新意识和创新能力。

项目概述

水泥生产所用原料有石灰质原料、黏土质原料、校正原料（包括铁质校正原料、硅质校正原料、铝质校正原料）、外加剂（包括矿化剂、晶种、助磨剂等），本项目主要介绍水泥生产过程中具有代表性的原材料和生料、熟料、水泥及燃料的分析方法。本着从实战出发，兼顾经典的原则，对标准中推荐的基准法和代用法作了取舍，目的是更加贴近工厂的实际操作。考虑到水泥厂协同利用工业废渣的潜力巨大，把天然矿石和工业副产品分两个任务介绍。

任务 3.1　试剂的配制与标定

试剂包括普通试剂、标准滴定溶液和标准溶液。普通试剂包括一般酸碱盐溶液、指示剂溶液、缓冲溶液、显色剂溶液、萃取剂溶液、掩蔽剂溶液及其他溶液。普通试剂的配制相对简单，一般按体积比稀释就可以，部分要加热和过滤。

3.1.1　标准滴定溶液的配制与标定

标准滴定溶液：用于滴定分析的已知准确浓度的溶液称为标准滴定溶液。

3.1.1.1　0.015mol/L EDTA 标准滴定溶液

称取 5.6g 乙二胺四乙酸二钠（简称 EDTA）置于烧杯中，加约 200mL 水，加热溶解，过滤，用水稀释至 1L。

碳酸钙基准溶液：准确称取约 0.6g 已在 105～110℃烘过 2h 的碳酸钙，置于 400mL 烧杯中，加入约 100mL 水，盖上表面皿，沿杯口滴加盐酸（1＋1）至碳酸钙全部溶解后，加热煮沸数分钟。将溶液冷至室温，移入 250mL 容量瓶中，用水稀释至标线，摇匀。

标定方法：吸取 25mL 碳酸钙基准溶液，放入 400mL 烧杯中，用水稀释至约 200mL，加入适量的 CMP 混合指示剂（或甲基百里香酚蓝指示剂），在搅拌下滴加 20％氢氧化钾溶液至出现绿色荧光后再过量 5～6mL（如用甲基百里酚蓝指示剂，在滴加 20％氢氧化钾溶液至呈蓝色后再过量 0.5～1mL），以 0.015mol/L EDTA 标准滴定溶液滴定至绿色荧光消失并转变为橘红色（如以甲基百里香酚蓝为指示剂，则滴定至蓝色消失）为止。

EDTA 标准滴定溶液对 Fe_2O_3、AlO_3、TiO_2、CaO、MgO、MnO 的滴定度分别按下列式子计算：

$$T_{Fe_2O_3} = \frac{25c}{V} \times \frac{M(Fe_2O_3)}{2M(CaCO_3)} = \frac{25c}{V} \times 0.7977 \tag{3-1}$$

$$T_{Al_2O_3} = \frac{25c}{V} \times \frac{M(Al_2O_3)}{2M(CaCO_3)} = \frac{25c}{V} \times 0.5093 \tag{3-2}$$

$$T_{TiO_2} = \frac{25c}{V} \times \frac{M(TiO_2)}{M(CaCO_3)} = \frac{25c}{V} \times 0.7981 \tag{3-3}$$

$$T_{CaO} = \frac{25c}{V} \times \frac{M(CaO)}{M(CaCO_3)} = \frac{25c}{V} \times 0.5603 \tag{3-4}$$

$$T_{MgO} = \frac{25c}{V} \times \frac{M(MgO)}{M(CaCO_3)} = \frac{25c}{V} \times 0.4027 \tag{3-5}$$

$$T_{MnO} = \frac{25c}{V} \times \frac{M(MnO)}{M(CaCO_3)} = \frac{25c}{V} \times 0.7088 \tag{3-6}$$

式中　$T_{Fe_2O_3}$——EDTA 标准滴定溶液对三氧化二铁的滴定度，g/mL；

$T_{Al_2O_3}$——EDTA 标准滴定溶液对三氧化二铝的滴定度，g/mL；

T_{TiO_2}——EDTA 标准滴定溶液对二氧化钛的滴定度，g/mL；

T_{CaO}——EDTA 标准滴定溶液对氧化钙的滴定度，g/mL；

T_{MgO}——EDTA 标准滴定溶液对氧化镁的滴定度，g/mL；

T_{MnO}——EDTA 标准滴定溶液对氧化锰的滴定度，g/mL；

c——碳酸钙标准溶液的质量浓度，g/mL；

25——吸取碳酸钙标准溶液的体积，mL；

V——标定时消耗 EDTA 标准滴定溶液的体积，mL。

3.1.1.2　0.015mol/L 硫酸铜标准滴定溶液

将 3.7g 硫酸铜（$CuSO_4 \cdot 5H_2O$）溶于水中，加 4～5 滴硫酸（1+1），用水稀释至 1L，摇匀。

EDTA 标准滴定溶液与硫酸铜标准滴定溶液体积比的测定：从滴定管缓慢放出 10～15mL 0.015mol/L EDTA 标准滴定溶液于 400mL 烧杯中，用水稀释至约 200mL，加 15mL 乙酸-乙酸钠缓冲溶液（pH=4.3），然后加热至沸，取下稍冷，加 5～6 滴 0.2%PAN 指示剂溶液，以硫酸铜标准滴定溶液滴定至亮紫色。

EDTA 标准滴定溶液与硫酸铜标准滴定溶液的体积比按式(3-7) 计算：

$$K = \frac{V_1}{V_2} \tag{3-7}$$

式中　K——每毫升硫酸铜标准滴定溶液相当于 EDTA 标准滴定溶液的毫升数；

　　　V_1——EDTA 标准滴定溶液的体积，mL；

　　　V_2——滴定时消耗硫酸铜标准滴定溶液的体积，mL。

3.1.1.3　0.015mol/L 硝酸铋标准滴定溶液

将 7.3g 硝酸铋 $[Bi(NO_3)_2 \cdot 5H_2O]$ 溶于 1L 0.35mol/L 硝酸。

EDTA 标准滴定溶液与硝酸铋标准滴定溶液体积比的测定：从滴定管缓慢放出 5～10mL 0.015mol/L EDTA 标准滴定溶液于 300mL 烧杯中，加水稀释至约 150mL，用硝酸及氨水（1+1）调整溶液 pH 值为 1～1.5，加入 2 滴 0.5%二甲酚橙指示剂溶液，用硝酸铋标准滴定溶液滴定显红色。

EDTA 标准滴定溶液与硝酸铋标准滴定溶液的体积比 K 按式(3-8) 计算：

$$K = \frac{V_1}{V_2} \tag{3-8}$$

式中　K——每毫升硝酸铋标准滴定溶液相当于 EDTA 标准滴定溶液的毫升数；

　　　V_1——EDTA 标准滴定溶液的体积，mL；

　　　V_2——滴定时消耗硝酸铋标准滴定溶液的体积，mL。

3.1.1.4　0.04mol/L 氢氧化钠标准滴定溶液

将 1.6g 氢氧化钠溶于 1L 水中，充分摇匀后，贮存于塑料瓶内。

0.04mol/L 氢氧化钠标准滴定溶液浓度的标定：准确称取 0.2g 邻苯二甲酸氢钾，置于 300mL 烧杯中，加入约 150mL 新煮沸过的并已用氢氧化钠溶液中和至酚酞呈微红色的冷水，搅拌使其溶解。然后再加入 10 滴 1%酚酞指示剂溶液，用 0.04mol/L 氢氧化钠标准滴定溶液滴定显微红色。

氢氧化钠标准滴定溶液对氟的滴定度按式(3-9) 计算：

$$T_F = \frac{m \times 1000 \times M(F)}{V \times M(KHP)} \tag{3-9}$$

式中　T_F——氢氧化钠标准滴定溶液对氟的滴定度，mg/mL；

　　　m——称取邻苯二甲酸氢钾的质量，g；

　　　V——滴定时消耗氢氧化钠标准滴定溶液的体积，mL；

　　$M(F)$——氟的摩尔质量，g/mol；

$M(KHP)$——邻苯二甲酸氢钾的摩尔质量，g/mol。

3.1.1.5　0.15mol/L 氢氧化钠标准滴定溶液

配制方法：将 60g 氢氧化钠溶于 10L 水中，充分摇匀后贮存于塑料桶中。

标定方法：准确称取约 0.6g 邻苯二甲酸氢钾，按 0.4mol/L 氢氧化钠标准滴定溶液的标定方法标定其对二氧化硅的滴定度。

NaOH 标准滴定溶液对 SiO_2 的滴定度按式(3-10) 计算：

$$T_{SiO_2} = \frac{m \times 1000 \times M\left(\frac{1}{4}SiO_2\right)}{V \times M(KHP)}$$ (3-10)

式中　T_{SiO_2}——氢氧化钠标准滴定溶液对二氧化硅的滴定度，mg/mL；

　　　m——邻苯二甲酸氢钾的质量，g；

　　　V——滴定时消耗氢氧化钠标准滴定溶液的体积，mL；

$M\left(\frac{1}{4}SiO_2\right)$——$\frac{1}{4}SiO_2$ 的摩尔质量，g/mol；

$M(KHP)$——邻苯二甲酸氢钾的摩尔质量，g/mol。

3.1.1.6　0.05mol/L 盐酸标准滴定溶液

配制方法：将 42mL 盐酸注入 10L 水中，充分摇匀，用已知浓度的氢氧化钠标准滴定溶液或无水碳酸钠标定其浓度。

（1）用已知浓度的氢氧化钠标准滴定溶液标定　准确吸取 10mL 配制好的盐酸标准滴定溶液，注入 400mL 烧杯中，加入约 150mL 煮沸的蒸馏水和 2～3 滴 1‰ 酚酞指示剂溶液，用已知浓度的氢氧化钠标准滴定溶液滴定至微红色出现。

盐酸标准滴定溶液的物质的量的浓度按式(3-11) 计算：

$$c_1 = \frac{c_2 \times V_2}{V_1}$$ (3-11)

式中　c_1——盐酸溶液的物质的量的浓度，mol/L；

　　　c_2——已知氢氧化钠标准滴定溶液的物质的量的浓度，mol/L；

　　　V_1——盐酸溶液的体积，mL；

　　　V_2——滴定时消耗氢氧化钠标准滴定溶液的体积，mL。

（2）用无水碳酸钠标定　准确称取 0.4g 已在 130℃下烘干过 2～3h 的碳酸钠，置于 100mL 烧杯中，加 50mL 水使其完全溶解。定量地转移至 250mL 容量瓶中，摇匀。用移液管吸取 25mL 置于 250mL 锥形瓶中，加入 1～2 滴 0.2% 甲基橙指示剂，用盐酸滴定至溶液由黄色变为橙色即为终点。记下滴定时消耗盐酸的毫升数。

盐酸标准滴定溶液的浓度按式(3-12) 计算：

$$c(HCl) = \frac{m \times 1000}{M\left(\frac{1}{2}Na_2CO_3\right) \times V \times 10}$$ (3-12)

式中　$c(HCl)$——盐酸溶液的物质的量的浓度，mol/L；

$M\left(\frac{1}{2}Na_2CO_3\right)$——$\frac{1}{2}Na_2CO_3$ 的摩尔质量，g/mol；

　　　m——称取碳酸钠的质量，g；

　　　V——滴定时消耗盐酸溶液的体积，mL。

3.1.1.7　0.05mol/L 硫氰酸铵标准滴定溶液

配制方法：称取 3.8g 硫氰酸铵溶于水，用少量水溶解，移入 1000mL 容量瓶内，加水稀释至标线，摇匀。

3.1.1.8　0.001mol/L 硝酸汞标准滴定溶液

（1）标准滴定溶液的配制　称取 0.34g 硝酸汞 $\left[Hg(NO_3)_2 \cdot \frac{1}{2}H_2O\right]$，溶于 10mL 硝

酸中，移入 1000mL 容量瓶内，加水稀释至标线，摇匀。

（2）硝酸汞标准滴定溶液（0.001mol/L）对氯离子滴定度的标定　准确加入 5.00mL 0.04g 氯离子标准溶液于 50mL 锥形瓶中，加入 20mL 乙醇及 12 滴溴酚蓝指示剂溶液，用氢氧化钠溶液调节至溶液呈蓝色，然后用硝酸调节至溶液刚好变黄色，再过量 10mL 滴二苯偶氮碳酰肼指示剂溶液，用硝酸汞标准滴定溶液滴定至紫红色出现。

同时进行空白实验。使用相同量的试剂，不加入氯离子标准溶液，按照相同的测定步骤进行试验。

硝酸汞标准滴定溶液对氯离子的滴定度按式(3-13)计算

$$T_{Cl^-} = \frac{0.04 \times 5.00}{V_1 - V_0} = \frac{0.2}{V_1 - V_0} \tag{3-13}$$

式中　T_{Cl^-}——硝酸汞标准滴定溶液对氯离子的滴定度，mg/mL；

　　　0.04——氯离子标准溶液的浓度，mg/mL；

　　　5.00——加入氯离子标准溶液的体积，mL；

　　　V_1——标定时消耗硝酸汞标准滴定溶液的体积，mL；

　　　V_0——空白实验消耗硝酸汞标准滴定溶液的体积，mL。

3.1.2　标准溶液的配制及工作曲线的绘制

标准溶液是已知准确浓度的溶液，它在滴定分析中常用作滴定剂。在其他的分析方法中用标准溶液绘制工作曲线或作计算标准，即准确知道某种元素、离子、化合物或基团浓度的溶液。

3.1.2.1　0.05mg/mL 氧化亚锰标准溶液

（1）标准溶液的配制　称取 0.1191g 优级纯硫酸锰（$MnSO_4 \cdot H_2O$），置于 300mL 烧杯中，用水溶解后，加约 1mL 硫酸（1+1），然后移入 1000mL 容量瓶中，加水稀释至标线，摇匀。

（2）工作曲线的绘制　用滴定管向 6 个 150mL 烧杯中分别放入 0.0、2.0mL、6.0mL、10.0mL、14.0mL、20.0mL 氧化亚锰标准溶液（分别相当于 0、0.10mg、0.30mg、0.50mg、0.70mg、1.00mg 氧化亚锰），加 5mL 磷酸（1+1）、10mL 硫酸（1+1），然后用水稀释至约 50mL。加入 0.1~1g 高碘酸钾，在电炉上加热至微沸并保持 10~15min，至溶液达到最大的颜色深度。将溶液冷却至室温。移入 100mL 容量瓶中，加水稀释至标线，摇匀。用 721 型分光光度计，以试剂空白作参比，使用 10mm 比色皿，在波长 530nm 处测定溶液的吸光度。然后按测得的吸光度与比色溶液浓度的关系，绘制比色工作曲线。

3.1.2.2　氧化钾标准溶液和氧化钠标准溶液

（1）氧化钾标准溶液的配制　称取 1.5829g 已于 105~110℃烘干 2h 的氯化钾基准试剂或光谱纯精确至 0.0001g，置于烧杯中，加水溶解后，移入 1000mL 容量瓶中，用水稀释至标线，摇匀。贮存于塑料烧杯中。此标准溶液每毫升相当于 1mg 氧化钾。

吸取 50.00mL 上述标准溶液于 1000mL 容量瓶中，用水稀释至标线，摇匀。贮存于塑料瓶中，此标准溶液每毫升相当于 0.05mg 氧化钾。

（2）氧化钠标准溶液的配制　称取 1.8859g 已于 105~110℃烘干 2h 的氧化钠基准试剂或光谱纯精确至 0.0001g，置于烧杯中，加水溶解后，移入 1000mL 容量瓶中，用水稀释至标线，摇匀。贮存于塑料烧杯中。此标准溶液每毫升相当于 1mg 氧化钠。

吸取 50.00mL 上述标准溶液于 1000mL 容量瓶中，用水稀释至标线，摇匀。贮存于塑料瓶中，此标准溶液每毫升相当于 0.05mg 氧化钠。

（3）工作曲线的绘制　吸取按(1)配制的每毫升相当于 0.05mg 氯化钾标准溶液 0、

2.50mL、5.00mL、10.0mL、15.00mL、20.00mL 和按（2）配制的每毫升相当于 0.05mg 氯化钠标准溶液 0、2.50mL、5.00mL、10.00mL、15.00mL、20.00mL，以一一对应的顺序，分别装入 500mL 容量瓶中，用水稀释至标线，摇匀贮存于塑料瓶中，将火焰光度计调节至最佳工作状态，按仪器使用规程进行测定。用测得的检流计读数作为相对应的氯化钾和氯化钠含量的函数，绘制工作曲线。

3.1.2.3　0.1mg/mL 五氧化二磷标准溶液

（1）标准溶液的配制　准确称取 0.1917g 预先经 $105 \sim 110℃$ 烘干 2h 的磷酸二氢钾（KH_2PO_4，基准试剂）溶于水中，移入 1L 容量瓶中，用水稀释至标线，摇匀。

（2）工作曲线的绘制　用滴定管分别向四个分液漏斗中加入 4.5mL、4mL、3.5mL、3mL 水，依次计入 5mL 硝酸（1+1），用滴定管依次放入 0.5mL、1mL、1.5mL、2mL 五氧化二磷标准溶液，用移液管依次加入 15mL 正丁醇-三氯甲烷萃取液，5mL 钼酸铵溶液，塞紧漏斗塞，用力振荡 2~3min，静置分层。小心移开塞子，减除漏斗内的压力，先放掉少量有机相，用来洗涤分液漏斗的颈和壁，然后依次将有机相转移至 50mL 干烧杯中，盖上表面皿。

用分光光度计，以萃取液做参比，使用 10mm 比色皿，于波长 420nm 处测定有机相溶液的吸光度。用测得的吸光度作为相对应的五氧化二磷含量的函数，绘制工作曲线。

3.1.2.4　0.2mg/mL 二氧化钛标准溶液

（1）标准溶液的配制　称取 0.1g 经高温灼烧过的二氧化钛置于铂（或瓷）坩埚中，加入 2g 焦硫酸钾，在 $500 \sim 600℃$ 熔融至透明。熔块用硫酸（1+9）浸出，加热至 $50 \sim 60℃$ 使熔块完全熔解。冷却至室温后移入 1000mL 容量瓶中，用硫酸（1+9）稀释至标线，摇匀。此标准溶液二氧化钛的含量为 0.1mg/mL。

吸取 100mL 上述标准溶液于 500mL 容量瓶中，用硫酸（1+9）稀释至标线，摇匀。此标准溶液二氧化钛含量为 0.2mg/mL。

（2）工作曲线的绘制　吸取 0.02mg/mL 二氧化钛的标准溶液 0、2.5mL、5mL、10mL、12.5mL、15mL 分别放入 100mL 容量瓶中，一次加入 10mL 盐酸（1+2）、10mL 抗坏血酸溶液（5g/L）、5mL 乙醇（95%）、20mL 二安替比林甲烷溶液（30g/L），用水稀释至标线，摇匀。放置 40min 后，使用分光光度计，10mm 比色皿，以水作参比，于波长 420nm 处测得溶液的吸光度。用测得的吸光度作为相对应的二氧化钛含量的函数，绘制工作曲线。

3.1.2.5　氟离子标准溶液

（1）标准溶液的配制　准确称取 0.2763g 预先已在 500℃灼烧 10min（或在 120℃烘干 2h）的优级纯氟化钠，精确至 0.0001g，置于烧杯中，加水溶解后移入 500mL 容量瓶中，用水稀释至标线，摇匀，贮存于塑料瓶中。此标准溶液氟离子含量为 0.25mg/mL，吸取一定体积的上述标准溶液，加水稀释成每毫升 0.005mg、0.01mg、0.02mg、0.03mg（即 $5\mu g/mL$、$10\mu g/mL$、$20\mu g/mL$、$30\mu g/mL$）氟离子的系列标准溶液，并分别贮存于干燥塑料瓶中。

（2）工作曲线的绘制　分别移取每毫升 0.005mg、0.01mg、0.02mg、0.03mg 氟的系列标准溶液各 10mL，放入置有一根搅拌子的 50mL 烧杯中，加入 10mL 总离子强度缓冲液（pH=6），将烧杯置于电磁搅拌器上，在溶液中插入氟离子选择性电极和饱和氯化钾-甘汞电极，打开磁力搅拌器搅拌 2min，停止搅拌 30s，用离子计或酸度计测量溶液的平衡电位，用单对数坐标纸，以对数坐标为氟的浓度，常数坐标为电位值，绘制工作曲线。

3.1.2.6　0.05mol/L 硝酸银标准溶液

称取 8.4940g 已于 150℃±5℃下烘干过 2h 的硝酸银，精确至 0.0001g，加水溶解后，移入 1000mL 容量瓶中，加水稀释至标线，摇匀。贮存于棕色瓶中，避光保存。

3.1.2.7 氯离子标准溶液

称取 0.3297g 已于 105～110℃ 下烘过 2h 的氯化钠，精确至 0.0001g，置于 200mL 烧杯中，加水溶解后，移入 1000mL 容量瓶中，用水稀释至标线，摇匀。此标准溶液每毫升含 0.2mg 氯离子。

吸取 50.00mL 上述标准溶液放入 250mL 容量瓶中，用水稀释至标线，摇匀。此标准溶液每毫升含 0.04mg 氯离子。

任务 3.2 水泥用天然矿石的化学分析

3.2.1 石灰石的化学分析

石灰石是生产水泥的主要原料之一，主要成分是碳酸钙，另外含有少量的硅石、硅质矿物、碳酸镁、氧化铁等杂质。

在生产水泥时，石灰石的用量一般在 80% 左右，它主要供给水泥熟料中的氧化钙。因此，石灰石的分析对配料的计算有直接关系。

用于水泥原料的石灰石，其化学成分大致含量范围如下：

SiO_2 为 0.2%～10%，Al_2O_3 为 0.2%～2.5%，Fe_2O_3 为 0.1%～2.0%，CaO 为 45%～53%，MgO 为 0.1%～2.5%，烧失量为 36%～43%。

石灰石由于含硅低，所以多数样品可直接用盐酸分解，对质量差含硅高的样品，可用银坩埚氢氧化钠熔融即可。

3.2.1.1 烧失量的测定

准确称取已在 105～110℃ 下烘干过的试样约 1g，放入已灼烧恒重的瓷坩埚中，将盖斜置于坩埚上，放在高温炉内从低温开始逐渐升高温度，在 950～1000℃ 的高温下灼烧 30min，取出坩埚，置于干燥器中，冷至室温，称量。如此反复灼烧，直至恒重。

烧失量的质量分数 X 按式（3-14）计算：

$$X = \frac{m - m_1}{m} \times 100\%$$
(3-14)

式中　m——灼烧前试样质量，g；

　　　m_1——灼烧后试样质量，g。

3.2.1.2 二氧化硅的测定（K_2SiF_6 容量法）

（1）试剂

① KOH（固体）；

② 硝酸（1+20）；

③ 硝酸（相对密度 1.42）；

④ KCl（固体）；

⑤ 15% 氟化钾溶液；

⑥ 5% 氯化钾溶液；

⑦ 5% 氯化钾-乙醇溶液；

⑧ 1% 酚酞指示剂溶液；

⑨ 0.15mol/L 氢氧化钠标准滴定溶液。

（2）分析步骤　准确称取已在 105～110℃ 烘干过的试样约 0.5g，置于预先已熔有 2g 氢氧化钾的银坩埚中，再用 1g 氢氧化钾覆盖在上面。盖上坩埚盖（留有少许缝隙），于 600℃

的温度下熔融 20min。取出坩埚放冷，然后用热水将熔融物提取至 300mL 的塑料杯中，坩埚及盖用少许稀硝酸（1+20）和热水洗净（此时溶液体积应在 40mL 左右）。加入 15mL 浓硝酸，搅拌，冷至室温。然后加入固体氯化钾，仔细搅拌至饱和，并有氯化钾析出。再加入 10mL 15%氟化钾，放置 15～20min，用中速滤纸过滤，塑料杯及沉淀用 5%的氯化钾溶液洗涤 2～3 次，将滤纸连同沉淀一起置于原塑料杯中，沿杯壁加入 10mL 5%氯化钾-乙醇溶液及 1mL 1%酚酞指示剂溶液，用 0.15mol/L 氢氧化钠溶液中和未洗净的酸，仔细搅动滤纸并随之擦洗杯壁，直至溶液呈红色，然后加入 200mL 沸水（预先煮沸并用氢氧化钠溶液中和至呈微红色），用 0.15mol/L 氢氧化钠标准滴定溶液滴定至微红色。

二氧化硅的质量分数 w_{SiO_2} 按式（3-15）计算：

$$w_{SiO_2} = \frac{T_{SiO_2} \times V}{m_s \times 1000} \times 100\% \tag{3-15}$$

式中　T_{SiO_2}——氢氧化钠标准滴定溶液对二氧化硅的滴定度，mg/mL；

V——滴定时消耗氢氧化钠标准滴定溶液的体积，mL；

m_s——试样质量，g。

3.2.1.3　EDTA 配位滴定铁、铝、钙、镁试样溶液的制备

（1）试剂

① 氢氧化钠（固）；

② 盐酸（浓）；

③ 盐酸（1+5）；

④ 硝酸（浓）。

（2）分析步骤　准确称取已在 105～110℃烘干过的试样约 0.5g，置于预先熔有 3g 氢氧化钠的银坩埚中，再用 1g 氢氧化钠覆盖在上面，盖上坩埚盖（留有少许缝隙）置于 600～650℃的高温炉中熔融 20min，取出坩埚，放冷后，将坩埚连同熔融物一起放在盛有 150mL 热水的烧杯中，使熔块溶解，用玻璃棒将坩埚取出以热水冲洗，一次加入 15mL 浓盐酸再用少量盐酸（1+5）及热水将坩埚洗净，用玻璃棒搅拌，使熔融物完全溶解。加数滴浓硝酸，加热至沸，溶液冷至室温后，移入 250mL 容量瓶中，以水稀释至标线，摇匀待用。

3.2.1.4　主要成分的测定

（1）三氧化二铁的测定

1）试剂

① 氨水（1+1）；

② 10%磺基水杨酸钠指示剂；

③ 0.015mol/L EDTA 标准滴定溶液。

2）分析步骤。吸取 100mL 试样溶液，放入 300mL 烧杯中，用氨水调 pH=2.0（用精密 pH 试纸检验），将溶液加热至 70℃，加 10 滴磺基水杨酸钠指示剂，以 0.015mol/L EDTA 标准滴定溶液滴定至紫红色消失，溶液视铁的含量而呈现亮黄色或淡黄色或无色。

三氧化二铁的质量分数 $w_{Fe_2O_3}$ 按式（3-16）计算：

$$w_{Fe_2O_3} = \frac{T_{Fe_2O_3} \times V \times 2.5}{m_s \times 1000} \times 100\% \tag{3-16}$$

式中　$T_{Fe_2O_3}$——EDTA 标准滴定溶液对三氧化二铁的滴定度，mg/mL；

V——滴定时消耗 EDTA 标准滴定溶液的体积，mL；

2.5——全部试样溶液与所分取试样溶液的体积比；

m_s——试样质量，g。

（2）三氧化二铝的测定

1）试剂

① 0.015mol/L EDTA 标准滴定溶液；

② 0.015mol/L 硫酸铜标准滴定溶液；

③ 乙酸-乙酸钠缓冲溶液（pH＝14.3）；

④ 0.2％PAN 指示剂。

2）分析步骤。将滴定铁后的溶液中，加入 0.015mol/L EDTA 10～15mL，加水稀释至约 200mL，将溶液加热至 70～80℃后，加入 15mL 乙酸-乙酸钠缓冲溶液，煮沸 1～2min，取下稍冷，加 5～6 滴 PAN 指示剂，以 0.015mol/L 硫酸铜标准滴定溶液滴定至亮紫色。

三氧化二铝的质量分数 $w_{Al_2O_3}$ 按式(3-17) 计算：

$$w_{Al_2O_3} = \frac{T_{Al_2O_3} \times (V_1 - V_2 \times K) \times 2.5}{m_s \times 1000} \times 100\% \tag{3-17}$$

式中　$T_{Al_2O_3}$——EDTA 标准滴定溶液对三氧化二铝的滴定度，mg/mL；

　　　　V_1——加入 EDTA 标准滴定溶液的体积，mL；

　　　　V_2——滴定时消耗硫酸铜标准滴定溶液的体积，mL；

　　　　K——每毫升硫酸铜标准滴定溶液相当于 EDTA 标准滴定溶液的毫升数；

　　　　2.5——全部试样溶液与所分取试样溶液的体积比；

　　　　m_s——试样质量，g。

（3）氧化钙的测定

1）试剂

① 三乙醇胺（1＋2）；

② 20％氢氧化钾溶液；

③ CMP 混合指示剂；

④ 0.015mol/L EDTA 标准滴定溶液。

2）分析步骤。吸取 25mL 试样溶液放入 400mL 烧杯中，用水稀释至约 250mL，加入 3mL 三乙醇胺（1＋2）及适量的 CMP 混合指示剂，在搅拌下滴入 20％氢氧化钾，至出现绿色荧光后，再过量 3～5mL，用 0.015mol/L EDTA 标准滴定溶液滴定至绿色荧光消失，并转变为粉红色。

氧化钙的质量分数 w_{CaO} 按式(3-18) 计算：

$$w_{CaO} = \frac{T_{CaO} \times V_1 \times 10}{m_s \times 1000} \times 100\% \tag{3-18}$$

式中　T_{CaO}——EDTA 标准滴定溶液对氧化钙的滴定度，mg/mL；

　　　　V_1——滴定时消耗 EDTA 标准滴定溶液的体积，mL；

　　　　10——全部试样溶液与所分取试样溶液的体积比；

　　　　m_s——试样质量，g。

3）注意事项。当石灰石中 SiO_2 含量大于 5％时，需在试液中加入 2％氟化钾 5mL，以消除硅对钙的影响。

（4）氧化镁的测定

1）试剂

① 三乙醇胺（1＋2）；

② 氨水-氯化铵缓冲溶液（pH＝10）；

③ 酸性铬蓝 K-萘酚绿 B（1＋2.5）指示剂；

④ 0.015mol/L EDTA 标准滴定溶液。

2）分析步骤。吸取 25mL 试样溶液，放入 400mL 烧杯中，用水稀释至约 250mL，加 3mL 三乙醇胺（1＋2），搅拌，然后加入 20mL 氨水-氯化铵缓冲溶液（pH＝10），以及适量的酸性铬蓝 K-萘酚绿 B 混合指示剂，以 0.015mol/L EDTA 标准滴定溶液滴定至纯蓝色。

氧化镁的质量分数 w_{MgO} 按式（3-19）计算：

$$w_{MgO} = \frac{T_{MgO} \times (V_2 - V_1) \times 10}{m_s \times 1000} \times 100\% \tag{3-19}$$

式中　T_{MgO}——EDTA 标准滴定溶液对氧化镁的滴定度，mg/mL；

V_2——滴定钙、镁合量时消耗 EDTA 标准滴定溶液的体积，mL；

V_1——滴定钙时消耗 EDTA 标准滴定溶液的体积，mL。

m_s——试样质量，g。

3）注意事项。滴定近终点时速度不要太快，并需加强搅拌，以防滴过量。

3.2.2　硅质矿物的化学分析

硅质矿物属典型的硅酸盐材料，主要供给水泥熟料中的二氧化硅和三氧化二铝，一般化学成分大致含量如下：

SiO_2 为 60％～70％；Al_2O_3 为 12％～18％；Fe_2O_3 为 5％左右；CaO 为 5％左右；MgO 为 3％左右；R_2O 为 4％左右。

3.2.2.1　烧失量的测定

方法同石灰石中烧失量的测定。

3.2.2.2　试样溶液的制备

（1）试剂

① 氢氧化钠（固体）；

② 盐酸（相对密度 1.19）；

③ 盐酸（1＋5）；

④ 硝酸（相对密度 1.42）。

（2）制备方法　用减量法称取已在 105～110℃ 烘干过的试样约 0.5g，置于预先已熔有 6～7g 氢氧化钠的银坩埚中，再用 1～2g 氢氧化钠覆盖在上面。盖上坩埚盖（留有少许缝隙），放入 650℃ 的高温炉中熔融 25～30min（中间将熔融物摇动一次）取出坩埚，冷却后放入盛有 150mL 左右热水的烧杯中，盖上表面皿，置于小电炉上加热。待熔融物完全浸出后，取出坩埚，用热水冲洗，一次加入 30mL 浓盐酸，再用少量盐酸（1＋5）及热水洗净坩埚及盖，加入数滴浓硝酸，并加热至沸，使熔融物完全溶解。溶液冷至室温后，移入 250mL 容量瓶中，用水稀释至标线，摇匀。此试样溶液可供测定硅、铁、铝、钛、钙、镁用。

（3）注意事项　硅质矿物吸水性很强，所以一般采用减量法称样。即将称量瓶中已烘干、冷却的试样与称量瓶一起称量，设其质量为 m_1，然后将所需试样迅速倾出于坩埚中，再称量，设其质量为 m_2，则试样重（g）＝$m_1 - m_2$。

3.2.2.3　主要成分的测定

（1）二氧化硅的测定（氟硅酸钾容量法）

1）试剂

① 硝酸（相对密度 1.42）；

② 15％氟化钾溶液；

③ 氯化钾（固体）；

④ 5％氯化钾溶液；

⑤ 5％氯化钾-乙醇溶液；

⑥ 1％酚酞指示剂溶液；

⑦ 0.15mol/L 氢氧化钠标准滴定溶液。

2）分析步骤。吸取 50mL 试样溶液，放 200mL 塑料杯中，加入 10mL 浓硝酸，冷却。然后加入 10mL 15％氟化钾溶液，搅拌，再加入固体氯化钾，搅拌，并用玻璃棒压碎不溶颗粒，直至饱和，并有氯化钾析出。冷却，静置 15min。用中速滤纸过滤，塑料杯与沉淀用 5％氯化钾溶液洗涤 2～3 次。将滤纸连同沉淀一起置于原塑料杯中，沿杯壁加入 10mL 5％氯化钾-乙醇溶液，以及 1mL 酚酞指示剂，用 0.15mol/L 氢氧化钠溶液中和未洗净的酸，仔细搅动滤纸并随之擦洗杯壁，直至溶液变红，然后加入 200mL 沸水（预先用氢氧化钠溶液中和至酚酞呈微红色），以 0.15mol/L 氢氧化钠标准滴定溶液滴定至微红色，即达到终点。

二氧化硅的质量分数 w_{SiO_2} 按式（3-20）计算：

$$w_{SiO_2} = \frac{T_{SiO_2} \times V \times 5}{m_s \times 1000} \times 100\% \tag{3-20}$$

式中　T_{SiO_2}——氢氧化钠标准滴定溶液对二氧化硅的滴定度，mg/mL；

　　　　V——滴定时消耗氢氧化钠标准滴定溶液的体积，mL；

　　　　m_s——试样质量，g；

　　　　5——全部试样溶液与所分取试样溶液的体积比。

（2）三氧化二铁的测定

1）试剂

① 氨水（1+1）；

② 10％磺基水杨酸钠指示剂；

③ 0.015mol/L EDTA 标准滴定溶液。

2）分析步骤。吸取 50mL 试样溶液放入 300mL 烧杯中，加水稀释至约 100mL，用氨水（1+1）调解溶液 pH 值为 1.8～2.0（用精密 pH 试纸检验）。将溶液加热至 70℃，加 10 滴 10％磺基水杨酸钠指示剂溶液，以 0.015mol/L EDTA 标准滴定溶液缓慢地滴定至亮黄色（终点温度应在 60℃左右）。

三氧化二铁质量分数 $w_{Fe_2O_3}$ 按式（3-21）计算：

$$w_{Fe_2O_3} = \frac{T_{Fe_2O_3} \times V \times 5}{m_s \times 1000} \times 100\% \tag{3-21}$$

式中　$T_{Fe_2O_3}$——EDTA 标准滴定溶液对三氧化二铁的滴定度，mg/mL；

　　　　V——滴定时消耗 EDTA 标准滴定溶液的体积，mL；

　　　　5——全部试样溶液与所分取试样溶液的体积比；

　　　　m_s——试样质量，g。

3）注意事项。因硅质矿物中铝的含量较高，所以在测铁时，应严格控制 pH 值不要高于 2.0；滴定温度在 60～70℃，否则因受铝的干扰，引起结果偏高。

（3）三氧化二铝及二氧化钛的测定

1）试剂

① 乙酸-乙酸钠缓冲溶液（pH＝4.3）；

② 乙酸-乙酸钠缓冲溶液（pH＝3）；

③ 0.2％PAN 指示剂溶液；

④ 0.015mol/L EDTA 标准滴定溶液；

⑤ 0.015mol/L 硫酸铜标准滴定溶液；

⑥ EDTA-Cu 溶液；

⑦ 0.1％溴酚蓝指示剂溶液；

⑧ 氨水（1＋2）；

⑨ 盐酸（1＋2）。

2）分析步骤。在滴定铁后的溶液中，加入 10～15mL 0.015mol/L EDTA 标准滴定溶液，然后用水稀释至约 200mL，将溶液加热至 70～80℃后，加 15mL 乙酸-乙酸钠缓冲溶液（pH＝4.3），加热煮沸 1～2min，取下稍冷，加 5～6 滴 0.2％PAN 指示剂溶液，以硫酸铜标准滴定溶液滴定至亮紫色。记下消耗硫酸铜标准滴定溶液的体积 V_1，然后向滴定溶液中，加入 10～15mL 5％苦杏仁酸，并加热煮沸 1～2min。取下，冷至 50℃左右，加入 5mL 95％乙醇，补加 1～2 滴 PAN 指示剂，再以 0.015mol/L 硫酸铜标准滴定溶液滴定至亮紫色，记下消耗硫酸铜标准滴定溶液的体积 V_2。

三氧化二铝的质量分数 $w_{Al_2O_3}$ 按式（3-22）计算：

$$w_{Al_2O_3} = \frac{T_{Al_2O_3} \times [V - K \times (V_2 + V_1)] \times 5}{m_s \times 1000} \times 100\% \quad (3\text{-}22)$$

二氧化钛的质量分数 w_{TiO_2} 按式（3-23）计算：

$$w_{TiO_2} = \frac{T_{TiO_2} \times V_2 \times K \times 5}{m_s \times 1000} \times 100\% \quad (3\text{-}23)$$

式中　$T_{Al_2O_3}$——EDTA 标准滴定溶液对三氧化二铝的滴定度，mg/mL；

T_{TiO_2}——EDTA 标准滴定溶液对二氧化钛的滴定度，mg/mL；

V——加入 EDTA 标准滴定溶液的体积，mL；

V_1——第一次滴定时消耗硫酸铜标准滴定溶液的体积，mL；

V_2——第二次滴定时消耗硫酸铜标准滴定溶液的体积，mL；

K——每毫升硫酸铜标准滴定溶液相当于 EDTA 标准滴定溶液的毫升数；

5——全部试样溶液与所分取试样溶液的体积比；

m_s——试样质量，g。

3）注意事项

① 因硅质矿物中铝的含量较高，所以在测定三氧化二铝之前，EDTA 需加入 25～30mL。

② 用苦杏仁酸置换的返滴测定钛时，若在滴定时溶液温度高于 80℃，则终点色较快，往往导致钛的测定结果偏高。在 50℃左右滴定时，褪色速度大为减慢。但当温度降低后，PAN 和 PAN-Cu 配位物在水中的溶解度也相应随之降低，使终点变化不敏锐，所以必须加入乙醇增大二者的溶解度。

（4）氧化钙的测定

1）试剂

① 三乙醇胺（1＋2）；

② 20％KOH 溶液；

③ 甲基百里香酚蓝指示剂；

④ 0.015mol/L EDTA 标准滴定溶液。

2）分析步骤。吸取 25mL 试样溶液放入 400mL 烧杯中，加入 15mL 2％氟化钾溶液，用水稀释至约 200mL。加 5mL 三乙醇胺（1＋2）及适量的 CMP 混合指示剂，在搅拌下滴加 20％氢氧化钾溶液至出现绿色的荧光后，再过量 5～8mL，用 0.015mol/L EDTA 标准滴定溶液滴定至绿色荧光消失，转为粉红色。

氧化钙的质量分数 w_{CaO} 按式（3-24）计算：

$$w_{CaO} = \frac{T_{CaO} \times V \times 10}{m_s \times 1000} \times 100\% \qquad (3\text{-}24)$$

式中　T_{CaO}——EDTA 标准滴定溶液对氧化钙的滴定度，mg/mL；

V——滴定时消耗 EDTA 标准滴定溶液的体积，mL；

10——全部试样溶液与所分取试样溶液的体积比；

m_s——试样质量，g。

（5）氧化镁的测定

1）试剂

① 10％酒石酸钾钠溶液；

② 三乙醇胺（1＋2）；

③ 氨水（1＋1）；

④ 酸性铬蓝 K-萘酚绿 B（1＋2.5）混合指示剂；

⑤ 氨水-氯化铵缓冲溶液（pH＝10）；

⑥ 0.015mol/L EDTA 标准滴定溶液；

⑦ 盐酸羟胺（固体）。

2）分析步骤。吸取 25mL 试样溶液放入 400mL 烧杯中，加入 15mL 2％氟化钾溶液，搅拌并放置 2min 以上，用水稀释至约 200mL。加 1mL 10％酒石酸钾钠溶液、5mL 三乙醇胺（1＋2），搅拌，然后加入 25mL 氨水-氯化铵缓冲溶液（pH＝10），及适量的酸性铬蓝 K-萘酚绿 B（1＋2.5）混合指示剂，以 0.015mol/L EDTA 标准滴定溶液滴定，近终点时应缓慢滴定至纯蓝色。

氧化镁的质量分数 w_{MgO} 按式（3-25）计算：

$$w_{MgO} = \frac{T_{MgO} \times (V_2 - V_1) \times 10}{m_s \times 1000} \times 100\% \qquad (3\text{-}25)$$

式中　T_{MgO}——EDTA 标准滴定溶液对氧化镁的滴定度，mg/mL；

V_2——滴定钙镁合量时消耗 EDTA 标准滴定溶液的体积，mL；

V_1——滴定钙时消耗 EDTA 标准滴定溶液的体积，mL；

10——全部试样溶液与所分取试样溶液的体积比；

m_s——试样质量，g。

3）注意事项

① 用酒石酸钾钠与三乙醇胺联合掩蔽铁、铝、钛，比单独用三乙醇胺效果要好。操作时需在酸性溶液中先加酒石酸钾钠，然后再加三乙醇胺。

② 氧化亚锰含量在 0.5％以下时对镁的干扰并不显著，但超过 0.5％以上时即有明显干扰，此时加 0.5～1g 的盐酸羟胺，将三价锰还原为二价锰而与镁一起定量地被滴定。

3.2.3 铁矿石的化学分析

制造水泥用的铁矿石多数属赤铁矿，主要成分为三氧化二铁。

3.2.3.1 烧失量的测定

铁矿石不仅含有大量的三氧化二铁，还含有部分氧化亚铁，灼烧的氧化条件不同，铁的氧化物有不同的状态，氧化亚铁在氧化气氛中灼烧则氧化成三氧化二铁，而三氧化二铁在1000℃以上长时间的灼烧又会分解为四氧化三铁，反应如下：

$$6Fe_2O_3 = 4Fe_3O_4 + O_2$$

因此，铁矿石烧失量的测定，灼烧温度不能超过1000℃。一般铁矿石的烧失量不易测得一致的结果，所以可不测。如一定要测定，方法如下：

准确称取在105～110℃已烘干过的试样约1g，放入已灼烧至恒重的瓷坩埚中，将盖斜置于坩埚上，从低温升起，在950℃的温度下灼烧1h。取出，置于干燥器中冷至室温，称量。再放入高温炉中，于950℃灼烧30min，取出冷却，称量。如此反复灼烧，直至恒重。

烧失量的质量分数 X 按式(3-26)计算：

$$X = \frac{m - m_1}{m} \times 100\% \tag{3-26}$$

式中　m——灼烧前试样质量，g；

　　　m_1——灼烧后试样质量，g。

3.2.3.2 试样溶液的制备

(1) 试剂

① 氢氧化钠（固体）；

② 盐酸（1+5）；

③ 盐酸（1+1）；

④ 硝酸（相对密度1.42）。

(2) 制备方法。准确称取在105～110℃已烘干过的试样约0.2g，置于银坩埚中，在700～750℃高温炉内预烧20～30min取出稍冷，加入10g氢氧化钠，盖上坩埚盖（留有一定的缝隙），放在小电炉上加热至氢氧化钠完全熔化后，再置于700～750℃的高温炉内熔融40min（中间可取出坩埚，摇动熔融物1～2次）。取出坩埚，放冷，然后将坩埚置于盛有约100mL热水的烧杯中，待熔块完全被浸出后，取出坩埚，用热水及盐酸（1+5）洗净。往烧杯中加入5mL盐酸（1+1）及20mL浓硝酸，搅拌，盖上表面皿，加热煮沸。待溶液澄清透明后，冷却至室温，移入250mL容量瓶中，用水稀释至标线，摇匀。此溶液供测定二氧化硅、三氧化二铁、三氧化二铝、二氧化钛、氧化钙及氧化镁用。

(3) 注意事项　由于铁矿石较难熔，所以要求试样愈细愈好。

3.2.3.3 主要成分的测定

(1) 二氧化硅的测定

氟硅酸钾容量法，方法同硅质矿物中二氧化硅的测定。

(2) 三氧化二铁的测定（EDTA-铋盐回滴法）

1) 试剂

① 硝酸（相对密度1.42）；

② 氨水（1+1）；

③ 10%磺基水杨酸钠指示剂；

④ 0.5%二甲酚橙指示剂；

⑤ 0.015mol/L EDTA 标准滴定溶液；

⑥ 0.015mol/L 硝酸铋标准滴定溶液。

2）分析步骤。吸取 25mL 试样溶液于 400mL 烧杯中，加水稀释至约 200mL，用硝酸和氨水（1+1）调溶液 pH 值为 1.0～1.5（以精密试纸检验），加入 2 滴磺基水杨酸钠指示剂，用 0.015mol/L EDTA 标标准溶液滴定至紫红色消失后，再过量 1～2mL，搅拌后放置 1min，然后加入 2 滴二甲酚橙指示剂，用 0.015mol/L 硝酸铋标准滴定溶液滴定至溶液颜色由黄色变为橙红色。

三氧化二铁质量分数 $w_{Fe_2O_3}$ 按式（3-27）计算：

$$w_{Fe_2O_3} = \frac{T_{Fe_2O_3} \times (V - V_1 \times K) \times 10}{m_s \times 1000} \times 100\% \tag{3-27}$$

式中　$T_{Fe_2O_3}$——EDTA 标准滴定溶液对三氧化二铁的滴定度，mg/mL；

　　　　K——每毫升硝酸铋标准滴定溶液相当于 EDTA 标准滴定溶液的毫升数；

　　　　10——全部试样溶液与所分取试样溶液的体积比；

　　　　V——加入 EDTA 标准滴定溶液的体积，mL；

　　　　V_1——滴定时消耗硝酸铋标准滴定溶液的体积，mL。

　　　　m_s——试样质量，g；

（3）三氧化二铝与二氧化钛的测定（EDTA-苦杏仁酸置换-铜盐回滴法）

1）试剂

① 乙酸-乙酸钠缓冲溶液（pH=4.3）；

② 乙酸-乙酸钠缓冲溶液（pH=3）；

③ 0.2%PAN 指示剂溶液；

④ 0.015mol/L EDTA 标准滴定溶液；

⑤ 0.015mol/L 硫酸铜标准滴定溶液；

⑥ 5%苦杏仁酸溶液；

⑦ 0.1%溴酚蓝指示剂溶液；

⑧ 氨水（1+2）；

⑨ 盐酸（1+2）。

2）分析步骤。吸取 25mL 试样溶液于 300mL 烧杯中，加水稀释至约 100mL。加入 0.015mol/L EDTA 标准滴定溶液至过量 10～15mL（对铁、钛、铝总量而言），将溶液加热至 70～80℃后，用氨水（1+1）调整溶液 pH 值为 3.5～4.0，然后加 15mL 乙酸-乙酸钠缓冲溶液（pH=4.3），继续加热煮沸 1～2min，取下稍冷，加 5～6 滴 0.2% PAN 指示剂溶液，以 0.015mol/L 硫酸铜标准滴定溶液滴定至亮紫色。记下消耗硫酸铜标准滴定溶液的体积 V_1，然后向溶液中，加入 15mL 5%苦杏仁酸，并加热煮沸 1～2min。取下，冷至 50℃左右，加入 5mL 95%乙醇，补加 1～2 滴 PAN 指示剂，再以 0.015mol/L 硫酸铜标准滴定溶液滴定至亮紫色，记下消耗硫酸铜标准滴定溶液的体积 V_2。

三氧化二铝的质量分数 $w_{Al_2O_3}$ 按式（3-28）计算：

$$w_{Al_2O_3} = \frac{T_{Al_2O_3} \times [V - V_{Fe} - K \times (V_2 + V_1)] \times 5}{m_s \times 1000} \times 100\% \tag{3-28}$$

二氧化钛的质量分数 w_{TiO_2} 按式(3-29)计算：

$$w_{TiO_2} = \frac{T_{TiO_2} \times V_2 \times 5}{m_s \times 1000} \times 100\%$$

(3-29)

式中　$T_{Al_2O_3}$——EDTA 标准滴定溶液对三氧化二铝的滴定度，mg/mL；

$\quad\ T_{TiO_2}$——EDTA 标准滴定溶液对二氧化钛的滴定度，mg/mL；

$\quad\quad V$——加入 EDTA 标准滴定溶液的体积，mL；

$\quad\ V_{Fe}$——滴定铁时消耗 EDTA 标准滴定溶液的体积，mL；

$\quad\ V_1$——第一次滴定时消耗硫酸铜标准滴定溶液的体积，mL；

$\quad\ V_2$——第二次滴定时消耗硫酸铜标准滴定溶液的体积，mL；

$\quad\quad K$——每毫升硫酸铜标准滴定溶液相当于 EDTA 标准滴定溶液的毫升数；

$\quad\quad 5$——全部试样溶液与所分取试样溶液的体积比；

$\quad\ m_s$——试样质量，g。

（4）氧化钙的测定

1）试剂

①　2%氟化钾溶液；

②　三乙醇胺（1+2）；

③　CMP 混合指示剂；

④　20%KOH 溶液；

⑤　0.015mol/L EDTA 标准滴定溶液。

2）分析步骤。吸取 25mL 试样溶液放入 400mL 烧杯中，加入 5mL 2%氟化钾溶液，搅拌并放置 2min，用水稀释至约 200mL。加 10mL 三乙醇胺（1+2）及适量的 CMP 混合指示剂，在搅拌下滴加 20%氢氧化钾溶液至出现绿色的荧光后，再过量 5～6mL，用 0.015mol/L EDTA 标准滴定溶液滴定至绿色荧光消失，转为橘红色。

氧化钙的质量分数 w_{CaO} 按式(3-30)计算：

$$w_{CaO} = \frac{T_{CaO} \times V \times 10}{m_s \times 1000} \times 100\%$$

(3-30)

式中　T_{CaO}——EDTA 标准滴定溶液对氧化钙的滴定度，mg/mL；

$\quad\quad V$——滴定时消耗 EDTA 标准滴定溶液的体积，mL；

$\quad\ 10$——全部试样溶液与所分取试样溶液的体积比；

$\quad\ m_s$——试样质量，g。

（5）氧化镁的测定

1）试剂

①　10%酒石酸钾钠溶液；

②　三乙醇胺（1+2）；

③　氨水（1+1）；

④　酸性铬蓝 K-萘酚绿 B（1+2.5）混合指示剂；

⑤　氨水-氯化铵缓冲溶液（pH=10）；

⑥　0.015mol/L EDTA 标准滴定溶液。

2）分析步骤。吸取 25mL 试样溶液放入 400mL 烧杯中，用水稀释至约 200mL，加入 2mL 10%酒石酸钾钠溶液及加 10mL 三乙醇胺（1+2），搅拌，然后加入 25mL 氨水-氯化铵缓冲溶液（pH=10），以及适量的酸性铬蓝 K-萘酚绿 B（1+2.5）混合指示剂，以

0.015mol/L EDTA 标准滴定溶液滴定，近终点时应缓慢滴定至纯蓝色。

氧化镁的质量分数 w_{MgO} 按式（3-31）计算：

$$w_{MgO} = \frac{T_{MgO} \times (V_2 - V_1) \times 10}{m_s \times 1000} \times 100\% \tag{3-31}$$

式中　T_{MgO}——EDTA 标准滴定溶液对氧化镁的滴定度，mg/mL；

　　　　V_2——滴定钙、镁合量时消耗 EDTA 标准滴定溶液的体积，mL；

　　　　V_1——滴定钙时消耗 EDTA 标准滴定溶液的体积，mL；

　　　　10——全部试样溶液与所分取试样溶液的体积比；

　　　　m_s——试样质量，g。

3.2.4　萤石中氟及氟化钙的测定

萤石也叫氟石，主要成分是氟化钙（CaF_2），其含量一般在 85% 左右，其次是碳酸盐及硫酸盐，配料只了解萤石中氟化钙的含量就可以了，若想得知氟的含量，可用氟化钙的分析结果进行换算；也可用快速蒸馏分离-中和法测定氟。

3.2.4.1　氟的测定（快速蒸馏-中和法）

（1）仪器与试剂

① 快速蒸馏装置，如图 3-1 所示。

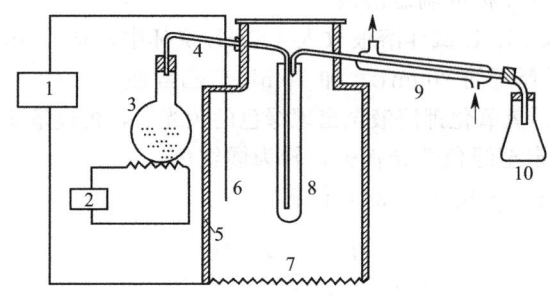

图 3-1　蒸馏分离氟的装置图

1—温度指示控制仪；2—调压变压器和电炉；3—水蒸气发生瓶；4—蒸汽输入管；5—炉罩；
6—温度控制热敏元件；7—电炉；8—石英蒸馏管；9—石英冷凝管；10—蒸馏液承接瓶

② 1% 酚酞乙醇溶液。

③ 0.04mol/L 氢氧化钠标准滴定溶液。

④ 磷酸。

（2）分析步骤。准确称取约 0.075g 试样，置于已烘干的石英蒸馏管中，注意勿使试样黏附于管壁，将 150mL 锥形瓶置于石英冷凝管出口的下端，用以承接蒸馏液，打开冷却水，向石英蒸馏管中加入 5mL 磷酸，立即塞上石英磨口塞，将石英管置于已升温至一定温度的炉膛中（石英管内蒸馏物的最终温度为 205～210℃），迅速连接好蒸馏管的进出口部分，盖上炉盖，调节蒸馏速度为每分钟 3.0～3.5mL 蒸馏液。在蒸馏过程中摇动锥形瓶两次。蒸馏15min 后，取出石英蒸馏管，置于试管架中，再取下盛有蒸馏液的锥形瓶，加入 15 滴酚酞指示剂，以 0.04mol/L 氢氧化钠标准滴定溶液滴定至微红色，在 30s 内不褪色为终点。需同时进行空白试验。

氟的质量分数 w_F 按式（3-32）计算：

$$w_F = \frac{T_F \times (V - V_0)}{m_s \times 1000} \times 100\% \qquad (3\text{-}32)$$

式中　T_F——氢氧化钠标准滴定溶液对氟的滴定度，mg/mL；

　　　V——滴定样品蒸馏液时消耗氢氧化钠标准滴定溶液的体积，mL；

　　　V_0——滴定空白蒸馏液时消耗氢氧化钠标准滴定溶液的体积，mL；

　　　m_s——试样质量，g。

3.2.4.2　氟化钙的测定

准确称取约 0.25g 试样，置于 100mL 烧杯中，加入 10mL 10%乙酸溶液，盖上表面皿，放在水浴上加热 30min（每隔 5～6min 用玻璃棒搅动一次），取下烧杯，用中速滤纸（加少许纸浆）过滤，用热水洗涤烧杯及残渣数次，将滤纸及残渣放入原烧杯中，加入 10mL 5%硼酸溶液和 20mL 盐酸（1+1），盖上表面皿，于电炉上加热煮沸 20min，用快速滤纸过滤于 250mL 容量瓶中，用热水洗涤滤纸和不溶残渣 8～10 次，将溶液冷至室温，以水稀释至标线，摇匀。

吸取 50mL 试样溶液，置于 400mL 烧杯中，以水稀释至约 200mL，加 3mL 三乙醇胺（1+2）及适量的 CMP 指示剂，在搅拌下滴加 20%氢氧化钾，至出现绿色荧光后，再过量 5～8mL（溶液的 pH>13），用 0.015mol/L EDTA 标准滴定溶液滴定至绿色荧光消失，呈现红色即到达终点。

氟化钙的质量分数 w_{CaF_2} 按式（3-33）计算：

$$w_{CaF_2} = \frac{T_{CaF_2} \times V \times 5}{m_s \times 1000} \times 100\% + 0.20\% \qquad (3\text{-}33)$$

式中　T_{CaF_2}——EDTA 标准滴定溶液对氟化钙的滴定度，mg/mL；

　　　V——滴定时消耗 EDTA 标准滴定溶液的体积，mL；

　　　5——全部试样溶液与所分取试样溶液的体积比；

　　0.20%——氟化钙溶于乙酸的校正值；

　　　m_s——试样质量，g。

3.2.5　天然石膏的化学分析

石膏主要成分是硫酸钙，最常见的是二水石膏（$CaSO_4 \cdot 2H_2O$），化学成分大致含量范围如下：结晶水为 17.7%～20.9%，SiO_2 为 0.05%～1.0%，Al_2O_3 和 Fe_2O_3 为 0.1%～1.5%，CaO 为 32.0%～40.0%，MgO 0.05%～2.0%，SO_3 为 22.0%～45.5%。

二水石膏中的结晶水，当温度达 80～90℃时即开始失去，在 107～150℃时即很快分解为半水石膏（$CaSO_4 \cdot \frac{1}{2}H_2O$）。当温度上升到 200～225℃时，则失去全部结晶水而变成硫酸钙（$CaSO_4$），即可溶性硬石膏，极易从空气中吸收水分而再变为半水石膏；当温度达到 450℃时，则形成不溶性石膏。

3.2.5.1　附着水分的测定

准确称取约 1g 试样，放入已烘干至恒重的称量瓶中，于 50～60℃的烘箱中烘 2h，取出，加盖（不能盖得太紧）放在干燥器中冷至室温，将称量瓶取出，并紧密盖，称量。再放入烘箱重烘 1h，用同样方法，冷却、称量，直至恒重。

附着水分的质量分数按式（3-34）计算：

$$w(\text{附着水分}) = \frac{m - m_1}{m} \times 100\% \qquad (3\text{-}34)$$

式中 m ——烘干前试样质量，g；

　　　　m_1——烘干后试样质量，g。

3.2.5.2 结晶水的测定

准确称取约 1g 试样，置于已灼烧恒重的瓷坩埚中，在 $350 \sim 400℃$ 的高温炉中，灼烧 $2 \sim 2.5h$，取出，放入干燥器中冷至室温，称量。再放入高温炉中，在上述温度下灼烧 30min，取出冷却，称量。如此反复灼烧，直至恒重。

结晶水的质量分数按式(3-35) 计算：

$$w(\text{结晶水}) = \frac{m - m_1}{m} \times 100\% - \text{附着水分的质量分数} \qquad (3\text{-}35)$$

式中 m ——烘干前试样质量，g；

　　　　m_1——烘干后试样质量，g。

3.2.5.3 酸不溶物（或 SiO_2）的测定

（1）试剂

① 盐酸（1+5）；

② 1%硝酸银溶液。

（2）分析步骤。较纯的天然石膏，当以盐酸处理时，一般有极少量的不溶残渣存在，当酸不溶物的含量小于 3%，完全可以把它们当作二氧化硅。

准确称取约 0.5g 试样，置于 250mL 烧杯中，用少量水润湿，盖上表面皿，从杯口慢慢加入 40mL 盐酸（1+5）待反应停止后，用水冲洗表面皿及杯壁。加热煮沸 $3 \sim 4min$，用慢速滤纸过滤，不溶残渣以热水洗涤至无氯根反应（用 1%硝酸银溶液检验）。将不溶残渣及滤纸一起移入已灼烧恒重的瓷坩埚中，灰化后置于高温炉中，在 $900 \sim 1000℃$ 温度下灼烧 20min，取出冷却，称量。如此反复，直至恒重。

酸不溶物的质量分数按式(3-36) 计算：

$$w(\text{酸不溶物}) = \frac{m_1}{m} \times 100\% \qquad (3\text{-}36)$$

式中 m ——试样质量，g；

　　　　m_1——灼烧后残渣质量，g。

3.2.5.4 三氧化硫的测定（硫酸钡重量法）

（1）试剂

① 盐酸（1+5）；

② 0.2%甲基红指示剂；

③ 氨水（1+1）；

④ 盐酸（1+1）；

⑤ 1%硝酸铵溶液；

⑥ 10%氯化钡溶液；

⑦ 1%硝酸银溶液。

（2）分析步骤。准确称取约 0.5g 试样，置于 250mL 烧杯中，加水润湿，加入 40mL 盐酸（1+5），待反应停止后，用水稀释至 100mL，加热至沸，取下，加入 $1 \sim 2$ 滴甲基红指示剂，滴加氨水（1+1）至溶液变为黄色后再过量 $2 \sim 3$ 滴（略有氨味）。再加热至沸后取下，待溶液澄清后，趁热用快速滤纸过滤，沉淀用 1% 硝酸铵热溶液洗涤无氯离子为止（用 1% 硝酸银检验）。

滤液及洗液收集于 400mL 的烧杯中，加水稀释至 200mL，加入 2mL 盐酸（1+1），加热至沸，在不断搅拌下加入 5mL 10% 氯化钡热溶液，继续煮沸 3~5min，取下烧杯，于温热处静置 2~3h（或过夜），用慢速滤纸过滤，沉淀用温水洗至无氯离子为止（用 1% 硝酸银检验）。

将沉淀及滤纸一起移入已灼烧至恒重的瓷坩埚中，灰化后，置于高温炉中，在 800~850℃ 的温度下灼烧半小时，取出坩埚，放在干燥器中，冷至室温，称量。如此反复灼烧，直至恒重。

三氧化硫的质量分数 w_{SO_3} 按式（3-37）计算：

$$w_{SO_3} = \frac{m \times 0.343}{m_s} \times 100\% \tag{3-37}$$

式中　m——灼烧后沉淀质量，g；

　　　m_s——试样质量，g；

　0.343——硫酸钡对三氧化硫的换算系数。

任务 3.3　水泥用工业副产品的化学分析

水泥的生产正朝两个方向发展，其一是高性能水泥，其二是绿色水泥。两者的生产都不可避免地使用工业副产品，尤其是绿色水泥部分。水泥厂协同处理城市垃圾和工业废料的潜力巨大，水泥生产常用的工业副产品有脱硫石膏、磷石膏、钢渣、矿渣和矿渣粉等。工业副产品在水泥的生产中，有的用于原材料，有的用于混合材添加，或者两者都可以，不论作为哪种目的使用，都要考虑它的化学成分。作为天然矿石的替代品，工业副产品按其引入的主要成分都可以在任务 3.2 找到相似的分析方法，这部分就不再单独介绍，本任务着重介绍它们不同的地方。

3.3.1　粉煤灰的化学分析

粉煤灰是从燃煤热电厂烟道中收集的一种粉状材料。由于煤种的差异，以及燃烧条件和收集工艺不同，粉煤灰的组成和性能变化很大。粉煤灰的化学组成对它的性能有一定的影响，有时甚至是关键性的影响。各国质量标准对粉煤灰化学组成都提出要求，其目的无非是要解决两方面的问题：一是规定能够确保粉煤灰质量的有效成分的最小含量；二是限制粉煤灰中有害成分的最大含量。

在低钙粉煤灰中，CaO 绝大部分结合在玻璃相中，这些与 CaO 结合的富钙玻璃微珠的活性较高。在高钙粉煤灰中，CaO 除大部分被结合外，还有一部分是游离的。"死烧"状态的游离钙具有有利于激发活性和不利于安定性的双重作用。表 3-1 给出了我国粉煤灰的化学成分范围。

表 3-1　粉煤灰的化学成分　　　　　　　　　　　　单位：%

项　目	SiO_2	Al_2O_3	Fe_2O_3	CaO	MgO	K_2O	Na_2O	SO_3	烧失量
范围	33.9~59.7	16.5~35.4	1.5~15.4	0.8~9.4	0.7~1.9	0.7~2.9	0.2~1.1	0.0~1.1	1.2~23.5
均值	50.6	27.2	7	2.8	1.2	1.3	0.5	0.3	8.2

粉煤灰的颜色与粉煤灰的组成、细度、含水量、燃烧条件等因素有关。随着含碳量的变

化，粉煤灰的颜色可以从乳白色变到黑色。高钙粉煤灰往往呈浅黄色，含铁量较高的粉煤灰也有可能呈现出较深的颜色。机械粉末作用也会引起粉煤灰的颜色变化，原状粉煤灰通常表现出较浅的颜色，磨细粉煤灰常常呈现出较黑的颜色。

低钙粉煤灰的密度一般为 $1.8\sim2.6\mathrm{g/cm^3}$，高钙粉煤灰的密度较高，可达 $2.5\sim2.8\mathrm{g/cm^3}$。大量实验发现，$45\mu\mathrm{m}$ 筛余百分数与粉煤灰蓄水量比的相关性和复现性最佳。因此，国际上现行的粉煤灰标准规范中，多数国家规定以 $45\mu\mathrm{m}$ 筛余百分数为细度指标。

3.3.1.1 试样的制备

（1）煤灰试样的制备 取出 20g 左右磨制好作工业分析的煤样，置于 50mL 瓷坩埚中或瓷皿中，放入高温炉中，先从低温开始加热，至有机物完全燃烧后，继续在高温下（900～950℃）灼烧至无黑色颗粒（约需 10h）。将烧得的灰分在玛瑙研钵中研细，至手指搓研无粗粒感觉为止。将试样再移入瓷坩埚或瓷皿中，放入高温炉中，灼烧 0.5～1h，取出冷却，混合均匀后，保存与试样瓶中备化学分析用。

（2）粉煤灰试样的制备 称取 50g 已经测定完水分的进厂粉煤灰试样，用盘式振动磨粉磨 2min。此样品留作化学分析使用。做细度物理检验的粉煤灰不用粉磨。

3.3.1.2 含水量的测定

准确称取 50g 粉煤灰样品，精确至 0.01g，倒入蒸发皿。将烘干箱温度调整并控制在 105～110℃。将粉煤灰试样放入烘干箱内烘干，取出放在干燥器中冷至室温后称量，准确至 0.01g，至恒重。

粉煤灰的含水量的质量分数计算如下：

$$w(\text{含水量})=\frac{m-m_1}{m}\times100\%\tag{3-38}$$

式中 m——烘干前试样的质量，g；

m_1——烘干后试样的质量，g。

3.3.1.3 烧失量的测定

准确称取约 1g 试样，放入已灼烧恒重的瓷坩埚中，将盖斜置于坩埚上，放在高温炉内，从低温开始逐渐升高温度，在 950～1000℃下灼烧 30min，取出坩埚，放在干燥器中冷至室温，称量。如此反复灼烧，直至恒重。[《用于水泥和混凝土中的粉煤灰》（GB/T 1596—2017）规定：Ⅰ级粉煤灰的烧失量≤3%；Ⅱ级粉煤灰的烧失量≤8%；Ⅲ级粉煤灰的烧失量≤15%。]

烧失的质量分数 X 按式（3-39）计算：

$$X=\frac{m-m_1}{m}\times100\%\tag{3-39}$$

式中 m——灼烧前试样的质量，g；

m_1——灼烧后试样的质量，g。

3.3.1.4 细度的测定

细度检验有负压筛法、水筛法，当两种检验方法结果不一致时，以负压筛为准。试验前所用试验筛应保持清洁，干燥。试验时，$80\mu\mathrm{m}$ 筛析试验称取 25g，$45\mu\mathrm{m}$ 筛析试验称取 10g。本文以 $45\mu\mathrm{m}$ 筛析试验为例介绍负压筛法。（GB/T 1596—2017 规定，Ⅰ级粉煤灰的 $45\mu\mathrm{m}$ 筛余百分数≤12%，Ⅱ级灰≤20%，Ⅲ级灰≤45%。）

将测试用粉煤灰样品置于温度为 105～110℃烘干箱内烘至恒重，取出放在干燥器中冷却至室温。称取试样约 10g，准确至 0.01g，倒入 $45\mu\mathrm{m}$ 方孔筛筛网上，将筛子置于筛座上，盖上筛盖。接通电源，将定时开关固定在 3min，开始筛析。开始工作后，观察负压表，使负压稳定在 4000～6000MPa。若负压小于 4000MPa，则应停机，清理收尘器中的积灰后再进行筛析。在筛析过程中，可用轻质木槌或硬橡胶棒轻轻敲打筛盖，以防吸附。3min 后筛析自动停止，停机后观察筛余物，如出现颗粒成球、粘筛或有细颗粒沉积在筛框边缘，用毛刷将细颗粒轻轻刷开，将定时开关固定在手动位置，筛析 1～3min 直至筛分彻底为止。将筛网内的筛余物收集并称量，准确至 0.01g。

45μm 方孔筛筛余的质量分数按式(3-40) 计算：

$$w(筛余) = \frac{m_1}{m} \times 100\% \tag{3-40}$$

式中　m_1——筛余物的质量，g；

　　　m——称取试样的质量，g。

3.3.1.5　主要成分化学分析

与硅质原料化学分析相同。

3.3.1.6　游离氧化钙的测定

见项目 4 任务 4.2 "熟料的控制分析" 中游离氧化钙的测定。

3.3.2　矿渣及矿粉的化学分析

高炉矿渣是高炉熔炼生铁时，溶剂（石灰石）和铁矿石中的杂质在 1400～1500℃下熔融，经过急速冷却后形成的。矿粉则是高炉矿渣通过粉磨所得到的一种粉状物料。矿粉的化学组成主要取决于矿渣的化学成分。矿渣的化学成分较复杂，主要含有二氧化硅、氧化钙、三氧化二铝、三氧化二铁、氧化亚铁、氧化亚锰、氧化镁和硫化锰、硫化铁、硫化钙等，在某些情况下还可能有 TiO_2、P_2O_5 等。矿渣的化学组成与硅酸盐水泥较近，但 CaO 含量稍低些，而 SiO_2 含量则高于水泥。矿粉 CaO 含量大约为 35%～45%，SiO_2 含量大约为 30%～35%，Al_2O_3 含量大约为 10%～15%，MgO 含量大约为 6%～10%。矿粉通常较白，密度在 2700kg/m³ 左右。

由于磨细矿粉的活性与化学组成有一定的关系，因此，根据化学组成可以对磨细矿粉的活性做一个粗略的评定。用化学组成评定磨细矿粉的活性通常采用活性系数和碱性系数两个指标。活性系数是指磨细矿渣中 Al_2O_3 含量与 SiO_2 含量之比。碱性系数是指磨细矿粉中碱性氧化物含量与酸性氧化物之比，根据碱性系数，将磨细矿粉分为三类：$K > 1$，称为碱性矿粉；$K = 1$，称为中性矿粉；$K < 1$，称为酸性矿粉。

3.3.2.1　试样溶液的制备

（1）试剂

① 氢氧化钠（固体）；

② 盐酸（相对密度 1.19）；

③ 盐酸（1+5）；

④ 硝酸（相对密度 1.42）。

（2）制备方法　准确称取已在 105～110℃下烘干过 2h 的试样约 0.5g，精确至 0.0001g，置于银坩埚中，放在已升温至 650～700℃的高温炉中预烧 20min。取出冷却后，加 6～7g 氢氧化钠，放入高温炉中，从低温升至 650～700℃，熔融 20min，取出冷却，将坩埚放入盛有 150mL 热水的烧杯中，盖上表面皿，加热，待熔块完全浸出后，取出坩埚，并用少量盐酸（1+5）和热水洗净坩埚，然后一次加入 20mL 浓盐酸，立即用玻璃棒搅拌，使熔融物完全溶解，加入 1mL 浓硝酸，加热煮沸 1～2min，将溶液冷至室温，移入 250mL 容量瓶中，加水稀释至标线，摇匀。此试液可供全分析用。

3.3.2.2 主要成分的测定

（1）二氧化硅和三氧化二铁的测定

同硅质矿物中二氧化硅和三氧化二铁的测定。

（2）二氧化钛的测定

试样溶液的分取量视二氧化钛含量而定，方法同硅质矿物中二氧化钛的测定。

（3）三氧化硫的测定

同天然石膏三氧化硫的测定。

（4）氧化钙的测定

1）试剂

① 2％氟化钾溶液；

② 三乙醇胺（1+2）；

③ CMP 混合指示剂；

④ 20％KOH 溶液；

⑤ 0.015mol/L EDTA 标准滴定溶液。

2）分析步骤。吸取 25mL 试样溶液放入 400mL 烧杯中，加入 7mL 氟化钾溶液（20 g/L），搅拌并放置 2min，用水稀释至约 200mL。加 10mL 三乙醇胺（1+2）及适量的 CMP 混合指示剂，在搅拌下滴加 20％氢氧化钾溶液至出现绿色的荧光后，再过量 6～7mL，用 0.015mol/L EDTA 标准滴定溶液滴定至绿色荧光消失，转为红色。

氧化钙的质量分数 w_{CaO} 按式（3-41）计算：

$$w_{CaO} = \frac{T_{CaO} \times V_2 \times 10}{m_s \times 1000} \times 100\% \tag{3-41}$$

式中　T_{CaO}——EDTA 标准滴定溶液对氧化钙的滴定度，mg/mL；

　　　V_2——滴定时消耗 EDTA 标准滴定溶液的体积，mL；

　　　　10——全部试样溶液与所分取试样溶液的体积比；

　　　m_s——试样质量，g。

（5）氧化镁的测定

1）试剂

① 10％酒石酸钾钠溶液；

② 三乙醇胺（1+2）；

③ 氨水（1+1）；

④ 酸性铬蓝 K-萘酚绿 B（1+2.5）混合指示剂；

⑤ 氨水-氯化铵缓冲溶液（pH=10）；

⑥ 0.015mol/L EDTA 标准滴定溶液。

2）分析步骤。吸取 25mL 试样溶液放入 400mL 烧杯中，用水稀释至约 200mL，加入 1mL 10％酒石酸钾钠溶液及加 10mL 三乙醇胺（1+2），搅拌，然后加入 20mL 氨水-氯化铵缓冲溶液（pH=10），以及适量的酸性铬蓝 K-萘酚绿 B（1+2.5）混合指示剂，以 0.015mol/L EDTA 标准滴定溶液滴定，近终点时应缓慢滴定至纯蓝色。

氧化镁的质量分数 w_{MgO} 按式（3-42）计算：

$$w_{MgO} = \frac{T_{MgO} \times \left[V_3 - \left(\frac{V_1}{2} + V_2 \right) \right] \times 10}{m_s \times 1000} \times 100\% \tag{3-42}$$

式中　T_{MgO}——EDTA 标准滴定溶液对氧化镁的滴定度，mg/mL；

　　　V_1——滴定锰时消耗 EDTA 标准滴定溶液的体积，mL；

　　　V_2——滴定钙时消耗 EDTA 标准滴定溶液的体积，mL；

　　　V_3——滴定钙、镁、锰时消耗 EDTA 标准滴定溶液的体积，mL；

　　　10——全部试样溶液与所分取试样溶液的体积比；

　　　m_s——试样质量，g。

（6）三氧化二铝的测定

1）试剂

① 0.1％溴酚蓝指示剂；

② 氨水（1+2）；

③ 盐酸（1+2）；

④ 乙酸-乙酸钠缓冲溶液（pH=13）；

⑤ EDTA-Cu 溶液；

⑥ 0.2％PAN 指示剂；

⑦ 0.015mol/L EDTA 标准滴定溶液。

2）分析步骤。将滴定铁后的溶液，用水稀释至约 200mL，加 1~2 滴溴酚蓝指示滴加氨水（1+2）至溶液出现蓝紫色，再滴加盐酸（1+2）至黄色出现，加入 15mL 乙酸-乙酸钠缓冲溶液（pH=13），加热至微沸并保持 1min，然后加入 10 滴 Cu-EDTA 溶液及 2~3 滴 0.2％PAN 指示剂，以 0.015mol/L EDTA 标准滴定溶液滴定至红色消失。再继续煮沸，滴定，直至煮沸后红色不再出现，呈现稳定的亮黄色为止。

三氧化二铝的质量分数 $w_{Al_2O_3}$ 按式（3-43）计算：

$$w_{Al_2O_3} = \frac{T_{Al_2O_3} \times V \times 5}{m_s \times 1000} \times 100\% \tag{3-43}$$

式中　$T_{Al_2O_3}$——EDTA 标准滴定溶液对三氧化二铝的滴定度，mg/mL；

　　　V——滴定时消耗 EDTA 标准滴定溶液的体积，mL；

　　　5——全部试样溶液与所分取试样溶液的体积比；

　　　m_s——试样质量，g。

（7）氧化亚锰的测定

矿渣中氧化亚锰的质量分数不超过 1.0％时，可用分光光度法。氧化亚锰的质量分数大于 1.0％时，用配位滴定法测定。

1）试剂

① 氨水（1+1）；

② 过硫酸铵固体；

③ 盐酸-过氧化氢溶液；

④ 三乙醇胺（1+2）；

⑤ 氨水-氯化铵缓冲溶液（pH=10）；

⑥ 盐酸羟胺（固体）；

⑦ 酸性铬蓝 K-萘酚绿 B（1+2.5）混合指示剂；

⑧ 0.015mol/L EDTA 标准滴定溶液。

2）分析步骤。吸取 50mL 试样溶液，放入 300mL 烧杯中，加水稀释至 150mL，用氨水（1+1）和盐酸（1+1）调节 pH 值至 2~2.5（用精密 pH 试纸检验）。加入约 1g 过硫酸铵，盖上表面皿，加热至沸至沉淀出现后再继续微沸 5min，取下，加入少量滤纸浆，静止片刻，用慢速滤纸过滤，用热水洗涤沉淀 8～10 次，弃去滤液。

用热的过氧化氢-盐酸溶液冲洗沉淀及滤纸，使沉淀溶解于原烧杯中，再用热水洗涤滤纸 8～10 次后，弃去滤纸，并以热的过氧化氢-盐酸溶液冲洗杯壁，盖上表面皿，加热微沸 5～6min，冷却至室温。然后加水稀释至约 200mL，加入 5mL 三乙醇胺（1+2），在充分搅拌下滴加氨水（1+1）调节溶液 pH 值至 6～7。加入 20mL 氨水-氯化铵缓冲溶液（pH=10），再加 0.5～1g 盐酸羟胺，搅拌使其溶解。然后加入适量 K-B 混合指示剂，以 0.015mol/L EDTA 标准滴定溶液滴定，近终点时应缓慢滴定至纯蓝色。

氧化亚锰的质量分数 w_{MnO} 按式(3-44) 计算：

$$w_{MnO} = \frac{T_{MnO} \times V \times 5}{m_s \times 1000} \times 100\% \tag{3-44}$$

式中　T_{MnO}——每毫升 EDTA 标准滴定溶液相当于氧化亚锰的毫克数，mg/mL；

V——滴定时消耗 EDTA 标准滴定溶液的体积，mL；

m_s——试样质量，g；

5——全部试样溶液与所分取试样溶液体积比。

3.3.2.3　矿渣粉含水量的测定

同粉煤灰含水量的测定。

3.3.3　工业副产石膏的化学分析

工业副产石膏包括脱硫石膏、磷石膏、钛石膏以及氟石膏等。大量的副产石膏如不予处理，则反复堆积，污染环境，若能综合利用，既为企业节约了生产成本，又减少了工业废渣的排放，符合国家可持续发展战略的要求。工业副产石膏的主要成分和天然石膏几乎一致，差别就在于工业副产石膏可能或多或少的带入有害成分。主要成分的分析方法参考天然石膏的化学分析。本文主要介绍水分的测定和不同种类副产石膏中带入的微量元素磷、钛和氟的测定。

3.3.3.1　附着水分的测定

称取工业副产石膏试样约 50g，准确至 0.01g，倒入蒸发皿中。将烘干箱温度调整并控制在 40～50℃。将工业副产石膏试样放入烘干箱内烘干，取出后放在干燥器中冷却至室温后称量，精确至 0.01g，至恒重。

附着水的质量分数按式(3-45) 计算，计算结果保留至 0.1%：

$$w(附着水) = \frac{m - m_1}{m} \times 100\% \tag{3-45}$$

式中　m ——烘干前试样的质量，g；

m_1——烘干后试样的质量，g。

3.3.3.2　五氧化二磷的测定（磷钼黄比色法）

（1）基本原理　待测的磷是以正磷酸的形式存在于溶液中，控制溶液中硝酸浓度在 0.8～1.2mol/L 范围内，加入钼酸铵，形成磷钼酸铵黄色配合物。反应方程式如下：

$$H_3PO_4 + 12(NH_4)_2MoO_4 + 21HNO_3 \Longrightarrow (NH_4)_3PO_4 \cdot 12MoO_3 + 21NH_4NO_3 + 12H_2O$$

由于正丁醇对磷钼黄有很好的选择性而将其萃取于有机相中，从而与其他干扰离子分离。

（2）测定步骤　吸取 10mL（视五氧化二磷的含量而定）由氢氧化钠-银坩埚熔融制得

的试验溶液，放入 50mL 分液漏斗中，依次加入 5mL 硝酸（1＋1），移取 15mL 正丁醇-三氯甲烷萃取液（1＋3）、5mL 钼酸铵溶液（50g/L），塞紧漏斗塞，用力振荡 2～3min，静置分层。然后小心移开塞子，减除漏斗内的压力，放掉少量有机相来洗涤漏斗内壁，再将有机相转移至 50mL 干烧杯中，盖上表面皿。使用分光光度计，10mm 比色皿，以正丁醇-三氯甲烷萃取液（1＋3）作参照物，于波长 420nm 处测定有机相溶液的吸光度。在事先做好的工作曲线上查出五氧化二磷的含量。

试样中五氧化二磷的质量分数 $w_{P_2O_5}$ 按式(3-46) 计算

$$w_{P_2O_5}=\frac{m\times p}{m_s\times 1000}\times 100\%\tag{3-46}$$

式中　m——从工作曲线上查得 10mL 被测溶液中五氧化二磷的含量，mg

　　　m_s——试样的质量，g；

　　　p——全部试验溶液与所分取试验溶液的体积比。

3.3.3.3　二氧化钛的测定

从 250mL 制得的试验溶液中，吸取 25mL 溶液放入 100mL 容量瓶中，一次加入 10mL 盐酸（1＋2）、10 mL 抗坏血酸溶液（5g/L）、5mL 乙醇（95％）、20mL 二安替比林甲烷溶液（30g/L），用水稀释至标线，摇匀。放置 40min 后，使用分光光度计，10mm 比色皿，以水作参比，于 420nm 处测得溶液的吸光度。在工作曲线上查出二氧化钛的含量。

试样中二氧化钛的质量分数 w_{TiO_2} 按式(3-47) 计算：

$$w_{TiO_2}=\frac{m\times p}{m_s\times 1000}\times 100\%\tag{3-47}$$

式中　m——从工作曲线上查得 10mL 被测溶液中二氧化钛的含量，mg；

　　　m_s——试样的质量，g；

　　　p——全部试验溶液与所分取试验溶液的体积比。

3.3.3.4　氟离子的测定

（1）试剂溶液　总离子强度缓冲液（pH＝6）：将 294.1g 柠檬酸钠溶于水中，用盐酸（1＋1）和氢氧化钠（15g/L）调整溶液的 pH＝6，然后加水稀释到 1L。

（2）试样的测定　称取约 0.2g 试样，精确至 0.0001g，置于 100mL 干烧杯中，加入 100mL 水使其分散，加入 5mL 盐酸（1＋1），加热至沸并保持 1～2min，用快速滤纸过滤，用温水洗涤 5～6 次，冷却，加入 2～3 滴溴酚蓝指示剂溶液，用盐酸（1＋1）和氢氧化钠溶液调整溶液的酸度，使溶液的颜色刚好由蓝色变为黄色时（应防止生成氢氧化铝沉淀），移入 100mL 容量瓶中，用水稀释至标线，摇匀。

吸取 10mL 试验溶液，放入置有一根搅拌子的 50mL 烧杯中，加入 10mL 总离子强度缓冲液（pH＝6），将烧杯置于电磁搅拌器上，在溶液中插入氟离子选择性电极和饱和氯化钾-甘汞电极，打开磁力搅拌器搅拌 2min，停止搅拌 30s，用离子计或酸度计测量溶液的平衡电位，从工作曲线上查出氟离子的浓度。

试样中氟离子的质量分数 w_F 按式(3-48) 计算：

$$w_F=\frac{c\times V}{m_s\times 1000}\times 100\%\tag{3-48}$$

式中　c——被测溶液中氟离子的浓度，mg/mL；

　　　V——被测溶液的总体积，mL；

m_s——试样的质量，g；

3.3.4　钢渣的化学分析

平炉、转炉炼钢时所得的含硅酸盐、铁铝酸盐为主要矿物组成，经淬冷或自然冷却的渣称为钢渣。钢渣的 $CaO/(SiO_2+P_2O_5)$ 不小于 1.8。钢渣中不得混入炉前垃圾、补炉材料以及废耐火硅砖等杂物。钢渣必须经过磁选，其金属铁的含量不大于 1%。

在进行化学分析时，先将试样在烘干箱中于 105～110℃ 下烘 1h，取出在干燥器中冷却至室温再称样分析。

当碱度大于 1.8 时，主要矿物有硅酸二钙、硅酸三钙、铁酸二钙和游离氧化钙。从钢渣的矿物组成来看，有许多和水泥熟料相同的组分，用其替代铁矿石配料生产硅酸盐水泥熟料，既利用了其中的三氧化二铁，又可起到晶种的作用。钢渣配料可以降低液相温度，减少液相黏度，从而改善生料的易烧性。因此用高碱度的钢渣配料，有利于熟料的煅烧、节约能源，提高熟料质量。

钢渣参与配料烧制的熟料阿利特结晶更加完好、分布均匀、包裹物减少，但钢渣的易磨性较差。

3.3.4.1　钢渣试样的制备

用于化学分析的钢渣样品应是具有代表性的均匀样品，将入磨粒度的钢渣用四分法缩分至约 50～100g，使用化验制样粉碎机粉碎后，经 0.080mm 方孔筛筛析，将筛余物用磁铁吸取金属铁并舍弃，其余经研磨后使其全部通过 0.080mm 的方孔筛，再用磁铁吸取样品中金属铁，充分混匀后装入带有磨口塞的瓶中保存，或装入试样袋后放入干燥器中保存。

3.3.4.2　试样溶液的制备

同铁矿石试样溶液的制备。

3.3.4.3　三氧化二铁的测定

（1）EDTA 配位滴定法　吸取 25mL 试样溶液，放入 300mL 烧杯中，加水约 50mL，用氨水（1+1）和盐酸（1+1）调节溶液 pH 值为 1.8～2.0 之间（用精密 pH 试纸检验），将溶液加热至 70℃，加 10 滴磺基水杨酸钠指示剂溶液，以 0.015mol/L EDTA 标准滴定溶液缓慢滴定至溶液由紫红色变为无色或亮黄色（终点时溶液温度应不低于 60℃）。保留此溶液供测定三氧化二铝用。

三氧化二铁的质量分数 $w_{Fe_2O_3}$ 按式(3-49) 计算：

$$w_{Fe_2O_3}=\frac{T_{Fe_2O_3}\times V\times 10}{m_s\times 1000}\times 100\% \tag{3-49}$$

式中　$T_{Fe_2O_3}$——EDTA 标准滴定溶液对三氧化二铁的滴定度，mg/mL；

V——滴定时消耗 EDTA 标准滴定溶液的体积，mL；

10——全部试样溶液与所分取试样溶液的体积比；

m_s——试样质量，g。

（2）EDTA-铋盐回滴法　当钢渣中铁的含量较高时，采用此种方法。具体步骤见铁矿石中三氧化二铁的分析。

3.3.4.4　氧化亚铁的测定（重铬酸钾容量法）

准确称取约 0.5g 试样，放在 250mL 锥形瓶中，用少量水润湿，然后加入 20mL 磷酸，将锥形瓶放在小电炉上，在二氧化碳气流的保护下加热溶解试样（仪器装置示意图见图 3-2）。在加热过程中，不断摇荡锥形瓶，以免试样结块。待试样完全溶解后，将锥形瓶放在冷水中冷却，同时继续通入二氧化碳，直至全部溶液冷却为止。用水冲洗瓶塞及瓶壁，然后加入 100mL 水及 2～3 滴 0.5％二苯胺磺酸钠指示剂，用 $c(1/6\ K_2Cr_2O_7)＝0.025mol/L$ 重铬酸钾标准滴定溶液滴定至呈蓝紫色即为终点。

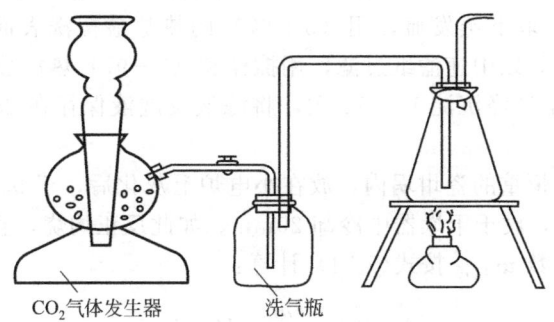

CO₂气体发生器　　　洗气瓶

图 3-2　氧化亚铁的测定装置

试样中氧化亚铁的质量分数 w_{FeO} 按式（3-50）计算：

$$w_{FeO}=\frac{c\times V\times M(FeO)}{m_s\times 1000}\times 100\%\qquad (3-50)$$

式中　c ——以 $\left(\dfrac{1}{6}K_2Cr_2O_7\right)$ 为基本单元的重铬酸钾标准滴定溶液的浓度，mol/L；

　　　V ——滴定时消耗的重铬酸钾标准滴定溶液的体积，mL；

　$M(FeO)$ ——氧化铁的摩尔质量，g/mol；

　　　m_s ——试样的质量，g。

3.3.4.5　二氧化硅、三氧化二铝、氧化钙、氧化镁的测定

同铁矿石的化学分析部分。

任务 3.4　水泥及生料、熟料的化学分析

3.4.1　生料的化学分析

普通水泥生料是石灰石、硅质矿物、铁矿石等原料，按照一定的配比混合粉碎后，供在水泥窑内煅烧水泥的混合物。化学成分含量大致如下：烧失量为 34％～42％，SiO₂ 为 12％～15％，Al₂O₃ 为 2％～4％，Fe₂O₃ 为 1.5％～3％，CaO 为 41％～45％，MgO 为 1％～2.5％。

3.4.1.1　氯化铵系统

（1）试剂

① 盐酸（相对密度 1.19）；

② 盐酸（1+1）；

③ 盐酸（3+97）；

④ 硝酸（相对密度 1.42）；

⑤ 氯化铵（固体）。

（2）分析步骤　准确称取已烘干的试样约 0.5g，置于铂坩埚中，盖上坩埚盖（留有一点缝隙），于 950℃的温度下灼烧 5min。取出坩埚放冷，用细玻璃棒压碎结块，加入 0.5g 研细的无水碳酸钠，用细玻璃棒混匀，以毛笔扫净玻璃棒，盖上坩埚盖（仍留有一点缝隙），再于 950℃的温度下灼烧 5～10min。取出坩埚放冷，将烧结块倒入蒸发皿中，在坩埚内加

入少量热水和几滴（1+1）的盐酸，将残留物洗下，并用擦棒擦净，至于表面皿，从皿口加入 5mL 浓盐酸，2～3 滴浓硝酸，搅拌，使其溶解。将蒸发皿置于沸水浴上，皿上放一玻璃三脚架，再盖上表面皿，当蒸发至糊状后，加入 1g 氯化铵，充分搅匀，继续在沸水浴上蒸发近干（约需 15min），取下蒸发皿，用（3+97）的热盐酸擦洗表面皿及玻璃三脚架，搅拌，使可溶性盐类溶解，以中速滤纸过滤，用擦棒和（3+97）热盐酸擦洗玻璃棒和蒸发皿。并用（3+97）的热盐酸洗涤沉淀 10～12 次，将滤液及洗液保存在 250mL 容量瓶中，供测定铁、铝、钙、镁用。

滤纸及沉淀移入已恒重的瓷坩埚内，放在小电炉上灰化后，于 950～1000℃的高温炉内灼烧 40min，取出坩埚，放于干燥器中冷却 20min。如此反正灼烧，直至恒重。

二氧化硅的质量分数 w_{SiO_2} 按式(3-51)计算：

$$w_{SiO_2} = \frac{m}{m_s} \times 100\% \tag{3-51}$$

式中　m——灼烧后沉淀质量，g；

　　　m_s——试样质量，g。

（3）注意事项　在测定含有煤粉的生料时，为了不损伤铂坩埚，最好先将试样置于瓷坩埚中，于 900℃的温度下灼烧 5min，冷却后再转移到铂坩埚中，用细玻璃棒压碎结块，再加入 0.5g Na_2CO_3 进行烧结。

三氧化二铁、三氧化二铝、氧化钙、氧化镁的测定同水泥熟料氯化铵系统。

3.4.1.2　氟硅酸钾系统

准确称取已烘干的试样约 0.5g，放入预先已熔有 3g 氢氧化钠的银坩埚中，再用 1g 氢氧化钠覆盖在上面，盖上坩埚盖（留有少许缝隙），置于 650～700℃的高温炉内熔融 20min，取出坩埚，放冷。置于盛有 150mL 热水的 300mL 烧杯中，盖上表面皿，放在小电炉上加热，待熔融物完全浸出后，用玻璃棒将坩埚取出，用热水冲洗，一次加入 20mL 浓盐酸，再以少量（1+5）盐酸及热水将残留物洗下。搅拌，使熔融物完全溶解。加数滴浓硝酸，加热煮沸，然后冷却至室温，转移至 250mL 容量瓶中，用水稀释至标线，摇匀。此溶液可供测定硅、铁、铝、钙、镁用。如为掺有煤粉的立窑生料，则应先放在银坩埚于 700℃左右预烧后，再加 NaOH 熔融。

二氧化硅、三氧化二铁、三氧化二铝、氧化钙、氧化镁的测定同水泥熟料氟硅酸钾系统。

3.4.1.3　烧失量的测定

准确称取约 1g 试样，放入已灼烧恒重的瓷坩埚中，将盖斜置于坩埚上，放在高温炉内，从低温开始逐渐升高温度，在 950～1000℃下灼烧 30min，取出坩埚，放在干燥器中冷至室温，称量。如此反复灼烧，直至恒重。

烧失量的质量分数 X 按式(3-52)计算：

$$X = \frac{m - m_1}{m} \times 100\% \tag{3-52}$$

式中　m——灼烧前试样质量，g；

　　　m_1——灼烧后试样质量，g。

注意事项：

① 不能将试样直接放在高温下灼烧，防止样品中挥发性物质猛烈排出时使试样飞溅，引起分析结果偏高；

② 有些样品在灼烧后吸水性很强，如硅质矿物、石灰石等称量时必须迅速，以免吸收空气中的水分而增加质量，引起分析结果偏低。

3.4.2　水泥及熟料的化学分析

3.4.2.1　酸溶-NH₄Cl 系统

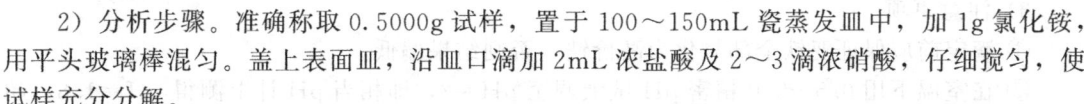

(1) 二氧化硅的测定

1) 试剂

① 氯化铵（固体）；

② 硝酸（相对密度 1.42）；

③ 盐酸（相对密度 1.19）；

④ 盐酸（3+97）。

3.1　水泥熟料中
二氧化硅的测定

2) 分析步骤。准确称取 0.5000g 试样，置于 100~150mL 瓷蒸发皿中，加 1g 氯化铵，用平头玻璃棒混匀。盖上表面皿，沿皿口滴加 2mL 浓盐酸及 2~3 滴浓硝酸，仔细搅匀，使试样充分分解。

将蒸发皿置于沸水浴上，皿上放一玻璃三脚架，再盖上表面皿。待蒸发近干时（10~15min），取下蒸发皿，加 10mL 热盐酸（3+97），搅拌，使可溶性盐类溶解。以中速定量滤纸过滤，用胶头扫棒以热盐酸（3+97）擦洗玻璃棒及蒸发皿，并洗涤沉淀 10~12 次，滤液及洗液保存在 250mL 容量瓶中。

沉淀及滤纸一并移入已恒重的瓷坩埚中，灰化，再于 950~1000℃ 的高温炉中灼烧 30min，取出，放干燥器中冷却 15~20min，称量。如此反复灼烧，直至恒重。二氧化硅的质量分数 w_{SiO_2} 按式(3-53)计算：

$$w_{SiO_2} = \frac{m_1 - m_2}{m_s} \times 100\%$$ 　　　　　(3-53)

式中　m_1——灼烧后沉淀加空坩埚质量，g；

m_2——恒重的空坩埚质量，g；

m_s——试样质量，g。

3) 注意事项

① 蒸发皿应事先干燥。

② 溶样时加入 2~3 滴浓硝酸，是为了将少量的二价铁氧化成三价铁，便于后面测定 Fe_2O_3。

③ 沉淀以热盐酸（3+97）洗涤，既可很好地洗去硅酸吸附的杂质，又可防止铁、铝等氯化物的水解，还可防止硅酸凝胶的胶溶。但洗涤次数不可过多，体积不可过大，一般为 120mL 左右。

④ 炭化时，应保持充足的空气，否则，空气不足或炭化速度太快，则碳质易被硅酸包裹，在高温灼烧时，形成黑色碳化硅，给分析结果带来误差。

$$SiO_2 + 3C = SiC + 2CO$$

(2) 三氧化二铁的测定

1) 试剂

① 氨水（1+1）；

② 10%磺基水杨酸钠指示剂；

③ 0.015mol/L EDTA 标准滴定溶液。

3.2　水泥及熟料
中三氧化二铁的
测定

2) 分析步骤。将分离二氧化硅后的滤液冷却至室温，加水稀释至标线，摇匀。然后吸取 50mL 试样溶液放入 300mL 烧杯中，加水稀释至约 100mL，用氨水（1+1）调解溶液 pH 值为 1.8~2.0（用精密 pH 试纸检验）。将溶液加热至 70℃，加 10 滴 10%磺基水杨酸钠指示剂溶液，以 0.015mol/L EDTA 标准滴定溶液缓慢地滴定至亮黄色（重点温度应在 60℃左右）。

三氧化二铁质量分数 $w_{\mathrm{Fe_2O_3}}$ 按式(3-54)计算：

$$w_{\mathrm{Fe_2O_3}} = \frac{T_{\mathrm{Fe_2O_3}} \times V \times 5}{m_{\mathrm{s}} \times 1000} \times 100\% \tag{3-54}$$

式中　$T_{\mathrm{Fe_2O_3}}$——EDTA 标准滴定溶液对三氧化二铁的滴定度，mg/mL；

　　　　V——滴定时消耗 EDTA 标准滴定溶液的体积，mL；

　　　　5——全部试样溶液与所分取试样溶液的体积比；

　　　　m_{s}——试样质量，g。

3）注意事项

① 滴定前应保证亚铁全部氧化为高价铁，否则结果偏低。

② 在室温下用 0.5～5.0 精密 pH 试纸调至 pH＝2，即相当 pH 计上测得 pH＝1.8，超过此 pH 值时，因受铝的干扰而使测定结果偏高。

③ 滴定的起始温度应为 70℃，滴定的最终温度应为 60℃。若温度太低，由于 EDTA 与铁的反应速度缓慢而使终点不明显，往往易滴过量，使滴定结果偏高。

④ 因铁与 EDTA 的反应速度较慢，近终点时，要充分搅拌，缓慢滴定，否则易滴过量造成结果偏高。

（3）三氧化二铝的测定

1）试剂

① 乙酸-乙酸钠缓冲溶液（pH＝4.3）；

② 乙酸-乙酸钠缓冲溶液（pH＝3）；

③ 0.2% PAN 指示剂溶液；

④ 0.015mol/L EDTA 标准滴定溶液；

⑤ 0.015mol/L 硫酸铜标准滴定溶液；

⑥ EDTA-Cu 溶液；

⑦ 0.1% 溴酚蓝指示剂溶液；

⑧ 氨水（1+2）；

⑨ 盐酸（1+2）。

2）铜盐返滴定法。在滴定铁后的溶液中，加入 20～25mL 0.015mol/L EDTA 标准滴定溶液，然后用水稀释至约 200mL，将溶液加热至 60～70℃后，加 15mL 乙酸-乙酸钠缓冲溶液（pH＝4.3），加热煮沸 1～2min，取下稍冷，加 5～6 滴 0.2% PAN 指示剂溶液，以硫酸铜标准滴定溶液滴定至亮紫色。

三氧化二铝的质量分数 $w_{\mathrm{Al_2O_3}}$ 按式(3-55)计算：

$$w_{\mathrm{Al_2O_3}} = \frac{T_{\mathrm{Al_2O_3}} \times (V_1 - K \times V_2) \times 5}{m_{\mathrm{s}} \times 1000} \times 100\% - 0.64 \times w_{\mathrm{TiO_2}} \tag{3-55}$$

式中　V_1——加入 EDTA 标准滴定溶液的体积，mL；

　　　　V_2——滴定时消耗硫酸铜标准滴定溶液的体积，mL；

　　　　K——每毫升硫酸铜标准滴定溶液相当于 EDTA 标准滴定溶液的毫升数；

　　　$T_{\mathrm{Al_2O_3}}$——EDTA 标准滴定溶液对三氧化二铝的滴定度，mg/mL；

　　　　5——全部试样溶液与所分取试样溶液的体积比；

　　　　m_{s}——试样质量，g；

0.64——二氧化钛对三氧化二铝的换算系数；

w_{TiO_2}——试样中二氧化钛的质量分数。

3) 直接滴定法。将测定铁后的溶液用水稀释至约 200mL，加 1～2 滴 0.1％溴酚蓝指示剂溶液，滴加氨水（1+2）至溶液出现紫蓝色，再滴加盐酸（1+2）至黄色。加入 15mL 乙酸-乙酸钠缓冲溶液（pH＝3.0），加热至微沸并保持 1min。然后加入 10 滴 EDTA-铜溶液，及 2～3 滴 0.2％PAN 指示剂，以 0.015mol/L EDTA 标准滴定溶液滴定至红色消失，继续煮沸，滴定，直至煮沸后红色不再出现，呈稳定的亮黄色为止。

三氧化二铝的质量分数 $w_{Al_2O_3}$ 按式（3-56）计算：

$$w_{Al_2O_3}=\frac{T_{Al_2O_3}\times V\times 5}{m_s\times 1000}\times 100\%\qquad(3\text{-}56)$$

式中　$T_{Al_2O_3}$——EDTA 标准滴定溶液对三氧化二铝的滴定度，mg/mL；

　　　V——滴定时消耗 EDTA 标准滴定溶液的体积，mL；

　　　5——全部试样溶液与所分取试样溶液的体积比；

　　　m_s——试样质量，g。

3.3　水泥及熟料中三氧化二铝的测定

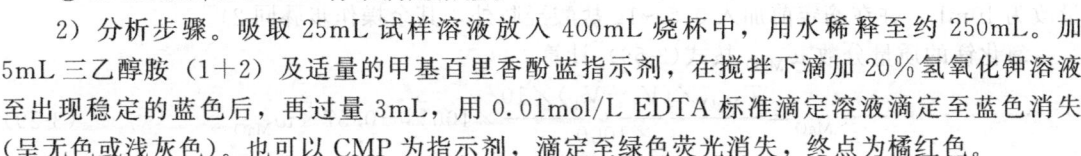

3.4　水泥及熟料中氧化钙的测定

（4）氧化钙的测定

1) 试剂

① 三乙醇胺（1+2）；

② 20％KOH 溶液；

③ 甲基百里香酚蓝指示剂；

④ 0.015mol/L EDTA 标准滴定溶液。

2) 分析步骤。吸取 25mL 试样溶液放入 400mL 烧杯中，用水稀释至约 250mL。加 5mL 三乙醇胺（1+2）及适量的甲基百里香酚蓝指示剂，在搅拌下滴加 20％氢氧化钾溶液至出现稳定的蓝色后，再过量 3mL，用 0.01mol/L EDTA 标准滴定溶液滴定至蓝色消失（呈无色或浅灰色）。也可以 CMP 为指示剂，滴定至绿色荧光消失，终点为橘红色。

氧化钙的质量分数 w_{CaO} 按式（3-57）计算：

$$w_{CaO}=\frac{T_{CaO}\times V\times 10}{m_s\times 1000}\times 100\%\qquad(3\text{-}57)$$

式中　T_{CaO}——EDTA 标准滴定溶液对氧化钙的滴定度，mg/mL；

　　　V——滴定时消耗 EDTA 标准滴定溶液的体积，mL；

　　　10——全部试样溶液与所分取试样溶液的体积比；

　　　m_s——试样质量，g。

3) 注意事项

① 以 MTB 为指示剂时 pH 值要求为 12.3±0.1 最为适宜，这时终点突变明显，底色浅，返色轻；pH 值低于 12.2 时，由于氢氧化镁沉淀不完全，终点返色快，结果偏高；pH 值高了底色加深，影响终点的观察。

② 指示剂的加入量要适宜（约 30mg）。加入过多，底色加深，影响终点的观察，加入过少，终点时颜色的变化不明显。

③ 溶液的体积在 250mL 左右为宜，以减少 $Mg(OH)_2$ 对 Ca^{2+} 的吸附。

（5）氧化镁的测定

1) 试剂

① 10％酒石酸钾钠溶液；

② 三乙醇胺（1+2）；

③ 氨水（1+1）；

④ 酸性铬蓝 K-萘酚绿 B（1+2.5）混合指示剂；

⑤ 氨水-氯化铵缓冲溶液（pH=10）；

⑥ 0.015mol/L EDTA 标准滴定溶液；

⑦ 盐酸羟胺（固体）。

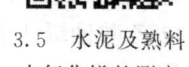

3.5 水泥及熟料
中氧化镁的测定

2）氧化亚锰含量在 0.5% 以下的试样按如下步骤进行：吸取 25mL 试样溶液于 400mL 烧杯中，用水稀释至约 250mL。加 1mL10% 酒石酸钾钠溶液、5mL 三乙醇胺（1+2），搅拌，然后加入 20mL 氨水-氯化铵缓冲溶液（pH=10），以及适量的酸性铬蓝 K-萘酚绿 B（1+2.5）混合指示剂，以 0.015mol/L EDTA 标准滴定溶液滴定，近终点时应缓慢滴定至纯蓝色。

氧化镁的质量分数 w_{MgO} 按式(3-58) 计算：

$$w_{MgO} = \frac{T_{MgO} \times (V_2 - V_1) \times 10}{m_s \times 1000} \times 100\% \tag{3-58}$$

式中　T_{MgO}——EDTA 标准滴定溶液对氧化镁的滴定度，mg/mL；

　　　V_1——滴定钙时消耗 EDTA 标准滴定溶液的体积，mL；

　　　V_2——滴定钙镁合量时消耗 EDTA 标准滴定溶液的体积，mL；

　　　10——全部试样溶液与所分取试样溶液的体积比；

　　　m_s——试样质量，g。

3）氧化亚锰含量在 0.5% 以上的试样按如下步骤进行：除将三乙醇胺（1+2）的加入量改为 10mL，并在滴定前加入 0.5～1g 盐酸羟胺外，其余操作步骤同 2）。

氧化镁的质量分数 w_{MgO} 按式(3-59) 计算：

$$w_{MgO} = \frac{T_{MgO} \times (V_3 - V_1) \times 10}{m_s \times 1000} \times 100\% - 0.57 \times w_{MnO} \tag{3-59}$$

式中　T_{MgO}——EDTA 标准滴定溶液对氧化镁的滴定度，mg/mL；

　　　V_3——滴定钙、镁、锰合量时消耗 EDTA 标准滴定溶液的体积，mL；

　　　0.57——氧化亚锰对氧化镁的换算系数；

　　　V_1——滴定钙时消耗 EDTA 标准滴定溶液的体积，mL；

　　　10——全部试样溶液与所分取试样溶液的体积比；

　　　m_s——试样质量，g；

　　　w_{MnO}——氧化锰的质量分数。

3.4.2.2 碱溶-K₂SiF₆ 系统

（1）二氧化硅的测定

1）试剂

① 硝酸（相对密度 1.42）；

② 氯化钾（固体）；

③ 15% 氟化钾溶液；

④ 5% 氯化钾溶液；

⑤ 5% 氯化钾-乙醇溶液；

⑥ 1% 酚酞指示剂溶液；

⑦ 0.15mol/L 氢氧化钠标准溶液；

⑧ 氢氧化钠（固体）；

⑨ 盐酸（1+5）；

⑩ 盐酸（相对密度 1.19）。

2）试样的制备。准确称取 0.5000g 试样置于银坩埚中，加入 6～7g 氢氧化钠，放入高温炉，在 650～700℃ 的高温下熔融 20min，取出冷却，将坩埚放入已盛有 100mL 热水的烧杯中，盖上表面皿，于电炉上适当加热，待熔块完全浸出后，取出坩埚，用热水冲洗，在搅拌下一次加入 25mL 浓盐酸，再用盐酸（1+5）和热水洗净坩埚和盖，再加入 1mL 浓硝酸，将溶液加热至沸，使熔融物完全分解，待溶液冷却后，移入 250mL 容量瓶，用水稀释至标线，摇匀。此溶液供测定二氧化硅、三氧化二铁、三氧化二铝、二氧化钛、氧化钙、氧化镁用。

3）分析步骤。吸取 50mL 试样溶液，放入 250～300mL 烧杯中，加入 10～15mL 浓硝酸，用塑料棒搅拌，冷却至室温，然后加入固体氯化钾，仔细搅拌至饱和并有少量氯化钾析出，再加 2g 氯化钾及 10mL 15% 氟化钾溶液，放置 15～20min，用中速滤纸过滤，塑料杯及沉淀用 5% 的氯化钾溶液洗涤三次。将滤纸连同沉淀取下置于原塑料杯中，沿杯壁加入 10mL 5% 氯化钾-乙醇溶液及 1mL 酚酞指示剂，用 0.15mol/L 氢氧化钠标准溶液中和未洗尽的酸，仔细搅动滤纸并随之擦洗杯壁，直至溶液呈红色，然后加入 200mL 沸水（煮沸并用氢氧化钠溶液中和至酚酞微红色），用 0.15mol/L 氢氧化钠标准滴定溶液滴定至微红色。

二氧化硅的质量分数 w_{SiO_2} 按式（3-60）计算：

$$w_{SiO_2} = \frac{T_{SiO_2} \times V \times 5}{m_s \times 1000} \times 100\% \tag{3-60}$$

式中 T_{SiO_2} ——NaOH 标准滴定溶液对二氧化硅的滴定度，mg/mL；

 V ——滴定时消耗 NaOH 标准滴定溶液的体积，mL；

 5 ——全部试样溶液与所分取试样溶液的体积比；

 m_s ——试样质量，g。

4）注意事项

① 加入固体 KCl 时，一定应经过仔细搅拌，以达到真正饱和析出后再加入 2g KCl，若温度高于 30℃ 则需过量 3g KCl。

② 15% KF 溶液必须经净化处理。

③ 过滤时应将固体 KCl 留于杯底，当 5% KCl 洗涤液沿杯壁洗涤加入后，应不断搅拌、挤压，以促使固体 KCl 全部溶解。

④ 洗涤液总体积最好不超过 15mL。

⑤ 为达到快速中和，减少 K_2SiF_6 溶解，最好把包有 K_2SiF_6 沉淀的滤纸展开。

⑥ 温度高于 30℃ 时，为降低温度，可将沉淀、洗涤液、中和液在流水中冷却。

（2）氧化钙的测定

1）试剂

① 2% KF 溶液；

② 三乙醇胺（1+2）；

③ CMP 混合指示剂；

④ 20% KOH 溶液；

⑤ 0.015mol/L EDTA 标准滴定溶液。

2）分析步骤。吸取 25mL 试样溶液，放入 400mL 烧杯中，加入 7mL 2% KF 溶液，搅拌并放置 2min 以上，然后用水稀释至约 250mL，加 5mL 三乙醇胺（1+2）及适量的 CMP 混合指示剂，在搅拌下加入 20% KOH 溶液至出现绿色荧光后，再过量 5～8mL（此时溶液的 pH＞13），用 0.015mol/L EDTA 标准滴定溶液滴定至绿色荧光消失并呈现红色。

氧化钙的质量分数的计算同酸溶-NH₄Cl 系统中 CaO 的测定。

三氧化二铁、三氧化二铝、氧化镁的测定和质量分数的计算均同酸溶-NH₄Cl 系统中相应氧化物的测定。

3.4.2.3 氧化亚锰的测定

(1) 高碘酸钾氧化比色法

1) 试剂与仪器

① 碳酸钠-硼砂 (2+1) 混合溶剂；

② 高碘酸钾 (固体)；

③ 硝酸 (1+9)；

④ 硫酸 (1+1)；

⑤ 硫酸 (5+95)；

⑥ 磷酸 (1+1)；

⑦ MnO 标准溶液 (每毫升相当于 0.05mg MnO)；

⑧ 721 型分光光度计。

2) 分析步骤。准确称取约 0.5g 试样，置于铂坩埚中，加 3g 碳酸钠-硼砂 (2+1) 混合溶剂，混匀，在 950～1000℃ 下熔融 10min。然后用坩埚钳夹持坩埚旋转，使熔融物均匀地附着于坩埚内壁。冷却后，将坩埚放在已加热至沸的盛有 50mL 硝酸 (1+9) 及 100mL 硫酸 (5+95) 的 400mL 烧杯中，并继续保持微沸状态，直至熔融物完全分解。用水洗净坩埚及坩埚盖，以快速滤纸将溶液过滤于 250mL 容量瓶中，并用热水洗涤烧杯及滤纸数次。将溶液冷却至室温，加水稀释至标线，摇匀待用。

吸取 50mL 试样溶液 (视氧化亚锰含量而定) 放入 150mL 烧杯中，加 5mL 磷酸 (1+1)、10mL 硫酸 (1+1) 及 0.5～1g 高碘酸钾。以下分析步骤同本项目 3.1.2.1 的"氧化亚锰标准溶液工作曲线绘制"。氧化亚锰的质量分数 w_{MnO} 按式(3-61) 计算：

$$w_{MnO} = \frac{c \times 5}{m_s \times 1000} \times 100\%$$

$$\text{(3-61)}$$

式中 c——在工作曲线上查得每 100mL 被测溶液中氧化亚锰的含量，mg；

5——全部试样溶液与所分取试样溶液的体积比；

m_s——试样质量，g。

(2) 过硫酸铵沉淀分离——EDTA 配位滴定法

1) 试剂

① 氨水 (1+1)；

② 过硫酸铵 (固体)；

③ 盐酸 (1+99)；

④ 盐酸-H₂O₂ 混合溶液；

⑤ 三乙醇胺 (1+2)；

⑥ 氨水-氯化铵缓冲溶液 (pH=10)；

⑦ 盐酸羟胺 (固体)；

⑧ 酸性铬蓝 K-萘酚绿 B (1+2.5) 混合指示剂；

⑨ 0.015mol/L EDTA 标准滴定溶液。

2) 分析步骤。吸取原制备的试样溶液 50mL 于 300mL 烧杯中，加水稀释至 100mL，用氨水 (1+1) 调节 pH=2 (用精密 pH 试纸检验)，加入 1g 过硫酸铵，盖上表面皿，加热至沸，至沉淀出现后再继续煮沸 3min。用慢速滤纸过滤 (可加入少量纸浆)，用 (1+99) 热盐酸溶液共约 100mL 洗涤烧杯、沉淀数次。用热的混合酸液 100mL 盐酸 (2mol/L) 加入 0.5~1mL 30% H_2O_2 洗涤滤纸数次，将滤纸上的沉淀溶解于原烧杯中，并用混合酸液冲洗杯壁。将烧杯置于电炉上加热煮沸数分钟，用蒸馏水冲洗杯壁，用水稀释至 150~200mL，加入 5~10mL（1+2）三乙醇胺溶液，搅拌，用（1+1）氨水调节溶液 pH=9~10。加入氨水-氯化铵（pH=10）缓冲溶液 25mL 及 1g 盐酸羟胺，搅拌使其溶解，放入适量 K-B 指示剂，立即以 0.015mol/L EDTA 标准滴定溶液滴定至纯蓝色。

氧化亚锰的质量分数 w_{MnO} 按式(3-62) 计算：

$$w_{MnO} = \frac{T_{MnO} \times V \times 5}{m_s \times 1000} \times 100\% \tag{3-62}$$

式中　T_{MnO}——EDTA 标准滴定溶液对氧化镁的滴定度，mg/mL；

　　　　V——滴定时消耗 EDTA 标准滴定溶液的毫升数，mL；

　　　　m_s——试样质量，g；

　　　　5——全部试样溶液与所分取试样溶液体积。

3.4.2.4　烧失量的测定

准确称取约 1g 试样，放入已灼烧恒重的瓷坩埚中，将盖斜置于坩埚上，放在高温炉内，从低温开始逐渐升高温度，在 950~1000℃下灼烧 30min，取出坩埚，放在干燥器中冷至室温，称量。如此反复灼烧，直至恒重。

烧失量的质量分数 X 按式(3-63) 计算：

$$X = \frac{m - m_1}{m} \times 100\% \tag{3-63}$$

式中　m——灼烧前试样质量，g；

　　　　m_1——灼烧后试样质量，g。

注意事项：

① 不能将试样直接放在高温下灼烧，防止样品中挥发性物质猛烈排出时使试样飞溅，引起分析结果偏高；

② 有些样品在灼烧后吸水性很强，如硅质矿物、石灰石等称量时必须迅速，以免吸收空气中的水分而增加质量，引起分析结果偏低。

3.4.2.5　不溶物的测定

准确称取约 1g 试样，精确至 0.0001g，置于 150mL 烧杯中，加入 25mL 水，搅拌使试样分散，在不断搅拌下加入 5mL 浓盐酸，用平头玻璃棒压碎块状物，使试样分解完全（必要时可将溶液稍稍加热，促进其溶解）。加水稀释至 50mL，盖好表面皿，将烧杯置于蒸汽浴中加热 15min。用中速定量滤纸过滤，以热水充分洗涤 10 次以上。

将残渣和滤纸一并移入原烧杯中，加入 100mL 氢氧化钠溶液（10g/L），盖上表面皿，置于蒸汽浴中加热 15min。加热期间搅动滤纸及残渣 2~3 次。取下烧杯，加入 1~2 滴甲基红指示剂溶液（0.2g/100mL），滴加盐酸（1+1）至溶液呈红色再过量 8~10 滴。以中速定量滤纸过滤，用热的硝酸铵溶液（20g/L）充分洗涤 14 次以上。

将残渣及滤纸一并移入已灼烧恒重的瓷坩埚中，灰化后在 950~1000℃的高温炉内灼烧 15min，取出坩埚，置于干燥器中冷却至室温，称量。如此反复灼烧，直至恒重。

不溶物的质量分数按式(3-64) 计算：

$$w(不溶物) = \frac{m_1}{m} \times 100\% \tag{3-64}$$

式中　m_1——灼烧后不溶物的质量，g；

　　　　m——试样质量，g。

3.4.2.6 氧化钾、氧化钠的测定（火焰光度法）

称取 0.2g 试样，精确至 0.0001g，置于铂皿中，加入少量水润湿，加入 5～7mL 氢氟酸和 15～20 滴硫酸（1+1），放入通风橱内低温电热板上加热，近干时摇动铂皿，以防溅湿。待氢氟酸驱尽后逐渐升高温度，继续将三氧化硫白烟驱尽，取下冷却。加入 40～50mL 热水，压碎残渣使其溶解，加入 1 滴甲基红指示剂溶液，用 $NH_3 \cdot H_2O$ 中和至黄色，再加入 10mL $(NH_4)_2CO_3$ 溶液（1g/100mL）搅拌，然后放入通风橱内低温电热板至沸并继续微沸 20～30min。用快速滤纸过滤，以热水充分洗涤，滤液及洗液收集于 100mL 容量瓶中，冷却至室温。用盐酸（1+1）中和至溶液呈为微红色，用水稀释至标线，摇匀。在火焰光度计上，按仪器使用规程，在与工作曲线绘制相同的仪器条件下进行测定。在工作曲线上分别查处氧化钾和氧化钠的含量。

试样中氧化钾及氧化钠的质量分数 w_{K_2O}、w_{Na_2O} 分别按式(3-65)、式(3-66) 计算：

$$w_{K_2O} = \frac{m_1}{m_s \times 1000} \times 100\% \tag{3-65}$$

$$w_{Na_2O} = \frac{m_2}{m_s \times 1000} \times 100\% \tag{3-66}$$

式中　m_1——100mL 被测溶液中 K_2O 的含量，mg；

　　　m_2——100mL 被测溶液中 Na_2O 的含量，mg；

　　　m_s——试样的质量，g。

3.4.2.7 氯离子的测定

（1）硫氰酸铵容量法（基准法）

1）原理。试样用硝酸进行分解，同时消除硫化物的干扰。加入已知量的硝酸银标准溶液使氯离子以氯化银的形式沉淀。煮沸、过滤后，将滤液和洗涤液冷却至 25℃ 以下。以铁（Ⅲ）盐为指示剂，用硫氰酸铵标准溶液滴定过量的硝酸银。其反式如下：

氯离子与加入的硝酸银标准溶液反应：

$$Cl^- + Ag^+ \Longrightarrow AgCl\downarrow$$

硫氰酸铵与过量的硝酸银反应：

$$CNS^- + Ag^+ \Longrightarrow AgCNS\downarrow$$

终点时稍过量的硫氰酸根离子和三价铁离子反应生成红色的配合物：

$$CNS^- + Fe^{3+} \Longrightarrow Fe(CNS)^{2+}$$

2）分析步骤。称取约 5g 试样，加入 50mL 水。在搅拌下加入 50mL 硝酸（1+2），加热煮沸。准确移取 5mL 硝酸银标准溶液加入溶液中，煮沸 1～2min。加入少许滤纸浆，用预先经稀硝酸溶液（1+100）洗涤过的慢速滤纸抽气过滤或玻璃砂芯漏斗抽气过滤，滤液收集于 250mL 锥形瓶中。用稀硝酸溶液（1+100）洗涤烧杯、玻璃棒和滤纸，直至滤液和洗液总体积达到约 200mL，溶液在弱光线或暗处冷却至 25℃ 以下。加入 5mL 硫酸铁铵指示剂溶液，用硫氰酸铵标准滴定溶液滴定，同时充分摇动，直至最后一滴溶液滴下产生的红棕色在摇动下不消失为止。

试样中氯离子的质量分数 w_{Cl} 按式(3-67) 计算：

$$w_{Cl} = \frac{T \times 5 \times (V_0 - V)}{m_s \times V_0 \times 1000} \times 100\% \tag{3-67}$$

式中　V——滴定时消耗硫氰酸铵标准滴定溶液的体积，mL；

　　　V_0——空白试验消耗硫氰酸铵标准滴定溶液的体积，mL；

m_s——试样的质量，g；

T——硝酸银标准滴定溶液对氯离子的滴定度，mg/mL。

3）注意事项

① 要尽快搅拌使其完全分散混匀，否则试样容易沉在烧杯底部。

② 加入硝酸后要不停地搅拌并煮沸，使生成的硫化氢逸出，以免干扰测定，同时可以使试样溶解得更均匀。

③ 硝酸银标准溶液的准确与否直接决定了测试结果的准确度，所以硝酸银标准溶液一定要严格按照标准要求来进行配制，并且用移液管或滴定管准确的加入。

④ 滤纸浆不要加多，以免影响过滤速度。

⑤ 过滤前慢速滤纸或玻璃砂芯漏斗都要经过硝酸（1＋100）洗涤，以免给试验带来误差。

⑥ 滴定应在室温下进行，温度高，红色络合物容易褪色。

⑦ 滴定时要充分的摇动溶液，避免沉淀吸附银离子，使终点过早的出现。

⑧ 当硫氰酸铵标准滴定溶液消耗体积小于 0.5mL 时，要用减少一半的试样质量进行重新试验。

（2）蒸馏分离——硝酸汞配位滴定法（代用法）

1）原理。用规定的蒸馏装置在 250～260℃ 温度条件下，以过氧化氢和磷酸分解试样，以净化空气做载体，蒸馏分离氯离子，用稀硝酸作吸收液，蒸馏 10～15min 后，用乙醇吹洗冷凝管及其下端于锥形瓶内，乙醇的加入量占 75％（体积分数）以上。在 pH＝3.5 左右，以二苯偶氮碳酰肼为指示剂，用硝酸汞标准滴定溶液进行滴定。其反应式如下：

蒸馏反应：

$$3Cl^- + H_3PO_4 \rightleftharpoons 3HCl\uparrow + PO_4^{3-}$$

滴定反应：

$$Hg^{2+} + 2Cl^- \rightleftharpoons HgCl_2\downarrow$$

终点时：

$$Hg^{2+} + 二苯偶氮碳酰肼（黄色）\rightleftharpoons Hg\text{-}二苯偶氮碳酰肼（樱桃红）$$

2）测氯蒸馏装置。如图 3-3 所示。

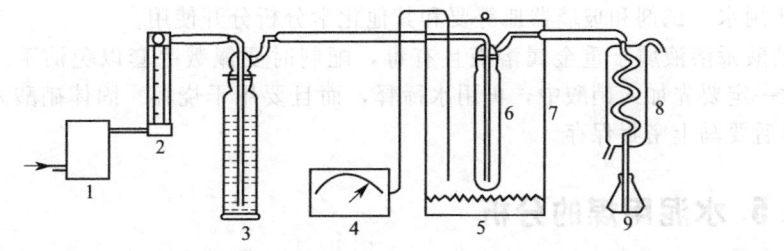

图 3-3　测氯蒸馏装置示意图

1—吹气泵；2—转子流量计；3—洗气瓶，内装硝酸银溶液（5g/L）；4—温控仪；5—电炉；
6—石英蒸馏管；7—炉腔保护罩；8—蛇形冷凝管；9—50mL 锥形瓶

3）分析步骤。向 50mL 锥形瓶中加入约 3mL 水及 5 滴硝酸，放在冷凝管下端用以承接蒸馏液，冷凝管下端的硅胶管插于锥形瓶的溶液中。

称取 0.3g 样品，精确至 0.0001g，置于已烘干的石英蒸馏管中，勿使试料黏附于管壁。加入 5～6 滴过氧化氢，摇动使试样完全分解后加入 5mL 磷酸。套上磨口塞，摇动，带试样分解产生的二氧化碳气体大部分溢出后，将固定架套在石英蒸馏管上，并将其置于温度 $250 \sim 260 \, ℃$ 的测氯装置炉膛内，迅速地以硅橡胶管连接好蒸馏管的进出口部分（先连出气管，后连进气管），盖上炉盖。

开动气泵，调节气流速度在 $100 \sim 200 \, mL/min$，蒸馏 $10 \sim 15 \, min$ 后关闭气泵，拆下连接管，取出蒸馏管置于试管架内。用无水乙醇吹洗冷凝管及其下端，洗液收集在锥形瓶内（乙醇用量约为 $15 \, mL$）。取下向其中加入 $1 \sim 2$ 滴溴酚蓝指示剂溶液，用氢氧化钠溶液（$0.5 \, mol/L$）调节至蓝色，再用硝酸（$0.5 \, mol/L$）调节成黄色，并过量 1 滴。加入 10 滴二苯偶氮碳酰肼指示剂溶液（$10 \, g/L$），用硝酸汞标准滴定溶液（$0.001 \, mol/L$）滴定至紫红色出现。

每次测定前应该进行空白试验。

试样中氯离子的质量分数 w_{Cl} 按式(3-68) 计算：

$$w_{Cl} = \frac{T_{Cl} \times (V - V_0)}{m_s \times 1000} \times 100\% \tag{3-68}$$

式中　T_{Cl}——硝酸汞标准滴定溶液对氯离子的滴定度，mg/mL；

　　　V——滴定时消耗硝酸汞标准滴定溶液的体积，mL；

　　　V_0——空白试验消耗硝酸汞标准滴定溶液的体积，mL；

　　　m_s——试料的质量，g。

4）注意事项

① 若有试料黏附于管壁，会有一部分试料没有发生反应，使测试结果偏低。

② 为了加快测定速度，减少测定时间，在前一组蒸馏时，可进行第二组样品测定的准备工作，加完磷酸后放在试管架上等待。

③ 当氯含量小于 0.2% 时，称取 $0.3 \sim 0.5 \, g$；当氯离子含量在 $0.2\% \sim 1.0\%$ 时，称取 $0.3 \sim 0.1 \, g$，蒸馏时间应为 $15 \sim 20 \, min$，并且使用浓度较大的硝酸汞标准滴定溶液进行滴定。

④ 溴酚蓝及二苯偶氮碳酰肼两种指示剂都是溶于乙醇中，所以不要一次性配制很多，否则会因为时间长乙醇挥发而改变指示剂溶液的浓度，使终点颜色变色不敏锐，影响结果滴定。

⑤ 同时进行空白实验：空白试验应与测定平行进行，除不加试料之外，采用完全相同的分析步骤，取相同量的试剂。计算时从测定结果中扣除空白试验值。

⑥ 所用水、试剂和玻璃器皿等要和其他化学分析分开使用。

⑦ 硝酸汞溶液属于重金属溶液且有毒，配制时要佩戴手套以免沾手。为防止其水解，在配制时一定要先加入硝酸中，再用水稀释，而且要用干烧杯。固体硝酸汞的吸水性很强，称量完毕后要马上密封保存。

任务 3.5　水泥用煤的分析

3.5.1　煤的工业分析

煤的工业分析是评价煤质特征的基本依据。根据煤的工业分析结果，可初步判断煤的性能、种类及工业用途，也可据此利用经验公式估算煤的发热量。因此，煤的工业分析是水泥化验室的一项重要工作内容。

煤的工业分析主要包括水分、灰分、挥发分的测定。煤的工业分析对象与硅酸盐试样中化学成分的测定对象不同，它们不是煤的固有成分，而是特定条件下受热时的产物。因此，煤的工业分析规范性非常强，必须使用标准的器皿和加热设备，严格按照规定的条件进行操作。

3.5.1.1　水分的测定

根据水在煤中存在的形态，分为游离水和化合水。游离水是以物理吸附的方式存在于煤中；化合水是以化合方式同煤中的矿物质结合的水，也叫结晶水。化合水需要在 200℃ 以上才能分解放出。煤的工业分析测定的水分是游离水，不包括结晶水。只测定全水分、应用煤水分和分析煤样水分。全水分是指进厂煤的水分，应用煤水分是指生产使用过程中使用的煤的水分，分析煤样水分是进行煤样工业分析时所测定的空气干燥基煤样水分。

（1）全水分的测定　取进厂煤，粒度破碎至 13mm 以下，用已知质量的浅盘（用薄铁板或铝板制成，按大约每平方厘米 0.8g 煤样的比例，可容纳 500g 煤样）称取 500g（准确至 1g）煤样，并将其摊平。

将装有煤样的浅盘放入预先鼓风加热到 105～110℃ 的干燥箱中，在不断鼓风的条件下烟煤干燥 2～2.5h，无烟煤干燥 3～3.5h。在干燥箱中取出浅盘，趁热称量。然后进行检查性试验，每次 0.5h，直到煤样的减量不超过 1g，或者质量增加为止。在后一种情况下，应采用增量前的一次质量作为计算依据。

全水分 M_t 的质量分数按式（3-69）计算：

$$M_t = \frac{m - m_1}{m} \times 100\%　　　　　　　　　（3-69）$$

式中　m——干燥前试料的质量，g；

　　　m_1——干燥后试料的质量，g。

（2）应用煤水分的测定　应用煤水分 M_{ar} 的测定与全水分近似，煤破碎粒度到 6mm 以下，用浅盘称取 50g，烟煤干燥 1～1.5h，无烟煤干燥 1.5～2h。计算过程同全水分 M_t 的测定。

（3）分析煤样水分的测定　取粒度 0.2mm 以下的空气干燥煤样，用预先干燥至恒量的称量瓶，称取煤样 1g±0.1g，精确至 0.0002g，摊平在称量瓶中。打开瓶盖，放入预先已鼓风并已加热到 105～110℃ 的干燥箱中，在一直鼓风的条件下，烟煤干燥 1h，无烟煤干燥 1～1.5h。从干燥箱中取出称量瓶，立即盖上盖，放入干燥器中冷却至室温后，称量。再放入干燥箱中，干燥 30min，直到干燥煤样两次质量差不超过 0.001g 或质量增加时为止。在后一种情况下，应采用增量前的一次质量作为计算依据。水分在 2% 以下时，不必进行检查性干燥。空气干燥基煤样水分 M_{ad} 的质量分数按式（3-70）计算：

$$M_{ad} = \frac{m - m_1}{m} \times 100\%　　　　　　　　　（3-70）$$

式中　m——干燥前试料的质量，g；

　　　m_1——干燥后试料的质量，g。

3.5.1.2　灰分的测定

煤的灰分是指煤完全燃烧后，煤中矿物质在一定温度下，经分解、氧化、化合等一系列反应后所剩下的残渣。

取粒度 0.2mm 以下的空气干燥煤样。用已灼烧至恒量的灰皿，称取煤样 1g±0.1g，精确至 0.0002g，均匀地摊平在灰皿中，使每平方厘米不超过 0.15g。打开已加热到 850℃ 的高温炉的炉门，将盛有煤样的灰皿放入高温炉门口。待 5～15min 后煤样不再冒烟时，慢慢将灰皿推至炉内高温区。在 815℃ 的温度下，灼烧 40min。从炉内取出灰皿，在空气中冷却 5min，移入干燥器中，冷却至室温，称量。然后进行检查性灼烧，每次 20min，直到两次灼烧质量变化不超过 0.001g 为止，用最后一次灼烧质量为计算依据。灰分低于 15% 时，不必进行检查性灼烧。

空气干燥基煤样灰分的质量分数按式(3-71) 计算：

$$A_{ad} = \frac{m_1}{m} \times 100\% \tag{3-71}$$

式中　m——干燥前试料的质量，g；

　　　m_1——干燥后试料的质量，g。

3.5.1.3　挥发分的测定

煤的挥发分是指煤在隔绝空气下，在 900℃ 加热 7min 并进行水分校正后的挥发物质。剩余的不挥发物质为焦渣。

煤的挥发分测定是一项规范性很强的试验，其测定结果完全取决于人为规定时条件。试料的质量、焦化程度、加热速度和加热时间，以及试验所用的挥发分坩埚和坩埚托架等，其中任何一个条件均能在一定程度上影响挥发分产率。

测定步骤：取粒度 0.2mm 以上的空气干燥煤样，用已灼烧至恒量的挥发分坩埚，称取煤样 1g±0.1g，精确至 0.0002g，然后轻轻振动坩埚，使煤样摊平，盖上坩埚盖，放在坩埚架上，打开炉门，迅速将摆好坩埚的托架送入已加热到 920℃ 的高温炉的恒温区中，同时计时，关好炉门，准确加热 7min。坩埚及托架刚放入后，炉温会有所下降，但必须在 3min 内使炉温恢复至 900℃±10℃，否则此次试验作废。加热时间包括温度恢复的时间在内。从炉中取出坩埚，放在冷空气中冷却 5min 左右，然后移入干燥器冷却至室温后，称量。

空气干燥基煤样挥发分 V_{ad} 的质量分数按式(3-72) 计算：

$$V_{ad} = \frac{m - m_1}{m} \times 100\% - M_{ad} \tag{3-72}$$

式中　M_{ad}——空气干燥基煤样水分，%；

　　　m_1——煤样加热后的质量，g；

　　　m——煤试料的质量，g。

3.5.1.4　焦渣特征的分类

测定挥发分所得焦渣的特征，按下列规定加以区分：

粉状（1 型）：全部是粉末，没有相互黏着的颗粒。

黏着（2 型）：用手指轻碰即成粉末或基本上是粉末，其中较大的团块轻轻一碰即成粉末；

弱黏结（3 型）：用手指轻压即成小块。

不熔融黏结（4 型）：以手指用力压才裂成小块，焦渣上面无光泽，下表面稍有银白色光泽。

不膨胀熔融黏结（5 型）：焦渣形成扁平的块，煤粒的界限不易分清，焦渣上表面有明显银白色金属光泽，焦渣下表面银白色光泽更明显。

微膨胀熔融黏结（6 型）：用手指压不碎，结渣的上、下表面均有银白色金属光泽，但焦渣表面具有较小的膨胀泡（或小气泡）。

膨胀熔融黏结（7 型）：焦渣上、下表面有银白色金属光泽，明显膨胀，但高度不超过 15mm。

强膨胀熔融黏结（8 型）：焦渣上、下表面有银白色金属光泽，焦渣高度大于 15mm。

通常为了简便起见，可用上列型号作为各种焦渣特征的代号，即用数值 1~8 表示。

3.5.1.5　固定碳的计算

空气干燥煤样中固定碳的含量 FC_{ad} 按式(3-73)计算：

$$FC_{ad}=100-(M_{ad}+A_{ad}+V_{ad})\tag{3-73}$$

式中　　M_{ad}——空气干燥基煤样水分的质量分数,%；

A_{ad}——空气干燥基煤样灰分的质量分数,%；

V_{ad}——空气干燥基煤样挥发分的质量分数,%；

3.5.2　全硫的测定

煤中全硫的测定方法主要有三种，即重量法（艾氏法）、高温燃烧中和法和库仑滴定法。其中重量法是我国国家标准 GB/T 214—1996 规定的全硫测定仲裁法。

重量法是使用艾士卡混合试剂（碳酸钠和氧化镁以质量比 1+2 的混合物）与煤样均匀混合，在高温、通风的条件下进行灼烧，使各种硫都转化成为可溶于水的硫酸钠和硫酸镁，然后以氯化钡溶液沉淀为硫酸钡，灼烧后称量。下面着重介绍库仑滴定法。

3.5.2.1　原理

煤样在催化剂作用下，于空气流中燃烧分解，煤中硫生成硫氧化物，其中二氧化硫被碘化钾溶液吸收，以电解碘化钾溶液所产生的碘进行滴定，根据电解所消耗的电量计算煤中全硫的含量。

3.5.2.2　试剂和仪器

① 三氧化钨。

② 变色硅胶：工业品。

③ 氢氧化钠：化学纯。

④ 电解液：称取碘化钾、溴化钾各 5.0g，溶于（250～300）mL 水中并在溶液中加入冰乙酸 10mL。

⑤ 燃烧舟：素瓷或刚玉制品，装样部分长约 60mm，耐温 1200℃以上。

⑥ 库仑滴定仪。图 3-4 是 ZCL 型自动测硫仪结构示意图。

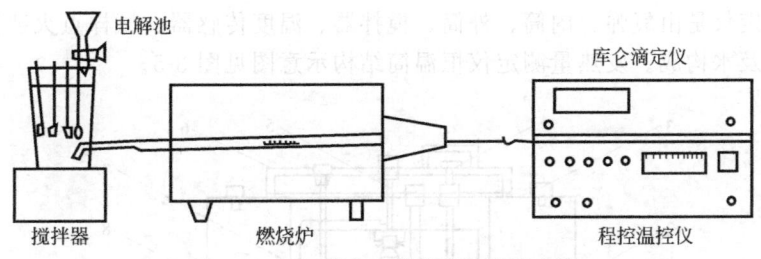

图 3-4　ZCL 型自动测硫仪结构示意图

3.5.2.3　测定步骤

① 将管式高温炉升温并控制在 1150℃±10℃。

② 开动供气泵和抽气泵并将抽气流量调节到 1000mL/min。在抽气下，将电解液加入电解池内，开动电磁搅拌器。

③ 在瓷舟中放少量非测定用的煤样，按下面④所述进行终点电位调整试验。如试验结束后库仑滴定器的显示值为 0，应再次测定，直至显示值不为 0。

④ 在瓷舟中称取粒度小于 0.2mm 的空气干燥煤样 0.5g±0.005g（精确至 0.0002g），并在煤样上盖一薄层三氧化钨。将瓷舟放在送样的石英托盘上，开启送样程序控制器，煤样

即自动送进炉内，库仑滴定随即开始。试验结束后，库伦滴定器显示出硫的毫克数或质量分数，或由打印机打印。

3.5.2.4 结果计算

当库仑滴定仪最终显示为硫的毫克数时，全硫质量分数 $S_{t,ad}$ 按式（3-74）计算：

$$S_{t,ad}=\frac{m_1}{m}\times100\%\tag{3-74}$$

式中 m_1——库仑滴定仪显示值，mg；

m——煤样质量，mg。

3.5.3 煤的发热量测定

在国家大力推行节能降耗的今天，煤的发热量是准确评价水泥企业进厂煤炭质量和企业计算热耗的重要指标。煤的发热量可用热量计直接进行准确测定，也可采用间接法粗略算出。前者是用热量计直接测定出每单位质量煤样的弹筒发热量，换算为高位发热量。后者是根据工业分析所得各项数据，按规定的经验公式间接计算出每单位质量煤样燃烧释放出的热量，是一般中、小型水泥企业计算煤的发热量的一种简易可行的方法。

3.5.3.1 仪器测定原理

煤的发热量在氧弹热量计中进行测定，一定量的分析试样在氧弹热量计中，在充有过量氧气的氧弹内燃烧。氧弹热量计的热容量通过在相似条件下燃烧一定量的基准量热物苯甲酸来确定，根据试样点燃前后量热系统发生的升温，并对点火热等附加热进行校正后即可求得试样的弹筒发热量。

从弹筒发热量中扣除硝酸形成热和硫酸校正热（硫酸与二氧化硫形成热之差）后即得煤的高位发热量。

对煤中的水分（煤中原有的水和氢燃烧生成的水）的气化热进行校正后求得煤的低位发热量。

3.5.3.2 仪器设备

发热量测定仪是由氧弹、内筒、外筒、搅拌器、温度传感器、试样点火装置、温度测量和控制系统以及水构成。发热量测定仪恒温筒结构示意图见图 3-5。

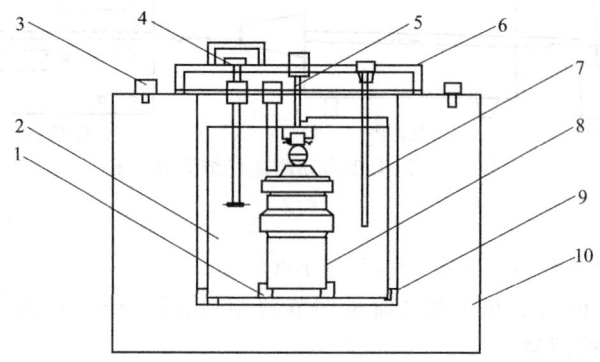

图 3-5 发热量测定仪恒温筒结构示意图

1—氧弹支架；2—内筒；3—进出水孔；4—搅拌电机；5—点火电极；6—翻盖；
7—探头；8—氧弹；9—内筒支架；10—外筒

3.5.3.3　试剂和材料

① 氧气：99.5%纯度，不含可燃成分，不允许使用电解氧。

② $c(NaOH)=0.1mol/L$ 氢氧化钠标准滴定溶液：称取优级纯氢氧化钠 4g，溶解于 1000mL 经煮沸冷却后的水中，混合均匀，装入塑料瓶或塑料筒内，拧紧盖子，然后用优级纯苯二甲酸氢钾进行标定。

③ 甲基红指示剂 2g/L：称取 0.2g 甲基红溶解于 100mL 水中。

④ 苯甲酸：量热标准物质二等或二等以上，经计量机关检定并标明热值。

⑤ 点火丝：直径 0.1mm 左右的镍铬丝或其他已知热值的金属丝或棉线。

⑥ 水：符合规定《分析实验室用水规格和试验方法》（GB/T 6682—2008）中的三级水要求。

3.5.3.4　测定步骤

热量计分为恒温式和绝热式两种。

恒温式热量计法，测定步骤如下：

① 在燃烧皿中精确称取 0.9~1.1g 分析试样（粒径小于 0.2mm），精确至 0.0002g。

燃烧易于飞溅的试样，先用已知质量的擦镜纸包紧再进行测试，或先在压饼机中压饼并切成 2~4mm 的小块使用；不易燃烧完全的试样，可先在燃烧皿底铺上一个石棉垫，或用石棉绒做衬垫（先在皿底铺上一层石棉绒，然后以手压实）。石英燃烧皿不需任何衬垫。如加衬垫仍燃烧不完全，可提高充氧压力至 3.2MPa，或用已知质量和热值的擦镜纸包裹称好的试样并用手压紧，然后放入燃烧皿中。

② 取一段已知质量的点火丝，把两端分别接在两个电极柱上，注意与试样保持良好接触或保持微小的距离（对易飞溅和易燃的煤），并注意切勿使点火丝接触燃烧皿，以免形成短路而导致点火失败，甚至烧毁燃烧皿。同时还应注意防止两电极间以及燃烧皿与另一电极间短路。

往氧弹中加入 10mL 蒸馏水，小心拧紧氧弹盖，注意避免燃烧皿和点火丝的位置因受震动而改变。往氧弹中缓缓充入氧气，直到压力达到 2.8~3.0MPa，充氧时间不得小于 15s；如果不小心充氧压力超过 3.3MPa，停止试验，放掉氧气后，重新充氧至 3.2MPa 以下。当钢瓶中氧气压力降到 5.0MPa 以下时，充氧时间应酌量延长，压力降到 4.0MPa 以下时，应更换新的钢瓶氧气。

③ 往内筒中加入足够量的蒸馏水，使氧弹盖的顶面（不包括突出的氧气阀和电极）淹没在水下面 10~20mm。每次试验时间用水量应与标定热容量时一致（相差 1g 以内）。

水量最好用称量法测定。如采用容量法，则需对温度的变化进行校正。注意恰当调整内筒水温，使终点时内筒比外筒温度高 1K 左右，以使终点时内筒温度出现明显下降。外筒温度应尽量接近室温，相差不得超过 1.5K。

④ 把氧弹放入装好水的内筒中，如氧弹中无气泡冒出，则表明气密性良好，即可把内筒放外筒的绝缘架上；如果有气泡出现，则表明漏气，应找出原因，加以纠正，重新充氧。然后接上点火电极插头，装上搅拌器和量热温度计，并盖上外筒的盖子。温度计的水银球对准氧弹主体的中部，温度计和搅拌器均不得接触氧弹和内筒。靠近量热温度计的露出水银柱的部位，应另悬一支普通温度计，用以测定露出柱的温度。

⑤ 开动搅拌器，5min 后开始计时和读取内筒温度并立即通电点火，随后记下外筒温度和露出柱温度。外筒温度至少读到 0.05K，内筒温度借助放大镜读到 0.001K。读取温度时，视线、放大镜中线和水银柱顶端应位于同一水平上，以避免视差对读数的影响。每次读数前，应开动振荡器振荡 3~5s。

⑥ 观察内筒温度。如在 30s 内温度急剧上升，则表明点火成功。点火后 $1'40''$ 时读取一次内筒温度，读到 0.01K 即可。

⑦ 接近终点时，开始 1min 间隔读取内筒温度。读温前开动振荡器，要读到 0.001K。以第一个下降温度作为终点温度。试验主要阶段至此结束。

⑧ 停止搅拌，取出内筒和氧弹，开启放气阀，放出燃烧废气，打开氧弹，仔细观察弹筒和燃烧皿内部，如果有试样燃烧不完全的迹象或有炭黑存在，试验应作废。

量出燃烧完的点火丝长度，以便计算实际消耗量。

用蒸馏水充分冲洗氧弹内各部分、放气阀、燃烧皿内外和燃烧残渣。把全部洗液收集在一个烧杯中供测硫使用。

3.5.3.5 发热量的计算

式(3-75) 比较复杂，实际操作中，把参数设定好以后，仪器会自动显示 $Q_{b,ad}$。

$$Q_{b,ad}=\frac{EH\left[(t_n+h_n)-(t_0+h_0)+C\right]-(q_1+q_2)}{m} \tag{3-75}$$

式中　$Q_{b,ad}$——分析试样的弹筒发热量，J/g；
　　　E——热量计的热容量，J/K；
　　　q_1——点火热，J；
　　　q_2——添加物如包纸等产生的总热量，J；
　　　m——试样质量，g；
　　　H——贝克曼温度计的平均分度值；
　　　C——冷却校正值，℃；
　t_0，t_n——点火温度和终点温度，℃；
　h_0，h_n——分别代表 t_0 和 t_n 的孔径修正值，℃。

高位发热量：

$$Q_{gr,ad}=Q_{b,ad}-(94.1\times S_{b,ad}+\alpha Q_{b,ad}) \tag{3-76}$$

式中　$Q_{gr,ad}$——分析试样的高位发热量，J/g；
　　　$Q_{b,ad}$——分析试样的弹筒发热量，J/g；
　　　$S_{b,ad}$——由弹筒洗液测得的煤的含硫量，%，当全硫含量低于 4% 时，或发热量大于 14.60MJ/kg 时，可用全硫或可燃硫代替 $S_{b,ad}$；
　　　94.1——煤中每 1% 硫的校正值，J；
　　　α——硝酸校正系数。

当 $Q_{b,ad}\leqslant16.70MJ/kg$，$\alpha=0.001$；
当 $16.70MJ/kg<Q_{b,ad}\leqslant25.10MJ/kg$，$\alpha=0.0012$；
当 $Q_{b,ad}>25.10MJ/kg$，$\alpha=0.0016$。

加助燃剂后，应按总释热量考虑。

在需要用弹筒洗液测定的情况下，把洗液煮沸 12min，取下稍冷后，以甲基红为指示剂，用氢氧化钠标准滴定溶液滴定，以求出洗液中的总酸量，然后按式(3-77)计算煤的含硫量：

$$S_{b,ad}=\left(\frac{cV}{m}-\frac{\alpha Q_{b,ad}}{60}\right)\times1.6 \tag{3-77}$$

式中　c——氢氧化钠溶液的物质的量浓度，约为 0.1mol/L；

V ——滴定用去的氢氧化钠溶液体积，mL；

60——相当 1mol 硝酸的生成热，J。

m、α 的含义分别同式(3-75)、式(3-76) 中的。

3.5.3.6　氧弹热量计法发热量的换算

使用氧弹热量计测定煤的发热量，并换算成各种基准下的发热量。其中 $Q_{b,ad}$ 代表空气干燥煤样的弹筒发热量 (kJ/kg)，$Q_{gr,ad}$ 代表空气干燥煤样的恒容高位发热量 (kJ/kg)，$Q_{net,ar}$ 代表煤的收到基低位发热量 (kJ/kg)，H_{ad} 代表煤的空气干燥基氢含量 (%)。三个热值之间的换算关系为：

$$Q_{b,ad}=\frac{Q_{gr,ad}+94.1\times S_{t,ad}}{1-\alpha} \tag{3-78}$$

$$Q_{gr,ad}=Q_{b,ad}-(94.1\times S_{b,ad}+\alpha\times Q_{b,ad}) \tag{3-79}$$

$$Q_{net,ar}=[Q_{b,ad}-(94.1\times S_{t,ad}+\alpha\times Q_{b,ad})-206\times H_{ad}]\times\frac{100-M_t}{100-M_{ad}}-23M_t \tag{3-80}$$

3.5.3.7　公式法计算发热量

对于烟煤，计算公式为：

$$Q_{net,ad}=35860-73.7V_{ad}-395.7A_{ad}-702.0M_{ad}+173.6CRC \tag{3-81}$$

对于无烟煤，计算公式为：

$$Q_{net,ad}=34814-24.7V_{ad}-382.2A_{ad}-563.0M_{ad} \tag{3-82}$$

其中，$Q_{net,ad}$ 代表煤的空气干燥基发热量 (kJ/kg)，CRC 代表焦渣特征，取值为焦渣特征分类型号对应的数值 1~8。

？ 能力训练题

1. 配制并标定 0.015mol/L 的 EDTA 标准滴溶液，同时给出 EDTA 标准滴定溶液对 Fe_2O_3 的滴定度。

2. 详述 K_2O 火焰光度法标准工作曲线的绘制。

3. 如何运用氟硅酸钾容量法测定硅质矿石中的二氧化硅？

4. 如何测定天然石膏中的结晶水？

5. 用 EDTA 配位滴定法测定 CaO 时，如果忘记加入三乙醇胺 (1+1)，会出现怎样的结果？可以动手试一试，并分析原因。

6. 采用蒸馏分离-汞盐滴定法测定水泥中的氯离子含量有哪些注意事项？

7. 默写矿渣化学分析试样溶液的制备过程。

8. 生产厂送来一个工业副产品的试样，样品较湿，粉末呈黏结状，同时提供的信息只有铁含量较高。请运用所学到的知识安排一个完整的样品化学分析方案。

9. 默写煤的固定碳的计算公式。

10. 采用氧弹仪测定煤的发热量时是否可以使用电解氧？

项目 4

水泥生产过程的控制分析

 教学目标

通过本项目的学习，掌握实际生产过程中生料、熟料、细度、三氧化硫以及水泥中混合材掺加量的简易、快速的检验方法。

项目概述

大型水泥企业一般都购买了 X 射线荧光仪，通过压片或熔片对水泥生产的过程进行分析。还有的工厂采用了更为先进的在线分析系统，直接用于生产控制，既节约了人力又可提高分析的频度，真正实现了自动化生产。任务 4.1～任务 4.3 重点介绍了实际水泥生产过程中生料、熟料和水泥的一些简易、快速的检验方法。通过对这些重点项目的分析，达到直接或间接控制影响过程质量波动的主要因素的目的。任务 4.4 介绍了水泥中混合材掺加量的分析，通过混合材掺加量的分析，确保水泥在保证质量的前提下，达到增加产量、降低成本、实现资源循环利用的目的。

表 4-1 是水泥生产企业对进厂原燃材料、出磨生料、入窑生料、入窑煤粉、出窑/入库熟料、出窑/入库水泥、出厂水泥建立质量控制体系进行的检验项目（指标）、合格率和检验频次等内容要求。鼓励企业采用更加有效的控制措施，当利用水泥窑协同处置废物时，企业应根据废物属性建立有效的生产过程控制体系。

表 4-1 生产过程质量检验项目、指标、合格率、检验频次

序号	类别	物料	检验项目	指标	合格率	检验频次	备注
1	进厂原燃材料	钙质原料	全分析	CaO	≥80%	自定	每月统计1次
		硅铝质原料	全分析,水分	SO_2、Al_2O_3,水分	≥80%	1次/批	
		铁质材料	全分析,水分	Fe_2O_3,水分	≥80%	1次/批	
		混合材料	物理化学性能（水分,全分析）	符合相应要求	100%	1次/年	
		原煤	水分	符合进货要求自定	≥80%	1次/车	
			工业分析	热值,挥发分,灰分			
			全硫	≤2.5%或自定			
		石膏	SO_2,结晶水	控制值	≥80%	1次/批	
		熟料	全分析	$KH\pm0.02$、$n\pm0.1$、$p\pm0.1$	≥90%	1次/批	
			碱含量	控制值			
		水泥助磨剂	匀质性	符合进货要求	100%	1次/批	
		水泥包装袋	尺寸,材质,印刷	符合进货要求	100%	1次/批	
2	出磨生料	生料	80μM 筛余	控制值±2.0%	≥85%	1次/2h	每月统计一次
			全分析	$KH\pm0.02$、$n\pm0.1$、$p\pm0.1$($LSF\pm2$)	KH≥60% n≥80%	1次/2h	
			全分析	$KH\pm0.02$、$n\pm0.1$、$p\pm0.1$($LSFF\pm2$)		1次/24h	
3	入窑生料	生料	全分析	$KH\pm0.02$、$n\pm0.1$、$p\pm0.1$($LSF\pm2$)	KH≥80%, n≥85%	1次/2h	每季度统计1次
			全分析	$KH\pm0.02$、$n\pm0.1$、$p\pm0.1$($LSF\pm2$)	KH≥90%, n≥95%	1次/24h	
4	入窑煤粉	煤粉	水分,80μm 筛余	筛余控制值±2%,水分≤3.0%	筛余≥80%, 水分≥85%	1次/4h	每月统计1次
			工业分析	灰分和挥发分控制值,相邻两次灰分±2%控制值	≥85%	1次/24h	
5	出窑/入库熟料	熟料	立升重	控制值±75g/L	≥85%	自定	每月统计1次
			CaO	≤1.5%	≥85%	1次/2h	
			全分析、碱含量	(1)MgO,碱含量控制值 (2)$KH\pm0.02$、$n\pm0.1$、$p\pm0.1$($LSF\pm2$)	(1)MgO,碱含量100% (2)KH≥80%, n≥85%,p≥85%	1次/2h	
			全分析、碱含量	$KH\pm0.02$、$n\pm0.1$、$p\pm0.1$($LSF\pm2$)	KH≥80%,n≥85%,p≥85%	1次/24h	
			全套物理检验	控制值	≥85%	1次/24h	
6	出窑/入库水泥	水泥	45μm 筛余	控制值	≥85%	1次/2h	每月统计一次
			比表面积	控制值	≥85%	1次/2h	
			混合材料掺量	控制值	100%	1次/24h	
			MgO	≤6.0%	100%	1次/24h	
			SO_2	控制值	≥75%	1次/4h	
			Cl	<0.10%	100%	1次/24h	
			全套物理检验	符合产品标准规定	100%	1次/24h	

续表

序号	类别	物料	检验项目	指标	合格率	检验频次	备注
7	出厂水泥	水泥	全套物理检验	符合产品标准规定,其中28d抗压强度应考虑质量保证系数>3和增加2.0MPa富裕值	100%	分品种和强度等级1次/批	每季度统计一次
			化学分析	符合产品标准规定	100%		
			水溶性铬	符合GB 31893规定	100%	分品种/半年	每年
			放射性	符合GB 6566规定	100%	分品种/半年	
			混合材料掺量	平均符合GB 175的规定,单次检验值不超过最大限量的2%	100%	分品种和强度等级1次/月	每月统计一次
			袋装水泥袋重	袋装水泥每袋净含量应不少于标志质量的99%,随机抽取20袋总质量(含包装袋)应不少于标志质量的100%	100%	每班每台包装机至少抽查20袋	每季度统计一次

任务 4.1 生料的控制分析

合理而稳定的生料成分是保证熟料质量和维持正常煅烧操作的前提。为了获得合格的生料,必须在对各种原材料进行严格控制的条件下,加强对生料生产过程中的质量控制,及时掌握生料配比是否符合配料要求,以及生产过程中各配料比的变化情况,以便及时调整配料比使符合配料要求,以保证配料方案的实现,这是生产控制的重要环节。

4.1 出厂水泥的取样

在水泥生产过程中,通常通过对生料的细度、碳酸钙(或氧化钙)、三氧化二铁的含量以及半黑生料、全黑生料中含煤量的测定,来实现对生料质量的控制。

4.1.1 生料中碳酸钙含量的测定

通过生料中碳酸钙含量的测定,基本上可以判断出生料中石灰石与其他原料的比例,同时与配料计算中要求控制碳酸钙的指标相对比看是否合乎要求。目前常用的方法有两种:①测定生料中的碳酸钙滴定值;②测定生料中的氧化钙、氧化镁的含量。现将几种测定方法介绍如下。

4.1.1.1 生料的碳酸钙滴定值测定

生料中碳酸钙滴定值,是一不确切的讲法,它并不是指生料中碳酸钙的质量分数,而是生料中碳酸钙、碳酸镁及少量耗酸物质的总量。只不过生料中碳酸镁及其他耗酸的物质较少。为了计算结果方便,以碳酸钙的质量分数来表示,称为生料的碳酸钙滴定值。

在石灰石原料中,除含有大量的碳酸钙外,往往都含有少量的碳酸镁。当石灰石中含碳酸镁较稳定时,控制碳酸钙滴定值基本上可以达到控制生料中石灰石含量的目的,工厂一般每1h测定一次。该法方法简单、快速,能及时指导生产,满足控制分析的要求,已沿用多年,至今仍被许多工厂所采用。

(1)测定原理 取一定量的生料样品,加入一定量的过量的盐酸标准滴定溶液,加热使生料中的碳酸钙、碳酸镁及其他耗酸物质进行反应。反应如下:

$$CaCO_3 + 2HCl \rightleftharpoons CaCl_2 + CO_2 \uparrow + H_2O$$
$$MgCO_3 + 2HCl \rightleftharpoons MgCl_2 + CO_2 \uparrow + H_2O$$

消耗相当量的盐酸，剩余的盐酸以酚酞为指示剂，用氢氧化钠标准滴定溶液返滴定。

$$HCl + NaOH \Longrightarrow NaCl + H_2O$$

根据盐酸的实际消耗量，计算生料的碳酸钙滴定值。

（2）试剂的配制与标定

① 1%酚酞乙醇溶液：将 1g 酚酞溶于 100mL 乙醇中。

② 0.2%甲基橙溶液：将 0.2g 甲基橙溶于 100mL 水中。

③ 0.5mol/L 盐酸标准滴定溶液配制：将 420mL 浓盐酸（密度 1.19g/cm³）加水稀释至 10000mL，充分摇匀，标定后备用。

标定方法：

a. 用已知浓度的氢氧化钠标准滴定溶液标定   从滴定管中准确放出 10mL 已配好的盐酸溶液于 250mL 的锥形瓶中，加入煮沸而冷却的水约 100mL 和酚酞指示剂 2～3 滴，用已知浓度的 0.25mol/L 氢氧化钠标准滴定溶液滴定至溶液显微红色 30s 内不消失为止。记下消耗氢氧化钠标准滴定溶液的体积，盐酸溶液的浓度按式(4-1)计算：

$$c = \frac{c_1 \times V_1}{V} \tag{4-1}$$

式中　c ——标准盐酸溶液的浓度，mol/L；

　　c_1 ——已知氢氧化钠标准滴定溶液的浓度，mol/L；

　　V_1 ——消耗氢氧化钠标准滴定溶液的体积，mL；

　　V ——从滴定管中放出盐酸标准滴定溶液的体积，mL。

b. 用无水碳酸钠（优级纯）标定。

反应式：

$$Na_2CO_3 + 2HCl \Longrightarrow 2NaCl + CO_2\uparrow + H_2O$$

准确称取 0.6～0.8g 已在 130℃的温度下烘过 2～3h 的无水碳酸钠，置于 250mL 的锥形瓶中。加 100mL 水使其溶解完全。再加 1～2 滴 0.2%的甲基橙指示剂，用已配好的盐酸标准滴定溶液滴定至溶液由黄色变为橙色。将溶液加热至沸，待大气泡出现后取下，流水冷却至室温。如此时溶液颜色又变为黄色，应继续以盐酸标准滴定溶液滴定至橙色为止，记下消耗的盐酸的毫升数，盐酸标准滴定溶液的浓度按式(4-2)计算：

$$c = \frac{m_s \times 1000}{M\left(\frac{1}{2}Na_2CO_3\right) \times V} \tag{4-2}$$

式中　$M\left(\frac{1}{2}Na_2CO_3\right)$ ——$\frac{1}{2}Na_2CO_3$ 的摩尔质量，g/mol；

　　c ——所测盐酸标准滴定溶液的浓度，mol/L；

　　V ——滴定消耗盐酸标准滴定溶液的体积，mL；

　　m_s ——称取无水碳酸钠的质量，g。

注意事项：

（a）盐酸标定（或氢氧化钠）虽可以用已知浓度的氢氧化钠（或盐酸）标准滴定溶液标定，也可用基准物质标定，但前者的测定误差较后者大。从滴定管中放出溶液进行滴定时，注意流速不可太快，否则将影响测定结果。

（b）以甲基橙为指示剂标定时，甲基橙不可多加，否则底色太重，终点颜色变化不够明显。近终点时加热煮沸，为了驱除二氧化碳，使终点颜色变化更敏锐。

④ 0.25mol/L 氢氧化钠标准滴定溶液的配制：称取 100g 氢氧化钠溶于 10000mL 水中，充分摇匀，贮存带胶塞的硬质玻璃瓶或塑料瓶内（在瓶口应连接一盛有生石灰的干燥管）。

标定方法：

a. 以基准物质苯二甲酸氢钾标定 准确称取 1g 苯二甲酸氢钾，置于 250mL 的锥形瓶中，加入 100mL 新煮沸过的、并以氢氧化钠中和至酚酞呈微红色的冷水，使其溶解。再加两滴酚酞指示剂，以氢氧化钠标准滴定溶液滴定至微红色 30s 不消失即为终点。

氢氧化钠的浓度按式(4-3) 计算：

$$c = \frac{m_s \times 1000}{M(\text{KHP}) \times V} \tag{4-3}$$

式中　$M(\text{KHP})$——苯二甲酸氢钾的摩尔质量，g/mol；

　　　　c——被测氢氧化钠标准滴定溶液的浓度，mol/L；

　　　　V——消耗氢氧化钠标准滴定溶液的体积，mL；

　　　　m_s——称取苯二甲酸氢钾的质量，g。

b. 以 0.5mol/L 盐酸标准滴定溶液标定 方法同盐酸标准滴定溶液的标定。

氢氧化钠标准滴定溶液的物质的量的浓度按式(4-4) 计算：

$$c = \frac{c_1 \times V_1}{V} \tag{4-4}$$

式中　c——所测氢氧化钠标准滴定溶液的浓度，mol/L；

　　　c_1——所加盐酸标准滴定溶液的浓度，mol/L；

　　　V_1——所加盐酸标准滴定溶液的体积，mL。

　　　V——消耗氢氧化钠标准滴定溶液的体积，mL。

（3）标准滴定溶液浓度的调整 在控制分析中，为简化运算过程，尽快报出分析结果，常常是将标准滴定溶液的浓度定为一固定值。如测定碳酸钙滴定值时，所用 0.5mol/L 盐酸的浓度固定为 0.5000(±0.0005)mol/L。0.25mol/L 氢氧化钠固定为 0.2500(±0.0003) mol/L。但盐酸、氢氧化钠都不是基准物质，故不可能刚好配成所需的浓度，不是大了就是小了，要得到一固定浓度的溶液就有一个浓度的调整问题。

调整方法：现分两种情况加以说明。

① 所配溶液的浓度大于要求的浓度时：此时应加水将原溶液稀释至要求的浓度。

>>> 【例 4-1】

今有粗配的 0.5mol/L 的盐酸溶液 10000mL，经用无水碳酸钠标定，得知盐酸溶液的浓度为 0.5100mol/L，经标定后剩余溶液的体积为 9800mL，欲使浓度为 0.5000mol/L 应加水多少毫升？

解：设应加 V 毫升水，根据稀释原理，溶液稀释前后，浓度虽然改变了，但所含溶质的摩尔数（或毫摩尔数）并没有改变，则：

$$0.5100 \times 9800 = 0.5000 \times (9800 + V)$$

$$V = 196(\text{mL})$$

即需加 196mL 水，然后经充分摇匀，再标定其浓度。若第二次标定出的浓度仍不符合要求，以同样方法进行第二次调整第二次标定，直至浓度为 0.5000(±0.0005)mol/L 为止。

以上情况可写成通式：

$$V_{水} = \frac{c_0 - c_{标}}{c_{标}} V_{总} \tag{4-5}$$

式中　$V_{水}$——调整时需要补充加水的体积，mL；

　　　$V_{总}$——调整前被调整溶液的总体积，mL；

　　　c_0——调整前溶液的浓度，mol/L；

$c_标$——要求溶液达到的浓度，mol/L。

>> 【例 4-2】

欲使 9850mL 浓度为 0.2505mol/L 的氢氧化钠溶液，调整为 0.2500mol/L，应加水多少毫升？

解：

$$V_水 = \frac{c_0 - c_标}{c_标}V_总 = \frac{0.2505 - 0.2500}{0.2500} \times 9850 = 19.7(\text{mL})$$

加 19.7mL 水，充分摇匀后再标定，直至调整到符合要求。

② 当所配溶液的浓度小于要求的浓度时，可加入浓溶液或固体溶质，以补充溶质的不足，使浓度提高到所要求之浓度。

>> 【例 4-3】

今有 10000mL 0.4890mol/L 的盐酸溶液，欲将其调整为 0.5000mol/L，问应补加浓盐酸（12mol/L）多少毫升？

解：设应加浓盐酸 V 毫升。

据稀释原理，则：

$$12V + 0.4890 \times 10000 = 0.5000 \times (10000 + V)$$

$$V = 9.6(\text{mL})$$

即需补加浓盐酸 9.6mL。经充分摇匀后再标定，反复调整至所需浓度。

以上情况可以用通式表示为：

$$V_浓 = \frac{c_标 - c}{c_浓 - c_标}V_总 \tag{4-6}$$

式中　$V_浓$——调整时应加浓溶液的体积，mL；

　　　$c_浓$——调整时所用浓溶液的浓度，mol/L；

　　　$c_标$——要求溶液达到的浓度，mol/L；

　　　c——调整前溶液的浓度，mol/L；

　　　$V_总$——调整前被调整溶液的总体积，mL。

>> 【例 4-4】

今有 10000mL 氢氧化钠，其浓度为 0.2450mol/L，应如何调整使其浓度为 0.2500mol/L？

解：溶液的浓度低于要求的浓度，即溶液中水多了，多多少呢？设多加了 V 毫升水，若减去 V 毫升水，浓度刚好是要求的浓度值。则：

$$0.2450 \times 10000 = 0.2500 \times (10000 - V)$$

$$V = 200(\text{mL})$$

若在溶液中少加 200mL 水，溶液浓度刚好是 0.2500mol/L。也就是欲使溶液浓度为 0.2500mol/L，这 200mL 水中尚没有溶质。应补充氢氧化钠使这 200mL 水也达到要求的浓度。应加氢氧化钠的克数为：

$$40 \times 0.2500 \times 0.2 = 2(\text{g})$$

即需补加 2g 氢氧化钠于溶液中，全部溶解后，充分摇匀进行第二次标定，以同样方法调整浓度为 0.2500mol/L。

以上情况可以用通式表示：

$$V_水 = \frac{c_标 - c}{c_标} V_总 \qquad (4\text{-}7)$$

式中　$V_水$——由稀溶液调至所要求浓度的溶液中缺少溶质的水的体积，mL；

　　　$V_总$——调整前被调整溶液总体积，mL；

　　　c——调整前溶液的浓度，mol/L；

　　　$c_标$——要求溶液达到的浓度，mol/L。

$$G = M \times c_标 \times \frac{V_水}{1000} \qquad (4\text{-}8)$$

式中　G——应补充溶质的克数，g；

　　　M——溶质的摩尔质量，g/mol；

　　　$c_标$——要求溶液达到的浓度，mol/L；

　　　$V_水$——被调溶液中缺少溶质的水的体积，mL。

此种情况也可将溶质首先配成较高浓度的溶液，以浓溶液进行调整。

浓度调整的注意事项：

① $V_总$是调整前被调整溶液的总体积（mL）。估计应尽量准确。尤其是总体积比较小或进行过数次调整时，更应以实际存在的体积进行运算。

② 若用浓溶液进行调整时，浓溶液无需标定，但配制尽量准确一些，调整时引入误差小。缩减标定次数。

③ 初配溶液浓度大一点，以水调整为好。

④ 被调溶液体积越大越易调整，一般 10000mL 溶液调整 1～2 次即可达到要求的浓度。

（4）测定方法　准确称取生料样品 0.5000g，置于 250mL 的锥形瓶，用滴定管准确加入 20.00mL 0.5000mol/L 盐酸标准滴定溶液，用少许水冲洗瓶壁，放小电炉上加热至沸，立刻取下再加水冲洗瓶壁，加 2～3 滴酚酞指示剂，以 0.25mol/L 氢氧化钠标准滴定溶液滴定微红色 30s 不消失为止。

注意事项：

① 应控制加入盐酸及氢氧化钠时的流速，不要太快，否则滴定管壁上的溶液来不及流下造成误差，使结果不稳定。

② 样品不可能全部被 0.5000mol/L 盐酸分解，加热至沸后仍有部分不溶物存在，加热至有大气泡出现后即可停止加热，否则影响分析结果。

③ 滴定时轻摇锥形瓶，使不溶物于瓶底转动，仔细观察上层清液的颜色变化情况。尤其半黑生料、全黑生料，由于煤的存在，影响终点观察，应慢滴。

（5）计算碳酸钙质量分数按式(4-9) 计算

$$w_{CaCO_3} = \frac{\left[c(HCl) \times V(HCl) - c(NaOH) \times V(NaOH)\right] \times M\left(\frac{1}{2}CaCO_3\right)}{m_s \times 1000} \times 100\% \qquad (4\text{-}9)$$

式中　$c(HCl)$——盐酸标准滴定溶液的浓度，mol/L；

　　　$V(HCl)$——盐酸标准滴定溶液的体积，mL；

　　　$c(NaOH)$——氢氧化钠标准滴定溶液的浓度，mol/L；

　　　$V(NaOH)$——氢氧化钠标准滴定溶液的体积，mL；

　　　m_s——称取试样的质量，g。

生产中为了计算方便，采取固定操作条件：将标准滴定溶液的浓度、称样量定为固定数值，则使计算公式简化。

例如：$c(HCl)=0.5000mol/L$，$c(NaOH)=0.2500mol/L$，$V(HCl)=20.00mL$，

$m_s=0.5000g$，$M\left(\dfrac{1}{2}CaCO_3\right)=50.04g/mol$

则　$w_{CaCO_3}=\dfrac{[c(HCl)\times V(HCl)-c(NaOH)\times V(NaOH)]\times M\left(\dfrac{1}{2}CaCO_3\right)}{m_s\times 1000}\times 100\%$

$=100-2.50V(NaOH)$

更为简便的是，将滴定时消耗氢氧化钠的毫升数的各个值，代入公式计算出其对应的碳酸钙的含量列于表内，测定时已知消耗氢氧化钠毫升数，查表即可得碳酸钙的滴定值。见表 4-2。

表 4-2　滴定时消耗氢氧化钠的毫升数和碳酸钙的滴定值的对应表

NaOH /mL	滴定值(CaCO₃%)	NaOH/mL	滴定值(CaCO₃%)	NaOH/mL	滴定值(CaCO₃%)
8.00	80.00	9.00	77.50	10.00	75.00
8.05	79.88	9.05	77.38	10.05	74.88
8.10	79.75	9.10	77.25	10.10	74.75
8.15	79.63	9.15	77.13	10.15	74.63
8.20	79.50	9.20	77.00	10.20	74.50
8.25	79.28	9.25	76.88	10.25	74.38
8.30	79.25	9.30	76.75	10.30	74.25
8.35	79.13	9.35	76.63	10.35	74.13
8.40	79.00	9.40	76.50	10.40	74.00
8.45	78.88	9.45	76.38	10.45	73.88
8.50	78.75	9.50	76.25	10.50	73.75
8.55	78.63	9.55	76.13	10.55	73.63
8.60	78.50	9.60	76.00	10.60	73.50
8.65	78.38	9.65	75.88	10.65	73.38
8.70	78.25	9.70	75.75	10.70	73.25
8.75	78.13	9.75	75.63	10.75	73.13
8.80	78.00	9.80	75.50	10.80	73.00
8.85	77.88	9.85	75.38	10.85	72.88
8.90	77.75	9.90	75.25	10.90	72.75
9.85	77.63	9.95	75.13	10.95	72.63

注：$m=0.5000g$，$c(HCl)=0.5000mol/L$，$V(HCl)=20.0mL$，$c(NaOH)=0.2500mol/L$。

4.1.1.2　生料中氧化钙与氧化镁的连续滴定

当使用的石灰石氧化镁波动较大，或采用矿渣等工业废渣代替石灰石时，就不能用碳酸钙滴定值的方法来控制生料的成分。此时可用测定生料中氧化钙和氧化镁的含量的方法来实现。

(1) 测定原理　在 pH=12.8 的溶液中，钙离子与 EDTA 形成稳定的配位化合物：

$$Ca^{2+} + H_2Y^{2-} === CaY^{2-}（无色）+ 2H^+$$

在此酸度下，钙离子也能与甲基百里香酚蓝指示剂反应，形成蓝色配位化合物。

$$Ca^{2+} + HIn^{5-}（灰色）=== CaHIn^{3-}（蓝色）$$

但此配位化合物的稳定性小于钙离子与 EDTA 形成的配位化合物的稳定性。因此，当以 EDTA 标准滴定溶液进行滴定近终点时，原来与甲基百里香酚蓝配位的钙离子逐步为 EDTA 所夺取，当与指示剂配位的钙离子全部被 EDTA 夺取后，指示剂甲基百里香酚蓝便游离出来呈现出其本身的颜色，指示终点的到达。

$$CaHIn^{3-}（蓝色）+ H_2Y^{2-} === CaY^{2-}（无色）+ HIn^{5-}（浅灰色）+ 2H^+$$

硅、铁、铝对钙的测定进行干扰，用沉淀分离法消除。在测定条件下镁以氧化镁沉淀被掩蔽而消除干扰。

测完钙的试液中加酸，则氢氧化镁沉淀溶解为镁离子，同指示剂在 pH=10 的溶液中，与钙离子有相同的反应，因此可以继续以 EDTA 滴定，测定氧化镁的含量。终点仍是由蓝色变为无色或浅灰色。

$$MgHIn^{3-}（蓝色）+ H_2Y^{2-}（无色）=== MgY^{2-}（无色）+ HIn^{5-}（浅灰色）+ 2H^+$$

（2）试剂

① 盐酸（1+1）：将盐酸与同体积水混合。

② 盐酸（1+4）：将 1 体积盐酸与 4 体积水混合。

③ 氨水（1+1）：将浓氨水与同体积水混合。

④ 浓氨水：密度 0.90g/cm³。

⑤ 氢氧化钾（20%）：将 20g 氢氧化钾溶于 100mL 水中。

⑥ 甲基百里香酚蓝指示剂：将 1g 甲基百里香酚蓝指示剂与 20g 已于 105～110℃烘过的硝酸钾混合研细，贮存于磨口瓶中。

⑦ 0.01784mol/L EDTA 标准滴定溶液：称取 6.65g 乙二胺四乙酸钠置于烧杯中，加约 200mL 水，加热溶解，必要时过滤，用水稀释至 1L。

标定方法：准确称取 0.4g 左右已在 105～110℃烘过 2h 的高纯度碳酸钙置于 400mL 烧杯中，盖上表面皿。沿杯口滴加盐酸（1+1）至碳酸钙全部溶解后，加热煮沸数分钟。将溶液冷却至室温，移入 250mL 容量瓶中，用水稀释至标线，摇匀。移取 25mL 配好的碳酸钙标准滴定溶液放入 400mL 的烧杯中，加水稀释至 200mL，加入适量的甲基百里香酚蓝指示剂，在搅拌下滴加 20% 的氢氧化钾至出现稳定的蓝色后再过量 0.5～1mL，以 0.01784 mol/L 的 EDTA 标准滴定溶液滴定至蓝色消失。

EDTA 的浓度按式（4-10）计算：

$$c = \frac{m_s \times \frac{25}{250} \times 1000}{M(CaCO_3) \times V} \tag{4-10}$$

式中　c——EDTA 标准滴定溶液的浓度，mol/L；

　　　m_s——称取基准物质碳酸钙的质量，g；

　　　V——滴定时消耗 EDTA 标准滴定溶液的体积，mL。

若测出的浓度不是 0.01784mol/L，应将其调整为 0.01784mol/L。调整方法参照生料碳酸钙滴定值测定中氢氧化钠标准滴定溶液的调整。

0.01748mol/L 的 EDTA 标准滴定溶液对氧化钙的滴定度

$$T_{CaO/EDTA} = 0.01784 \times 56.08 = 1.000(mg/mL)$$

⑧ 0.01241mol/L 的 EDTA 标准滴定溶液：称取 4.62g 乙二胺四乙酸二钠置于 400mL 烧杯中，加 200mL 水加热溶解，稀释至 1L。

标定方法：同 0.01784mol/L EDTA 的标定。并以类似方法调整其浓度。

$$T_{MgO/EDTA} = 0.01241 \times 40.31 = 0.500(mg/mL)$$

（3）分析方法　称取生料样品 0.1000g 置于 300mL 烧杯中，以少量水润湿，加 10mL（1+4）的盐酸，加热煮沸 1min。趁热滴加（1+1）的氨水，至有氨味再过量 1~2 滴，加热煮沸后立即取下。趁热用快速滤纸过滤，以热水洗涤 6~8 次。滤液及洗液盛于 100mL 烧杯中，加水稀释至约 200mL。加入适量甲基百里香酚蓝指示剂，再滴加 20% 的氢氧化钾至稳定的蓝色，并过量 3mL（约 10~15 滴氢氧化钾）。以 0.01784mol/L EDTA 滴定至蓝色消失呈现无色或浅灰色，记下消耗 EDTA 的毫升数 V_1。

测完氧化钙的溶液，在搅拌下加入盐酸（1+1）至溶液呈黄色（约 10mL），此时氢氧化镁沉淀应全部溶解。然后加入 20~25mL 浓氨水，溶液又呈蓝色，用 0.01241mol/L 的 EDTA 标准滴定溶液滴定至蓝色消失，记下消耗 EDTA 标准滴定溶液的毫升数 V_2。

（4）计算生料中氧化钙、氧化镁的质量分数　按式(4-11)、式(4-12)计算：

$$w_{CaO} = \frac{T_{CaO}V_1}{m_s \times 1000} \times 100\% = V_1\% \tag{4-11}$$

$$w_{MgO} = \frac{T_{MgO}V_2}{m_s \times 1000} \times 100\% = 0.500V_2\% \tag{4-12}$$

式中　T_{CaO}——EDTA 标准滴定溶液对氧化钙的滴定度，mg/mL；

T_{MgO}——EDTA 标准滴定溶液对氧化镁的滴定度，mg/mL；

m_s——生料试样的质量，g；

V_1——滴定生料中氧化钙消耗 EDTA 的体积，mL；

V_2——滴定生料中氧化镁消耗 EDTA 的体积，mL。

（5）注意事项

① 以碳酸钙标定 EDTA 标准滴定溶液时，用盐酸溶解碳酸钙以后，应加热煮沸赶出溶解反应生成的二氧化碳。

$$CaCO_3 + 2HCl == CaCl_2 + CO_2 + H_2O$$

否则，当调 pH=12.8 的强碱性溶液滴定时，二氧化碳形成的碳酸根将与钙离子生成碳酸钙沉淀。

$$CO_2 + H_2O + 2KOH == K_2CO_3 + 2H_2O$$
$$CaCl_2 + K_2CO_3 == CaCO_3 + 2KCl$$

使终点提前并返色，影响测定结果。

② 标定或滴定钙时，加入氢氧化钾后应立即滴定。放置时间长了，强碱性溶液易吸收空气中的二氧化碳，形成碳酸钙沉淀影响分析结果，使结果偏低。

③ 测定钙时硅、铁、铝、镁有干扰。以酸溶样并加热煮沸促使样品溶解，此时硅以硅酸存在。当在强碱性溶液中滴定钙时硅酸易与钙形成硅酸钙沉淀干扰钙的测定。因此滴定前

将硅酸与铁、铝的氢氧化物一起分离出去。试液趁热滴加（1+1）的氨水，使铁、铝形成氢氧化物沉淀。

$$FeCl_3 + 3NH_3 \cdot H_2O = Fe(OH)_3 + 3NH_4Cl$$
$$AlCl_3 + 3NH_3 \cdot H_2O = Al(OH)_3 + 3NH_4Cl$$

为使沉淀完全，应控制氨水加入量。滴加氨水至有氨味再多加1~2滴，加热至沸，立即取下。沉淀都是胶体沉淀，待凝聚后应趁热过滤。

镁对钙的干扰以沉淀法掩蔽，当 pH=12.8 时，镁以氢氧化镁沉淀的形式消除。

$$MgCl_2 + 2KOH = Mg(OH)_2 + 2KCl$$

④ 甲基百里香酚蓝（也称甲基香草酚蓝）指示剂（简写为 MTB）既是金属指示剂又是酸碱指示剂，它在酸性溶液中呈黄色，在 pH 值为 7.2~11.2 时显浅蓝色，在 pH 值为 11.2~13.4 时显灰色或无色，pH 值再大则呈深蓝色。因此以 MTB 为指示剂测钙应严格控制 pH 值。pH 值太小镁沉淀不完全，对测定有干扰；pH 值太大时，指示剂本身就是蓝色，终点变化不明显。最佳 pH 值为 12.8。滴定前应检查溶液的 pH 值，且调 pH 值时用氢氧化钾比氢氧化钠好，前者底色较易于观察。

⑤ 测完钙后的溶液加入盐酸至黄色，是 MTB 在酸性溶液中呈现的颜色。此时氢氧化镁应全部溶解。然后再加氨水，与 HCl 溶液作用生成一定量的氯化铵，过量的氯化铵形成缓冲体系，使 pH 值在 10 左右，此时钙已与 EDTA 配位，不干扰镁的测定，直接测定 MgO。

⑥ 本法以酸溶样，虽有部分酸不溶物不被分解，但其中钙镁含量较低，仍可满足控制分析的要求。

4.1.1.3 不分离条件下钙镁的测定

为简化操作手续，可在不分离硅、铁、铝的条件下，以 EDTA 直接测定氧化钙的含量和钙镁的含量，再以差减法求得氧化镁的含量。

（1）测定原理

pH>13 时：　　　　$Ca^{2+} + CMP(红色) = Ca\text{-}CMP(绿色荧光)$

滴定过程中：　　　$Ca^{2+} + H_2Y^{2-} = CaY^{2-} + 2H^+$

终点时变色反应：　$Ca\text{-}CMP + H_2Y^{2-} = CaY^{2-} + CMP + 2H^+$

测钙的条件下，镁形成氢氧化镁沉淀，消除了对钙的干扰。

钙镁含量的测定，在 pH=10 的条件下：

$$Ca^{2+} + K\text{-}B(纯绿色) = Ca\text{-}K\text{-}B(红色)$$

滴定时：　　　　　$Ca^{2+} + K\text{-}B = Ca\text{-}K\text{-}B$

$$Ca^{2+} + H_2Y^{2-} = CaY^{2-} + 2H^+$$
$$Mg^{2+} + H_2Y^{2-} = MgY^{2-} + 2H^+$$

终点时，钙镁离子全部被滴定而使指示剂从配位化合物中游离出来呈现纯蓝色。

在测定钙与钙镁含量时，可在酸性溶液中加入适量氟化钾，以消除滴定时形成硅酸钙沉淀对测定的影响。铁铝的干扰，可加入三乙醇胺，使其形成比与 EDTA 配位化合物更稳定的配位化合物而消除。

（2）试剂

① 盐酸（1+1）：1 体积浓盐酸与同体积水相混合。

② 三乙醇胺（1+2）：1 体积三乙醇胺与 2 体积水相混合。

③ 氟化钾（15%）：称取 15g 氟化钾（KF·2H$_2$O）溶于 100mL 水中。

④ 氢氧化钾溶液（20%）：称取 20g 氢氧化钾溶于 100mL 水中。

⑤ 酒石酸钾钠（10%）：取 10g 酒石酸钾钠溶于 100mL 水中。

⑥ 氨水-氯化铵缓冲溶液（pH=10）：称取 67.5g 氯化铵溶于水中，加入 570mL 浓氨水（密度 0.90）稀释至 1L。

⑦ 钙黄绿素-甲基百里香酚蓝-酚酞混合指示剂（CMP）（1+1+0.2）：称取钙黄绿素、甲基百里香酚蓝各 1g，酚酞 0.2g，与 50g 已在 105℃烘干的硝酸钾混合研细贮于磨口瓶中。

⑧ 酸性铬蓝 K-萘酚绿 B 混合指示剂（1+2.5）：称 1g 酸性铬蓝 K，2.50g 萘酚绿 B 与 50g 已在 105℃烘干过的硝酸钾混合，研细，于磨口瓶中备用。

⑨ 0.015mol/L EDTA 标准滴定溶液：取 5.6g 乙二胺四乙酸二钠于 400mL 烧杯中，加 200mL 水加热溶解，稀释至 1L。

标定方法：同 0.01784mol/L 及 0.01214mol/L EDTA 的标定。

（3）分析方法 准确称取生料样品 0.5g 置于 300mL 烧杯中，加 10～20mL 水润湿，盖上表面皿，慢慢从杯口加入 10～15mL 盐酸（1+1），氟化钾溶液（15%）3～5mL，加热煮沸 2min，取下冷却，移入 250mL 容量瓶中，稀释至刻度，摇匀。

取 25mL 试液放入 300mL 烧杯中，加入（1+2）的三乙醇胺 3mL，搅拌，以水稀释至 150mL 左右，加入适量 CMP 指示剂，以 20%氢氧化钾调至绿色荧光消失，呈现出稳定的橙红色为止。记下滴定氧化钙消耗 EDTA 标准滴定溶液的毫升数 V_1。移取 25mL 试液于 300mL 烧杯中，加入酒石酸钾钠（10%）1mL 及三乙醇胺（1+2）2～3mL，搅拌 1min，以水稀释至 150mL 以氨水（1+1）调 pH 为 9～10。加入 25mL 氨水-氯化铵缓冲溶液（pH=10）；适量酸性络蓝 K 萘酚绿 B 指示剂，以 0.015mol/L EDTA 滴定由紫红变为纯蓝色即为终点。记下滴定钙镁合量消耗的 EDTA 的体积。

$$w_{CaO} = \frac{T_{CaO} V_1 \times 10}{m_s \times 1000} \times 100\% \tag{4-13}$$

$$w_{MgO} = \frac{T_{MgO}(V_2 - V_1) \times 10}{m_s \times 1000} \times 100\% \tag{4-14}$$

式中 T_{CaO}——EDTA 标准滴定溶液对氧化钙的滴定度，mg/mL；

T_{MgO}——EDTA 标准滴定溶液对氧化镁的滴定度，mg/mL；

m_s——称取样品的质量，g；

V_1—— 滴定氧化钙时消耗 EDTA 标准滴定溶液的体积，mL；

V_2——滴定氧化钙与氧化镁时消耗 EDTA 标准滴定溶液的总体积，mL。

（4）注意事项

① 样品应在较大体积中以酸溶解，并加热煮沸，既可促使样品溶解完全也可赶出反应生成的二氧化碳，消除对钙测定的影响。

② 测定钙时也可用甲基百里香酚蓝为指示剂，但用此指示剂必严格控制 pH=12.8，而用 CMP 指示剂 pH>13 即可，要求不那么严格；但不管用何种指示剂调好 pH 值应立即滴定，指示剂用量都应适当，太多底色重不易观察，太少也不明显，并且测定和标准滴定溶液的标定所用指示剂应一致。

③ CMP 终点观察应在白色衬底上进行，应避免灯光或日光直接照射，从液面上方向下观看至无绿色荧光为终点。

④ K-B 指示剂中 K 与 B 的配比随试剂的批号不同而异，一般是（1+2.5）～（1+3）。B

少了终点略带紫色，B多了终点提前到达，可据情况与自行掌握。

⑤ 滴到近终点时，滴定速度要慢。

⑥ 三乙醇胺溶液应在酸性溶液中加入。

4.1.2 生料中三氧化二铁的测定

通过生料中三氧化二铁的测定，以控制铁粉与其他原料的配比。

测定三氧化二铁常用的方法是以二氯化锡为还原剂的重铬酸钾滴定法和以金属铝丝为还原剂的重铬酸钾滴定法。

4.1.2.1 以二氯化锡为还原剂的重铬酸钾滴定法

（1）测定原理 测定生料中的三氧化铁，样品不能用盐酸、硫酸、硝酸溶样。因为生料中的铁主要来源于硅质原料和铁矿石之类原料，这类原料是不能被上述三种酸完全分解的，可以用碱熔融法，但费时较多。为快速控制生产采用磷酸溶样。利用磷酸在 $250\sim300℃$ 温度下对硅酸盐及铁矿石等样品有强的溶解能力使样品分解。磷酸与铁生成配离子，促使样品分解。

$$Fe^{3+}+2H_3PO_4 ==\![Fe(PO_4)_2]^{3-}+6H^+$$

有机物的存在，尤其是半黑生料、全黑生料中掺入煤粉后，对终点观察有影响。在溶样时可加入高锰酸钾将其氧化，消除干扰。

$$4MnO_4^-+5C+12H^+ == 4Mn^{2+}+5CO_2+6H_2O$$

过量的高锰酸钾，加入盐酸时发生如下反应，被还原为 Mn^{2+}：

$$2KMnO_4+16HCl == 2KCl+2MnCl_2+5Cl_2+8H_2O$$

试液中的铁以三价铁离子存在，在盐酸溶液中视含量不同而呈现出深浅不同的黄色。欲用重铬酸钾滴定，必在滴定前预先将三价铁离子全部还原为二价铁离子。为此，在热的盐酸酸性溶液中以二氯化锡还原，反应为：

$$2Fe^{3+}+Sn^{2+} == 2Fe^{2+}+Sn^{4+}$$

二氯化锡的加入量可从溶液的颜色来控制，在盐酸溶液中三价铁是黄色而二价铁为无色，滴加二氯化锡至黄色消失。为保证还原完全可多加 $1\sim2$ 滴，但不可过量太多。滴定前还必须除去过量的二氯化锡。除去的方法是加入氧化剂二氯化汞，二氯化汞能将过量的 Sn^{2+} 氧化为 Sn^{4+}：

$$SnCl_2+2HgCl_2 == SnCl_4+Hg_2Cl_2（白色）$$

由于 Hg_2Cl_2 与 $K_2Cr_2O_7$ 反应缓慢，当 Hg_2Cl_2 很少时，基本不影响测定。但 $SnCl_2$ 过量太多时，生成的 Hg_2Cl_2 能继续被还原成金属汞，反应为：

$$Hg_2Cl_2+SnCl_2 == 2Hg+SnCl_4$$

且生成金属汞将影响测定。因此 $SnCl_2$ 不能过量太多。以二苯胺磺酸钠为指示剂，以 $K_2Cr_2O_7$ 滴定。

$$6Fe^{2+}+Cr_2O_7^{2-}+14H^+ == 6Fe^{3+}+2Cr^{3+}+7H_2O$$

二苯胺磺酸钠的还原态是无色的，滴定过程中随滴定不断进行，生成的 Cr^{3+} 不断增加，溶液由无色渐变绿色，终点时微过量的 $K_2Cr_2O_7$ 将指示剂氧化为紫色，所以颜色的变化过程为由无色-绿色-灰色-紫色，即达终点。

滴定是在 H_2SO_4、H_3PO_4 存在下进行的。H_3PO_4 的存在能使指示剂更正确地指示化学计量点的到达；同时与生成的 Fe^{3+} 形成配位化合物消除了 Fe^{3+} 黄色的干扰；还可提高酸度增加反应速度。

（2）试剂

① 磷酸（密度 1.70g/cm³）。

② 高锰酸钾溶液 10%：10g 高锰酸钾溶于 100mL 水中。

③ 二氯化汞饱和溶液：将 7g 二氯化汞溶于 100mL 水中。

④ 盐酸（密度 1.19g/cm³）。

⑤ 10%二氯化锡溶液：将 10g 二氯化锡溶于 10mL 浓盐酸中，必要时加热，溶解后以水稀释到 100mL，放一粒金属锡。贮存于棕色瓶中。

⑥ 硫酸（1+4）：将 1 体积浓硫酸边搅拌边徐徐倒入 4 体积水中。

⑦ 0.5%二苯胺磺酸钠指示剂，将 0.5g 二苯胺磺酸钠溶于 100mL 水中。

⑧ 0.005218mol/L 重铬酸钾标准滴定溶液：准确称取已在 110～130℃烘干的基准的重铬酸钾 1.5350g 置于 250mL 烧杯中，加水溶解移入 1000mL 容量瓶中，稀释至刻度摇匀。

重铬酸钾对三氧化二铁的滴定度按下式计算：

$$T_{\mathrm{Fe_2O_3}} = \frac{1.5350 \times 6 \times \frac{1}{2} \times 159.69}{294.18 \times 1000} = 2.500\,(\mathrm{mg/mL})$$

式中　1.5350——称取基准物质重铬酸钾的克数，g；

　　　159.69——三氧化二铁的摩尔质量，g/mol；

　　　294.18——重铬酸钾的摩尔质量，g/mol。

（3）分析方法　称取生料样品 0.5000g 置于 250mL 三角瓶中，加 10%高锰酸钾 2～3mL，加磷酸 5mL，于电炉上加热（250～300℃）微沸 5min 左右，取下，稍冷，加浓盐酸 10mL，煮沸，趁热在不断搅动下滴加 10%二氯化锡至溶液由黄色变为无色，再过量 1～2 滴，迅速以流水冷却，加 10mL 饱和二氯化汞溶液，剧烈摇动 1～2min，使出现白色丝状沉淀，以水稀释至 150mL 左右，加入 20mL 硫酸（1+4），加 0.5%二苯胺磺酸钠 2 滴，立即以 0.005218mol/L 重铬酸钾标准滴定溶液滴定至稳定的紫色。

（4）计算

$$w_{\mathrm{Fe_2O_3}} = \frac{T_{\mathrm{Fe_2O_3}} V}{m_s \times 1000} \times 100\%　　　　　　(4-15)$$

式中　$T_{\mathrm{Fe_2O_3}}$——$K_2Cr_2O_7$ 标准滴定溶液对 Fe_2O_3 的滴定度，mg/mL；

　　　V——滴定消耗 $K_2Cr_2O_7$ 标准滴定溶液的体积，mL；

　　　m_s——称取生料样品的质量，g。

（5）注意事项

① 样品应直接倒入锥形瓶的底部。万一有样品附着在瓶壁上，则在加 KMnO₄ 和 H₃PO₄ 时应将其冲入瓶底。

② 溶样开始时有大气泡出现，瓶口有水蒸气放出。然后大气泡停止放出，反应平稳，不久锥形瓶底部会有白烟出现（不同于水蒸气）即可取下。此时三角瓶温度较高，切勿放在有水的桌面上，以防止锥形瓶炸裂。

③ 加 HCl 时，溶液的温度要适当，若温度太高则反应激烈，容易溅失；若温度太低，易析出二氧化硅的冻胶体，使 Fe^{3+} 还原不完全。

④ 加 HCl 后加热煮沸，赶出氯气，不要加热时间太长，否则也易形成冻胶体。

⑤ 滴加二氯化锡，应在浓、热的 HCl 酸性溶液中加入，是为了增加氧化还原反应的反应速度，使颜色变化明显，防止使 $SnCl_2$ 过量太多。当加入 $HgCl_2$ 后，摇动，出现白色丝状沉淀说明 $SnCl_2$ 加入量适当；若无白色沉淀时说明 $SnCl_2$ 的量不足，Fe^{3+} 将还原不完全。

⑥ Fe^{3+} 一旦被全部还原为 Fe^{2+} 后，溶液应迅速以流水冷却。降低氧化还原反应速度，防止 Fe^{2+} 重新被空气中的氧氧化为 Fe^{3+}，影响滴定结果。

本方法结果准确，易于掌握。但不足之处是引用有毒的汞盐，污染环境。

4.1.2.2 以铝丝为还原剂的重铬酸钾滴定法

本法与上法除还原 Fe^{3+} 时用的还原剂不同外，其他均一样。

（1）测定原理 样品以 H_3PO_4 溶解后，以铝丝还原

$$3Fe^{3+} + Al = Al^{3+} + 3Fe^{2+}$$

过量的铝丝，在酸性溶液中溶解，生成三氯化铝

$$2Al + 6HCl = 2AlCl_3 + 3H_2$$

此法过量还原剂的处理问题，简单易行，不用汞盐防止了对环境的污染，因此许多工厂化验室都采用此法。

（2）试剂 除铝丝外其他试剂均同 $SnCl_2$ 还原法。

（3）分析方法 称取 0.5000g 生料试样，置于 250mL 锥形瓶中，加 2~3mL 10% $KMnO_4$ 溶液，加 5mL 磷酸（相对密度 1.70），于电炉上微沸 5min 左右，取下稍冷加入 10mL 浓盐酸，加热至沸。取下立即加一段铝丝（约 0.13g），摇动锥形瓶使铝丝全部溶解，此时溶液应为无色。立即以流水冷却，将溶液稀释至 150mL 左右，加 1~2 滴 0.5% 二苯胺磺酸钠后以 0.005218mol/L 的重铬酸钾标准溶液滴定至紫红色。

（4）计算

$$w_{Fe_2O_3} = \frac{T_{Fe_2O_3} V}{m_s \times 1000} \times 100\%$$ (4-16)

式中 $T_{Fe_2O_3}$——$K_2Cr_2O_7$ 标准滴定溶液对 Fe_2O_3 的滴定度，mg/mL；

V——滴定消耗 $K_2Cr_2O_7$ 标准滴定溶液的体积，mL；

m_s——称取生料样品的质量，g。

（5）注意事项

① 加盐酸后加热不可时间太长，否则硅以冻胶出现，铝丝不易溶解，溶解还远不完全，实验无法进行。

② 根据生料含铁量的测定实验，铝丝约 0.13g 即可，但需一次加入。

③ H_3PO_4 与铝丝中可能有铁，应做空白实验。

其他请参看 $SnCl_2$ 还原法。

4.1.3 生料中含煤量的测定

生料有白生料、半黑生料、黑生料之分，半黑生料、黑生料是将煅烧所用的煤部分或全部与原料一起参加配料，因此煤的掺加量是否符合要求，不仅影响熟料的烧成，而且影响生料的化学成分。因此，要使生料成分稳定，必须在控制生料碳酸钙（或氧化钙、氧化镁）、三氧化二铁的同时，严格控制生料的含煤量。这是一个重要的控制项目，由于测定方法不够完善，长期以来没能引起人们的足够重视。目前采用的较多的方法有烧失量法及湿法氧化法。

以下主要介绍烧失量法。

控制生产、稳定煤的加入量。虽然该方法本身还有一些缺陷，但基本上可以满足控制生产的需要，因此被广泛采用。

（1）测定原理　是基于测定生料的烧失量，近似计算出生料中煤的含量的方法。

烧失量是样品在一定温度下（一般是在 950～1000℃）和一定时间内（一般一次 20～30min）灼烧至恒重时试样质量增加和减少的代数和。

生料在 950～1000℃ 灼烧时，将发生一系列的氧化、还原、分解、化合等化学反应，如：

碳酸盐的分解

$$CaCO_3 \stackrel{}{=\!=\!=} CaO + CO_2$$
$$MgCO_3 \stackrel{}{=\!=\!=} MgO + CO_2$$

碳及有机物的燃烧

$$C + O_2 \stackrel{}{=\!=\!=} CO_2$$

低价铁的氧化

$$4FeO + O_2 \stackrel{}{=\!=\!=} 2Fe_2O_3$$

附着水及结晶水

$$4FeS_2 + 11O_2 \stackrel{}{=\!=\!=} 2Fe_2O_3 + 8SO_2$$

在分解过程中还会有些化合反应产生

$$O_2 + 2CaO + 2SO_2 \stackrel{}{=\!=\!=} 2CaSO_4$$

由于各化学反应进行的结果，使生料的组成产生了变化，导致生料的质量发生变化。根据灼烧前后质量之差可计算生料的烧失量。

同样道理，组成生料的各原料石灰石、煤、硅质原料，铁矿石也都有各自的烧失量。而生料的烧失量的大小，与配料所用各原料的烧失量及各自在生料配料中所占的百分数有关。由生料的烧失量减去生料中石灰石、硅质原料、铁矿石的烧失量即为生料中煤的烧失量，除以所用煤的烧失量即可求得生料中煤的百分含量。

（2）测定方法　精确称取生料试样 0.5g，放入已恒重的瓷皿或瓷坩埚中，在 950～1000℃ 的高温炉中灼烧 10～15min，取出稍冷置于干燥器中，冷却至室温称量，生料的烧失量的质量分数按式(4-17)计算：

$$烧失量 \quad X = \frac{m - m_1}{m} \times 100\% \tag{4-17}$$

式中　m——样品质量，g；

m_1——灼烧后残渣的质量，g。

（3）生料中含煤量计算公式的推导　设：$L_生$ 为生料的烧失量，$L_石$ 为石灰石的烧失量，L_C 为煤的烧失量，$L_硅$ 为硅质原料的烧失量，$L_铁$ 为铁矿石的烧失量，$C_石$ 为配料时石灰石在生料中占的百分数，C_C 为配料时煤在生料中占的百分数，$C_硅$ 为硅质原料在生料中占的百分数，$C_铁$ 为铁矿石在生料中占的百分数。

那么生料和参加配料各原料之间的烧失量应有以下关系，即

$$L_生 = L_石 C_石 + C_C L_C + L_硅 C_硅 + L_铁 C_铁 + K_1 \tag{4-18}$$

式中　K_1——常数。

生料中硅质原料、铁矿石在配料中占的分数都比较小，且二者的烧失量一般比较小。当原料来源不变，配料方案不变时，可将 $L_硅 C_硅 + L_铁 C_铁$ 看作一个常数 K_2 表示，则式(4-18)可定为：

$$L_生 = L_石 C_石 + L_C C_C + K_2 + K_1 = L_石 C_石 + L_C C_C + K$$

$$C_C = \frac{L_生 - L_石 C_石 - K}{L_C} \tag{4-19}$$

生料中石灰石的烧失量 $L_石 C_石$，可以近似的看作全部是碳酸盐分解而形成的，相当生料中二氧化碳的百分含量，即：

$$L_石 C_石 = CO_2\%$$

而二氧化碳的百分含量，可以通过碳酸钙滴定值得到：

$$L_石 C_石 = CO_2\% = CaCO_3\% \times \frac{44.0}{100} \approx CaCO_3\% \times 0.44 \tag{4-20}$$

L_C 煤的烧失量，即干燥煤除去灰分以外的其他成分，所以

$$L_C = 100 - 灰分\ A^g \tag{4-21}$$

将式（4-20）及式（4-21）代入式（4-19）得：

$$C_C = \frac{L_生 - CaCO_3\% \times 0.44 - K}{100 - A^g} \tag{4-22}$$

此式为计算生料含煤量的公式。其中 K 是随原料不同，配方不同而变化的。各厂都不一样。可通过用已知含煤量的小样来确定，一般在 $1.0 \sim 1.3$ 之间。

控制分析中不做碳酸钙滴定值而做氧化钙与氧化镁的含量时，公式处理如下：可以把生料中石灰石的烧失量近似看作为当生料的氧化钙与氧化镁全部以碳酸盐形式存在被分解放出二氧化碳后的结果。将其换算为二氧化碳的百分含量，即为：

$$L_石 C_石 = CO_2\% = CaO\% \times \frac{M_{CO_2}}{M_{CaO}} + MgO\% \times \frac{M_{CO_2}}{M_{MgO}}$$

$$= CaO\% \times \frac{44.01}{56.08} + MgO\% \times \frac{44.01}{40.31} = 0.78CaO\% + 1.09MgO\% \tag{4-23}$$

将式（4-23）及式（4-21）代入（4-19）得

$$C_C = CO_2\% \tag{4-24}$$

从式（4-22）和式（4-24）的推导过程看出：

计算煤的含量的公式是一近似公式，当假定的条件与实际情况不符时，将带来一定的误差。首先是 K 值的假定，将含煤量固定时测出 K 值，而做一常数代入公式。但实际配料随时都在变化，也正因为有变化才测定，否则就没有必要了，K 作为常数带来误差。另外，生料中石灰石的烧失量全部看作碳酸盐所致，也引入一定误差。实际上

$$L_石 C_石 \neq CaCO_3\% \times 0.44$$

$$L_石 C_石 \neq 0.78CaO\% + 1.09MgO\%$$

而最终含煤量是通过差减法计算得来的，全部误差都集中到煤的结果上，增大了误差。

由于上述种种原因，烧失量法测定有较大的误差。虽然如此，仍可满足控制生产的要求。

（4）操作注意事项

① 所用坩埚应为已知质量的坩埚，称量空坩埚与灼烧残渣时，应用同一台天平，同一盒砝码，灼烧温度、冷却时间等测定条件都应一致。

② 烧失量测定值与灼烧温度和灼烧时间有关，应按规定条件进行。

③ 计算公式中煤的灰分是指干燥基煤样灰分。

4.1.4　生料细度的测定

合理的控制生料细度，对熟料的煅烧及磨机产量都有重要的作用。水泥熟料的烧成基本上是固相反应，而固相反应的速率与物料颗粒大小有直接关系。生料磨得越细，反应速率就越快。但细度超过一定的限度时，对熟料质量的提高并不显著，而不恰当的提高生料细度却会降低磨机的产量，使耗电量增大。合理的细度可通过试验及经过综合技术经济分析来确定。

生料细度检验有水筛法和手工干筛法两种。试验前所用试验筛应保持清洁、干燥。试验时，$80\mu m$ 筛析试验称取 25g，$45\mu m$ 筛析试验称取 10g。

4.1.4.1　水筛法

（1）仪器

① 筛子　采用方孔边长 0.080mm 的铜丝网筛布，筛框有效直径 125mm，高 80mm 筛布应紧绷在筛框上。

② 筛座　用于支撑筛子并能带动筛子转动，转速约 50r/min。

③ 喷头　直径 55mm，上面均匀分布 90 个孔，孔径 0.5～0.7mm。安装高度以离筛布 50mm 为宜。

（2）操作步骤　准确称取试样精确至 0.01g，置于洁净的水筛中，立即用淡水冲洗至大部分细粉通过后，放在水筛架上，用水压为 0.05MPa±0.02MPa 的喷头连续冲洗 3min。筛毕，用少量水把筛余物冲到蒸发皿中，等水泥颗粒全部沉淀后，小心倒出清水，烘干，并用天平称量筛余物。

（3）注意事项

① 水筛时将称好的试样倒入筛子的一边，一手打开水龙头，一手持筛：斜放在喷头下冲洗，试样被水流外向另一边，细粉通过筛孔流出。持筛手在喷头下往返摇动，加快细粉通过防止堵塞筛孔。约冲洗 20s，大部细粉即被冲掉，再放筛座上筛析。

② 水筛时，喷头喷出的水不能垂直喷在筛网上，而要成一定的角度，使一部分水以切线方向喷在筛框上，一部分水喷在筛网，才能使筛子转动，而角度大小控制在使筛子的转速约为 50 转/min 为宜。水压力 0.3～0.8kg/cm²，冲洗和筛洗时，不要使试样溅出。

③ 加热烘干一般用电炉，蒸发皿不要直接放电炉盘上，以防筛余物溅出，可放在距电炉一定高度的金属网架上。

④ 待全部烘干后，轻击蒸发皿则筛余物便聚集在蒸发皿的底部。用小毛刷轻轻扫入天平盘上称重。应精确到 0.1g。

⑤ 试验完毕，应用毛刷将堵塞的筛孔刷通，保持清洁。

⑥ 筛子一般 100 次左右就需用 0.3～0.5mol/L 乙酸或食醋进行清洗。可用毛刷蘸取其溶液刷洗筛底，静放 2～3min 后，冲洗干净。

（4）试验筛修正系数的确立　使用新筛前或旧筛子使用一定时间后，都要进行修正。一般修正值在±0.2%范围内可继续使用，在±0.2%～±0.5%范围内可采用修正系数的方法调整；差值超出±0.5%时应清洗，清洗后再校验修正；用标准粉检定时，新筛的修正系数 C 应在±0.85～1.05 范围内，使用中的筛子修正系数 C 应在 0.80～1.20 范围内，否则应更换新筛。

4.1.4.2　干筛法

（1）仪器　筛子采用方孔边长 0.045mm 的铜丝网筛布。筛框有效直径 150mm、高

50mm。筛布应紧绷在筛框上，接缝必须严密，并附有筛盖。

（2）测定方法　称取烘干试样 10g 倒入筛内，用人工或机械筛动，但将近筛完时，必须一手执筛往复摇动、一手拍打，摇动速度每分钟约 120 次。其间，筛子应向一定方向旋转数次，使试样分散在筛布上，直至每分钟通过不超过 0.05g 时为止。称量筛余物，准确至0.1g，以其数乘 10 即可。

4.1.5　生料分解率的测定

传统的生料分解率是用重量法测定生料试样灼烧前后碳酸盐含量的变化。许多资料介绍的生料分解率的测定方法为：称取 1g 左右的样品，精确至 0.0001g，放入已知质量的瓷坩埚中，在 950℃ 的高温炉中灼烧 30min，然后取出，置于干燥器中冷却至室温，称量。公式如下：

$$w(分解率)=\frac{X-[1-(m_2-m_1)/m]}{X}\times100\%$$
(4-25)

式中　$w(分解率)$——生料分解率的质量分数；

$\qquad X$——生料均化库中生料平均烧失量的质量分数；

$\qquad m_2$——灼烧后坩埚和试样的质量，g；

$\qquad m_1$——空坩埚的质量，g；

$\qquad m$——试样的质量，g。

但此方法要求定期不间断地对生料均化库中的生料进行烧失量的测定。

目前，新型干法水泥熟料生产线已经得到广泛的应用，带有旋风预热器和分解炉的窑外分解窑比较普遍。通过测定分解率可以判断窑尾生料的分解程度，便于及时调整生产工艺。有时还可以提供堵料的证明，便于改进操作方法。下面介绍一种简便的方法：

在带有 5 级热器的 C_1 处取一个样品，在 C_5 处取 1 个样品（双列的取两个样品，编号为C_5A 和 C_5B）。称取 1g 生料试样，精确至 0.0001g，放入已知质量的恒重瓷坩埚中，放入950℃ 的高温炉中灼烧 1h，取出置于干燥器中，冷却至室温，称量。然后分别计算 C_1 和 C_5的烧失量。生料分解率计算公式如下：

$$w(分解率)=\frac{C_1-C_5}{C_1\times(100-C_5)}$$
(4-26)

任务 4.2　熟料的控制分析

熟料质量是保证出厂水泥质量的基础。因此熟料质量的控制是生产质量管理工作中的重要环节。熟料的控制项目有：游离氧化钙、熟料的立升重、化学成分及物理性能检验等。

4.2.1　游离氧化钙的测定

生料煅烧过程中，氧化钙与酸性氧化物作用形成了 C_3S、C_2S、C_3A、C_4AF 等矿物组成。但由于配料、生料均匀程度、生料细度、煅烧温度或其他等方面因素的影响，有少量氧化钙仍以游离状态存在，称它为游离氧化钙。游离氧化钙是水泥熟料中的有害成分。其水化速度很慢，在水泥水化、硬化，并有一定强度后才开始水化。体积发生膨胀，使水泥强度下降、开裂，甚至崩溃。熟料中游离氧化钙超过一定限度时，会造成水泥的安定性不良。一般立窑厂生产的熟料游离氧化钙应小于 3.0%，而旋转窑厂生产的熟料，游离氧化钙应在

0.5%～2.0%。一味追求超低游离氧化钙，往往带来能耗升高，操作更难等不利因素。目前测定游离氧化钙多采用甘油乙醇法和乙二醇法。

4.2.1.1　甘油乙醇法

（1）测定原理　此法是基于料中的游离氧化钙在甘油乙醇混合液中于微沸的温度下，能与甘油反应生成甘油钙，反应如下：

$$\begin{array}{l}CH_2OH\\CHOH\\CH_2OH\end{array} + CaO \longrightarrow \begin{array}{l}CH_2O\\CHOH \quad Ca\\CH_2O\end{array} + H_2O$$

上述反应，反应速度较慢，为加快反应速度加入催化剂适量，于甘油乙醇溶液中，促使甘油钙更快生成。催化剂可用硝酸锶、氯化钡或二者的混合物。但实践证明硝酸锶的效果更好。

甘油钙是一弱碱，能使酚酞指示剂显红色，然后用苯甲酸的乙醇溶液滴定至红色刚消失。反应为：

$$\begin{array}{l}CH_2O\\CHOH \quad Ca\\CH_2O\end{array} + 2C_6H_5COOH \longrightarrow \begin{array}{l}CH_2OH\\CHOH\\CH_2OH\end{array} + Ca(C_6H_5COO)_2$$

甘油钙　　　　　　　　　　　　甘油　　　苯甲酸钙

根据消耗苯甲酸标准滴定溶液的体积及其对氧化钙的滴定度，计算游离氧化钙的含量。

（2）试剂

① 无水甘油：将市售的化学纯的甘油放入干燥的烧杯中，于电炉上在 160～170℃ 的温度下，加热 3h（用温度计测量其温度）。甘油加热后容易变微黄，但对实验无影响。

② 无水甘油-乙醇溶液：在干燥的烧杯中注入 200mL 无水甘油，加热至 100～125℃，加入 30g 硝酸锶（或 15g 已在 140～150℃ 温度下干燥 3～4h 的研细的氯化钡），使其溶解于甘油中，冷却。加入 1L 无水乙醇及 3mL 1% 的酚酞无水乙醇溶液。因无水甘油-乙醇溶液显酸性反应，应以 0.01mol/L 氢氧化钠无水乙醇溶液中和至淡红色刚出现，然后将溶液贮存于棕色瓶中。

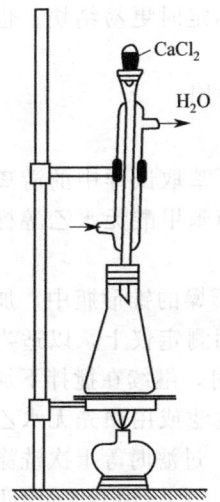

③ 0.01mol/L 氢氧化钠无水乙醇溶液：将 0.04g 氢氧化钠溶于 100mL 无水乙醇中（最好随用随配）。

④ 硝酸锶（固体）。

⑤ 1% 酚酞无水乙醇溶液：称取 1g 酚酞指示剂溶于 100mL 无水乙醇中。

⑥ 0.1mol/L 苯甲酸无水乙醇溶液：称取已在干燥器中干燥过一昼夜的苯甲酸 12.3g，溶于 1L 无水乙醇中，摇匀。贮存于预先干燥过的棕色瓶中。然后以已知质量的氧化钙标定其浓度。

标定方法：测定装置如图 4-1 所示。准确称取 0.04～0.05g 氧化钙（将高纯试剂碳酸钙在 950～1000℃ 下灼烧至恒重），置于 150mL 干燥的锥形瓶中，加入 15mL 甘油无水乙醇溶液，装上回流冷凝器，在有石棉网的电炉上加热煮沸，至溶液呈红色后取下锥形瓶，立即以 0.1mol/L 苯甲酸标准滴定溶液滴定至微红色消失。再将冷凝器装上，继续加热煮沸至微红色出现，再取下滴定。如此反复操作，直至在加热 10min 后不出现微红色为止。

苯甲酸无水乙醇溶液对氧化钙的滴定度按式（4-27）计算：

图 4-1　甘油-乙醇法测定游离氧化钙的装置

$$T_{CaO} = \frac{m}{V} \tag{4-27}$$

式中　T_{CaO}——苯甲酸无水乙醇标准滴定溶液对氧化钙的滴定度，mg/mL；

　　　m——称取氧化钙的毫克数，mg；

　　　V——滴定时消耗 0.1mol/L 苯甲酸无水乙醇标准滴定溶液的体积，mL。

（3）分析步骤　准确称取约 0.5g 试样，精确至 0.0001g，置于 150mL 干燥的锥形瓶中，加入 15mL 甘油乙醇溶液，摇匀。装上回流冷凝管，在有石棉网的乙醇灯上加热煮沸10min，至溶液呈红色时，取下锥形瓶，立即以 0.1mol/L 苯甲酸无水乙醇标准滴定溶液滴定至微红色消失。再将冷凝管装上，继续加热煮沸至微红色出现，再取下滴定。如此反复操作，直至在加热 10min 后不出现微红色为止。

游离氧化钙的质量分数按式(4-28)计算

$$(f\text{-}CaO)\% = \frac{T_{CaO} \times V}{m_s \times 1000} \times 100\% \tag{4-28}$$

式中　T_{CaO}——苯甲酸无水乙醇标准滴定溶液对氧化钙的滴定度，mg/mL；

　　　V——滴定时消耗苯甲酸无水乙醇标准滴定溶液的体积，mL；

　　　m_s——样品质量，g。

（4）注意事项

① 仪器必须干燥。因为水能与熟料矿物发生水化，生成氢氧化钙。

反应式为：$3CaO \cdot SiO_2 + nH_2O = 3Ca(OH)_2 \cdot SiO_2 + (n-3)H_2O$

生成的氢氧化钙与甘油钙能够同时被苯甲酸滴定而影响测定结果，因此整个操作应避免水分的引入。

② 不可直火加热。电炉上应盖石棉网，既保持反应物微沸，又不因温度过高溅失。

③ 在加热前应先放入冷却水再加热。滴定前应先停止加热，待冷凝液完全落下后再取下锥形瓶滴定。

④ 一定要控制煮沸时间和滴定次数。因为甘油与氧化钙反应会生成水，水与熟料水化作用又生成氢氧化钙，如煮沸时间太长始终会有微红色出现而使测定结果偏高。

⑤ 测定或标定开始时应轻摇锥形瓶使物料分散以防结块，尤其是标定时更易结块。也可在锥形瓶中放数粒玻璃珠促使物料分散。

⑥ 用过的甘油-无水乙醇溶液，可以保存于密封瓶中，经蒸馏回收使用。

4.2.1.2　乙二醇法（代用法）

（1）方法原理　用乙二醇-乙醇（2+1）溶液，在温度 80~110℃ 下萃取试样中的游离氧化钙，能在 2~5min 内萃取完全，可不经过滤，以酚酞为指示剂，用苯甲酸无水乙醇标准滴定溶液滴定溶液中的弱碱性乙二醇钙。

（2）分析步骤　称取约 0.5g 试样，精确至 0.0001g，置于 250mL 干燥的锥形瓶中，加入 30mL 乙二醇-乙醇溶液，放入一枚搅拌子，装上冷凝管，置于游离钙测定仪上，以适当的速度搅拌溶液，同时升温并加热煮沸，当冷凝下的乙醇开始连续滴下时，继续在搅拌下加热煮沸 4min，取下锥形瓶，用预先用无水乙醇润湿过的快速滤纸抽气过滤或用预先无水乙醇洗涤过的玻璃砂芯漏斗抽气过滤，用无水乙醇洗涤锥形瓶和沉淀 3 次，过滤时等上次洗涤液过滤完后再洗涤下次。滤液及洗液收集于 250mL 干燥的抽气滤瓶中，立即用 0.1mol/L 苯甲酸-无水乙醇标准滴定溶液滴定至为红色消失。（尽可能快速地进行抽气过滤，以防止吸收大气中的二氧化碳。）

试样中游离氧化钙的质量分数按式(4-29)计算：

$$(f\text{-}CaO)\% = \frac{T_{CaO} \times V}{m_s \times 1000} \times 100\% \qquad (4\text{-}29)$$

式中　T_{CaO}——苯甲酸无水乙醇标准滴定溶液对氧化钙的滴定度，mg/mL；

　　　V——滴定时消耗苯甲酸无水乙醇标准滴定溶液的毫升数，mL；

　　　m_s——样品质量，g。

4.2.2　熟料立升重的测定

熟料的立升重是反映熟料质量的一个重要指标，在一定程度上反映了窑内的烧成情况，与熟料的游离氧化钙有很大相关性。立升重太低，说明熟料欠烧；立升重太高，说明熟料过烧。每个工厂可以根据自己的实际情况来确定控制指标。一般立窑为 950g/L，回转窑为 1300g/L。水泥厂立升重的测定，有采用手工测定的，也有使用自动装置测定的。原理基本一样，取出窑熟料 5mm～7mm 部分，放入 1L 的筒中，让熟料在筒内自然堆积，不用振动或摇晃，再用钢直尺轻轻抹去高出筒顶的部分，称量，然后扣除空筒的重量即可得出每升熟料的重量。下面介绍某大型水泥厂立升重的测定具体步骤。

将 7mm 圆孔筛放在 5mm 圆孔筛上，用铁锹截取出箅冷机熟料后放入 7mm 圆孔筛中，摇动该筛时小于 7mm 的熟料通过筛孔漏入 5mm 筛内，大于 7mm 的熟料倒掉，再筛 5mm 的筛，直至每分钟通过筛孔的熟料不超过 50g 为止。将留于 5mm 筛之上的熟料倒入立升重筒内，将多出筒口的熟料刮掉，使其与立升重筒面水平，然后称重。

4.2.3　熟料化学成分的测定

熟料的化学成分不同，各氧化物之间的比例不同，则熟料中各种矿物组成就有差异。从而将影响到熟料的质量以及工艺煅烧的难易。因此通过熟料化学成分的测定，可以检验其矿物组成是否符合熟料涉及的要求，熟料的质量情况等。

熟料中的氧化镁是一有害成分。因为氧化镁与硅、铁、铝的氧化物的化学亲和力很小，在熟料煅烧过程中，一般不参与化学反应，大部分以游离的方镁石存在。方镁石水化速度极慢，在水泥石中若干年后还继续水化，使体积发生膨胀，引起水泥的破坏。因此对熟料中氧化镁的含量应严格控制。国家标准规定熟料中氧化镁的含量应不超过 5%。压蒸安定性合格，可以放宽到 6%。

熟料化学成分的测定方法请参看本篇项目 3 任务 3.4.2 水泥及熟料的化学分析。

任务 4.3　水泥的控制分析

水泥的质量控制是确保出厂水泥质量的重要一环。水泥的控制项目有：细度、三氧化硫、混合材掺加量以及物理检验项目。除对物理检验各项目不在此讨论外，混合材掺加量测定在本项目任务 4.4 中讨论，现对细度及三氧化硫测定分别进行讨论。

4.3.1　水泥细度的测定

合理地确定水泥细度指标对保证水泥质量和良好的经济效益都是很重要的。水泥磨得越细，水化速度就越快，强度高，特别是早期强度更有明显提高。此外在水泥熟料中游离氧化钙较高时，水泥磨得细些，游离氧化钙就可较快地消解，从而减少它的破坏作用，改善水泥的安定性。但不适当的提高水泥粉磨细度，会降低磨机产量，增加耗电量。另外当水泥粉磨得过细时，需水量增加，水泥石结构的致密性降低，反而会影响水泥的强度。因此应根据实际情况，定出合理的控制指标。

水泥细度也称分散度，是指水泥的粗细程度或颗粒大小，通常用筛余或比表面积来表示。《通用硅酸盐水泥》（GB/175—2007）标准对水泥细度的品质指标，采用 $80\mu m$ 水筛筛余和比表面积控制。在实际生产中，工厂一般增加 $45\mu m$ 或 $32\mu m$ 负压筛余强化质量控制。

4.3.1.1 筛余法

筛余法分为水筛法和负压筛法。水泥 $80\mu m$ 水筛筛余测定具体参见生料 $80\mu m$ 筛余测定。本任务着重介绍负压筛法。$45\mu m$ 或 $32\mu m$ 负压筛的操作步骤基本一致，区别在于称样量的多少。$45\mu m$ 称取 $5g\pm0.0050g$，$32\mu m$ 称取 $1g\pm0.0050g$。下面以 $45\mu m$ 为例介绍。

（1）操作步骤　称取试样 $5g\pm0.0050g$，精确至 $0.01g$，置于洁净的负压筛中，盖上筛盖，放在筛座上，开动筛析仪连续筛析 $2min$，期间，如有试样附着在筛盖上，可轻轻敲击，使试样落下。筛毕，用天平称量筛余物，计算筛余的质量分数。

（2）注意事项

① 筛析试验前，应把负压筛放在筛座上，检查控制系统，调节压力至 $4000\sim6000Pa$ 范围内。连续使用时，应检查负压值是否正常。如不正常，清理吸尘器。

② 负压筛析工作时，应保持水平，避免外界振动和冲击。

③ 试验前要检查被测样品，不得受潮、结块或混有其他杂物。

④ 每做完试验，应用反吹清理一下筛网。

4.3.1.2 比表面积的测定

水泥比表面积是指单位质量的水泥粉末所具有的总面积，以 m^2/kg 来表示。通常采用勃氏透气法测定。

（1）测定原理　本方法主要根据一定量的空气通过具有一定孔隙率和固定厚度的水泥层时，所受阻力不同而引起流速的变化测定水泥的比表面积。在一定空隙率的水泥层中，孔隙的大小和数量是颗粒尺寸的函数，同时也决定了通过料层的气流速度。

水泥比表面积应由二次透气试验结果的平均值确定。如二次试验结果相差 2% 以上时，应重新试验。计算应精确至 $10cm^2/g$，$10cm^2/g$ 以下的数值按四舍五入计。以 cm^2/g 为单位算得的比表面积换算为 m^2/kg 单位时，需乘以系数 0.1。

（2）仪器　勃氏透气仪，透气圆筒，穿孔板，捣器，压力计，抽气装置，滤纸、分析天平，计时秒表，烘干箱，压力计液体，基准材料。

（3）实验步骤　水泥试样，应先通过 $0.9mm$ 方孔筛，再在 $110℃\pm5℃$ 下烘干，并在干燥器中冷却到室温。将穿孔板放入透气圆筒的突缘上，用一根直径比圆筒略小的细棒把一片滤纸送到穿孔板上，边缘压紧。称量一定的水泥，精确至 $0.001g$，倒入圆筒。轻敲圆筒边，使水泥层表面平坦。再放入一片滤纸，用捣器均匀捣实试料直到捣器的支持环紧紧接触圆筒顶边并旋转两周慢慢取出。把装有试料层的透气圆筒下锥面涂一薄层活塞油脂，然后把它插入压力计顶端锥形磨口处，旋转 $1\sim2$ 周。要保证连接紧密不漏气，并且不振动所制备的试料层。打开微型电磁泵慢慢从压力计一臂中抽出空气，直到压力计内液面上升到扩大部下端时关闭阀门，当压力计内液体的凹面下降到第一刻度时开始计时，当液体凹面下降到第二刻度时停止计时，记录液体面从第一刻度线到第二刻度线所需的时间，以秒记录，并记录下实验时的温度。每次透气试验，应重新制备试料层。

$$S = \frac{S_s \times T^{0.5} \times (1-\varepsilon_s) \times \rho_s \times \varepsilon^{1.5}}{10 \times T_s^{0.5} \times (1-\varepsilon) \times \rho \times \varepsilon_s^{1.5}}$$ (4-30)

式中　S——被测试样的比表面积，m^2/kg；

　　　S_s——标准试样的比表面积，m^2/kg；

　　　T——被测试样试验时，压力计中液面降落测得的时间，s；

　　　T_s——标准试样试验时，压力计中液面降落测得的时间，s；

　　　ε——被测试样试料层的空隙率；

　　　ε_s——标准试样试料层的空隙率；

　　　ρ——被测试样的密度，g/cm^3；

　　　ρ_s——标准试样的密度，g/cm^3。

（4）注意事项

① 仪器的接口处漏气将导致测定结果偏低，应检查仪器的密封性，严防漏气。

② 仪器的液面应保持在一定的刻度上，不在这个刻度上，要及时调整。当液面高于正常高度时，气压计产生的压差减少，气体流速慢，通过水泥层的时间增加，测得的比表面积偏大。反之要偏小。

③ 置于圆筒中水泥层底面和表面的滤纸，应为直径与圆筒内径相同、边缘光滑的圆片。

④ 装入水泥层底层滤纸片时，应注意压紧纸片边缘，防止漏料，装入上层滤纸片时应精心操作，防止水泥外溢到纸片上面。

⑤ 捣实试样时，在试样放入圆筒后，按水平方向轻轻摇动，使试样均匀分布在筒中，然后再用捣器捣实。这样制备的水泥层，孔隙分布就比较均匀。

⑥ 用捣器捣实水泥时，捣器支持环的边必须与圆筒口紧密接触，保证试料层厚度和空隙率达到实验要求。

⑦ 用抽气球抽气时不宜过急，应使液面徐徐上升，以免液体损失。

⑧ 一般水泥试样层的空隙率为 0.500 ± 0.005。掺有软质多孔混合材的水泥，过细的水泥以及密度小的物料，这个数值就需适当改变。反之亦然。

⑨ 水泥密度是决定水泥试样的称重和在比表面积计算中不可缺少的参数，故力求测定准确。

4.3.2　三氧化硫的测定

为了调节硅酸盐水泥的凝结时间，在磨制水泥时需要加入少量的石膏。水泥中的三氧化硫主要来自外加的石膏和熟料中的三氧化硫。生产中通过三氧化硫含量的测定，来控制石膏矾石（即三硫型水化硫铝酸钙），这些棱柱状小晶体长在水泥颗粒表面上，形成一层薄膜，封闭水泥组分的表面，阻碍铝酸三钙内部的继续水化，从而使水泥缓凝。石膏掺加量不足时，还不能阻止水化铝酸三钙的快凝作用，起不到缓凝作用；但是石膏加入量过多时，不但对缓凝作用帮助不大，而且还会在后期继续形成钙矾石，产生膨胀应力，从而使水泥浆体强度削弱，发展严重还会对水泥石结构有一定破坏作用。

适量的石膏在一定程度上能提高水泥的强度。这是由于与铝酸三钙生成的水化硫铝酸钙，交错填充于水泥石空隙中，增加了结构的致密性。在矿渣水泥中，石膏还起硫酸盐激发剂的作用，可加速矿渣水泥的硬化过程，因此应严格控制三氧化硫的含量。

测定三氧化硫所用的方法是：硫酸钡质量法、碘量法及离子交换法。硫在各种水泥成分中主要以硫酸盐、硫化物的状态存在，通常将二者的总和称作全硫量。分析时应根据样品中硫的存在形式和分析目的，确定选取的方法。

4.3.2.1 硫酸钡质量法

硫酸钡质量法准确度高，适应性强，测定范围宽，适用于硫酸盐硫的测定。它是水泥化学分析的国家标准分析法之一。但不足之处是费时较长。

(1) 测定原理　用盐酸分解试样，则样品中的硫酸盐中的硫形成了硫酸。

$$CaSO_4 + 2HCl \xrightarrow{} CaCl_2 + H_2SO_4$$

然后加入氯化钡，使硫酸定量的生成硫酸钡的沉淀，于 800℃ 灼烧恒重后，称量硫酸钡的质量。计算三氧化硫的百分含量。

$$H_2SO_4 + BaCl_2 \xrightarrow{} BaSO_4 + 2HCl$$

但水泥样品以酸分解后，可能有少量不溶物，同时硅可能以硅酸沉淀出来，干扰测定，应先分离除去。

大量钙的存在，由于生成硫酸钙共沉淀而造成很大误差。因此在沉淀硫酸钡之前应将其分离除去。为简化手续，预先不分离钙。也可将沉淀硫酸钡的酸度由 $0.05 \sim 0.1 mol/L$，提高到 $0.3 \sim 0.4 mol/L$ 以增大硫酸钙的溶解度，可以基本上消除钙的干扰。但酸度提高，也会使硫酸钡的溶解度有所增大，为弥补这一影响，可适当提高沉淀剂氯化钡的加入量，以同离子效应降低其溶解度。

(2) 试剂

① 盐酸 (1+1)：将浓盐酸与等体积水相混合。

② 10%氯化钡溶液：将 10g 氯化钡溶于 100mL 水中，过滤后使用。

③ 1%硝酸银溶液：将 1g 硝酸银溶于 100mL 水中，贮存于棕色瓶中。

(3) 测定方法　准确称取 0.5g 水泥试样置于 300mL 烧杯中。加入 $30 \sim 40 mL$ 水及 10mL 盐酸 (1+1) 加热至微沸，并保持 5min。使试样充分分解，取下以中速滤纸过滤，用热水洗涤 $10 \sim 12$ 次。调节滤液体积至 200mL，煮沸。在搅拌下滴加 10mL 10%的氯化钡溶液。并将溶液煮沸数分钟，然后移至温热处，静置 4h 或过夜（此时溶液体积应保持在 200mL）。沉淀用慢速滤纸过滤，以温水洗至无氯离子作用（用 1%硝酸银溶液检验）。将沉淀及滤纸一并移入已恒重的瓷坩埚中，灰化后，在 800℃ 的高温炉中灼烧 30min。取出坩埚，置于干燥器中冷却至室温，称量。如此反复的灼烧，直至恒重。

三氧化硫的质量分数按式(4-31) 计算：

$$w_{SO_3} = \frac{m_1 \times 0.343}{m} \times 100\% \qquad (4\text{-}31)$$

式中　m_1——灼烧后沉淀的质量，g；

　　　m——样品质量，g；

0.343——硫酸钡对三氧化硫的换算系数。

(4) 注意事项

① 沉淀及沉淀的放置过程中应通过盐酸的加入及溶液的体积借以控制溶液的酸度为 $0.3 \sim 0.4 mol/L$。酸度太大易形成酸式盐，增大硫酸钡的溶解度。

$$BaSO_4 + HCl \xrightarrow{} Ba^{2+} + HSO_4^- + Cl^-$$

② 沉淀硫酸钡要在热溶液中不断地搅拌下进行，沉淀剂应一滴一滴加入，沉淀完毕应静置陈化，目的都是为了得到纯净的、易于过滤的粗大结晶沉淀。

③ 灼烧沉淀时，应先经充分灰化，然后从低温开始灼烧。否则，未烧尽的碳可部分的将硫酸钡还原为硫化钡使结果偏低。

$$BaSO_4 + 2C \xrightarrow{} BaS + 2CO_2 \uparrow$$

遇此情况，灼烧后的沉淀不是纯白色，而是暗灰色。

④ 灼烧温度应控制 800℃，温度太高将引起硫酸钡的分解，使结果偏低。

$$BaSO_4 == BaO + SO_3 \uparrow$$

⑤ 恒重空坩埚和恒重沉淀时，掌握的条件如灼烧温度、冷却时间等都应一致。

4.3.2.2　碘量法

此法可用于测定全硫量及硫化物的硫，差减法得硫酸盐硫，是刚刚被采纳为水泥化学分析国家标准的方法。方法有快速、简便、准确，适用范围广等特点。

（1）方法原理　水泥熟料、高炉矿渣等水泥原料含的硫化物，常以硫化铁、硫化锰、硫化钙等形式存在。当样品以盐酸或缩合磷酸溶样时，可生成硫化氢气体。反应如下：

$$CaS + 2HCl == CaCl_2 + H_2S \uparrow$$
$$MnS + 2HCl == MnCl_2 + H_2S \uparrow$$
$$FeS + 2HCl == FeCl_2 + H_2S \uparrow$$
$$3CaS + 2H_3PO_4 == Ca_3(PO_4)_2 + 3H_2S \uparrow$$
$$3MnS + 2H_3PO_4 == Mn_3(PO_4)_2 + 3H_2S \uparrow$$
$$3FeS + 2H_3PO_4 == Fe_3(PO_4)_2 + 3H_2S \uparrow$$

通过测定生成 H_2S 气体量，即可求得硫化物中硫的百分含量。当以酸溶解时，硫酸盐硫以硫酸根形式存在而不被测定。欲测全硫，应以缩合磷酸溶样并在 250～300℃的温度下，以二氯化锡将硫酸盐硫还原生成硫化氢气体放出。

$$SO_4^{2-} + 4Sn^{2+} + 10H^+ == 4Sn^{4+} + H_2S \uparrow + 4H_2O$$

然后测定硫化物硫和硫酸盐硫生成 H_2S 气体的总量，计算全硫量。

生成的硫化氢气体以硫酸锌的氨水溶液（简称锌-氨溶液）吸收，生成硫化锌沉淀。反应为：

$$H_2S + ZnSO_4 + 2NH_3 \cdot H_2O == ZnS \downarrow + (NH_4)_2SO_4 + 2H_2O$$

加入过量的碘酸钾标准滴定溶液，在酸化溶液时碘酸钾与碘化钾反应生成游离碘。同时硫化锌沉淀在酸性溶液中溶解生成硫化氢随即与游离碘发生氧化还原反应。反应如下：

$$KIO_3 + 5KI + 3H_2SO_4 == 3I_2 + 3K_2SO_4 + 3H_2O$$
$$ZnS + H_2SO_4 == ZnSO_4 + H_2S \uparrow$$
$$I_2 + H_2S == 2HI + S \downarrow$$

消耗一定量的碘酸钾，过量的碘酸钾生成的游离碘以硫代硫酸钠滴定，根据碘酸钾的实际消耗量计算三氧化硫的百分含量。

$$I_2 + 2Na_2S_2O_3 == Na_2S_4O_6 + 2NaI$$

三价铁离子存在对测定有干扰，在酸性溶液中 Fe^{3+} 能氧化 H_2S，使结果偏低。

$$2Fe^{3+} + H_2S == 2Fe^{2+} + 2H^+ + S \downarrow$$

同时，三价铁离子还可氧化 KI，生成游离碘，也会使结果偏低。

$$2Fe^{3+} + 2KI == 2Fe^{2+} + I_2 + 2K^+$$

当样品中硫的含量较低，而铁的含量较高时，甚至能使分析结果为负值。因此必须消除 Fe^{3+} 的干扰。测定全硫时，由于样品是以 H_3PO_4 溶样，Fe^{3+} 与 H_3PO_4 生成配离子 $Fe(PO_4)_2^{3-}$，从而大大降低了 Fe^{3+}/Fe^{2+} 电对的电极电位，抑制了 Fe^{3+} 对测定的干扰。在测定硫化物硫时，以 HCl 溶样，未消除 Fe^{3+} 干扰，加入还原剂 $SnCl_2$，将 Fe^{3+} 还原 Fe^{2+} 消除干扰。

$$2Fe^{3+} + Sn^{2+} == 2Fe^{2+} + Sn^{4+}$$

（2）试剂

① 5%硫酸铜溶液：将 5g 硫酸铜（$CuSO_4 \cdot 5H_2O$）溶于 100mL 水中，加 2～3 滴硫酸（1+2）。

② 锌氨溶液：将 100g 硫酸锌（$ZnSO_4 \cdot 7H_2O$）溶于 300mL 水及 700mL 氨水中。静止一昼夜后使用（必要时过滤）。

③ 5%二氯化锡-磷酸溶液：称取 5g 二氯化锡（$SnCl_2 \cdot 2H_2O$）置于烧杯中。加入 100mL 磷酸，在通风橱中于电炉上加热溶解至透明。待溶液体积减小 15%左右时，再继续加热 15～20min（此溶液的使用期一般以不超过两周为宜）。

④ 硫酸（1+2）：将 1 体积硫酸缓缓注入 2 体积水中。

⑤ 1%动物胶溶液：将 1g 动物胶溶于 100mL 70～80℃的水中（新配制）。

⑥ 1%淀粉：将 1g 可溶性淀粉，置于小烧杯中，加水调成糊状后，加入沸水冲至 100mL。再煮沸约 1min，冷却后使用。

⑦ 0.005mol/L 重铬酸钾：称取 1.4709g 已预先于 150～180℃烘干 2h 的重铬酸钾（基准试剂）。放入烧杯中以 100～150mL 水溶解后移入 1000mL 容量瓶中，加水稀释至标线摇匀。

⑧ 0.005mol/L 碘酸钾标准滴定溶液：将 5.4g 碘酸钾溶于 200mL 新煮沸过的冷水中，加入 5g 氢氧化钠及 150g 碘化钾，溶解后移入棕色玻璃瓶中，再以同样的水稀释至 5L。

⑨ 0.03mol/L 硫代硫酸钠标准滴定溶液：将 37.5g 硫代硫酸钠（$Na_2S_2O_3 \cdot 5H_2O$）溶于 200mL 新煮沸过的冷水中，加入约 0.25g 无水碳酸钠，搅拌溶解后，移入棕色玻璃瓶中，再以同样的水稀释至 5L 摇匀，静置 14 天后使用。

标定方法

a. 用 0.005mol/L 的重铬酸钾标准滴定溶液标定硫代硫酸钠标准滴定溶液的浓度　用滴定管将 15.00mL 0.005mol/L 的重铬酸钾标准滴定溶液，注入带有磨口塞的 200mL 锥形瓶，加入 3g 碘化钾及 50mL 水，溶解后加入 10mL（1+2）硫酸，盖上磨口塞，在暗处放置 15～20min，用少量的水冲洗瓶塞及瓶壁，以 0.03mol/L 的硫代硫酸钠标准滴定溶液滴定；至淡黄色时加入约 2mL 1%淀粉溶液，再继续滴定至蓝色消失。硫代硫酸钠的浓度，根据滴定反应：

$$Cr_2O_7^{2-} + 6I^- + 14H^+ = 2Cr^{3+} + 3I_2 + 7H_2O$$
$$I_2 + 2Na_2S_2O_3 = Na_2S_4O_6 + 2NaI$$

硫代硫酸钠的浓度按式(4-32) 计算：

$$c = \frac{6 \times 0.005000 \times 15.00}{V} \tag{4-32}$$

式中　c——硫代硫酸钠标准滴定溶液的浓度，mol/L；

V——滴定时消耗硫代硫酸钠溶液的体积，mL。

b. 碘酸钾标准滴定溶液与硫代硫酸钠标准滴定溶液体积比的测定　由滴定管准确放出 15.00mL 碘酸钾标准滴定溶液于 200mL 锥形瓶中，加 25mL 水及 10mL 硫酸（1+2），在摇动下用 0.03mol/L 硫代硫酸钠标准滴定溶液滴定，至淡黄色时加约 2mL 1%淀粉溶液，再继续滴定至蓝色消失。消耗硫代硫酸钠的毫升数为 V_2，则碘酸钾标准滴定溶液与硫代硫酸钠溶液的体积比按下式计算：

$$K = \frac{15.00}{V} \tag{4-33}$$

式中　K——1毫升硫代硫酸钠标准滴定溶液相当于碘酸钾标准滴定溶液的毫升数；

V——滴定时消耗硫代硫酸钠标准滴定溶液的体积，mL。

碘酸钾标准滴定溶液对硫代硫酸钠的滴定度为：

$$T_{SO_3}=\frac{c\times V\times10^{-3}\times\dfrac{1}{2}\times80.06}{15.00}\qquad(4-34)$$

$$T_S=\frac{c\times V\times10^{-3}\times\dfrac{1}{2}\times32.06}{15.00}\qquad(4-35)$$

式中　T_{SO_3}，T_S——碘酸钾标准滴定溶液对三氧化硫及硫的滴定度，mg/mL；

　　　c——硫代硫酸钠标准滴定溶液的浓度，mol/L；

　　　V——滴定时消耗硫代硫酸钠标准滴定溶液的体积，mL；

80.06，32.06——三氧化硫及硫的摩尔质量，g/mol。

⑩ 2％二氯化锡-盐酸溶液：称取 2g 二氯化锡（$SnCl_2\cdot2H_2O$）置于烧杯中，加入 100mL 盐酸（1＋1），放在小电炉上，慢慢加热至溶解，冷却后使用（此溶液的使用期一般以不超过两周为宜）。

（3）仪器装置　测定全硫量及硫化物硫，所用的仪器装置示意图如图 4-2 所示。

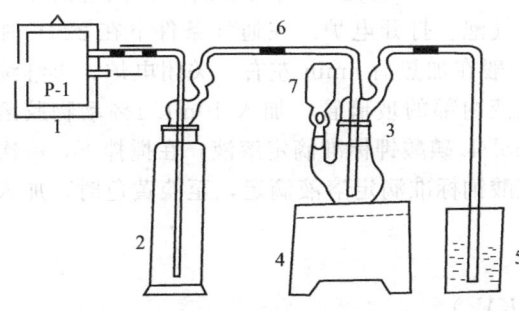

图 4-2　仪器装置示意图

1—P-1 型空气泵；2—$CuSO_4$ 溶液洗气瓶；3—反应瓶；

4—电炉；5—吸收杯；6—硅橡胶管；7—分液漏斗

（4）测定方法

① 全硫量的测定　空白试验：按图 4-2 的仪器装置示意图，连接空气泵、洗气瓶、反应瓶及吸收杯。并将小电炉与调压变压器相连，其中，反应瓶内加入 15mL 5％二氯化锡-磷酸溶液，吸收杯内加入 20mL 锌-氨溶液并加水稀释至 300mL。打开空气泵，并使通气速度保持每秒 4～5 个气泡。打开电炉，于 220V 加热 10min，然后将电压降至 180V 继续加热 5min。将调压变压器的指针旋至零关闭电炉。取下吸收杯，用水冲洗并插入吸收液内部的玻璃管，加入 10mL 1％动物胶溶液，由滴定管向吸收杯内注入 5.00mL 0.005mol/L 碘酸钾标准滴定溶液，在搅拌下一次加入 30mL 硫酸（1＋2），用 0.03mol/L 硫代硫酸钠标准滴定溶液滴定至淡黄时，加入 2mL 1％淀粉溶液，再继续滴定至蓝色消失。空白值按式(4-36)计算：

$$V_{空白}=5.00-K\times V\qquad(4-36)$$

式中　$V_{空白}$——空白试验消耗碘酸钾标准滴定溶液的体积，mL；

　　5.00——加入碘酸钾标准滴定溶液的体积，mL；

　　K——每毫升硫代硫酸钠标准滴定溶液相当于碘酸钾标准滴定溶液的毫升数；

　　V——滴定时消耗硫代硫酸钠标准滴定溶液的体积，mL。

② 全硫量测定方法　准确称取水泥试样约 0.5g（相当于 10～15mg 三氧化硫），置于干燥的反应瓶中；在吸取瓶内放入 20mL 锌-氨溶液，加水稀释至 300mL。按图 4-2 仪器装置示意图，连接空气泵、洗气瓶、反应瓶及吸收杯。由分液漏斗向反应瓶中加入 15mL 5％二氯化锡-磷酸溶液，迅速关闭漏斗活塞。开动空气泵，通气速度保持每秒 4～5 个气泡。打开电炉，在继续通气条件下，于 220V 加热 10min，然后将电压降至 180V，继续通气，加热 5min。调压变压器的指针旋至零关闭电炉。取下吸收杯，用水冲洗并插入吸收液内部的玻璃管，加入 10mL 动物胶溶液，由滴定管向吸收杯内准确注入 10～15mL 0.005mol/L 碘酸

钾标准滴定溶液（应过量 2～3mL），在搅拌下一次加入 30mL 硫酸（1＋2）用 0.03mol/L 硫代硫酸钠标准滴定溶液滴定，至呈淡黄色，加入 2mL 1％淀粉指示剂，再继续滴定至蓝色消失。

全硫量（以 SO_3 计）的质量分数按式(4-37) 计算：

$$w_{SO_3} = \frac{T_{SO_3} \times (V_1 - K \times V_2 - V_{空白})}{m_s \times 1000} \times 100\% \tag{4-37}$$

式中　T_{SO_3}——碘酸钾标准滴定溶液对三氧化硫的滴定度，mg/mL；

V_1——加入碘酸钾标准滴定溶液的体积，mL；

K——每毫升硫代硫酸钠溶液相当于碘酸钾标准滴定溶液的毫升数；

V_2——滴定消耗硫代硫酸钠标准滴定溶液的体积，mL；

$V_{空白}$——空白试验消耗碘酸钾标准滴定溶液的体积，mL；

m_s——称取试样的质量，g。

③ 硫化物硫的测定方法　准确称取 0.5g 水泥试样，置于干燥的反应瓶中，在吸收瓶内加入 20mL 锌-氨溶液并加水稀释至 300mL。按图 4-2 装置示意图连接空气泵、洗气瓶、反应瓶及吸收杯。由分液漏斗向反应瓶中加入 15mL 2％二氯化锡-盐酸溶液迅速关闭漏斗活塞。开动空气泵，通气速度保持每秒钟 4～5 个气泡。打开电炉，在通气条件下在 220V 加热，至吸收杯中刚刚出现氯化铵白色烟雾时（一般在加热后 5min 左右）关闭电炉，再继续通气 5min。取下吸收杯，用水冲洗并插入吸收液内部的玻璃管，加入 10mL 1％动物胶溶液，然后由滴定管向吸收杯内注入 5mL 0.005mol/L 碘酸钾标准滴定溶液，在搅拌下，一次加入 30mL 硫酸（1＋2），用 0.03mol/L 硫代硫酸钠标准滴定溶液滴定，至淡黄色时，加入 2mL 1％淀粉溶液，再继续滴定至蓝色消失。

硫化物中硫的质量分数按式(4-38) 计算：

$$w_S = \frac{T_S \times (V_1 - KV_2)}{m_s \times 1000} \times 100\% \tag{4-38}$$

式中　T_S——碘酸钾标准滴定溶液对硫的滴定度，mg/mL；

V_1——加入碘酸钾标准滴定溶液的体积，mL；

V_2——滴定时消耗硫代硫酸钠标准滴定溶液的体积，mL；

K——每毫升硫代硫酸钠标准滴定溶液相当于碘酸钾标准滴定溶液的毫升数；

m_s——试样的质量，g。

④ 硫酸盐硫（以三氧化硫计）的百分含量　按下式计算：

硫酸盐硫(以 SO_3 计)＝全硫量(以 SO_3 计)－硫化物硫(以 SO_3 计)×2.50

式中　2.50——硫对三氧化硫的换算系数。

（5）注意事项

① 本方法可用于各种水泥样品的测定，只是称取试样的量以三氧化硫总量为 10～15mg 为宜。对三氧化硫小于 3.50％的各种水泥可称取 0.3～0.5g，对明矾石膨胀水泥（三氧化硫含量为 7％～8％）可称取 0.1～0.2g。

② 反应瓶应干燥以防水泥结块。

③ 空白试验应每配制一次二氯化锡-磷酸溶液，进行一次测定。

④ 以二氯化锡-磷酸溶样，并将硫酸盐还原成硫化氢，在 250～300℃的温度下反应较快，当在 220V、600W 电炉上加热时，通过实验 7min 可达 250℃，10min 可达 300℃，加热时间采用 220V 加热 10min，再 180V 加热 5min 的办法，220V 加热时间不得少于 8min，若加热时间太长，一方面 270℃以上磷酸对玻璃有一定的侵蚀作用，另一方面也易生成黏稠

状的偏磷酸，会给仪器洗涤带来困难。如若用水不能洗脱时，可加入 $20 \sim 30mL$ 20% NaOH（或 KOH）溶液，加热煮沸数分钟，冷却后再用水洗净。

⑤ 加入动物胶起保护胶体作用，防止反应生成的硫析出，影响终点观察。

⑥ 滴定时应控制溶液的酸度 pH＝$0.2 \sim 0.5$（精密 pH 试纸检验）。一般在 300mL 含锌-氨溶液的吸收液中加 $25 \sim 35mL$ 硫酸（1＋2）即可。酸度低时，碘酸钾不能定量析出碘，使测定结果偏高。酸度太大时，可能有部分硫代硫酸钠分解，使测定结果偏低。

⑦ 锌-氨吸收液应稀释至 300mL，这对硫化氢的吸收及酸化后防止碘的挥发都是有利的。较大体积以硫酸酸化不会引起溶液温度大幅度上升。

⑧ 加入碘酸钾标准滴定溶液的量，应使其过量 1mL 以上。酸化后滴定前应搅拌或放置数秒钟，使 H_2S 与 I_2 反应趋于完全。

⑨ 测定硫化物硫时，如发现反应瓶中的溶液呈 Fe^{3+} 的黄色，表明 Sn^{2+} 的量已不足。此时 2％二氯化锡-盐酸溶液应重新配制。

⑩ 淀粉溶液不要过早加入，待溶液呈淡黄色时加入。

4.3.2.3　离子交换法

（1）离子交换的基本知识　离子交换树脂是一种不溶性的固体的多价酸或多价碱的高分子聚合物。它不溶于酸，也不溶于碱，更不溶于水。

离子交换树脂分为两大类：即阳离子交换树脂和阴离子交换树脂。而阳离子交换树脂又分为强酸性阳离子交换树脂和弱酸型阳离子交换树脂。阴离子交换树脂又分为强碱性阴离子交换树脂与弱碱性阴离子交换树脂。SO_3 测定应用的是强酸性阳离子交换树脂。

离子交换树脂由两部分组成：

① 交换剂的基体　交换剂的基体是一种具有网状结构的高分子聚合物，以 R 表示。

② 活性交换基团　交换基团也由两部分组成，一是能起交换作用的阳离子或阴离子。二是与交换剂基体连在一起的，不可游离的阴离子或阳离子。如图 4-3 所示。

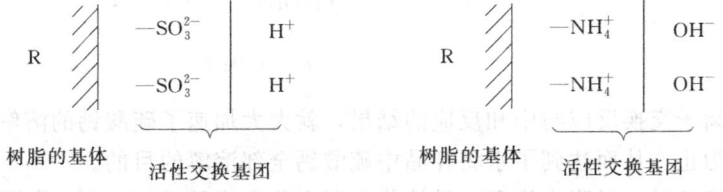

图 4-3　离子交换树脂的构造

阳离子交换树脂是一种固相多元酸，它有可交换的 H^+ 和酸根，只不过酸根是复杂的有机物而已。因此它们的性质属于酸，可以与碱起中和反应，与盐起复分解反应。同样阴离子交换树脂，是一种多元碱，有可交换的 OH^-，它的性质属于碱。

离子交换反应是离子交换树脂中可交换离子与溶液中同性离子之间的交换过程，即阳离子交换树脂中可交换的阳离子与溶液中阳离子之间的交换。而阴离子交换树脂中可交换的阴离子与溶液中的阴离子之间的交换过程。如：

$$R—(SO_3H)_2 + CaSO_4 \Longleftrightarrow R—(SO_3)_2Ca + H_2SO_4$$

当离子交换树脂与溶液中同性离子接触时，溶液中被交换的离子即被树脂吸住，而到树脂上去，而树脂上原来可交换的 H^+，则进入溶液当中。H^+ 与 Ca^{2+} 交换了一下位置，此反应也是以等物质量化合的，1mol 的 Ca^{2+} 被吸到树脂上去，则必有 2mol 的 H^+ 进入到溶液中去。

离子交换的过程，是在离子交换树脂和溶液中的离子之间进行的，因此溶液中的离子能否与树脂充分接触这是首要条件。离子交换的过程可归纳为：溶液中被交换的离子，由于热运动或机械搅拌的关系走向树脂的表面，并通过树脂表面向内部进行扩散；与树脂中可交换离子进行离子交换反应；而树脂上被交换下来的离子则向树脂表面和溶液中扩散。从而看出离子交换速度，是受离子在溶液中的扩散速度和交换反应速度所决定的，但离子交换反应速度是非常快的，而扩散速度则不那么快。因此要提高交换速度，可提高溶液的温度或加强搅拌以有利于外部溶液向树脂表面和内部的扩散作用。

　　（2）离子交换法测三氧化硫的基本原理　水泥的主要组成为：C_3S、C_2S、C_3A、C_4S、AF、$CaSO_4 \cdot 2H_2O$。通过实验证明，在水溶液中，以 H 型强酸性阳离子交换树脂进行交换的条件下：

　　① C_3A、C_4S、AF 基本不被树脂交换，而保留于残渣中。

　　② C_2S 少量被交换。

　　③ C_3S 绝大部分能水化，生成氢氧化钙，并被树脂所交换。

$$SiO_2 \cdot 3CaO + nH_2O === 3Ca(OH)_2 + SiO_2 \cdot (n-3)H_2O$$

$$Ca(OH)_2 + R(SO_3H)_2 === R(SO_3)_2Ca + 2H_2O$$

　　④ 水泥中固体 $CaSO_4$，在水中溶解的速度比较缓慢，当加入 H 型强酸性阳离子交换树脂后由于离子交换作用，破坏了溶解平衡，使反应向继续溶解方向进行。交换的结果生成了 H^+，H^+ 瞬间即可被水化生成的氢氧化钙中和平衡向右移动更有利于硫酸钙的溶解。反应如下：

$$
\begin{array}{c}
CaSO_4 = Ca^{2+} + SO_4^{2-} \\
+ \\
R(SO_3H)_2 \\
\| \\
R(SO_3)_2Ca + 2H^+ \\
+ \\
Ca(OH)_2 \\
\| \\
Ca^{2+} + 2H_2O
\end{array}
$$

　　总之，由于离子交换反应与中和反应的结果，就大大加速了硫酸钙的溶解速度，直至全部溶解生成硫酸为止，从而达到了水将样品中硫酸钙全部溶解的目的。

　　硫酸钙全部溶解后，树脂未饱和，继续与水泥水化生成的 $Ca(OH)_2$ 作用，直到全部失去交换能力。但由于 C_3S 继续水化的结果使溶液呈碱性，需进行第二次交换。其目的：

　　a. 中和溶液中存在的 $Ca(OH)_2$：

$$Ca(OH)_2 === Ca^{2+} + 2OH^-$$

$$Ca^{2+} + 2OH^- + R(SO_3H)_2 === R(SO_3)_2Ca + 2H_2O$$

消除了对测定结果的影响。

　　b. 将溶解的 $CaSO_4$ 全部转化成 H_2SO_4：

$$Ca^{2+} + SO_4^{2-} + R(SO_3H)_2 === R(SO_3)_2Ca + H_2SO_4$$

第二次交换完毕后三氧化硫全部形成 H_2SO_4 以氢氧化钠滴定生成硫酸钠。

$$H_2SO_4 + 2NaOH === Na_2SO_4 + 2H_2O$$

根据氢氧化钠的消耗量，计算三氧化硫的含量。

　　（3）试剂与仪器

　　① 732 苯乙烯型强酸性阳离子交换树脂或类似性能的树脂　市售的 732 苯乙烯型强酸性

阳离子交换树脂都为钠型（即可交换离子为 Na^+），而本实验所需的树脂应为 H 型（即可交换离子为 H^+），钠型树脂转变为 H 型树脂处理方法如下：将 500g 732 苯乙烯型强酸性阳离子交换树脂置于 1000mL 烧杯中，加水浸泡 6～8h，然后装入离子交换柱中（交换柱长 600mm、直径 50mm 或近似的规格），用 2L 3mol/L 盐酸以 5mL/min 的流速通过交换柱。然后用水逆洗交换柱中的树脂，直至流出液中氯根的反应消失为止（用硝酸银溶液检验）。将树脂倒出，用布氏漏斗以抽气泵或抽气管抽滤，然后贮存于广口瓶中备用（树脂久放后，使用时应再用水清洗数次）。或将树脂以 3mol/L 盐酸溶液浸泡三昼夜，并不时搅拌。然后倾出酸液以水洗至无氯根。

树脂的再生处理：将用过的带有水泥残渣的树脂，放入烧杯中，用水清洗数次，将树脂与水泥残渣分离后，再以稀盐酸溶解树脂中夹带的少量水泥残渣，并用水清洗数次。保存树脂，再用钠型树脂转变为氢型树脂的处理方法进行再生。

② 1% 酚酞指示剂　称取 1g 酚酞溶于 100mL 乙醇中。

③ 0.05mol/L 氢氧化钠标准滴定溶液　将 20g 氢氧化钠于 10L 水中，充分摇匀，贮存于带胶塞的硬质玻璃瓶或塑料瓶中（装有钠石灰干燥管）。

标定方法：准确称取约 0.3g 苯二甲酸氢钾置于 400mL 烧杯中，加 150mL 新煮沸过的冷水（该液经冷却中和至酚酞呈微红色），使其溶解。然后加入 5～6 滴 1% 酚酞指示剂，以氢氧化钠标准滴定溶液滴定至微红色。氢氧化钠对三氧化硫的滴定度按式 (4-39) 计算：

$$T_{SO_3} = \frac{m \times 80.06 \times \frac{1}{2}}{V \times 204.2} \times 1000 \tag{4-39}$$

式中　T_{SO_3}——氢氧化钠标准滴定溶液对三氧化硫的滴定度，mg/mL；

　　　　m——苯二甲酸氢钾的质量，g；

　　　　V——滴定时消耗氢氧化钠标准滴定溶液的体积，mL；

　　204.2——苯二甲酸氢钾的摩尔质量，g/mol；

　　80.06——三氧化硫的摩尔质量，g/mol。

④ 磁力搅拌器　200～300r/min。

(4) 测定方法　准确称取约 0.5g 试样置于 100mL 烧杯中（预先放入 2g 树脂和 10mL 热水及一根磁力搅拌棒），摇动烧杯使试样分散。向烧杯中加入 40mL 沸水，立即置于磁力搅拌器上搅拌 2min，以快速滤纸过滤，用热水将滤纸上的树脂与残渣洗涤 2～3 次（每次洗涤液不超过 15mL），滤液及洗液收集于预先盛有 2g 树脂及一根磁力搅拌棒的 150mL 烧杯中，保存滤纸上的树脂以备再生。

将烧杯再置于磁力搅拌器上搅拌 3min，取下，以快速滤纸过滤于 300mL 烧杯中，用热水倾泻洗涤 4～5 次（尽量不把树脂倾出）。保存树脂供下次分析时第一次交换用。向溶液中加入 7～8 滴 1% 酚酞指示剂溶液，用 0.05mol/L 氢氧化钠标准滴定溶液滴定至微红色。

三氧化硫的质量分数按式 (4-40) 计算：

$$w_{SO_3} = \frac{T_{SO_3} \times V}{m_s \times 1000} \times 100\% \tag{4-40}$$

式中　T_{SO_3}——氢氧化钠标准滴定溶液对三氧化硫的滴定度，mg/mL；

　　　　m_s——称取试样的质量，g；

　　　　V——滴定时消耗氢氧化钠标准滴定溶液的体积，mL。

(5) 注意事项

① 本方法适用于以 $CaSO_4 \cdot 2H_2O$ 为混合材的水泥 SO_3 测定。当水泥中掺加硬石膏

（$CaSO_4$）或混合石膏（$CaSO_4 \cdot 2H_2O + CaSO_4$）时，由于 $CaSO_4$ 与 $CaSO_4 \cdot 2H_2O$ 的溶解速度有很大差别，因此测定时树脂的用量应加大为 5g 且搅拌时间也应延长至 10min，其他测定方法相同，仍可得到满意的结果。

② 若掺入含有氟、磷、氯的石膏或矿化剂后，不能用此法。因经交换后产生相应的酸，消耗氢氧化钠，使结果偏高。

③ 第一次交换体积以 50mL 为宜。体积不可太大，搅拌时间也不宜过长。否则增加了 C_3C、C_2C 水化作用，析出较多的 $Ca(OH)_2$ 及硅酸，前者使第二次交换时树脂消耗增大，而后者则使滴定终点拖长。但体积太小影响扩散速度，降低交换效率，时间太短，溶解不完全则使结果偏低。因此第一次交换应严格控制体积、树脂用量、搅拌时间、洗涤体积、次数等，这是此法操作的关键所在。

④ 第二次交换搅拌不得少于 2min，否则作用不完全，时间长了对测定结果无影响。

任务 4.4 水泥中混合材掺加量的分析

水泥中掺加混合材不但可以增加水泥的产量，降低水泥成本，而且还可以改善水泥的某些物理性能。特别是游离氧化钙较高的熟料，掺入活性混合材料，不但可以降低水泥中游离氧化钙的相对浓度，还可吸收部分离氧化钙改善水泥的安定性。但是由于混合材的加入，水泥中熟料组分就相应减少，因此使水泥强度有不同程度的降低，掺加量越大，强度降低越显著。因此应根据熟料的质量、混合材的品种，质量，确定合理的控制指标。一般矿渣水泥中高炉矿渣的掺加量为 20%～70%，若为石灰石不得超过 10%。火山灰混合材掺加量为 20%～50%。

4.4.1 矿渣水泥中矿渣掺加量的测定

矿渣水泥是由普通水泥热料，高炉矿渣及适合的石膏混合磨细而成，生产过程中需对矿渣含量进行测定。目前用得较多的方法是还原值法，也有用 EDTA 配位滴定法的。

4.4.1.1 还原值法

（1）测定原理 矿渣中常含有较多的被还原的物质，如 FeO、FeS、MnS、CaS 等，而水泥熟料中也比含有被还原的物质如 FeO 等，但含量较小。由二者组成的矿渣水泥也必然存在这些还原性物质。这些还原性物质，都可在一定条件下，加入定量的而且是过量的高锰酸钾标准滴定溶液与其反应，将它们氧化为较高值。如：

$$MnO_4^- + 5Fe^{2+} + 8H^+ === 5Fe^{3+} + Mn^{2+} + 4H_2O$$
$$MnO_4^- + 5S^- + 8H^+ === 5S\downarrow + Mn^{2+} + 4H_2O$$

待作用完全后，过量的高锰酸钾标准滴定溶液以草酸钠标准滴定溶液滴定

$$2MnO_4^- + 5C_2O_4^{2-} + 16H^+ === 10CO_2\uparrow + 2Mn^{2+} + 8H_2O$$

终点时溶液由红色变为无色，不敏锐，易滴定过量。为了利于终点观察，滴定至无色后再加稍过量的草酸钠标准滴定溶液，过量部分再以高锰酸钾标准滴定溶液滴定至微红色。根据物质（矿渣、水泥、熟料）消耗高锰酸钾标准滴定溶液总毫升数，以及加入草酸钠标准滴定溶液总毫升数相当于高锰酸钾标准滴定溶液的毫升数，即可得到物质实际消耗（也即所含还原性物质相当于）高锰酸钾标准滴定溶液的毫升数。1g 物质所含还原性物质相当于高锰酸钾标准滴定溶液的毫升数，称为该物质的还原值。

根据在相同条件下测定的矿渣、水泥、熟料的还原性的大小，从而计算出水泥中矿渣的

含量。

（2）试剂

① 硫酸 (1+1)。

② 0.02mol/L 高锰酸钾标准滴定溶液：将 3.2g 高锰酸钾溶于沸水中，并继续煮沸 1h，取下用装有玻璃棉或石棉过滤层的漏斗过滤，用新煮沸过的冷水稀释至 1L，摇匀，保存于棕色瓶中，静置数日后标定、使用。

③ 0.05mol/L 草酸钠标准滴定溶液：将 6.7g 草酸钠溶于 1000mL 水中。

高锰酸钾标准滴定溶液与草酸钠标准滴定溶液体积比的测定：自滴定管准确放出 15mL 0.05mol/L 草酸钠标准滴定溶液于 250mL 锥形瓶中，加 8～10mL (1+1) 的硫酸和 100mL 水，加热至 70～80℃，用配好的高锰酸钾标准滴定溶液滴定至微红色 30s 不消失时即为终点。

高锰酸钾标准滴定溶液与草酸钠标准滴定溶液体积比按式(4-41) 计算：

$$K = \frac{V}{V_1} \tag{4-41}$$

式中　K——每毫升草酸钠标准滴定溶液相当于高锰酸钾标准滴定溶液的毫升数；

V——滴定时消耗高锰酸钾标准滴定溶液的体积，mL；

V_1——加入草酸钠标准滴定溶液的体积，mL。

（3）分析方法

① 水泥还原值的测定：准确称取研细并除去铁屑的试样 0.5g，置于 300mL 锥形瓶中，加约 100mL 水，摇动锥形瓶使试样分解。自滴定管中加入 15mL 0.02mol/L 高锰酸钾标准滴定溶液，再加 15mL 的硫酸 (1+1)。放在电炉上加热至 70～80℃取下，用 0.05mol/L 草酸钠标准滴定溶液滴定至无色后再用 0.02mol/L 高锰酸钾标准滴定溶液滴定至微红色 30s 内不消失为止。

② 矿渣还原值的测定：分析方法同水泥还原值的测定，只是 0.02mol/L 高锰酸钾标准滴定溶液第一次加入量为 25mL。

③ 熟料还原值的测定：分析方法同水泥还原值的测定，只是 0.02mol/L 高锰酸钾标准滴定溶液第一次加入量为 10mL，硫酸 (1+1) 加入量为 10mL。

水泥、矿渣、熟料还原值按式(4-42) 计算：

$$还原值 = \frac{(V_1 + V_2) - V_3 \times K}{m} \tag{4-42}$$

式中　V_1——第一次加入高锰酸钾溶液的体积，mL；

V_2——第二次加入高锰酸钾溶液的体积，mL；

V_3——加入草酸钠溶液的体积，mL；

K——1mL 草酸钠溶液相当于高锰酸钾溶液的毫升数；

m——试样质量，g。

（4）矿渣含量计算公式的推导

设 1g 水泥中含有 Xg 矿渣，则含有 $(1-X)$g 熟料。$K_水$ 为水泥的还原值，$K_渣$ 为矿渣的还原值，$K_熟$ 为熟料的还原值：

$$K_渣 X + K_熟 (1-X) = K_水$$

经整理后得

$$X = \frac{K_水 - K_熟}{K_渣 - K_熟}$$

所以矿渣百分含量按下式计算：

$$矿渣含量=\frac{水泥还原值-熟料还原值}{矿渣还原值-熟料还原值}\times100\%$$

（5）注意事项

① 生产过程中，由于磨机磨损带入的金属铁，不包括在测定范围内，因此，实验前应用磁铁吸去金属铁，否则将产生较大误差。

② 为了简化计算可将草酸钠溶液与高锰酸钾溶液的体积比调整为1，调整方法可参考生料碳酸钙滴定值中盐酸氢氧化钠的浓度调整方法。

③ 所用锥形瓶最好是干的，加水后注意摇动，以防结块，尤其是水泥，熟料更应注意。如有结块应重做。

④ 应严格掌握测定条件温度、酸度及滴定速度。

⑤ 高锰酸钾和硫酸的加入次序不可颠倒，否则生成硫化氢使结果偏低。

⑥ 草酸钠溶液、高锰酸钾溶液不必标定它们的准确浓度，只求其体积比就可以了。因为此法测定的是水泥、矿渣、熟料三者还原性物质的相对大小，而不是其的真实质量。因此不必标定。

4.4.1.2 EDTA 配位滴定氧化钙法

（1）方法原理 此法根据的水泥中氧化钙的百分含量是由水泥中的矿渣、熟料、石膏中的氧化钙提供的，而矿渣、熟料、石膏各自提供氧化钙的量在水泥中占的百分数，等于矿渣、熟料石膏本身所含氧化钙的百分含量与各自在水泥中占的百分数的乘积。通过此关系只要测出矿渣、熟料、石膏中氧化钙的含量，又知熟料、石膏的加入量即可求得矿渣含量。

以 EDTA 滴定氧化钙的原理，参考 4.1.1.3 不分离条件下钙镁的测定原理。

（2）试剂

① 盐酸（1+1）；

② 三乙醇胺（1+2）；

③ 氟化钾（15%）溶液；

④ 氢氧化钾溶液（20%）；

⑤ CMP 指示剂；

⑥ 0.015mol/L EDTA 标准滴定溶液（配制与标定见 3.1.1.2）。

（3）分析方法 准确称取熟料、矿渣、水泥、石膏等样品各 50mg 分别置于干燥的 400mL 烧杯中，加水 100mL 使试样分散，然后加入 10mL 盐酸（1+1），加热至沸，待试样分解后取下冷却，加入 15% 氟化钾溶液 3~5mL，搅拌并放置 2min 以上，然后用水稀释至约 250mL，加 10mL 三乙醇胺（1+2），加适量 CMP 指示剂，以 20% 氢氧化钾调至绿色荧光出现后再过量 5~8mL，以 0.015mol/L EDTA 标准滴定溶液滴定至绿色荧光消失，呈现出稳定的橙红色为止。氧化钙的质量分数按式（4-43）计算：

$$w_{CaO}=\frac{T_{CaO}V}{m_s\times1000}\times100\% \tag{4-43}$$

式中 T_{CaO}——EDTA 标准滴定溶液对氧化钙的滴定度，mg/mL；

V——滴定消耗 EDTA 标准滴定溶液的体积，mL；

m_s——样品质量，g。

（4）矿渣含量的计算 设矿渣水泥中石膏的掺加量为 A，矿渣掺加量为 X，则熟料的掺加量为（$1-A-X$），若以 $CaO_{水泥}$、$CaO_{熟料}$、$CaO_{矿渣}$、$CaO_{石膏}$ 分别表示水泥、熟料、矿渣、石膏中氧化钙的百分含量，则下式成立，即：

$$CaO_{水泥} = A \times CaO_{石膏} + X \times CaO_{矿渣} + (1-A-X) \times CaO_{熟料}$$
$$= A \times CaO_{石膏} + X \times CaO_{矿渣} + (1-A) \times CaO_{熟料} - X \times CaO_{熟料}$$
$$X(CaO_{熟料} - CaO_{矿渣}) = A \times CaO_{石膏} + (1-A) \times CaO_{熟料} - CaO_{水泥}$$

所以矿渣的质量分数为：

$$X = \frac{A CaO_{石膏} + (1-A) \times CaO_{熟料} - CaO_{水泥}}{CaO_{熟料} - CaO_{矿渣}} \times 100\%$$

4.4.2　水泥中火山灰质混合材掺加量的测定

4.4.2.1　测定原理

利用熟料能被酸溶解，而火山灰质材料不易被酸溶解之特点，测定其水泥、熟料、火山灰质混合材等的耗酸值来计算混合材掺加量。

4.4.2.2　试剂

配制与标定同本项目 4.1.1.1 生料碳酸钙滴定值的测定。

① 1%酚酞乙醇溶液；

② 0.5mol/L 盐酸标准滴定溶液；

③ 0.25mol/L 氢氧化钠标准滴定溶液。

4.4.2.3　分析方法

① 水泥耗酸值　取水泥试样 0.5g，于 250mL 锥形瓶中，加水约 20mL，由滴定管准确加入 0.5mol/L 盐酸标准滴定溶液 30mL，以水冲洗瓶壁，在低温电炉上加热至沸，并保持 2min 左右，取下加 1%酚酞指示剂 3～4 滴，用 0.25mol/L 氢氧化钠标准滴定溶液滴定过量的酸至溶液呈微红色 30s 不消失为止。

② 熟料耗酸值　分析方法同水泥耗酸值的测定，但盐酸加入量为 40mL。

③ 火山灰质混合材、石膏耗酸值　分析方法同水泥耗酸值的测定。

耗酸值按式(4-44)计算：

$$耗酸值 = \frac{V_1 - V_2 \times K}{m} \tag{4-44}$$

式中　V_1——加入 0.5mol/L 盐酸标准滴定溶液的体积，mL；

V_2——消耗 0.25mol/L 氢氧化钠标准滴定溶液的体积，mL；

K——0.5mol/L 盐酸标准滴定溶液与 0.25mol/L 氢氧化钠标准滴定溶液的体积比；

m——试样的质量，g。

火山灰质混合材掺加量按式(4-45)计算：

$$X = \frac{D - B + fB - fC}{A - B} \times 100\% \tag{4-45}$$

式中　X——火山灰质混合材的掺加量；

A——火山灰质混合材的耗酸值；

B——熟料耗酸值；

C——石膏耗酸值；

D——水泥耗酸值；

f——水泥中石膏含量。

4.4.2.4 注意事项

0.5mol/L 盐酸及 0.25mol/L 氢氧化钠标准滴定溶液不必标定其准确浓度，只求其体积比即可。

4.4.3 水泥中石灰石掺加量的测定

石灰石的含量由二氧化碳的含量而定。二氧化碳含量的检测主要采用碱石棉吸收重量法或氢氧化钙-乙醇溶液滴定法。本项目主要介绍碱石棉吸收重量法。

4.4.3.1 方法原理

用磷酸分解试样，碳酸盐分解释放出的二氧化碳由不含二氧化碳的气流带入一系列的 U 形管，先除去硫化氢和水分，然后被碱石棉吸收，通过称量来确定二氧化碳的含量。

4.4.3.2 试剂

① 浓盐酸。

② 盐酸（1+2）。

③ 硫酸。

④ 磷酸。

⑤ 硫酸铜饱和溶液。

⑥ 硫化氢吸收剂：将称量过的、粒度在 1～2.5mm 的干燥浮石放在一个平盘内，然后用一定体积的硫酸铜饱和溶液浸泡，硫酸铜溶液的质量约为浮石质量的一半。把盘和料放在 150℃±5℃ 的干燥箱内，在玻璃棒不时搅拌下，蒸发混合物至干，再烘干 5h 以上，将固体混合物冷却后，立即贮存于密封瓶内。

⑦ 二氧化碳吸收剂：碱石棉，粒度 1～2mm，化学纯，密封保存。

⑧ 水分吸收剂：将无水高氯酸镁制成 0.6～2mm 的粒度，贮存于密封瓶内或者将无水氯化钙制成 1～4mm 粒度，贮存于密封瓶内。

⑨ 钠石灰：粒度 2～5mm，医药用或化学纯，密封保存。

4.4.3.3 测定装置

（1）测定装置结构　如图 4-4 所示。

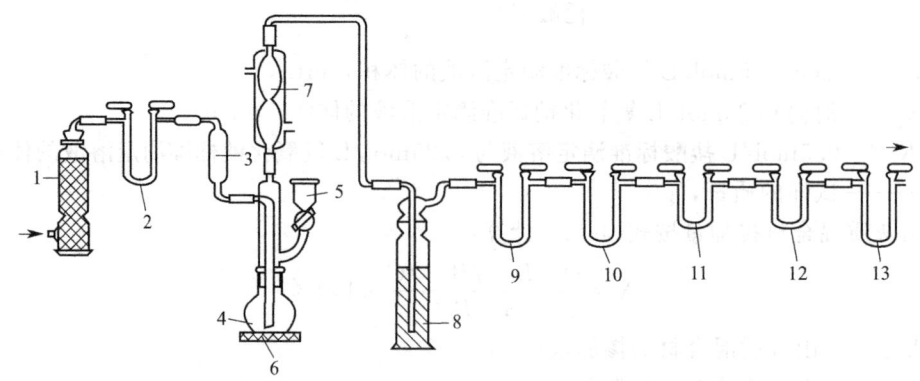

图 4-4　碱石棉吸收重量法-二氧化碳测定装置示意图

1—吸收塔（内装钠石灰或碱石棉）；2—U 形管（内装碱石棉）；3—缓冲瓶；

4—反应瓶（100mL）；5—分液漏斗；6—电炉；7—球形冷凝管；8—洗气瓶（内装浓硫酸）；

9—U 形管（内装硫化氢吸收剂）；10—U 形管（内装水分吸收剂）；

11,12—U 形管（内装碱石板和水分吸收剂）；13—U 形管（内装钠石灰或碱石棉）

（2）工作流程

① 抽气：本装置在抽气的最后部分安装一个适宜的抽气泵和一个可调气体流量的玻璃转子流量计，以气体通过装置均匀流动。

② 空气净化：进入装置的气体先通过装钠石灰（二氧化碳吸收剂）的吸收塔 1 和装碱石棉的 U 形管 2，除去其中的二氧化碳。

③ 酸分解反应：反应瓶 4 中装入样品。浓磷酸通过分液漏斗 5 加入到反应瓶中，样品中的碳酸盐被酸分解成二氧化碳。反应瓶底部用电炉加热，促使碳酸盐分解反应进行完全。

④ 气体的净化：反应产生的二氧化碳随同净化的空气通过球形冷凝管 7，其中的水分大部分被冷凝下来。接着，气体进入含浓硫酸的洗气瓶 8，进一步除去其中的水分。最后，通过含硫化氢吸收剂的 U 形管 9 和水分吸收剂的 U 形管 10，气体中的硫化氢和水分被除去。

⑤ 二氧化碳的定量吸收：净化后的气体通过两个可以称量的 U 形管 11 和 12，内各装 3/4 碱石棉和 1/4 水分吸收剂。对气体流向而言，二氧化碳吸收剂装在水分吸收剂之前。反应生成的二氧化碳在 U 形管 11 和 12 中被定量吸收，称量最后 U 形管增加的质量，计算试样中二氧化碳的含量。

⑥ 保护：U 形管 13 内装钠石灰或二氧化碳吸收剂，以防止空气中的二氧化碳和水分从后面进入 U 形管 12 中。U 形管 13 的后端接流量计和抽气泵。

（3）装置气密性检查　将进气口处的橡胶管用止水夹夹住，关闭分液漏斗 5 的活塞，接通各 U 形管的活塞，打开电源开关和气泵开关，调节气体流速为 60～100mL/min 左右。经 1～3min 后，洗气瓶 8 中气泡明显减少（每分钟不超过 2 个气泡时），即达到气密性要求。否则，检查各活塞处是否紧密接触，必要时涂以薄层凡士林；检查各接火处是否连接良好，橡胶管是否老化。

4.4.3.4　试样中二氧化碳含量的测定

（1）排除去装置中的二氧化碳　每次测定前，将一个空的反应瓶连接到装置上，连通 U 形管 9～13，U 形管的磨口塞都置于开的位置。打开电源开关和气泵开关，加热调节旋钮置于关的位置，控制气体流速约为 50～100mL/min（每秒 3～5 个气泡），通气 30min 以上，以除去系统中的二氧化碳和水分。

关闭抽气泵开关和 U 形管 10～13 的磨口塞，取下 U 形管 11 和 12 放在平盘上，在天平室恒温 10min，然后分别称量。重复此操作，再通气 10min，取下，恒温，称量，直至每个管子连续二次称量结果之差不超过 0.0010g 为止，以最后一次称量值为准。

如果 U 形管 11 和 12 的质量变化连续超过 0.0010g，更换 U 形管 9 和 10。

（2）试样中二氧化碳的测定　称取约 1g 试样，精确至 0.0001g，置于干燥的 100mL 反应瓶中。将反应瓶和已称量的 U 形管 11 和 12 连接到测定装置上。打开电源开关、气泵开关和计时开关，控制气体流速约为 50～100mL/min。加入 20mL 浓磷酸到分液漏斗 5 中，小心旋开分液漏斗活塞，使磷酸滴入反应瓶 4 中，并留少许磷酸在漏斗中起液封作用，关闭活塞。打开电炉的加热调节旋钮，调节至电炉呈暗红色，加热约 5min 使反应瓶中的液体至沸，并继续加热微沸 5min，关闭电炉，并继续通气 25min。（切勿剧烈加热，以防反应瓶中的液体产生倒流现象）

关闭气泵开关和计时开关，关闭 U 形管 10～13 的磨口塞。取下 U 形管 11 和 12 放在平盘上，在天平室恒温 10min，然后分别称量。用每根 U 形管增加的质量计算水泥中二氧化碳的含量。

如果 U 形管 12 的质量变化小于 0.0005g，计算时忽略。实际上二氧化碳应全部被第一根 U 形管 11 吸收。如果第二根 U 形管 12 的质量变化连续超过 0.0010g，应更换第一根 U

形管 11，并重新开始试验。

同时进行空白试验。除不加入试料之外，采用完全相同的分析步骤，取相同量的试剂进行试验。计算时从测定结果中扣除空白试验值。

（3）试样中二氧化碳质量分数　按下式计算：

$$D_1 = \frac{m_8 + m_9 - m_0}{m_{10}} \times 100\%$$ (4-46)

式中　　m_8——吸收后 U 形管 11 增加的质量，g；

m_9——吸收后 U 形管 12 增加的质量，g；

m_0——空白试验值，g；

m_{10}——试料的质量，g。

能力训练题

1. 简述如何配制与标定 0.5mol/L 盐酸标准滴定溶液，并说明注意事项。

2. 详述以铝丝还原的重铬酸钾滴定法测定生料中的 Fe_2O_3 的步骤。

3. 用甘油乙醇法测定熟料中的氧化钙，为什么一定要控制煮沸时间和滴定次数？

4. 如何测定熟料的立升重？

5. 叙述硫酸钡重量法测定水泥 SO_3 的步骤，思考如果静置的时间没有达到 4h 会造成怎样的结果。

6. 给定一种水泥试样，只知道是普通硅酸盐水泥，试着想一想，如何测定它的比表面积？

7. 矿渣水泥中矿渣掺加量的测定都有哪两种方法？

8. 采用碱石棉吸收重量法测定二氧化碳时，如果加热用的电炉温度过高，会产生怎样的后果？

第三部分

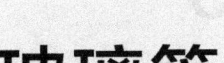

玻璃篇

项目 5
玻璃及玻璃原料主要成分的测定原理

教学目标

通过本项目的学习，熟悉玻璃及玻璃原料主要成分二氧化硅、三氧化二铁、三氧化二铝、二氧化钛、氧化钙、氧化镁、氧化钠和氧化钾的测定原理；熟悉并掌握测定关键问题，影响结果准确性、精密性的因素，实验注意事项等要点；培养细心、严谨、认真的工作态度，一丝不苟的职业精神，精益求精的工匠精神。

项目概述

玻璃及原材料的定期测定，是玻璃厂化验室日常工作的重要内容之一。测定原理是实验的理论基础，同时也是开展成分分析的关键，全面准确掌握实验原理，对选择测定方法、提高结果准确性、提升实验技能、规范操作具有十分重要的意义。玻璃是一种硅酸盐材料，它是由酸性氧化物、碱性氧化物、碱土金属氧化物组合而成，其主要成分包括 SiO_2、Al_2O_3、Fe_2O_3、CaO、MgO、Na_2O。本项目介绍了玻璃及玻璃原料中主要成分的测定原理，这为后续开展玻璃主要原料分析、玻璃成品分析、玻璃配合料及着色剂的质量控制与检测奠定理论基础，进而对动态控制生产过程保证产品质量提供参考。

任务 5.1　二氧化硅的测定

5.1.1　盐酸一次脱水-硅钼蓝比色法

5.1.1.1　分析原理

试样用 Na_2CO_3 熔融，二氧化硅转化为易溶于水的硅酸钠，用盐酸浸取，蒸干脱水，析出硅酸沉淀，反应如下：

$$Na_2SiO_3 + 2HCl \Longrightarrow 2NaCl + H_2SiO_3$$

由于析出的硅酸为一种胶体沉淀，经盐酸一次蒸干处理，使硅酸变成不溶的凝胶沉淀，过滤，灼烧沉淀后称重。加入 HF 和 H_2SO_4 处理，沉淀中的 SiO_2 即以 SiF_4 形式挥发，反应如下：

$$SiO_2 + 4HF \Longrightarrow SiF_4 + 2H_2O$$

剩余的残渣再经灼烧、称重。两次质量之差即为 SiO_2 含量。

硅酸经一次蒸干处理后，仍有一小部分以水溶胶的形式保留在溶液中，需用硅钼蓝比色法进行回收测定。二者之和为试样中二氧化硅的含量。

硅钼蓝比色法，首先使单硅酸与钼酸铵作用，生成黄色的硅钼黄配位化合物，再用还原剂将硅钼黄还原为硅钼蓝，硅钼酸配位化合物的颜色深度与被测溶液中二氧化硅的浓度成正比，符合比耳定律。滤液中的硅酸有一部分以高聚合状态存在而不与钼酸铵反应。为了使高聚合状态的硅酸转化为可与钼酸铵反应的单硅酸，可加入适量的 KF，使其在酸性溶液中与高聚合态的硅酸起反应，转化成能与钼酸铵作用的氟硅酸，过量的氟离子与硼酸结合除去。

硅钼黄显色时的酸度最好控制在 $0.05 \sim 0.1 mol/L$，酸度越高，硅钼黄显色越慢，在上述酸度下 30min 显色完全。温度对硅钼黄的形成速度和稳定性影响也较大，溶液的温度愈高，硅钼黄形成愈迅速，加入钼酸铵后于沸水浴中放 30s，硅钼黄即显色完全，在室温 $15 \sim 30 ℃$ 时，则需放置 $10 \sim 15 min$，但温度太高影响硅钼黄的稳定性，加入乙醇可使硅钼黄配位化合物稳定。酸度对硅钼黄还原成硅钼蓝的影响不明显，从 $0.4 \sim 3.0 mol/L$ 吸光度基本不变。

5.1.1.2　试剂

① 碳酸钠。

② 盐酸（相对密度 1.19）：（1+1）、（5+95） 1mol/L。

③ 硫酸（1+4）。

④ 氢氟酸（相对密度 1.14）。

⑤ 2% KF。

⑥ 2%硼酸。

⑦ 0.5%对硝基苯酚指示剂：称取对硝基苯酚 0.5g 溶于 100mL 乙醇中。

⑧ 10% NaOH。

⑨ 95%乙醇。

⑩ 8%钼酸铵：称取 8g 钼酸铵 $[(NH_4)_6Mo_7O_2 \cdot 4H_2O]$ 溶于 100mL 水中，必要时放置 24h，过滤后使用。

⑪ 2%抗坏血酸：将 2g 抗坏血酸溶于 100mL 水，过滤后使用（使用时现配制）。

⑫ SiO_2 标准溶液（ SiO_2 0.1mg/mL）：准确称取 0.1000g 预先经 1000℃ 灼烧 1h 的高纯二氧化硅（99.99%）于铂坩埚中，加 2g 无水碳酸钠，混匀。先于低温加热，逐渐升高温度至 1000℃，以得到透明熔体，冷却。用热水浸取熔块于盛有 150mL 沸水的塑料杯中，搅

拌使其溶解（此时溶液应是澄清的），冷却。转入 1L 容量瓶中，用水稀释至标线，摇匀后立即转移到塑料瓶中贮存。此溶液每毫升含 0.1mg 二氧化硅。

5.1.1.3 分析步骤

称取约 0.5g 试样于铂皿中（铂皿容积 75～100mL），加 1.5g 无水碳酸钠，与试样混匀，再取 0.5g 无水碳酸钠铺在表面。先于低温加热，逐渐升高温度至 1000℃，熔融呈透明熔体，继续熔融约 5min，用包有铂金头的坩埚钳夹持铂皿，小心旋转，使熔融物均匀地附着在皿的内壁。冷却，盖上表面皿，加 20mL 盐酸（1+1）溶解熔块，将铂皿再置水浴上加热至碳酸盐完全分解，不再冒气泡。取下，用热水洗净表面皿，除去表面皿，将铂皿再置水浴上，蒸发至无盐酸味。

冷却，加 5mL 盐酸，放置约 5min，加约 20mL 热水搅拌使盐类溶解，加适量滤纸浆搅拌。用中速定量滤纸过滤，滤液及洗涤液用 250mL 容量瓶承接，以热盐酸（5+95）洗涤皿壁及沉淀 10～12 次，热水洗涤 10～12 次。

在沉淀上加 2 滴硫酸（1+1），将滤纸和沉淀一并移入铂坩埚中，放在电炉上低温烘干，升高温度使滤纸充分灰化。于 1100℃ 灼烧 1h，在干燥器中冷却至室温，称量，反复灼烧，直至恒量。

将沉淀用水润湿。加 3 滴硫酸（1+1）和 5～7mL 氢氟酸，在砂浴上加热，蒸发至干，重复处理一次，继续加热至冒尽三氧化硫白烟为止。将坩埚在 1100℃ 灼烧 15min，在干燥器中冷却至室温，称量。反复灼烧，直至恒量。

将上面的滤液用水稀释至标线，摇匀。吸取 25mL 滤液于 100mL 塑料杯中，加 5mL 2%氟化钾，摇匀，放置 10min，加 5mL 2%硼酸溶液，加 1 滴对硝基苯酚指示剂，滴加 20%氢氧化钾溶液至溶液变黄，加 8mL 盐酸（1+11），转入 100mL 容量瓶中，加 8mL 95%乙醇，加 4mL 8%钼酸铵，摇匀。室温高于 20℃ 时放置 15min，低于 20℃ 时，于 30～50℃ 的温水中放置 5～10min，冷却至室温。加 15mL 盐酸（1+1），用水稀释至近 90mL，加 5mL 2%抗坏血酸，用水稀释至标线，摇匀。1h 后，于分光光度计上，以试剂空白溶液作参比，选用 0.5cm 比色皿，在波长 700nm 处测定溶液的吸光度。

二氧化硅的质量分数 w_{SiO_2} 按式（5-1）计算：

$$w_{SiO_2} = \left(\frac{m_1 - m_2}{m_s} + \frac{m_3 \times 10}{m_s \times 1000} \right) \times 100\%$$ （5-1）

式中　m_1——灼烧后未经氢氟酸处理的沉淀及坩埚质量，g；

m_2——经氢氟酸处理并灼烧后残渣及坩埚质量，g；

m_s——试样质量，g；

m_3——在标准曲线上查得所分取滤液中二氧化硅的质量，mg。

5.1.1.4 注意事项

（1）一般硅酸盐分析选用盐酸作脱水剂，钛硅酸盐则选用硫酸或高氯酸，铅酸盐则选用硫酸或高氯酸作脱水剂。

（2）灰化时需从低温开始，为使坩埚内的沉淀能充分地与空气接触，应将坩埚开着盖，灰化至沉淀变白，再移入 950～1000℃ 高温炉中灼烧，如灰化不完全，在高温灼烧时可能会形成黑色碳化硅：

$$SiO_2 + 3C =\!=\!= SiC + 2CO$$

即使在高温下长时间灼烧，也难使沉淀转变为白色的 SiO_2，导致分析结果偏低，并且还易腐蚀坩埚。

（3）残留在溶液中的可溶性硅酸必须及时进行比色测定，否则，硅酸将产生凝聚，以高聚合状态存在，而不与钼酸铵反应，使结果偏低。

（4）在沉淀及滤纸上加数滴 H_2SO_4，一方面可加速 SiF_4 的生成，同时能抑制 SiF_4 的水解；还可使沉淀中的杂质如：铝、钛、铁等生成硫酸盐，并能抑制 TiO_2 不会因生成 TiF_4 而挥发损失掉。

$$TiO_2 + 4HF \xlongequal{\quad\quad} TiF_4 + 2H_2O$$

（5）用本法测定 SiO_2。可能引起偏差的主要方面是：

① 试样分解不完全；

② 于盛有碳酸盐熔块的皿内加酸时，由于反应激烈，引起溶液的溅失；

③ 沉淀灰化不好；

④ 灼烧温度和称量时间控制不严。

5.1　玻璃中二氧
　化硅的测定

5.1.2　氟硅酸钾容量法

5.1.2.1　测定原理及注意事项

测定原理及注意事项同水泥中氟硅酸钾容量法 SiO_2 的测定。

5.1.2.2　分析步骤

准确称取已在 105～110℃烘干过的试样约 0.1g，置于预先已熔 2g 氢氧化钾的银（镍）坩埚中，再用 1g 氢氧化钾覆盖在上面。盖上坩埚盖（留有少许缝隙），于 600～650℃的温度下熔融 15～20min。旋转坩埚，使熔融物均匀地附着在坩埚内壁，冷却，用热水浸取熔融物于 300mL 塑料杯中，盖上表面皿，一次加入 15mL 浓硝酸，再用少量 1+5 盐酸及水洗净坩埚，控制试液体积在 50mL 左右，搅拌，冷至室温。然后加入固体氯化钾，仔细搅拌至饱和，并有过量氯化钾析出。再加入 10mL 15%氟化钾，放置 10min，用中速滤纸过滤，塑料杯及沉淀用 5%的氯化钾溶液洗涤 2～3 次，将滤纸连同沉淀一起置于原塑料杯中，再沿杯壁加入 10mL 5%氯化钾-乙醇溶液及 1mL 1%酚酞指示剂溶液，用 0.15mol/L 氢氧化钠溶液中和未洗净的酸，仔细搅动滤纸并随之擦洗杯壁，直至溶液呈红色，然后加入 200mL 沸水（预先煮沸并用氢氧化钠溶液中和至呈微红色），用 0.15mol/L 氢氧化钠标准滴定溶液滴定至微红色。

二氧化硅的质量分数 w_{SiO_2} 按式（5-2）计算：

$$w_{SiO_2} = \frac{T_{SiO_2} V}{m \times 1000} \times 100\%$$ （5-2）

式中　T_{SiO_2}——每毫升氢氧化钠标准滴定溶液相当于二氧化硅的毫克数；

　　　V——滴定时消耗氢氧化钠标准滴定溶液的体积，mL；

　　　m——试样质量，g。

任务 5.2　三氧化二铁的测定

5.2.1　邻菲罗啉分光光度法

5.2.1.1　分析原理

用抗坏血酸或盐酸羟胺将 Fe^{3+} 还原为 Fe^{2+}，在 pH 5～6 的条件下，Fe^{2+} 与邻菲罗啉作用生成稳定的橙红色配合物，其颜色深度与铁的含量成正比，用分光光度计测定溶液的吸光度，然后在已绘制的铁标准曲线上查其三氧化二铁的含量。

在 pH＝5 时，Al^{3+} 会水解产生沉淀，需加酒石酸消除干扰。

5.2.1.2 试剂

① 氨水（1＋1）。

② 盐酸（1＋1）。

③ 0.5％对硝基苯酚指示剂乙醇溶液。

④ 10％盐酸羟胺水溶液。

⑤ 0.1％邻菲罗啉：称取 0.1g 邻菲罗啉溶于 10mL 乙醇，加 90mL 水混匀。

⑥ 10％酒石酸水溶液。

⑦ 三氧化二铁标准溶液（0.02mg/mL）：准确称取 0.1000g 预先经 400℃灼烧 0.5h 的三氧化二铁于烧杯中，加 10mL 盐酸（1＋1），加热溶解，冷却后，转入 1L 容量瓶中，用水稀释至标线，摇匀。此溶液每毫升含 0.1mg 三氧化二铁。移取 100mL 前面配制的三氧化二铁标准溶液，放入 500mL 容量瓶中，用水稀释至标线，摇匀。此溶液每毫升含 0.02mg 三氧化二铁。

5.2.1.3 三氧化二铁比色标准曲线的绘制

移取 0.00、1.00mL、3.00mL、5.00mL、7.00mL、10.00mL、13.00mL、15.00mL 三氧化二铁标准溶液（每毫升含 0.02mg 三氧化二铁），分别放入一组 100mL 容量瓶中，用水稀释至 40～50mL。加 4mL 酒石酸，1～2 滴对硝基苯酚指示剂，滴加氨水（1＋1）溶液至溶液呈现黄色，随即滴加盐酸（1＋1）至溶液刚好无色，此时溶液的 pH 值约为 5。加 2mL 盐酸羟胺，10mL 0.1％邻菲罗啉，用水稀释至标线，摇匀。放置 20min 后，于分光光度计上，以试剂空白溶液作参比，选用 1cm 比色皿，在波长 510nm 处测量溶液的吸光度。按测得的吸光度与比色溶液的浓度的关系绘制标准曲线。

5.2.1.4 试样分析溶液的制备

称取约 1g 试样于铂皿中，用少量水润湿，加 1mL 硫酸（1＋1）和 10mL 氢氟酸，于低温电炉上蒸发至冒三氧化硫白烟，重复处理一次，逐渐升高温度，驱尽三氧化硫，冷却。加 5mL 盐酸（1＋1）及适量水，加热溶解，冷却后，转入 250mL 容量瓶中，用水稀释至标线，摇匀。此溶液供测定三氧化二铁、二氧化钛、三氧化二铝、氧化钙和氧化镁用。

5.2.1.5 分析步骤

吸取 25mL 试样溶液置于 100mL 容量瓶中，用水稀释至 40～50mL。加 4mL 酒石酸，以下操作同标准曲线的绘制。

三氧化二铁的质量分数 $w_{Fe_2O_3}$ 按照式(5-3) 计算：

$$w_{Fe_2O_3} = \frac{m \times 10}{m_s \times 1000} \times 100\% \tag{5-3}$$

式中　m——在标准曲线上查得所分取试样溶液中三氧化二铁的含量，mg；

　　　m_s——试样质量，g。

5.2.2 EDTA 配位滴定法

方法原理和注意事项同水泥中三氧化二铁的测定，唯在做浮法玻璃分析步骤中将 EDTA 标准滴定溶液浓度改为 0.01mol/L，在做陶瓷分析步骤中，将 EDTA 标准滴定溶液浓度改为 0.0025mol/L，其他均同水泥中 Fe_2O_3 的分析步骤。

任务 5.3　二氧化钛的测定

5.3.1　变色酸比色法

5.3.1.1　分析原理

在 pH＝3 左右的酸性溶液中，四价钛与变色酸生成橙红色配位化合物，溶液的颜色深度与钛的含量成正比关系。三价铁与变色酸生成绿色配位化合物干扰测定，故用抗坏血酸将其还原成二价铁，以消除干扰。

5.3.1.2　试剂

① 硫酸（1＋1）。

② 盐酸（1＋1）。

③ 氨水（1＋1）。

④ 0.5％对硝基苯酚指示剂乙醇溶液。

⑤ 5％变色酸溶液：将 5g 变色酸溶于 100mL 水中（必要时过滤，用时配制）。

⑥ 5％抗坏血酸水溶液（用时配制，必要时过滤后使用）。

⑦ 二氧化钛标准溶液：准确称取已在 950℃灼烧 1h 后干燥的二氧化钛 0.1000g 于铂坩埚中，加 3g 焦硫酸钾，在电炉上熔融至透明状态，放冷后，用 20mL 热硫酸（1＋1）浸取熔块移入预先盛有 80mL 硫酸（1＋1）的烧杯中，加热溶解，冷却后转入 1L 容量瓶中，用水稀释至刻度，摇匀。此溶液每毫升含 TiO_2 0.1mg。

吸取上述二氧化钛标准溶液 25mL 于 250mL 容量瓶中，用水稀释至刻度，摇匀，此溶液每毫升含 TiO_2 0.01mg。

5.3.1.3　二氧化钛比色标准曲线的绘制

移取 0.00、1.00mL、2.00mL、3.00mL、4.00mL、5.00mL、6.00mL、7.00mL 二氧化钛标准溶液（每毫升含 0.01mg 二氧化钛），分别放入一组 100mL 容量瓶中，用水稀释至 40～50mL。加 5mL 抗坏血酸，1～2 滴对硝基苯酚指示剂，滴加氨水（1＋1）溶液至溶液呈现黄色，随即滴加盐酸（1＋1）至溶液刚好无色，再加 3 滴，加 5mL 5％的变色酸，用水稀释至标线，摇匀。放置 10min 后，于分光光度计上，以试剂空白溶液作参比，选用 3cm 比色皿，在波长 470nm 处测量溶液的吸光度。按测得的吸光度与比色溶液的浓度的关系绘制标准曲线。

5.3.1.4　分析步骤

吸取 25mL 试样溶液置于 100mL 容量瓶中，用水稀释至 40～50mL。加 5mL 抗坏血酸，以下操作同标准曲线的绘制。

二氧化钛的质量分数 w_{TiO_2} 按式(5-4) 计算：

$$w_{TiO_2} = \frac{m \times 10}{m_s \times 1000} \times 100\% \tag{5-4}$$

式中　m——在标准曲线上查得所分取试样溶液中二氧化钛的含量，mg；

m_s——试样质量，g。

5.3.1.5　注意事项

（1）显色剂加入量应大于钛（Ⅳ）含量的 6 倍，才能显色完全和稳定，因此显色剂用量应视钛的含量而改变。

（2）在普通情况下钛-变色酸配位化合物至少可稳定 2h。

5.3.2 二安替比林甲烷比色法

5.3.2.1 分析原理

四价钛离子与二安替比林甲烷，在 $0.5\sim1mol/L$ 盐酸酸度范围内能形成稳定黄色配位化合物，最大光吸收波长为 390nm，其摩尔吸光系数为 18000，所以说本法灵敏度高。反应如下：

$$TiO^{2+} + 3DAPM + 2H^{+} =\!=\!= [Ti(DAPM)_3]^{4+} + H_2O$$

Fe^{3+} 能与二安替比林甲烷形成红色配位化合物，干扰测定，加抗坏血酸还原为 Fe^{2+} 消除影响。

由于二安替比林甲烷受活度的影响，与 TiO^{2+} 显色反应速度比较缓慢，一般需半小时才能达到完全，故需放置一段时间后才能测定其吸光度。比色溶液最适应的酸度范围为 $0.5\sim1.0mol/L$。

5.3.2.2 试剂

① 盐酸（1+1）。

② 1%抗坏血酸水溶液：将 1g 抗坏血酸溶于 100mL 水中（用时配制，必要时过滤后使用）。

③ 3%二安替比林甲烷溶液：将 15g 二安替比林甲烷溶于 500mL 1mol/L 盐酸中，过滤后使用。

④ 二氧化钛标准溶液（每毫升含 TiO_2 0.01mg）。

5.3.2.3 二氧化钛比色标准曲线的绘制

准确吸取 0.0、1.0mL、3.0mL、5.0mL、7.0mL、9.0mL、13.0mL 的二氧化钛标准溶液，分别置于 100mL 容量瓶中，加入 10mL 盐酸（1+1），10mL 1%抗坏血酸溶液，20mL 3%二安替比林甲烷溶液，用水稀释至刻度，摇匀。放置 40min 后，用 721 分光光度计，以试剂空白作参比，使用 5cm 比色皿，在波长 420nm 处测定溶液的吸光度，以测得的吸光度为纵坐标，相应的浓度为横坐标，绘制标准曲线。

5.3.2.4 分析步骤

吸取试样溶液 50mL，置于 100mL 容量瓶中，以下操作同标准曲线的绘制。

二氧化钛的质量分数计算同变色酸比色法。

任务 5.4 三氧化二铝的测定

5.4.1 氟化铵置换-EDTA 配位滴定法

5.4.1.1 分析原理

在滴定铁后的溶液中，加入过量的 EDTA，调 pH 值等于 4，加热煮沸，使 EDTA 与铝、钛离子完全配位，冷却后调整溶液的 pH 值至 5~6。以二甲酚橙为指示剂，用锌盐标准溶液回滴过量的 EDTA，溶液由黄色变为玫瑰红色。有关反应如下：

$$Al^{3+} + H_2Y^{2-} =\!=\!= AlY^{-} + 2H^{+}$$
$$TiO^{2+} + H_2Y^{2-} =\!=\!= TiOY^{2-} + 2H^{+}$$
$$H_2Y^{2-}（过量部分）+ Zn^{2+} =\!=\!= ZnY^{2-} + 2H^{+}$$
$$H_2XO^{4-} + Zn^{2+} =\!=\!= ZnXO^{4-} + 2H^{+}$$

当滴定至终点时，立即向溶液中加入氟化铵，使已与EDTA配位结合的铝、钛转变成更为稳定的氟配位化合物：

$$AlY^- + 6F^- + 2H^+ === AlF_6^{3-} + H_2Y^{2-}$$
$$TiOY^{2-} + 4F^- + 2H^+ === TiOF_4^{2-} + H_2Y^{2-}$$

定量地置换出EDTA，继续用锌盐标准溶液滴定至玫瑰红色，即达到终点，结果为铝、钛合量。

5.4.1.2　试剂

① 0.015mol/LEDTA标准滴定溶液。

② 氨水（1+1）。

③ 醋酸-醋酸钠缓冲溶液（pH=6）：将2g无水醋酸钠溶于500mL水中，加入20mL冰醋酸，然后用水稀释至1L（用精密pH试纸检验）。

④ 0.2%二甲酚橙指示剂水溶液。

⑤ 0.015mol/L醋酸锌标准滴定溶液：称取3.3g醋酸锌$Zn(CH_3COO)_2 \cdot 2H_2O$溶于1L水中，然后用冰醋酸调整溶液pH=5.7（用pH试纸检验）。

醋酸锌标准滴定溶液对EDTA标准滴定溶液体积比的测定：从滴定管放出10mL 0.015mol/L EDTA标准滴定溶液到300mL烧杯中，用水稀释至约150mL，加入5mL 20%六亚甲基四胺和3~4滴二甲酚橙指示剂，以0.015mol/L醋酸锌标准滴定溶液滴定至溶液由黄色变为红色即为终点。

醋酸锌标准滴定溶液与EDTA标准滴定溶液的体积比按式(5-5)计算：

$$K = \frac{10}{V} \tag{5-5}$$

式中　K——每毫升醋酸锌标准滴定溶液相当于EDTA标准滴定溶液的毫升数；

V——滴定时消耗醋酸锌标准滴定溶液的体积，mL。

⑥ 4%氟化铵溶液：称取4g氟化铵溶于100mL水中，贮存于塑料瓶中。

5.4.1.3　分析步骤

在滴定完铁的溶液中，用滴定管准确加入10mL 0.015mol/L EDTA标准滴定溶液（视铝的含量而定），加热至约50℃，滴加（1+1）氨水至pH值约等于4，加热煮沸2~3min，冷却后，用水稀释至150mL左右，加入10mL醋酸-醋酸钠缓冲溶液（pH=6），加入5滴二甲酚橙指示剂，用0.015mol/L醋酸锌标准滴定溶液滴定至溶液由黄色变为红色（不记读数），然后立即向溶液中加20mL 4%氟化铵溶液，搅拌，加热煮沸2~3min，冷至室温，再补加2滴二甲酚橙指示剂，用0.015mol/L醋酸锌标准滴定溶液滴定至溶液由黄色变为稳定的红色（记下读数）。

三氧化二铝的质量分数 $w_{Al_2O_3}$ 按式(5-6)计算：

$$w_{Al_2O_3} = \frac{T_{Al_2O_3} VK \times 10}{m_s \times 1000} \times 100\% - 0.64 \times w_{TiO_2} \tag{5-6}$$

式中　$T_{Al_2O_3}$——EDTA标准滴定溶液对三氧化二铝的滴定度，mg/mL；

V——滴定时消耗醋酸锌标准滴定溶液的体积，mL；

10——全部试样溶液与所分取试样溶液的体积比；

m_s——试样质量，g；

K——1mL醋酸锌标准滴定溶液相当EDTA标准滴定溶液的毫升数；

0.64——二氧化钛换算成三氧化二铝的系数。

5.4.1.4 注意事项

（1）加入过量 EDTA 的量应在 5～10mL，使 Al^{3+} 与 EDTA 完全配位，当 EDTA 加入量少时，Al^{3+} 与二甲酚橙配位显紫红色，调整溶液酸度时，紫红色始终不会变化，这是由于 Al^{3+} 封闭了指示剂。

（2）第一次滴定后，要立即加入氟化铵溶液，否则过量的钛会与二甲酚橙指示剂配位形成稳定的红色配位化合物，影响第二次终点观察。

（3）若在 pH 值为 4～6，加入苦杏仁酸将钛掩蔽，则氟化铵只置换与铝配位的 EDTA，所得结果为纯铝的含量。

5.4.2　EDTA-锌盐返滴定法

5.4.2.1　分析原理

在滴定铁后的溶液中，调 pH 值等于 4，加入过量的 EDTA，加热煮沸，使 EDTA 与铝、钛离子完全配位，冷却后调整溶液的 pH 值至 5～6。以二甲酚橙为指示剂，用醋酸锌标准滴定溶液回滴过量的 EDTA，溶液由黄色变为玫瑰红色。此法测得结果为铝、钛合量。

5.4.2.2　试剂

① 0.015mol/L 的 EDTA 标准滴定溶液。

② 氨水（1+1）。

③ 乙酸-乙酸钠缓冲溶液（pH=5.6）：将 250g 三水乙酸钠（或 150.7g 无水乙酸钠）溶于水，加 12mL 冰乙酸，用水稀释至 1L，摇匀。

④ 0.2% 二甲酚橙指示剂水溶液。

⑤ 0.015mol/L 醋酸锌标准滴定溶液。

5.4.2.3　分析步骤

根据试样中二氧化硅的含量范围，试液制备步骤分述如下：

（1）二氧化硅的含量在 95% 以上的，称取约 1g 试样于铂皿中，用少量水润湿，加 1mL 硫酸（1+1）和 10mL 氢氟酸，于低温电炉上蒸发至冒三氧化硫白烟，重复处理一次，逐渐升高温度，驱尽三氧化硫，冷却。加 5mL 盐酸（1+1）及适量水，加热溶解，冷却后，转入 250mL 容量瓶中，用水稀释至标线，摇匀。此溶液供测定三氧化二铁、二氧化钛、三氧化二铝、氧化钙和氧化镁用。

（2）二氧化硅含量在 95% 以下的，称取约 1g 试样于铂皿中，用少量水润湿，加 1mL 硫酸（1+1）和 10mL 氢氟酸，于低温电炉上蒸发至冒三氧化硫白烟，逐渐升高温度驱尽三氧化硫，放冷，将 1.5g 无水碳酸钠和 1g 硼酸混匀后，加于残渣上。先低温加热，逐渐升高温度至 1000～1100℃ 熔融约 10min，使残渣全部熔解。盖上表面皿，放冷后加 10mL 盐酸（1+1）及适量水，加热溶解，冷却后移入 250mL 容量瓶中，用水稀释至标线，摇匀。此溶液供测定三氧化二铁、二氧化钛、三氧化二铝、氧化钙和氧化镁用。

（3）从上述（1）或（2）制取的溶液中，移取适量的试样溶液（含三氧化二铝在 2% 以下的移取 50mL，含三氧化二铝在 2% 以上的移取 25mL）于 300mL 烧杯中，用滴定管加入 20.00mL 0.01mol/L EDTA 标准滴定溶液，在电炉上加热至 50℃ 以上，加 1 滴二甲酚橙指示剂，在搅拌下滴加氨水（1+1）至溶液由黄色刚好变成紫红色，加 5mL pH=5.6 的缓冲溶液，此时溶液由紫红变为黄色。继续加热煮沸 2～3min，冷却，用水稀释至约 150mL。加 2～3 滴二甲酚橙指示剂，用 0.01mol/L EDTA 标准滴定溶液滴定至溶液由黄色变为红色。

三氧化二铝的质量分数 $w_{Al_2O_3}$ 按式(5-7) 计算：

$$w_{Al_2O_3} = \frac{T_{Al_2O_3}A(V_1-V_2K)}{m_s \times 1000} \times 100\% - (0.6384 \times Fe_2O_3\% + 0.6380 \times TiO_2\%) \quad (5-7)$$

式中 $T_{Al_2O_3}$——EDTA 标准滴定溶液对三氧化二铝的滴定度，mg/mL；

　　V_1——加入 EDTA 标准滴定溶液的体积，mL；

　　V_2——滴定过量的 EDTA 消耗醋酸锌标准滴定溶液的体积，mL；

　　K——每毫升醋酸锌标准滴定溶液相当于 EDTA 标准滴定溶液的毫升数；

　　A——系数。当移取 25mL 试液时，$A=10$；当移取 50mL 试液时，$A=5$；

　　m_s——试样质量，g；

　　0.6384——三氧化二铁对三氧化二铝的换算系数；

　　0.6380——二氧化钛对三氧化二铝的换算系数。

任务 5.5 氧化钙的测定（EDTA 配位滴定法）

5.5.1 分析原理

Ca^{2+} 与 EDTA 在 pH 值为 8～13 时，能定量地形成无色 CaY^{2-} 配位化合物。由于 CaY^{2-} 配位化合物不稳定，故只能在碱性溶液中进行滴定，在 pH 值为 8～9 时滴定易受 Mg^{2+} 干扰，所以一般在 pH＞12 时进行滴定 Ca^{2+}，使 Mg^{2+} 生成 $Mg(OH)_2$ 沉淀，消除其影响，加入三乙醇胺消除铁、铝、钛的干扰，以钙指示剂为指示剂，用 EDTA 直接滴定钙，调整溶液 pH＝13 时，加入钙指示剂（HIn^{2-}），它与 Ca^{2+} 配位生成酒红色配位化合物。反应如下：

$$Ca^{2+} + HIn^{2-}（纯蓝色） == CaIn^-（酒红色） + H^+$$

滴入 EDTA 后，$CaIn^-$ 中的 Ca^{2+} 逐渐被 EDTA 夺取，当溶液中全部 Ca^{2+} 被 EDTA 夺取后，游离出钙指示剂，呈现它本身的纯蓝色，表示终点到达。反应如下：

$$Ca^{2+} + H_2Y^{2-} == CaY^{2-} + 2H^+$$

$$CaIn^-（酒红色） + H_2Y^{2-}（无色） == CaY^{2-} + HIn^{2-}（纯蓝色） + H^+$$

根据滴定消耗 EDTA 的体积，计算 CaO 的含量。

5.5.2 试剂

① 三乙醇胺（1+1）。

② 20% KOH 水溶液：将 20g 氢氧化钾溶于 100mL 水中，贮存在塑料瓶中。

③ 钙指示剂：将 1g 钙指示剂与 50g 已在 105～110℃烘干的 NaCl 混合研细，贮存于棕色瓶中。

④ 0.01mol/L EDTA 标准滴定溶液：称取 3.7g 乙二胺四乙酸二钠（EDTA），溶于约 200mL 水中，加热溶解，用水稀释至 1L。

标定：准确吸取 10mL 氧化钙标准溶液（1mg CaO/mL），置于 300mL 烧杯中，用水稀释至 150mL 左右，滴加 20% KOH 至溶液 pH＝12，过量 2mL，加入少许钙指示剂，以

0.01mol/L EDTA 标准滴定溶液滴定至溶液由酒红色变为纯蓝色,根据消耗 EDTA 的毫升数计算出 CaO、MgO 的滴定度。

5.5.3 分析步骤

准确移取 25mL 试样溶液,置于 300mL 烧杯中,加入 2~3mL 三乙醇胺(1+1),用水稀释 150mL,加入少许盐酸羟胺,滴加 20% 氢氧化钾至溶液 pH=12,过量 2mL,加入适量钙指示剂,用 0.01mol/L EDTA 标准滴定溶液滴定至试液由酒红色变为纯蓝色,即达到终点。

氧化钙的质量分数 w_{CaO} 按式(5-8)计算:

$$w_{CaO} = \frac{T_{CaO}V_1 \times 10}{m_s \times 1000} \times 100\% \tag{5-8}$$

式中 T_{CaO}——EDTA 标准滴定溶液对氧化钙的滴定度,mg/mL;

   V_1——滴定时消耗 EDTA 标准滴定溶液的体积,mL;

   10——全部试样溶液与所分取试样溶液的体积比;

   m_s——试样质量,g。

5.5.4 注意事项

(1)三乙醇胺一定要在酸性溶液中加入,方可掩蔽铁、铝、钛,加入盐酸羟胺可使终点更明显。

(2)当镁的含量高时,大量 $Mg(OH)_2$ 沉淀不仅吸附钙离子,更重要的是吸附指示剂,妨碍了滴定终点的观察,易滴过量,导致结果偏高。

(3)为消除大量 $Mg(OH)_2$ 沉淀对指示剂和 Ca^{2+} 的吸附作用,可采取如下措施:①先调整溶液的 pH=13,然后用 EDTA 滴定至近终点(差 2~3mL)时,再加入钙指示剂,继续用 EDTA 滴定至终点,这样测得结果稳定。②先向溶液中加入 2~3mL 2% 蔗糖溶液,使 Ca^{2+} 生成可溶性的蔗糖钙,使终点明显,结果准确。

任务 5.6 氧化镁的测定(EDTA 配位滴定法)

5.6.1 分析原理

在 pH=10 的氨性缓冲溶液中,钙、镁均可与 EDTA 定量配位,形成无色的配位化合物,反应如下:

$$Ca^{2+} + H_2Y^{2-} \Longrightarrow CaY^{2-} + 2H^+$$
$$Mg^{2+} + H_2Y^{2-} \Longrightarrow MgY^{2-} + 2H^+$$

加入三乙醇胺掩蔽铁、铝、钛后,以铬黑 T(EBT)或 K-B(1+3)为指示剂,它们能与 Ca^{2+}、Mg^{2+} 结合成酒红色的配位化合物。以铬黑 T 为例,反应如下:

$$Ca^{2+} + HIn^{2-}(蓝色) \Longrightarrow CaIn^-(酒红色) + H^+$$
$$Mg^{2+} + HIn^{2-}(蓝色) \Longrightarrow MgIn^-(酒红色) + H^+$$

此配位化合物不如 EDTA 与 Ca^{2+}、Mg^{2+} 形成的配位化合物稳定，用 EDTA 标准滴定溶液滴定时，原来与铬黑 T（EBT）指示剂配位的 Ca^{2+}、Mg^{2+} 逐步被 EDTA 所夺取，当溶液中的 Ca^{2+}、Mg^{2+} 全部与 EDTA 配位后。指示剂被游离出来，显示它本身的蓝色，反应如下：

$$CaIn^-（酒红色）+H_2Y^{2-}（无色）=\!=\!= CaY^{2-}+HIn^{2-}（纯蓝色）+H^+$$

$$MgIn^-（酒红色）+H_2Y^{2-}（无色）=\!=\!= MgY^{2-}+HIn^{2-}（纯蓝色）+H^+$$

从滴定 Ca^{2+}、Mg^{2+} 合量消耗 EDTA 的毫升数中，减去滴定 Ca^{2+} 时消耗 EDTA 的毫升数，即可求得镁的含量。

5.6.2 试剂

① 三乙醇胺（1+1）。

② 氨水（1+1）。

③ 氨水-氯化铵缓冲溶液（pH=10）。

④ 铬黑 T 指示剂：将铬黑 T 和已在 100～105℃ 烘干过的 NaCl 按（1+100）比例混合研细，保存在棕色磨口瓶中备用。

⑤ 0.01mol/L EDTA 标准滴定溶液。

5.6.3 分析步骤

准确吸取 25mL 试样溶液，加入少许盐酸羟胺和 3mL 三乙醇胺（1+1），用水稀释至 150mL 左右，滴加氨水（1+1）调 pH 值至 9～10，加入 10mL 氨性缓冲溶液，以铬黑 T（或 K-B）作指示剂，用 0.01mol/L EDTA 标准滴定溶液滴定至试液由酒红色变为纯蓝色，即达到终点。

氧化镁的质量分数 w_{MgO} 按式(5-9)计算：

$$w_{MgO}=\frac{T_{MgO}(V_2-V_1)\times 10}{m_s\times 1000}\times 100\% \tag{5-9}$$

式中 T_{MgO}——EDTA 标准滴定溶液对氧化镁的滴定度，mg/mL；

V_2——滴定钙、镁合量时消耗 EDTA 标准滴定溶液的体积，mL；

V_1——滴定氧化钙时消耗 EDTA 标准滴定溶液的体积，mL；

10——全部试样溶液与所分取试样溶液的体积比；

m_s——试样质量，g。

5.6.4 注意事项

（1）应严格控制 pH 值，溶液 pH>12 时，Mg^{2+} 生成 $Mg(OH)_2$ 沉淀；当 pH<9.5 时，Mg^{2+} 与 EDTA 配位反应不易进行完全；在溶液中铵盐的浓度较高时，应先调整溶液 pH=10，然后再加入缓冲溶液。

（2）试样中有锰存在时，当加入三乙醇胺并调整溶液 pH 值至 10，Mn^{2+} 迅速被空气氧化成 Mn^{3+}-TEA 配位化合物，影响终点的判断，需加入盐酸羟胺使 Mn^{3+} 还原为 Mn^{2+}，再用 EDTA 滴定的结果为钙、镁、锰合量。

（3）在以 EDTA 标准滴定溶液滴定至近终点时，滴定速度应当缓慢，因终点颜色变化较迟钝，如滴定太快，往往易滴过量，引起镁的结果偏高。

任务 5.7 火焰光度法测定氧化钠、氧化钾

5.7.1 火焰光度法的定量分析方法

采用火焰光度法分析试样中的碱金属或碱土金属元素时，首先是要将待测样品处理成溶液，使被测元素全部溶解于适当的溶剂，稳定均匀地转入溶液中。然后将样品溶液抽吸导入火焰中，测定待测元素的原子所发射的特征谱线的强度。这里需要明确的是，火焰光度法同其他仪器分析方法一样，也不是绝对测量方法。特征谱线的信号强度与仪器操作条件有很大的关系，诸如火焰温度、燃气与助燃气的流速或比例、导入火焰中的试样溶液的量等参数的变化，都会影响特征谱线的信号强度。所以火焰光度法也是一种比较法，也就是说它需要有已知浓度的标准溶液做参比。一般常用的分析方法有标准曲线法、内插法和标准加入法。下面就这三种方法做简单介绍。

5.7.1.1 标准曲线法

标准曲线法是使用标准溶液配制一系列已知浓度的被测元素的标准溶液，配制的该系列标准溶液的浓度由低到高，呈等间隔梯度分布，并使被测试样的浓度落在该系列浓度范围的中部。系列标准溶液的基体组成，应尽可能与被测溶液的组成一致，以降低由于基体的影响带来的测定误差。然后在火焰光度计上，分别测定待测元素原子的特征发射谱线强度。接下来，在相同的仪器操作条件下，测定试样溶液中被测元素的特征发射谱线强度 I_x。以测得的系列标准溶液强度为纵坐标，以对应的系列标准溶液浓度为横坐标作图，得到一条近似一次方程的直线，如图 5-1 所示。

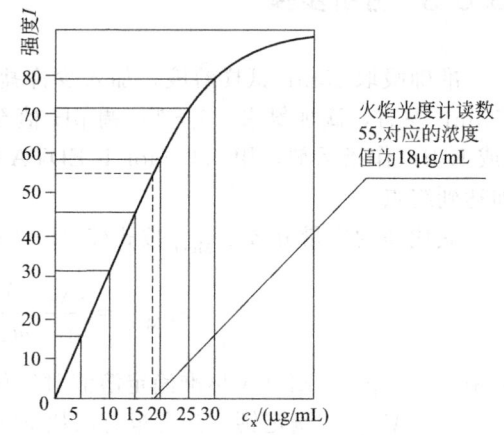

图 5-1 定量分析用标准曲线

在标准曲线上查找与纵坐标 I_x 相对应的 c_x，即可计算出试样中被测元素的含量。

在应用标准曲线法进行定量分析时，应当注意标准曲线的线性范围。当浓度跨度或范围较大，或标准溶液的浓度过大时，标准曲线很容易发生弯曲。因此，实际工作中，应适当控制被测元素的浓度范围，或适当降低（稀释）被测溶液的浓度，以确保标准曲线的直线性，从而保证测定结果的准确性。

5.7.1.2 内插法（比较法）

内插法，或称直接比较法。本方法的基础也是假设被测元素溶液的浓度与强度之间存在线性关系。但该法不需要配制系列标准溶液，只需配制两个标准溶液即可。亦即配制一个比试样溶液中待测元素浓度稍低的标准溶液，另外一个标准溶液的浓度比试样溶液中待测元素浓度稍高些，使得试样溶液的浓度夹在两个标准溶液浓度值中间。标准溶液的浓度值与试样溶液的浓度值之间的差值应尽量小，以避免上述曲线弯曲现象带来的测定误差。所以说，本法也适用于标准曲线不成简单线性时的情况。如图 5-2 所示，标准曲线在 d 点发生弯曲。这

时可以选用紧密内插法，即选择 $a-b$ 段，令 a 点对应于低浓度标准溶液，b 点对应于高浓度标准溶液，d 点对应于试样溶液。如果将这 $a-b$ 段放大，则得到如图 5-3 所示的近似直线。由几何学知识，可以证明：

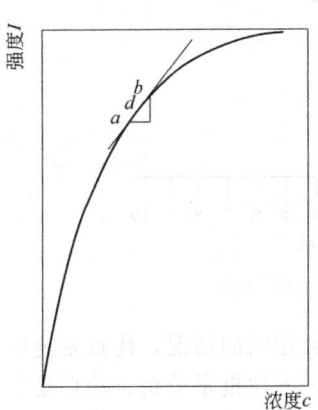

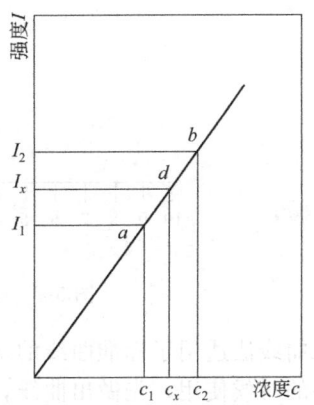

图 5-2　浓度范围过大或溶液浓度过
大时标准曲线的弯曲现象

图 5-3　内插法测定元素
含量示意图

$$c_x = c_1 + \frac{(c_2 - c_1)(I_x - I_1)}{I_2 - I_1} \tag{5-10}$$

在火焰光度计上，分别测定低浓度标准溶液、高浓度标准溶液和试样溶液的特征谱线强度 I_1、I_2、I_x，然后按式(5-10)进行直接比较计算试样中待测元素的含量。

5.7.1.3　标准加入法

标准加入法，又称标准增量法。将一定量已知浓度的标准溶液加入试样溶液中，测定加入前后溶液的浓度。加入标准溶液后的浓度将比加入前的高，其增加的量应等于加入的标准溶液中所含的待测物质的量。如果样品中存在干扰物质，则浓度的增加值将小于或大于理论值。具体而言，取几份同体积的试样溶液，加入不同体积的标准溶液，在相同的测定条件下，于火焰光度计上测定待测元素的强度值。如标准曲线法一样，绘制强度-标准溶液浓度曲线，得到一条直线。将直线外推至与浓度轴相交（$I=0$）处，则其浓度轴上对应的绝对值即为试样溶液的浓度值。

例如，试样溶液中的钠的测定。取 4 只 100mL 容量瓶，往每只容量瓶中加入 10mL 试样溶液和 10mL HCl(1+1)。然后依次加入 Na_2O 标准溶液（0.1mg/mL）0.0、2.0mL、4.0mL、6.0mL。用水稀释至刻度，摇匀。于火焰光度计上依次测定钠的强度值，读数如表 5-1 所示。

表 5-1　标准加入法

项　　目	溶 液 序 号			
	1	2	3	4
试样溶液/mL	10	10	10	10
标准溶液/mL	0.0	2.0	4.0	6.0
定容体积/mL	100	100	100	100
强度读数	30	50	70	90

以测得的强度读数为纵坐标，标准溶液的浓度值为横坐标，作图，得到如图 5-4 所示的直线。将直线外延至与浓度坐标交点处，所对应的浓度值（3mL）即为试样溶液的浓度值。

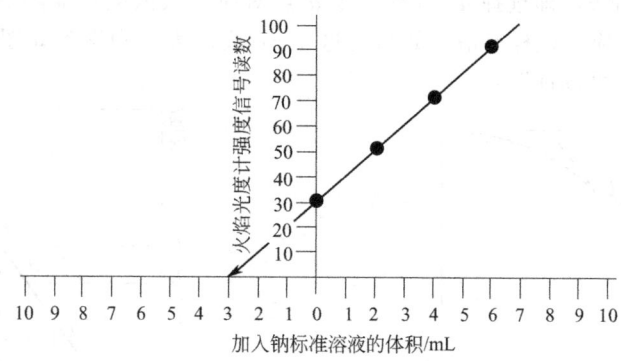

图 5-4　标准加入法测定氧化钠浓度示意图

标准曲线法适用于标准曲线的基体和样品的基体大致相同的情况，优点是速度快，可在样品很多的时候使用，先做出曲线，然后从曲线上找点，方便批量分析；缺点是当样品基体复杂时不正确。标准加入法可以在样品基体组成复杂或未知的情况下使用，因为它是把样品和标准混在一起同时测定的；适用于少量样品的分析，速度比较慢。

5.7.2　火焰光度法在玻璃行业中的应用

我国国家标准《钠钙硅玻璃化学分析方法》（GB/T 1347—2008）将火焰光度法列为玻璃中氧化钾和氧化钠含量的测定方法。

准确称取 0.1g（精确至 0.0001g）玻璃试样于铂皿中，以硫酸-氢氟酸分解，加盐酸溶出，移入 250mL 容量瓶中。以水稀释至标线，摇匀。此试液供测定氧化钾用。自该 250mL 容量瓶中吸取 50.00mL 于 100mL 容量瓶中，加盐酸(1+1)1mL，以水稀释至标线，摇匀。此试液供测定氧化钠用。在火焰光度计上用标准曲线法（或内插法）进行氧化钾和氧化钠的测定。

英国国家标准 BS 2649-1 "钠钙硅玻璃化学分析方法"将火焰光度法作为玻璃中碱金属钾和钠的快速控制分析方法写入标准中。采用高氯酸-氢氟酸在铂皿中分解样品，以盐酸和水溶解残渣，澄清后移入容量瓶中。调整稀释溶液至适当浓度，用标准曲线法在火焰光度计上测定玻璃试样中的氧化钾和氧化钠含量。

日本工业标准 JIS R3101 "钠钙硅玻璃化学分析方法"采用火焰光度法分析玻璃中的氧化钾和氧化钠含量。称取 1g 玻璃样品，采用硫酸-氢氟酸分解试样，盐酸和适量水溶解残渣，转入 250mL 容量瓶中。吸取 25.00mL 于 100mL 容量瓶中，水稀释至刻度。此溶液供测定氧化钾用。从该 100mL 容量瓶中吸取 10mL 于 100mL 容量瓶中，加盐酸(1+1)2mL，以水稀释至标线，摇匀。此试液供测定氧化钠用。在火焰光度计上用内插法进行氧化钾和氧化钠的测定。

《硅质玻璃原料化学分析方法》（JC/T 753—2001）、《长石化学分析方法》（JC/T 873—2000）、《玻璃工业用白云石化学分析方法》［JC/T 440—1991(1996)］这些玻璃原料的化学分析标准方法，也都同样将火焰光度法作为氧化钾和氧化钠的分析方法之一写入标准文本中。这三个标准的共同点是都采用硫酸-氢氟酸分解样品，盐酸和水溶解残渣。不同的是长石样品中如果氧化铝含量高的话，要使用氨水将铝沉淀分离，消除铝的干扰。而白云石样品中由于含大量的钙，必须以氨水调整 pH 值后，以碳酸铵沉淀钙，过滤除去钙的影响。

任务 5.8 原子吸收分光光度法测定三氧化二铁、氧化钙、氧化镁、氧化钾和氧化钠

5.8.1 定量分析方法

原子吸收分光光度法定量分析的基本原理或理论基础是朗伯-比尔（Lambert-Beer）定律，即吸光度与浓度间成简单的线性关系。线性关系式中斜率是一个由实验确定的参数。不同的测量条件、不同的试样溶液斜率值是不同的。这就需要配制系列已知浓度的标准溶液，在与试样溶液相同的条件下，于原子吸收分光光度计上，由低浓度到高浓度依次测定系列标准溶液的吸光度值，然后以吸光度值为纵坐标，对应的浓度值为横坐标作图，得到一条直线，或者拟合出线性关系式。根据此关系式，即可计算出待测元素的含量。或者在标准曲线上查找对应于试液吸光度值的浓度坐标值，这就是人们所熟知的标准曲线法。这里应当注意的是，配制标准溶液的点数以 4～6 个为宜。确定标准系列溶液的浓度范围的基准，应该是能够使待测元素的浓度值位于曲线的中部。因为曲线中部的精度优于两端的精度。另外，还可以采用内插法、标准加入法等定量分析方法。这些方法已经在火焰光度法中做了介绍，此处不再重复。

由此看来，在原子吸收分光光度分析中，标准溶液的配制是决定分析准确度的关键，因为标准溶液的浓度是计算试样浓度的基准。在日常工作中，一般是先单独配制浓度较高的各元素的标准贮存液，然后再根据试样情况，合并稀释为合适浓度的混合标准溶液系列。一般采用高纯试剂或基准试剂配制单一元素的贮存溶液，配制浓度通常为 1mg/mL。混合标准溶液系列的组成元素及其浓度范围由试样要求测定的元素种类、浓度、相互间的干扰程度、合适的吸光度值等因素决定。为了排除干扰，有时还需加入适量的释放剂（如氯化锶）、消电离剂（如碱金属的盐类）、缓冲剂、试样中某些共存元素，以及分解样品时可能引入的某些成分。由于溶液中被测元素的浓度较低，混合标准系列一般保存于塑料瓶中，保存时间不宜过长。浓度低于 1μg/mL 的溶液，最好是用时配制。

5.8.2 原子吸收分光光度法在玻璃工业中的应用

原子吸收分光光度法在玻璃产品及原材料化学成分分析方面的应用已经有数十年历史了。对于常用元素（铁、铝、钙、镁、钾、钠等）的测定，方法基本成熟，相应的分析方法早已被列入国内外标准分析方法中。在玻璃新产品的研发及玻璃物理化学性能的研究领域，原子吸收分光光度法作为高精度、高准确度的分析工具，正在发挥着重要的作用。在玻璃工业化生产领域，原子吸收分光光度法作为产品及原料化学成分分析控制的测试手段，在稳定生产工况条件、控制产品质量、解决生产中出现的问题等诸多方面，为生产者提供了有力的技术支持。

由于在原子吸收分光光度法中，被测试样主要是以溶液状态导入原子化器，所以，首先要将待测玻璃及其原料的样品处理成溶液。样品溶液的处理方法，在玻璃行业最通用的方法就是采用氢氟酸-硫酸或氢氟酸-高氯酸除硅，然后以盐酸溶解残渣，最后于同一份试样溶液中，在原子吸收分光光度计上，选用空气-乙炔焰，测定钾、钠、钙、镁、铁等元素。在空气-乙炔焰中，铝、钛等共存元素与钙、镁生成难解离的化合物，严重影响钙、镁原子化，

降低钙、镁的吸收值。所以一般均在溶液中加入氯化锶释放剂来消除干扰。

原子吸收分光光度法应用范围很广，涉及的领域很多，几乎覆盖了国民经济的各个领域。现将有关原子吸收分光光度法在玻璃行业的部分国内外标准列于表 5-2 中，以供参考。

表 5-2 涉及玻璃原料及成品原子吸收分光光度法的部分国内外标准

标准号	标准名称	测定元素
GB/T 4470	火焰发射、原子吸收和原子荧光光谱分析法术语	
GB/T 9723	化学试剂 火焰原子吸收光谱法通则	
GB/T 15337	原子吸收光谱分析法通则	
GB/T 21187	原子吸收分光光度计	
GB/T 23768	无机化工产品 火焰原子吸收光谱法通则	
GB/T 1347	钠钙硅玻璃化学分析方法	铁、钙、镁、钾、钠、铜、锌、铬、钴、镍、锰、镉
GB/T 1549	钠钙硅铝硼玻璃化学分析方法	钠、钾
GB/T 3248	石英玻璃化学成分分析方法	铁、镁、钙、铝、钛、镍、锰、铜、钴、锂、钠、钾
JC/T 753	硅质玻璃原料化学分析方法	铁、钙、镁、钾、钠
JC/T 440	玻璃工业用白云石化学分析方法	铁、钾、钠
JC/T 873	长石化学分析方法	铁、钙、镁、钾、钠
ASTM C169	钠钙玻璃和硼硅酸盐玻璃化学分析方法	钡、铝、钙、镁
ASTM C146	玻璃用砂化学分析方法	铝、钙、镁
JIS R 3101	钠钙玻璃化学分析方法	钠、钾
JIS M 8851	白云石化学分析方法	铁、铝、
JIS M 8850	石灰石化学分析方法	铁、铝、镁

5.2 ICP-AES 分析方法　　　　　5.3 ICP-AES 光谱法在玻璃行业中的应用

 能力训练题

1. 氟硅酸钾容量法测定 SiO_2 如何抑制沉淀提前水解？
2. 简述邻菲罗啉分光光度法测定三氧化二铁的原理。
3. 简述 EDTA-锌盐返滴定法测定三氧化铝的原理。
4. 简述火焰光度法在玻璃行业中应用的现状。
5. 了解原子吸收分光光度法在玻璃行业应用的部分国内外标准。

项目 6

玻璃、玻璃主要原料的分析

 教学目标

通过本项目的学习，掌握玻璃成品及玻璃硅质原料、长石、白云石、芒硝和纯碱的测定方法、测定步骤及数据计算。在实验过程中引导学生善于思考，培养创新意识和创新能力。

 项目概述

用于制备玻璃配合料的各种物质，统称为玻璃原料。根据它们的用量和作用不同，分为主要原料和辅助原料两类。主要原料为引入 SiO_2、Na_2O、CaO、Al_2O_3、MgO 所使用的原料，为使玻璃获得某种必要的性质，或者加速玻璃熔制过程而引入的原料统称为辅助原料。玻璃的化学组成决定着玻璃的物理性能和化学性能，改变玻璃的组成即可以改变玻璃的结构状态，从而使玻璃的性质发生改变。本项目主要介绍了玻璃生产主要原料及玻璃成品化学组成的分析方法，为配制合格的配合料提供数据，为调整工艺参数提供依据，为生产合格产品提供保证。

6.1 硅质原料分析

硅石、砂岩、硅砂等都属于硅质原料，主要成分为二氧化硅，常含有铁、铝、钙、镁、钾、钠等杂质。

6.1.1 烧失量的测定

称取约 1g 试样于已恒重的铂坩埚中，置于高温炉内，从室温开始升温，于 1000～1050℃灼烧 0.5h。在干燥器中冷却至室温，称量。反复灼烧至恒重。

烧失量的质量分数按式(6-1) 计算：

$$X = \frac{m - m_1}{m} \times 100\%$$
(6-1)

式中 m——灼烧前试样质量，g；

m_1——灼烧后试样质量，g。

6.1.2 二氧化硅的测定

6.1.2.1 盐酸一次脱水重量法——分光光度法

试样经碳酸钠熔融后，以盐酸浸取并蒸干脱水，使硅酸以胶状沉淀析出，再用盐酸溶解可溶性盐类，过滤并将沉淀灼烧，然后用氢氟酸处理，前后质量之差即为沉淀二氧化硅的量；以分光光度法测定滤液中残留的二氧化硅量，二者之和即为二氧化硅的总量。

(1) 试剂

① 无水碳酸钠。

② 盐酸 (1+1)、(1+11)、(5+95)。

③ 硫酸 (1+1)。

④ 氢氟酸。

⑤ 2%氟化钾水溶液：称取 2g 氟化钾 (KF·2H_2O) 于塑料杯中，加 100mL 水溶解，储存于塑料瓶中。

⑥ 2%硼酸水溶液。

⑦ 0.5%对硝基苯酚指示剂乙醇溶液：称取 0.5g 对硝基苯酚，溶于 100mL95%的乙醇中。

⑧ 20%氢氧化钾水溶液：称取 20g 氢氧化钾于塑料杯中，加 100mL 水溶解，储存于塑料瓶中。

⑨ 95%乙醇。

⑩ 8%钼酸铵水溶液：称取 8g 钼酸铵，溶于 100mL 水中，过滤，储存于塑料瓶中。

⑪ 2%抗坏血酸溶液 (使用时配制)。

二氧化硅标准溶液：准确称取 0.1000g 预先经 1000℃灼烧 1h 的高纯二氧化硅 (99.99%) 于铂坩埚中，加 2g 无水碳酸钠，混匀。先于低温加热，逐渐升高温度至 1000℃，以得到透明熔体，冷却。用热水浸取熔块于 300mL 塑料杯中，加入 150mL 沸水，搅拌使其溶解 (此时溶液应是澄清的)，冷却。转入 1L 容量瓶中，用水稀释至标线，摇匀后立即转移到塑料瓶中贮存。此溶液每毫升含 0.1mg 二氧化硅。

（2）仪器 分光光度计。

（3）二氧化硅（硅钼蓝）比色标准曲线的绘制 于一组 100mL 容量瓶中，分别加 8mL 盐酸（1+1）及 10mL 水，摇匀。用刻度移液管依次加入 0.00、1.00mL、2.00mL、3.00mL、4.00mL、5.00mL、6.00mL 二氧化硅标准溶液，加 8mL 95％乙醇，4mL 8％钼酸铵，摇匀。室温高于 20℃时放置 15min，低于 20℃时，于 30～50℃的温水中放置 5～10min，冷却至室温。加 15mL 盐酸（1+1），用水稀释至近 90mL，加 5mL 2％抗坏血酸，用水稀释至标线，摇匀。1h 后，于分光光度计上，以试剂空白溶液作参比，选用 0.5cm 比色皿，在波长 700nm 处测定溶液的吸光度。按测得的吸光度与比色溶液浓度的关系绘制标准曲线。

（4）分析步骤 称取约 0.5g 试样于铂皿中（铂皿容积约 75～100mL），加 1.5g 无水碳酸钠，与试样混匀，再取 0.5g 无水碳酸钠铺在表面。先于低温加热，逐渐升高温度至 1000℃，熔融呈透明熔体，继续熔融约 5min，用包有铂金头的坩埚钳夹持铂皿，小心旋转，使熔融物均匀地附着在铂皿的内壁。冷却，盖上表面皿，加 20mL 盐酸（1+1）溶解熔块，将铂皿再置水浴上加热至碳酸盐完全分解，不再冒气泡。取下，用热水洗净表面皿，除去表面皿，将铂皿再置水浴上，蒸发至无盐酸味。

冷却，加 5mL 盐酸，放置约 5min，加约 20mL 热水搅拌使盐类溶解，加适量滤纸浆搅拌。用中速定量滤纸过滤，滤液及洗涤液用 250mL 容量瓶承接，以热盐酸（5+95）洗涤皿壁及沉淀 10～12 次，热水洗涤 10～12 次。

在沉淀上加 2 滴硫酸（1+1），将滤纸和沉淀一并移入铂坩埚中，放在电炉上低温烘干，升高温度使滤纸充分灰化。于 1100℃灼烧 1h，在干燥器中冷却至室温，称量，反复灼烧，直至恒量。

将沉淀用水润湿。加 3 滴硫酸（1+1）和 5～7mL 氢氟酸，在砂浴上加热，蒸发至干，重复处理一次，继续加热至冒尽三氧化硫白烟为止。将坩埚在 1100℃灼烧 15min，在干燥器中冷却至室温，称量。反复灼烧，直至恒量。

将上面的滤液用水稀释至标线，摇匀。吸取 25mL 滤液于 100mL 塑料杯中，加 5mL 2％氟化钾，摇匀，放置 10min，加 5mL 2％硼酸溶液，加 1 滴对硝基苯酚指示剂，滴加 20％氢氧化钾溶液至溶液变黄，加 8mL 盐酸（1+11），转入 100mL 容量瓶中，以下操作同标准曲线的绘制。

二氧化硅的质量分数 w_{SiO_2} 按式（6-2）计算：

$$w_{SiO_2} = \left(\frac{m_1 - m_2}{m_s} + \frac{m_3 \times 10}{m_s \times 1000} \right) \times 100\% \tag{6-2}$$

式中 m_1——灼烧后未经氢氟酸处理的沉淀及坩埚质量，g；

m_2——经氢氟酸处理并灼烧后残渣及坩埚质量，g；

m_s——试样质量，g；

m_3——在标准曲线上查得所分取滤液中二氧化硅的质量，mg。

6.1.2.2 凝聚重量法——分光光度法

试样经碳酸钠-硼酸混合熔剂熔融后，以盐酸溶解并蒸发至糊状，以聚环氧乙烷使二氧化硅凝聚，过滤并将沉淀灼烧，然后用氢氟酸处理，前后质量之差即为沉淀二氧化硅的量，以分光光度法测定滤液中残留的二氧化硅量，二者之和即为二氧化硅的总量。

（1）试剂 0.1％聚环氧乙烷溶液：称取 0.1g 聚环氧乙烷于烧杯中，加少量水浸泡一段时间，搅拌使其溶解，稀释至 100mL。贮存于塑料瓶中，溶液保留至有沉淀产生时弃去重配。其余试剂同 6.1.2.1。

（2）仪器　分光光度计。

（3）二氧化硅（硅钼黄）比色标准曲线的绘制　于一组 100mL 容量瓶中，分别加 8mL 盐酸（1+11）及 10mL 水，摇匀。用刻度移液管依次加入 0.00、1.00mL、2.00mL、3.00mL、4.00mL、5.00mL、6.00mL 二氧化硅标准溶液，加 8mL 95％乙醇，4mL 8％钼酸铵，摇匀。室温高于 20℃时放置 15min，低于 20℃时，于 30～50℃的温水中放置 5～10min，冷却至室温。用水稀释至标线，摇匀。2h 内，于分光光度计上，以试剂空白溶液作参比，选用 3cm 比色皿，在波长 420nm 处测定溶液的吸光度，按测得吸光度与比色溶液浓度的关系绘制标准曲线。

注意：加钼酸铵后，应避免阳光照射。

（4）分析步骤　称取约 0.5g 试样于铂皿中，加 1.5g 无水碳酸钠，与试样混匀，再取 0.5g 无水碳酸钠铺在表面。先于低温加热，逐渐升高温度至 1000℃，熔融呈透明熔体，继续熔融约 5min，用包有铂金头的坩埚钳夹持铂皿，小心旋转，使熔融物均匀地附着在皿的内壁。冷却，盖上表面皿，加 20mL 盐酸（1+1）溶解熔块，将皿再置水浴上加热至碳酸盐完全分解，不再冒气泡。取下，用热水洗净表面皿，除去表面皿，将铂皿再置水浴上，蒸发至 10mL 以下或糊状，将铂皿从水浴上取下，加适量滤纸浆搅拌，加约 5mL 聚环氧乙烷溶液，充分搅拌，放置 5min。用中速定量滤纸过滤，冲洗表面皿。滤液及洗涤液用 250mL 容量瓶承接，以热盐酸（5+95）洗涤沉淀及铂皿 10～12 次，再用热水洗涤 10～12 次。在沉淀上加 2 滴硫酸（1+1），以下步骤按照 6.1.2.1 中（4）进行。

滤液中残留二氧化硅，除了用硅钼蓝比色回收外，还可用硅钼黄比色回收。步骤如下：吸取 25mL 滤液于 100mL 塑料杯中，加 5mL 2％氟化钾，摇匀，放置 10min，加 5mL 2％硼酸溶液。加 1 滴对硝基苯酚指示剂，滴加 20％氢氧化钾溶液至溶液变黄，加 8mL 盐酸（1+11），转入 100mL 容量瓶中，以下操作同标准曲线的绘制。

二氧化硅的质量分数按式(6-2)计算。

注意：试剂空白溶液中不要加聚环氧乙烷，因其与钼酸铵形成白色沉淀。

6.1.2.3　氟硅酸钾容量法

（1）试剂

① 氢氧化钾。

② 硝酸。

③ 盐酸（1+1）。

④ KCl（固体）。

⑤ 15％氟化钾溶液。

⑥ 5％氯化钾溶液。

⑦ 5％氯化钾-乙醇溶液。

⑧ 1％酚酞指示剂溶液。

⑨ 0.15mol/L 氢氧化钠标准滴定溶液。

（2）分析步骤　称取约 0.08g 试样于镍坩埚中，加 2g 左右氢氧化钾，置低温电炉上熔融，经常摇动坩埚，在 600～650℃继续熔融 15～20min，旋转坩埚，使熔融物均匀地附着在坩埚内壁，冷却。用热水浸取熔融物于 300mL 塑料杯中。盖上表面皿，一次加入 15mL 硝酸，再用少量盐酸（1+1）及水洗净坩埚，控制体积在 60mL 左右，冷却至室温。在搅拌下加入固体氯化钾至饱和（过饱和量控制在 0.5～1.0g），加 10mL 15％氟化钾溶液，用塑料棒搅拌，放置 7min，用塑料漏斗或涂蜡的玻璃漏斗以快速定性滤纸过滤，用 5％氯化钾溶液洗涤塑料杯 2～3 次，再洗涤滤纸一次。将滤纸及沉淀放回到原塑料杯中，沿杯壁加入

10mL 5％氯化钾-乙醇溶液及1mL酚酞指示剂，用0.15mol/L氢氧化钠标准滴定溶液中和未洗净的残余酸，仔细搅拌滤纸并擦洗杯壁，直至试液呈微红色不消失。加入200～250mL中和过的沸水，立即以0.15mol/L氢氧化钠标准滴定溶液滴定至微红色。

二氧化硅的质量分数 w_{SiO_2} 按式(6-3)计算：

$$w_{SiO_2} = \frac{cV \times \frac{1}{4} \times 60.08}{m_s \times 1000} \times 100\%$$ (6-3)

式中 c ——氢氧化钠标准滴定溶液的浓度，mol/L；

V ——滴定时消耗氢氧化钠标准滴定溶液的体积，mL；

60.08——二氧化硅的摩尔质量，g/mol；

m_s ——试样质量，g。

注意：此方法适用于含二氧化硅95％以下的硅砂试样的日常分析。

6.1.2.4 挥散法

（1）试剂

① 硫酸（1+1）。

② 氢氟酸。

（2）分析步骤 将测定烧失量后的试样加数滴水润湿，加10滴硫酸（1+1），10mL氢氟酸，于低温电炉上蒸发至近干。取下坩埚，冷却后用水冲洗坩埚内壁，加3～5mL氢氟酸，再蒸发至干，逐渐升高温度除尽三氧化硫。冷却后用干净的湿滤纸擦净坩埚外壁。置高温炉内，于1000～1050℃灼烧15min，在干燥器中冷却至室温，称量。反复灼烧，直至恒重。

二氧化硅的质量分数按照式(6-4)计算：

$$X = \frac{m_1 - m_2}{m_s} \times 100\%$$ (6-4)

式中 m_1 ——测定烧失量后试样与坩埚的质量，g；

m_2 ——经氢氟酸处理后试样与坩埚的质量，g；

m_s ——试样质量，g。

注意：此方法适用于砂岩、硅石等含二氧化硅高的试样；灼烧应在高温电炉中进行，应严格控制灼烧的温度。

6.1.3 三氧化二铝的测定

（1）试剂

① 无水碳酸钠。

② 硼酸；氢氟酸；硫酸（1+1）；盐酸（1+1）。

③ 0.2％二甲酚橙指示剂水溶液。

④ 20％氢氧化钾水溶液。

⑤ 醋酸-醋酸钠缓冲溶液（pH=5.6）：将250g三水醋酸钠（或150.7g无水醋酸钠）溶于水，加12mL冰醋酸，用水稀释至1L，摇匀。

⑥ 0.01mol/L乙二胺四乙酸二钠（EDTA）标准溶液：称取EDTA3.7g于烧杯中，加水约200mL，加热溶解，用水稀释至1L。

⑦ 0.01mol/L醋酸锌标准滴定溶液：称取二水醋酸锌2.2g溶于少量水中，加醋酸

（36％）2mL，用水稀释至1L。

⑧ 氧化钙标准溶液：准确称取经 105～110℃烘干 4h 的碳酸钙 1.7848g 于 300mL 烧杯中，加水约 150mL，盖上表面皿，滴加 10mL 盐酸（1+1）使其溶解，加热煮沸数分钟以驱尽溶液中的二氧化碳。冷却后移入 1L 容量瓶中，用水稀释至标线，摇匀。此溶液每毫升含 1mg 氧化钙。

⑨ 钙黄绿素混合指示剂：称取 0.2g 钙黄绿素，0.2g 百里香酚酞络合剂，与 20g 已在 105℃烘过的硝酸钾混合研细，贮存于磨口瓶中。

EDTA 标准滴定溶液的标定：准确移取 10mL 氧化钙标准溶液于 300mL 烧杯中，加水约 150mL。滴加 20％氢氧化钾溶液，调节溶液 pH 值约为 12，再过量 2mL，加适量钙黄绿素混合指示剂，用 0.01mol/L EDTA 标准滴定溶液滴定至绿色荧光消失并呈现淡红色。

EDTA 对三氧化二铝、氧化钙和氧化镁的滴定度分别按照下式进行计算：

$$T_{Al_2O_3} = \frac{m \times \frac{101.96}{2}}{V \times 56.08} \tag{6-5}$$

$$T_{CaO} = \frac{m}{V} \tag{6-6}$$

$$T_{MgO} = \frac{m \times 40.30}{V \times 56.08} \tag{6-7}$$

式中　m——所取氧化钙的毫克数；

V——滴定时消耗 EDTA 标准滴定溶液的体积，mL；

$T_{Al_2O_3}$——EDTA 标准滴定溶液对三氧化二铝的滴定度，mg/mL；

T_{CaO}——EDTA 标准滴定溶液对氧化钙的滴定度，mg/mL；

T_{MgO}——EDTA 标准滴定溶液对氧化镁的滴定度，mg/mL；

101.96——三氧化二铝的摩尔质量，g/mol；

56.08——氧化钙的摩尔质量，g/mol；

40.30——氧化镁的摩尔质量，g/mol；

EDTA 标准滴定溶液与醋酸锌标准滴定溶液体积比（K）的测定：从滴定管中放出 10.00mL 0.01mol/L EDTA 标准滴定溶液于 300mL 烧杯中，加水约 150mL，加 5mL pH＝5.6 的缓冲溶液，加二甲酚橙指示剂 4 滴，用 0.01mol/L 醋酸锌标准滴定溶液滴定至溶液由黄色变为红色。

EDTA 标准滴定溶液与醋酸锌标准滴定溶液的体积比（K）按照式(6-8)进行计算：

$$K = \frac{10}{V} \tag{6-8}$$

式中　K——每毫升醋酸锌标准滴定溶液相当于 EDTA 标准滴定溶液的毫升数；

V——滴定时消耗醋酸锌标准滴定溶液的体积，mL。

（2）分析步骤　根据试样中二氧化硅的含量范围，试液制备步骤分述如下：

① 二氧化硅的含量在 95％以上的，称取约 1g 试样于铂皿中，用少量水润湿，加 1mL 硫酸（1+1）、10mL 氢氟酸，于低温电炉上蒸发至冒三氧化硫白烟，重复处理一次，逐渐升高温度，驱尽三氧化硫，冷却。加 5mL 盐酸（1+1）及适量水，加热溶解，冷却后，转入 250mL 容量瓶中，用水稀释至标线，摇匀。此溶液供测定三氧化二铁、二氧化钛、三氧化二铝、氧化钙和氧化镁用。

② 二氧化硅含量在 95％以下的，称取约 1g 试样于铂皿中，用少量水润湿，加 1mL 硫

酸（1+1）和 10mL 氢氟酸，于低温电炉上蒸发至冒三氧化硫白烟，逐渐升高温度驱尽三氧化硫，放冷，将 1.5g 无水碳酸钠和 1g 硼酸混匀后，加于残渣上。先低温加热，逐渐升高温度至 1000～1100℃ 熔融约 10min，使残渣全部熔解。盖上表面皿，放冷后加 10mL 盐酸（1+1）及适量水，加热溶解，冷却后移入 250mL 容量瓶中，用水稀释至标线，摇匀。此溶液供测定三氧化二铁、二氧化钛、三氧化二铝、氧化钙和氧化镁用。

③ 从上述①或②制取的溶液中，移取适量的试样溶液（含三氧化二铝在 2％ 以下的移取 50mL，含三氧化二铝在 2％ 以上的移取 25mL）于 300mL 烧杯中，用滴定管加入 20.00mL 0.01mol/L EDTA 标准滴定溶液，在电炉上加热至 50℃ 以上，加 1 滴二甲酚橙指示剂，在搅拌下滴加氨水（1+1）至溶液由黄色刚好变成紫红色，加 5mL pH＝5.6 的缓冲溶液，此时溶液由紫红变为黄色。继续加热煮沸 2～3min，冷却，用水稀释至约 150mL。加 2～3 滴二甲酚橙指示剂，用 0.01mol/L EDTA 标准滴定溶液滴定至溶液由黄色变为红色。

三氧化二铝的质量分数 $w_{Al_2O_3}$ 按照式（6-9）计算：

$$w_{Al_2O_3} = \frac{T_{Al_2O_3} A(V_1 - V_2 K)}{m_s \times 1000} \times 100\% - (0.6384 \times Fe_2O_3\% + 0.6380 \times TiO_2\%) \quad (6-9)$$

式中 $T_{Al_2O_3}$——EDTA 标准滴定溶液对三氧化二铝的滴定度，mg/mL；

V_1——加入 EDTA 标准滴定溶液的体积，mL；

V_2——滴定过量的 EDTA 消耗醋酸锌标准滴定溶液的体积，mL；

K——每毫升醋酸锌标准滴定溶液相当于 EDTA 标准滴定溶液的毫升数；

A——系数。当移取 25mL 试液时，$A=10$；当移取 50mL 试液时，$A=5$；

m_s——试样质量，g；

0.6384——三氧化二铁对三氧化二铝的换算系数；

0.6380——二氧化钛对三氧化二铝的换算系数。

6.1.4 三氧化二铁的测定

（1）试剂

① 氨水（1+1）。

② 盐酸（1+1）。

③ 对硝基苯酚指示剂：0.5％ 的乙醇溶液。

④ 10％ 盐酸羟胺水溶液。

⑤ 0.1％ 邻菲罗啉：称取 0.1g 邻菲罗啉溶于 10mL 乙醇中，加 90mL 水混匀。

⑥ 10％ 酒石酸水溶液。

⑦ 三氧化二铁标准溶液：准确称取 0.1000g 预先经 400℃ 灼烧 0.5h 的三氧化二铁于烧杯中，加 10mL 盐酸（1+1），加热溶解，冷却后，转入 1L 容量瓶中，用水稀释至标线，摇匀。此溶液每毫升含 0.1mg 三氧化二铁。

移取 100mL 上面配制的三氧化二铁标准溶液，放入 500mL 容量瓶中，用水稀释至标线，摇匀。此溶液每毫升含 0.02mg 三氧化二铁。

（2）仪器 分光光度计。

（3）三氧化二铁比色标准曲线的绘制。移取 0.00、1.00mL、3.00mL、5.00mL、7.00mL、10.00mL、13.00mL、15.00mL 三氧化二铁标准溶液（每毫升含 0.02mg 三氧化二铁），分别放入一组 100mL 容量瓶中，用水稀释至 40～50mL。加 4mL 酒石酸，1～2 滴对硝基苯酚指示剂，滴加氨水（1+1）溶液至溶液呈现黄色，随即滴加盐酸（1+1）至溶液刚好无色，此时溶液的 pH 值约为 5。加 2mL 盐酸羟胺，10mL 0.1% 邻菲罗啉，用水稀释至标线，摇匀。放置 20min 后，于分光光度计上，以试剂空白溶液作参比，选用 1cm 比色皿，在波长 510nm 处测量溶液的吸光度。按测得的吸光度与比色溶液的浓度的关系绘制标准曲线。

（4）分析步骤 从 6.1.3 的（2）下的①或②制取的溶液中，吸取 25mL 置于 100mL 容量瓶中，用水稀释至 40～50mL。加 4mL 酒石酸，1～2 滴对硝基苯酚指示剂，滴加氨水（1+1）溶液至溶液呈现黄色，随即滴加盐酸（1+1）至溶液刚好无色，此时溶液的 pH 值约为 5。加 2mL 盐酸羟胺，10mL 0.1% 邻菲罗啉，用水稀释至标线，摇匀。放置 20min 后，于分光光度计上，以试剂空白溶液作参比，选用 1cm 比色皿，在波长 510nm 处测量溶液的吸光度。

三氧化二铁的质量分数 $w_{\mathrm{Fe_2O_3}}$ 按式（6-10）计算：

$$w_{\mathrm{Fe_2O_3}} = \frac{m \times 10}{m_{\mathrm{s}} \times 1000} \times 100\% \tag{6-10}$$

式中 m——在标准曲线上查得所分取试样溶液中三氧化二铁的含量，mg；

　　　m_{s}——试样质量，g。

6.1.5　二氧化钛的测定

（1）试剂

① 硫酸（1+1）。

② 氨水（1+1）。

③ 盐酸（1+1）。

④ 对硝基苯酚指示剂：0.5% 的乙醇溶液。

⑤ 5% 抗坏血酸溶液（使用时配制）。

⑥ 5% 变色酸水溶液（使用时配制）。

⑦ 二氧化钛标准溶液：准确称取 0.1000g 预先经 800～950℃灼烧 0.5h 的二氧化钛于铂坩埚中，加约 3g 焦硫酸钾，先在电炉上熔融，再移到喷灯上熔至呈透明状态。放冷后，用 20mL 热硫酸（1+1）浸取熔块于预先盛有 80mL 硫酸（1+1）的烧杯中，加热溶解。冷却后，转入 1L 容量瓶中，用水稀释至标线，摇匀。此溶液每毫升含 0.1mg 二氧化钛。

移取 100mL 上面配制的二氧化钛标准溶液，放入 1000mL 容量瓶中，用水稀释至标线，摇匀。此溶液每毫升含 0.01mg 二氧化钛。

（2）仪器 分光光度计。

（3）二氧化钛比色标准曲线的绘制 移取 0.00、1.00mL、2.00mL、3.00mL、4.00mL、5.00mL、6.00mL、7.00mL 二氧化钛标准溶液（每毫升含 0.01mg 二氧化钛），分别放入一组 100mL 容量瓶中，用水稀释至 40～50mL。加 5mL 抗坏血酸，1～2 滴对硝基苯酚指示剂，滴加氨水（1+1）溶液至溶液呈现黄色，随即滴加盐酸（1+1）至溶液刚好无色，再加 3 滴，加 5mL 5% 的变色酸，用水稀释至标线，摇匀。放置 10min 后，于分光光度计上，以试剂空白溶液作参比，选用 3cm 比色皿，在波长 470nm 处测量溶液的吸光度。按测得的吸光度与比色溶液的浓度的关系绘制标准曲线。

（4）分析步骤 从 6.1.3 的（2）下的①或②制取的溶液中，吸取 25mL 置于 100mL 容量瓶中，用水稀释至 40～50mL。加 5mL 抗坏血酸，1～2 滴对硝基苯酚指示剂，滴加氨水（1+1）溶液至溶液呈现黄色，随即滴加盐酸（1+1）至溶液刚好无色，再加 3 滴，加 5mL 5% 的变色酸，用水稀释至标线，摇匀。放置 10min 后，于分光光度计上，以试剂空白溶液作参比，选用 3cm 比色皿，在波长 470nm 处测量溶液的吸光度。

二氧化钛的质量分数 w_{TiO_2} 按照式(6-11)计算：

$$w_{TiO_2} = \frac{m \times 10}{m_s \times 1000} \times 100\%$$ (6-11)

式中　m——在标准曲线上查得所分取试样溶液中二氧化钛的含量，mg;

　　　m_s——试样质量，g。

6.1.6　氧化钙的测定

（1）试剂

① 三乙醇胺（1+1）。

② 20%氢氧化钾水溶液。

③ 钙黄绿素混合指示剂：同 6.1.3。

④ 0.01mol/L EDTA 标准滴定溶液。

（2）分析步骤　从 6.1.3 的（2）下的①或②制取的溶液中，吸取 50mL 置于 300mL 烧杯中，加 3mL 三乙醇胺（1+1），用水稀释至约 150mL。滴加 20%氢氧化钾溶液调节溶液 pH 值约为 12，再过量 2mL，加适量钙黄绿素混合指示剂，用 0.01mol/L EDTA 标准滴定溶液滴定至绿色荧光消失并呈现淡红色。

氧化钙的质量分数 w_{CaO} 按照式(6-12)计算：

$$w_{CaO} = \frac{T_{CaO} V_1 \times 5}{m_s \times 1000} \times 100\%$$ (6-12)

式中　T_{CaO}——EDTA 标准滴定溶液对氧化钙的滴定度，mg/mL;

　　　V_1——滴定时消耗 EDTA 标准滴定溶液的体积，mL;

　　　m_s——试样质量，g。

6.1.7　氧化镁的测定

（1）试剂

① 三乙醇胺（1+1）。

② 氨水（1+1）。

③ 氨水-氯化铵缓冲溶液（pH=10）：称取 67.5g 氯化铵溶于水中，加 570mL 氨水，用水稀释至 1L。

④ 酸性铬蓝 K-萘酚绿 B(1+3) 混合指示剂：将混合指示剂与硝酸钾按 1∶50 的比例在玛瑙研钵中研细混匀，贮存于带磨口塞的棕色瓶中。

⑤ 0.01mol/L EDTA 标准滴定溶液。

（2）分析步骤　从 6.1.3 的（2）下的①或②制取的溶液中，吸取 50mL 置于 300mL 烧杯中，加 3mL 三乙醇胺（1+1），用水稀释至约 150mL。滴加氨水（1+1）调节溶液 pH 值约为 10，再加 10mL pH 值为 10 的氨水-氯化铵缓冲溶液及适量的酸性铬蓝 K-萘酚绿 B 混合指示剂。用 0.01mol/L EDTA 标准滴定溶液滴定至试液由紫红色变为蓝绿色。

氧化镁的质量分数 w_{MgO} 按照式(6-13)计算：

$$w_{MgO} = \frac{T_{MgO}(V_2 - V_1) \times 5}{m_s \times 1000} \times 100\%$$ (6-13)

式中　T_{MgO}——EDTA 标准滴定溶液对氧化镁的滴定度，mg/mL;

V_2——滴定钙、镁合量时消耗 EDTA 标准滴定溶液的体积，mL；

V_1——滴定氧化钙时消耗 EDTA 标准滴定溶液的体积，mL；

m_s——试样质量，g。

6.1.8 火焰光度法测定氧化钾和氧化钠

（1）试剂

① 氢氟酸。

② 硫酸（1+1）。

③ 盐酸（1+11）。

④ 氧化钾标准溶液：准确称取预先在 130~150℃烘干 2h 的氯化钾 1.5830g 于烧杯中，加水溶解，移入 1L 容量瓶中，用水稀释至标线，摇匀。此溶液每毫升含 1mg 氧化钾。

氧化钠标准溶液：准确称取预先在 130~150℃烘干 2h 的氯化钠 1.8859g 于烧杯中，加水溶解，移入 1L 容量瓶中，用水稀释至标线，摇匀。此溶液每毫升含 1mg 氧化钠。

氧化钾、氧化钠混合标准系列的配制：从滴定管向 10 个 1L 容量瓶中依次加入 1.00mL、2.00mL、3.00mL、4.00mL、5.00mL、6.00mL、7.00mL、8.00mL、9.00mL、10.00mL 氧化钾标准溶液，从另一个滴定管向上述容量瓶中依次加入同样数量的氧化钠标准溶液。各加 100mL 盐酸（1+1），用水稀释至标线，摇匀，贮存于塑料瓶中。此系列含氧化钾和氧化钠均为 1~10μg/mL。

（2）仪器 火焰光度计。

（3）分析步骤 依样品中氧化钾和氧化钠的含量准确称取试样 0.1~0.5g（通常含量大于 0.5% 的称取 0.1~0.2g，含量小于 0.5% 的称取 0.2~0.5g）于铂皿中，用少量水润湿，加 10~15 滴硫酸（1+1）和 10mL 氢氟酸，置于低温电炉上蒸发至冒三氧化硫白烟，放冷后，加 3~5mL 氢氟酸，继续蒸发至三氧化硫白烟冒尽。取下放冷，加 25mL 盐酸（1+11），加热溶解，放冷，移入 250mL 容量瓶中，用水稀释至标线，摇匀。

将火焰光度计按照仪器使用规程调整到工作状态，按照如下操作，分别使用钾滤光片（波长 767nm）测定氧化钾，钠滤光片（波长 589nm）测定氧化钠。

喷雾试样溶液，读取检流计读数（D_1）。

从氧化钾、氧化钠混合标准系列中，选取比试样溶液浓度略小的标准溶液进行喷雾，读取检流计读数（D_2）。再选取比试样溶液浓度略大的标准溶液进行喷雾，读取检流计读数（D_3）。氧化钾和氧化钠的质量分数 w_{K_2O}、w_{Na_2O} 按照式(6-14)进行计算：

$$w_{K_2O} \text{ 或 } w_{Na_2O} = \frac{\left[c_1 + (c_2 - c_1)\dfrac{D_1 - D_2}{D_3 - D_2}\right] \times 250 \times 10^{-6}}{m_s} \times 100\% \qquad (6\text{-}14)$$

式中 c_1——比试样溶液浓度略小的标准溶液浓度，μg/mL；

c_2——比试样浓度略大的标准溶液浓度，μg/mL；

m_s——试样质量，g。

6.1.9 原子吸收分光光度法测定三氧化二铁、氧化钙、氧化镁、氧化钾和氧化钠

（1）试剂

① 去离子水：电阻率大于 1.0mΩ·cm。

② 氢氟酸。

③ 高氯酸。

④ 盐酸（1+1）。

⑤ 氯化锶溶液（50mg/mL Sr）：称取 152g 优级纯六水氯化锶($SrCl_6 \cdot 6H_2O$) 溶于水，移入 1L 容量瓶中，用水稀释至标线，摇匀。贮存于塑料瓶中备用。

⑥ 三氧化二铁标准溶液：准确称取 1.000g 预先经 400℃灼烧 0.5h 的三氧化二铁于烧杯中，加 20mL 盐酸（1+1），加热溶解，冷却后，转入 1L 容量瓶中，用水稀释至标线，摇匀。此溶液每毫升含 1mg 三氧化二铁。

⑦ 氧化钙标准溶液：见 6.1.3。

⑧ 氧化镁标准溶液：将金属镁先放在稀盐酸中洗涤除去表面的氧化层，然后用水，最后用乙醇（或乙醚）洗净，擦干。准确称取此法处理过的金属镁 0.6032g 于 300mL 烧杯中，加 10mL 盐酸（1+1）溶解，移入 1L 容量瓶中，用水稀释至标线，摇匀。此溶液每毫升含 1mg 氧化镁。

⑨ 氧化钠标准溶液：见 6.1.8。

氧化钾标准溶液：见 6.1.8。

混合标准溶液：移取上述 5 种标准溶液各 100mL 于 1L 容量瓶中，用水稀释至标线，摇匀。此溶液每毫升含三氧化二铁、氧化钙、氧化镁、氧化钾和氧化钠各 0.1mg。

混合标准系列的配制：从滴定管向 11 个 1L 容量瓶中依次加入 5.00mL、10.00mL、20.00mL、30.00mL、40.00mL、50.00mL、60.00mL、70.00mL、80.00mL、90.00mL、100.00mL 混合标准溶液。各加 100mL 氯化锶溶液和 4mL 盐酸（1+1），用水稀释至标线，摇匀。分别贮存于容积为 1L 的塑料瓶中，用小塑料瓶分出部分溶液使用。此混合标准系列含各元素氧化物为 0.5～10μg/mL。

（2）仪器 原子吸收分光光度计。

（3）分析步骤 称取试样的数量通常可按照试样中氧化铝的含量来决定。一般含氧化铝 1% 以上的称取 0.1～0.2g；氧化铝含量在 1% 以下的称取 0.2～0.5g。称取试样于铂皿中，用少量水润湿，加 1mL 高氯酸和 10mL 氢氟酸，置于低温电炉上蒸发至冒高氯酸白烟，取下放冷。加 3～5mL 氢氟酸，继续蒸发至高氯酸白烟冒尽，取下放冷。加 4mL 盐酸（1+1）和约 20mL 水，加热溶解，放冷。移入 100mL 容量瓶中，加 10mL 氯化锶溶液，用水稀释至标线，摇匀。

将原子吸收分光光度计按所用仪器的使用规程调整到工作状态。使用各元素的空心阴极灯，以空气-乙炔火焰，用表 6-1 中所列波长进行测定。

表 6-1 各元素的测定波长

元素	Fe	Ca	Mg	K	Na
测定波长/nm	248.3	422.7	285.2	766.5	589.0

选择适当的仪器参数（狭缝宽度、灯电流、燃烧器高度、火焰状态、放大增益、对数转换、曲线校直、标尺扩展等），按如下操作分别测定三氧化二铁、氧化钙、氧化镁、氧化钾和氧化钠。

喷雾试样溶液，读取吸光度（D_1）。

从混合标准系列中，选取比试样溶液浓度略小的标准溶液进行喷雾，读取吸光度（D_2）。再选取比试样溶液浓度略大的标准溶液进行喷雾，读取吸光度（D_3）。

三氧化二铁、氧化钙、氧化镁、氧化钾和氧化钠的质量分数按式(6-15)进行计算：

$$w = \dfrac{\left[c_1 + (c_2 - c_1)\dfrac{D_1 - D_2}{D_3 - D_2} \right] \times V \times 10^{-6}}{m_s} \times 100\% \qquad (6\text{-}15)$$

式中　c_1——比试样溶液浓度略小的标准溶液浓度，$\mu g/mL$；

　　　c_2——比试样浓度略大的标准溶液浓度，$\mu g/mL$；

　　　V——试样溶液的体积，mL；

　　　m_s——试样质量，g。

任务 6.2　长石分析

长石是向玻璃中引入氧化铝的主要原料之一，在玻璃的配料中，硅质原料引入的氧化铝不足时，一般能用长石来补充。使用长石除了能引入 Al_2O_3、SiO_2 外，还引入碱金属氧化物——氧化钾和氧化钠，从而在配料中减少了纯碱的用量，可以降低成本。

6.2.1　烧失量的测定

试样中所含易挥发物质，经高温 1000℃灼烧挥发掉，所损失的质量即为烧失量。

称取约 1g 试样于已恒重的铂坩埚中，盖上坩埚盖并留有缝隙。将坩埚置于高温炉内，从室温开始，逐渐升温至 1000℃灼烧 1h。取出坩埚，置于干燥器中冷却至室温，称量。反复灼烧，每次 20min，直至恒重。

烧失量的质量分数按式(6-16) 计算：

$$X = \dfrac{m - m_1}{m} \times 100\% \qquad (6\text{-}16)$$

式中　m——灼烧前试样质量，g；

　　　m_1——灼烧后试样质量，g。

6.2.2　二氧化硅的测定

6.2.2.1　凝聚重量法——分光光度法

（1）试剂

① 无水碳酸钠。

② 硼酸。

③ 混合熔剂：3 份无水碳酸钠与 1 份硼酸混合。

④ 盐酸(1+1)、(1+11)、(5+95)，硫酸 (1+1)，氢氟酸。

⑤ 1%硝酸银溶液。

⑥ 2%氟化钾溶液：称取 2g 氟化钾 （$KF \cdot 2H_2O$） 于塑料杯中，加 100mL 水溶解，贮存于塑料瓶中。

⑦ 2%硼酸溶液。

⑧ 丙酮。

⑨ 0.5%对硝基苯酚乙醇溶液。

⑩ 8%钼酸铵溶液。

⑪ 二氧化硅标准溶液 （0.1mg/mL）：同 6.1.2.1。

⑫ 0.1%聚环氧乙烷溶液：同 6.1.2.2。

（2）仪器　分光光度计。

（3）二氧化硅（硅钼黄）比色标准曲线的绘制　于一组 100mL 容量瓶中，分别加 8mL 盐酸（1+11）及 10mL 水，摇匀。用刻度移液管依次加入 0.00、1.00mL、2.00mL、3.00mL、4.00mL、5.00mL、6.00mL 二氧化硅标准溶液，各加 5mL 丙酮，4mL 8%钼酸铵，在 20～30℃的温度下放置 15min。用水稀释至标线，摇匀。在 2h 内，于分光光度计上，以试剂空白溶液作参比，选用 3cm 比色皿，在波长 420nm 处测定溶液的吸光度，按测得吸光度与比色溶液浓度的关系绘制标准曲线。

注意：加钼酸铵后，应避免阳光照射。

（4）分析步骤　称取约 0.5g 试样于铂皿中，加 3g 混合熔剂，用细玻璃棒与试样混匀，再取 1g 熔剂擦洗玻璃棒并铺在试样表面。先于低温加热，逐渐升高温度至气泡停止产生后，于 950～1000℃熔融，待试样全部分解后，继续熔融 10min，用包有铂金头的坩埚钳夹持铂皿，小心旋转，使熔融物均匀地附着在皿的内壁。冷却，盖上表面皿，加 20mL 盐酸（1+1）溶解熔块，待无气泡产生时，放在电炉上低温加热，待熔块完全分解后，用热水洗净表面皿，并取下。将铂皿置水浴上，蒸发至 5mL 以下或糊状，放冷，加适量滤纸浆搅拌，并加约 5mL 0.1%聚环氧乙烷溶液，充分搅拌，放置 5min。加 5mL 热水，搅拌溶解可溶性盐类。用中速定量滤纸过滤，冲洗表面皿。滤液及洗涤液用 250mL 容量瓶承接，以热盐酸（5+95）洗涤沉淀及铂皿 10～12 次，再用热水洗涤至无氯离子（用 1%硝酸银溶液检验）。

将沉淀及滤纸一并移入铂坩埚中，加 4～5 滴硫酸（1+1），放在电炉上先低温烘干，再升高温度使滤液充分灰化。于 1100℃灼烧 1h，在干燥器中冷却至室温，称量，反复灼烧至恒重。

将沉淀用水润湿，加 5 滴硫酸（1+1）和 5～7mL 氢氟酸，于低温电炉上蒸发至干，重复处理一次，然后逐渐升高温度至三氧化硫白烟冒尽为止。将坩埚在 1100℃灼烧 20min，在干燥器中冷却至室温，称量。反复灼烧至恒重。

向上述带有残渣的坩埚内加 2～3g 混合熔剂，盖上盖，先低温加热，逐渐升高温度。待反应完全后，熔融 5min，冷却。用热水浸取并洗净坩埚及盖，冷却后合并于二氧化硅滤液中，用水稀释至刻度，摇匀。此溶液为试液（A），用于测定三氧化二铁、二氧化钛、三氧化二铝、氧化钙和氧化镁用。

如除 SiO_2 以外其他成分的测定都采用单独熔样方法时，可不用将测定 SiO_2 后的残渣分解，弃去即可，而直接用水稀释滤液至刻度，摇匀。此溶液为试液（B），用于残留 SiO_2 量的测定。

吸取试液（A）或（B）25mL 于 100mL 塑料杯中，加 5mL 2%氟化钾溶液，摇匀，放置 10min，加 5mL 2%硼酸溶液。加 1 滴对硝基苯酚指示剂，滴加 20%氢氧化钾溶液至溶液变黄，加 8mL 盐酸（1+11），转入 100mL 容量瓶中，以下操作同标准曲线的绘制。

二氧化硅的质量分数 w_{SiO_2} 按式（6-17）计算。

$$w_{SiO_2} = \left(\frac{m_1 - m_2}{m_s} + \frac{m_3 \times 10}{m_s \times 1000} \right) \times 100\% \qquad (6\text{-}17)$$

式中　m_1——灼烧后未经氢氟酸处理的沉淀及坩埚质量，g；

m_2——经氢氟酸处理并灼烧后残渣及坩埚质量，g；

m_s——试样质量，g；

m_3——在标准曲线上查得所分取滤液中二氧化硅的质量，mg。

注意：试剂空白溶液中不要加聚环氧乙烷，因其与钼酸铵形成白色沉淀。

6.2.2.2　盐酸一次脱水重量——分光光度法

（1）试剂　同 6.2.2.1。

（2）仪器　同 6.2.2.1。

（3）分析步骤　称取约 0.5g 试样于铂皿中（铂皿容积 75～100mL），加 3g 无水碳酸钠，与试样混匀，再取 1g 无水碳酸钠铺在表面。先于低温加热，逐渐升高温度至 1000℃，熔融呈透明熔体，继续熔融约 10min，用包有铂金头的坩埚钳夹持铂皿，小心旋转，使熔融物均匀地附着在皿的内壁。冷却，盖上表面皿，加 20mL 盐酸（1+1）溶解熔块，待无气泡产生时，用热水洗净表面皿，除去表面皿，将铂皿再置水浴上，蒸发至无盐酸味。取下铂皿，冷却，加 5mL 盐酸，放置约 5min，加约 20mL 热水搅拌使盐类溶解，并加适量滤纸浆搅拌。用中速定量滤纸过滤，滤液及洗涤液用 250mL 容量瓶承接，以热盐酸（5+95）洗涤皿壁及沉淀 10～12 次，再用热水洗涤至无氯离子（用 1%硝酸银溶液检查）。

在沉淀上加 4～5 滴硫酸（1+1），以下步骤同 6.2.2.1。

二氧化硅的质量分数按式(6-17) 计算。

6.2.3　三氧化二铁的测定

用盐酸羟胺将 Fe^{3+} 还原为 Fe^{2+}，pH 值在 2～9 时 Fe^{2+} 与邻菲罗啉生成稳定的橙红色络合物，以分光光度法测定。

（1）试剂

① 硫酸（1+1），氢氟酸，盐酸（1+1）。

② 氨水（1+1）。

③ 混合熔剂：同 6.2.2.1。

④ 对硝基苯酚指示剂：0.5%的乙醇溶液。

⑤ 10%盐酸羟胺水溶液。

⑥ 0.1%邻菲罗啉：称取 0.1g 邻菲罗啉溶于 10mL 乙醇中，加 90mL 水混匀。

⑦ 10%酒石酸水溶液。

⑧ 三氧化二铁标准溶液：准确称取 0.1000g 预先经 105～110℃烘干 2h 的三氧化二铁于烧杯中，加 10mL 盐酸（1+1），加热溶解，冷却后，转入 1L 容量瓶中，用水稀释至标线，摇匀。此溶液每毫升含 1mg 三氧化二铁。

三氧化二铁比色溶液：移取 10mL 上面配制的三氧化二铁标准溶液，放入 500mL 容量瓶中，用水稀释至标线，摇匀。此溶液每毫升含 0.02mg 三氧化二铁。

（2）仪器　分光光度计。

（3）三氧化二铁比色标准曲线的绘制　移取 0.00、0.50mL、1.00mL、2.00mL、4.00mL、6.00mL、8.00mL、10.00mL 三氧化二铁比色溶液（每毫升含 0.02mg 三氧化二铁），分别放入一组 100mL 容量瓶中，用水稀释至 40～50mL。加 4mL 10%酒石酸，1～2 滴对硝基苯酚指示剂，滴加氨水（1+1）溶液至溶液呈现黄色，随即滴加盐酸（1+1）至溶液刚好无色，此时溶液的 pH 值约为 5。加 2mL 10%盐酸羟胺，10mL 0.1%邻菲罗啉，用水稀释至标线，摇匀。放置 20min 后，于分光光度计上，以试剂空白溶液作参比，选用 1cm 比色皿，在波长 510nm 处测量溶液的吸光度。按测得的吸光度与比色溶液的浓度的关系绘制标准曲线。

（4）试样溶液的制备

① 三氧化二铝含量≤15％时，称取 0.5g 试样于铂皿中，用少量水润湿，加 4～5 滴硫酸（1+1）及 5～7mL 氢氟酸，于低温电炉上蒸发至干，重复处理一次，逐渐升高温度，驱尽三氧化硫白烟，冷却。加 10mL 盐酸（1+1）及适量水，加热溶解，移入 250mL 容量瓶中，冷却后，用水稀释至标线，摇匀。此溶液为试液（A）。

② 三氧化二铝含量＞15％时，称取 0.5g 试样于铂皿中，用少量水润湿，加 4～5 滴硫酸（1+1）及 10mL 氢氟酸，于低温电炉上蒸发至冒三氧化硫白烟，逐渐升高温度，驱尽三氧化硫白烟，冷却。加 2g 混合熔剂于残渣上，先低温加热，逐渐升高温度至 1000℃ 熔融，使其全部熔解，冷却后，盖上表面皿，加 15mL 盐酸（1+1）及适量水，加热溶解，移入 250mL 容量瓶中，冷却后，用水稀释至标线，摇匀。此溶液为试液（C）。

（5）分析步骤 准确吸取试液（A）或（C）10.00mL 或 25.00mL（根据 Fe_2O_3 含量而定）于 100mL 容量瓶中，加水至约 50mL，以下步骤同 6.2.3 中(3)。

三氧化二铁的质量分数 $w_{Fe_2O_3}$ 按式（6-18）计算：

$$w_{Fe_2O_3} = \frac{m \times \dfrac{V_1}{V_2}}{m_s \times 1000} \times 100\% \qquad (6\text{-}18)$$

式中 m——在标准曲线上查得所分取试样溶液中三氧化二铁的含量，mg；

V_1——试样溶液总体积，mL；

V_2——所分取试样溶液的体积，mL；

m_s——试样质量，g。

6.2.4 三氧化二铝的测定

待测试液与过量的 EDTA 标准滴定溶液在 pH 值为 5～6 时加热，铝、钛、铁与 EDTA 配位，以二甲酚橙为指示剂，用醋酸锌标准滴定溶液回滴过量的 EDTA，减去三氧化二铁及二氧化钛的量，即可求得三氧化二铝的含量。

（1）试剂

① 氨水（1+1）。

② 0.2％二甲酚橙指示剂水溶液。

③ 20％氢氧化钾水溶液。

④ 醋酸-醋酸钠缓冲溶液（pH＝5.6）：将 250g 三水醋酸钠（或 150.7g 无水醋酸钠）溶于水，加 12mL 冰醋酸，用水稀释至 1L，摇匀。

⑤ 0.01mol/L 乙二胺四乙酸二钠（EDTA）标准滴定溶液：称取 EDTA3.7g 于烧杯中，加水约 200mL，加热溶解，用水稀释至 1L，摇匀。

⑥ 0.01mol/L 醋酸锌标准滴定溶液：称取二水醋酸锌 2.2g 溶于少量水中，加醋酸（36％）2mL，用水稀释至 1L。

⑦ 氧化钙标准溶液：准确称取经 105～110℃ 烘干 4h 的碳酸钙 1.7848g 于 300mL 烧杯中，加水约 150mL，盖上表面皿，滴加 10mL 盐酸（1+1）使其溶解，加热煮沸数分钟以驱尽溶液中的二氧化碳。冷却后移入 1L 容量瓶中，用水稀释至标线，摇匀。此溶液每毫升含 1mg 氧化钙。

⑧ CMP 混合指示剂：称取 0.5g 钙黄绿素，0.5g 甲基百里香酚蓝，0.1g 酚酞与 50g 已在 105℃烘过的硝酸钾混合研细，贮存于棕色磨口瓶中。

⑨ EDTA 标准滴定溶液的标定：同 6.1.3。

（2）分析步骤 从上述制取的溶液（A）或（C）中，移取适量的试样溶液（含三氧化二铝在 10％以下的移取 25mL，在 10％以上的移取 10mL）于 300mL 烧杯中，用滴定管加入 20.00mL EDTA 标准滴定溶液，在电炉上加热至 50℃以上，加 1 滴二甲酚橙指示剂，在搅拌下滴加氨水（1+1）至溶液由黄色刚好变成紫红色，加 5mL pH＝5.6 的缓冲溶液，此时溶液由紫红变为黄色，继续加热煮沸 2～3min，冷却，用水稀释至约 150mL。加 2～3 滴二甲酚橙指示剂，用 0.01mol/L 醋酸锌标准滴定溶液滴定至溶液由黄色变为红色。

三氧化二铝的质量分数 $w_{Al_2O_3}$ 按式（6-19）计算：

$$w_{Al_2O_3}=\frac{T_{Al_2O_3}\dfrac{V_1}{V_2}(V_3-V_4K)}{m_s\times1000}\times100\%-(0.6384\times Fe_2O_3\%+0.6380\times TiO_2\%) \quad (6\text{-}19)$$

式中 $T_{Al_2O_3}$——EDTA 标准滴定溶液对三氧化二铝的滴定度，mg/mL；

V_1——试样溶液总体积，mL；

V_2——所分取试样溶液的体积，mL；

V_3——加入 EDTA 标准滴定溶液的体积，mL；

V_4——滴定过量的 EDTA 消耗醋酸锌标准滴定溶液的体积，mL；

K——每毫升醋酸锌标准滴定溶液相当于 EDTA 标准滴定溶液的毫升数；

m_s——试样质量，g；

0.6384——三氧化二铁对三氧化二铝的换算系数；

0.6380——二氧化钛对三氧化二铝的换算系数。

6.2.5 二氧化钛的测定

用抗坏血酸消除 Fe^{3+} 的干扰后，在盐酸介质中 Ti^{4+} 与 DAPM 生成黄色可溶性配合物，以分光光度法测定。

（1）试剂

① 硫酸（1+1）。

② 盐酸（1+1）。

③ 5％抗坏血酸溶液（使用时配制）。

④ 2.5％DAPM（二安替比林甲烷）溶液：称取 2.5g DAPM 于 40mL 盐酸（1+1）中，用水稀释至 100mL，摇匀。

⑤ 二氧化钛标准溶液：准确称取 0.1000g 预先经 800～950℃灼烧 0.5h 的二氧化钛于铂坩埚中，加约 3g 焦硫酸钾，先在电炉上熔融，再移到喷灯上熔至呈透明状态。放冷后，用 20mL 热硫酸（1+1）浸取熔块于预先盛有 80mL 硫酸（1+1）的烧杯中，加热溶解。冷却后，转入 1L 容量瓶中，用水稀释至标线，摇匀。此溶液每毫升含 0.1mg 二氧化钛。

移取 100mL 上面配制的二氧化钛标准溶液，放入 1000mL 容量瓶中，用水稀释至标线，摇匀。此溶液每毫升含 0.01mg 二氧化钛。

（2）仪器 分光光度计。

（3）二氧化钛比色标准曲线的绘制 移取 0.00、0.50mL、1.00mL、2.00mL、3.00mL、5.00mL、7.00mL、10.00mL 二氧化钛标准溶液（每毫升含 0.01mg 二氧化钛），分别放入一组 100mL 容量瓶中，用水稀释至 40～50mL。加 10mL 盐酸（1+1），加 5mL

5％抗坏血酸，摇匀，放置 5min，再加入 10mL 2.5％DAPM 溶液，用水稀释至标线，摇匀，放置 40min 后，于分光光度计上，以试剂空白溶液作参比，选用 1cm 比色皿，在波长 420nm 处测量溶液的吸光度。按测得的吸光度与比色溶液的浓度的关系绘制标准曲线。

（4）分析步骤　准确吸取试液（A）或试液（C）25.00mL 于 100mL 容量瓶中，加水至约 50mL，以下同 6.2.5 中（3）。

二氧化钛的质量分数 w_{TiO_2} 按式（6-20）计算：

$$w_{TiO_2} = \frac{m \times \dfrac{V_1}{V_2}}{m_s \times 1000} \times 100\% \tag{6-20}$$

式中　m——在标准曲线上查得所分取试样溶液中二氧化钛的含量，mg；

V_1——试样溶液总体积，mL；

V_2——所分取试样溶液的体积，mL；

m_s——试样质量，g。

6.2.6　氧化钙的测定

以三乙醇胺-酒石酸钾钠掩蔽铁、铝、钛等元素后在 pH＞13 的条件下，以 CMP 为指示剂，以 EDTA 标准滴定溶液滴定氧化钙的量。

（1）试剂

① 2％氟化钾溶液。

② 10％酒石酸钾钠溶液。

③ 三乙醇胺（1+1）。

④ 20％氢氧化钾水溶液。

⑤ CMP 混合指示剂：同 6.2.4。

⑥ 0.01mol/LEDTA 标准滴定溶液。

（2）分析步骤　准确吸取试液（A）或试液（C）25.00mL 于 300mL 烧杯中（吸取试液 A 时，加 5mL 2％氟化钾溶液，搅拌并放置 5min），加 5mL 三乙醇胺溶液（1+1）及 5mL 10％酒石酸钾钠溶液，搅拌，用水稀释至约 150mL。用 20％氢氧化钾水溶液调节溶液 pH 值约为 12，再过量 2mL，加适量 CMP 混合指示剂，用 0.01mol/L EDTA 标准滴定溶液滴定至绿色荧光消失并呈现淡红色。

氧化钙的质量分数 w_{CaO} 按式（6-21）计算：

$$w_{CaO} = \frac{T_{CaO}V_1 \times 10}{m_s \times 1000} \times 100\% \tag{6-21}$$

式中　T_{CaO}——EDTA 标准滴定溶液对氧化钙的滴定度，mg/mL；

V_1——滴定时消耗 EDTA 标准滴定溶液的体积，mL；

m_s——试样质量，g。

6.2.7　氧化镁的测定

以三乙醇胺-酒石酸钾钠掩蔽铁、铝、钛等元素后在 pH＝10 的氨性缓冲溶液中，以 K-B 为指示剂，以 EDTA 标准滴定溶液滴定钙、镁合量。

(1) 试剂

① 2%氟化钾溶液。

② 10%酒石酸钾钠溶液。

③ 三乙醇胺（1+1）。

④ 氨水（1+1）。

⑤ 氨水-氯化铵缓冲溶液（pH=10）：称取 67.5g 氯化铵溶于水中，加 570mL 氨水用水稀释至 1L。

⑥ 酸性铬蓝 K-萘酚绿 B(1+3) 混合指示剂：称取 0.3g 酸性铬蓝 K，0.9g 萘酚绿 B 与 50g 已在 105℃烘过的硝酸钾混合，研细，贮存于带磨口塞的棕色瓶中。

⑦ 0.01mol/L EDTA 标准滴定溶液。

(2) 分析步骤　准确吸取试液（A）或试液（C）25.00mL 于 300mL 烧杯中（吸取试液 A 时，加 5mL 2%氟化钾溶液，搅拌并放置 5min），加 5mL 三乙醇胺溶液（1+1）及 5mL 10%酒石酸钾钠溶液，搅拌，用水稀释至约 150mL。滴加氨水（1+1）调节溶液 pH 值约为 10，再加 10mL pH 值为 10 的氨水-氯化铵缓冲溶液及适量的酸性铬蓝 K-萘酚绿 B 混合指示剂。用 0.01mol/L EDTA 标准滴定溶液滴定至试液由紫红色变为蓝绿色。

氧化镁的质量分数 w_{MgO} 按式(6-22) 计算：

$$w_{MgO} = \frac{T_{MgO}(V_2 - V_1) \times 10}{m_s \times 1000} \times 100\% \qquad (6-22)$$

式中　T_{MgO}——EDTA 标准滴定溶液对氧化镁的滴定度，mg/mL；

　　　V_2——滴定钙、镁合量时消耗 EDTA 标准滴定溶液的体积，mL；

　　　V_1——滴定氧化钙时消耗 EDTA 标准滴定溶液的体积，mL；

　　　m_s——试样质量，g。

6.2.8　氧化钾、氧化钠的测定

试样经氢氟酸-硫酸分解后，以稀盐酸溶解，用火焰光度法测定氧化钾、氧化钠含量。

(1) 试剂

① 氢氟酸。

② 硫酸（1+1）。

③ 盐酸（1+11）。

④ 氧化钾标准溶液：准确称取预先在 105～110℃烘干 2h 的氯化钾 1.5830g 于烧杯中，加水溶解，移入 1L 容量瓶中，用水稀释至标线，摇匀。此溶液每毫升含 1mg 氧化钾。

⑤ 氧化钠标准溶液：准确称取预先在 105～110℃烘干 2h 的氯化钠 1.8859g 于烧杯中，加水溶解，移入 1L 容量瓶中，用水稀释至标线，摇匀。此溶液每毫升含 1mg 氧化钠。

⑥ 氧化钾、氧化钠混合标准系列的配制：从滴定管向 11 个 500mL 容量瓶中依次加入 0.00、1.00mL、2.00mL、3.00mL、4.00mL、5.00mL、6.00mL、7.00mL、8.00mL、9.00mL、10.00mL 氧化钾标准溶液，从另一个滴定管向上述容量瓶中依次加入同样数量的氧化钠标准溶液。各加 50mL 盐酸（1+11），用水稀释至标线，摇匀。贮存于塑料瓶中。此系列含氧化钾和氧化钠均为 0～20μg/mL。

(2) 仪器　火焰光度计。

(3) 分析步骤　准确称取试样 0.1g 于铂皿中，用少量水润湿，加 4～5 滴硫酸（1+1）和 5～7mL 氢氟酸，置于低温电炉上蒸发至干，重复处理一次，逐渐升高温度，驱尽三氧化硫白烟，冷却。加 25mL 盐酸（1＋11），加热溶解，放冷，移入 250mL 容量瓶中，用水稀释至标线，摇匀。

从上述溶液中准确吸取 25.00mL 于 100mL 容量瓶中，加 7.5mL 盐酸（1＋11），用水稀释至标线，摇匀。此溶液用于火焰光度法测定氧化钾和氧化钠。

将火焰光度计按照仪器使用规程调整到工作状态，按照如下操作，分别使用钾滤光片（波长 767nm）测定氧化钾，钠滤光片（波长 589nm）测定氧化钠。

喷雾试样溶液，读取检流计读数（D_1）。

从氧化钾、氧化钠混合标准系列中，选取比试样溶液浓度略小的标准溶液进行喷雾，读取检流计读数（D_2）。再选取比试样溶液浓度略大的标准溶液进行喷雾，读取检流计读数（D_3）。

氧化钾和氧化钠的质量分数 w_{K_2O}、w_{Na_2O} 按式(6-23)进行计算：

$$w_{K_2O} \text{ 或 } w_{Na_2O} = \frac{\left[c_1 + (c_2 - c_1)\dfrac{D_1 - D_2}{D_3 - D_2}\right] \times 250 \times 10^{-6}}{m_s} \times 100\% \tag{6-23}$$

式中　c_1——比试样溶液浓度略小的标准溶液浓度，$\mu g/mL$；

　　　c_2——比试样浓度略大的标准溶液浓度，$\mu g/mL$；

　　　m_s——试样质量，g。

6.2.9　原子吸收分光光度法测定三氧化二铁、氧化钙、氧化镁、氧化钾和氧化钠

试样经氢氟酸-高氯酸分解后，以稀盐酸溶解，氯化锶作释放剂，用原子吸收分光光度计，以空气-乙炔火焰测定溶液中三氧化二铁、氧化钙、氧化镁、氧化钾和氧化钠。

（1）试剂

① 去离子水：电阻率大于 $1.0m\Omega \cdot cm$。

② 氢氟酸。

③ 高氯酸。

④ 盐酸（1＋1）。

⑤ 20% 氯化锶溶液：称取 336g 优级纯六水氯化锶（$SrCl_2 \cdot 6H_2O$）溶于水，移入 1L 容量瓶中，用水稀释至标线，摇匀。贮存于塑料瓶中备用。

⑥ 三氧化二铁标准溶液：同 6.2.3。

⑦ 氧化钙标准溶液：同 6.2.4。

⑧ 氧化镁标准溶液：准确称取 1.000g 预先经 950℃灼烧过的氧化镁（高纯）于烧杯中，加 20mL 盐酸（1＋1），加热溶解，冷却，移入 1L 容量瓶中，用水稀释至标线，摇匀。贮存于塑料瓶中。此溶液每毫升含 1mg 氧化镁。

⑨ 氧化钠标准溶液：见 6.2.8；氧化钾标准溶液：见 6.2.8。

⑩ 混合标准溶液：移取上述 5 种标准溶液各 100mL 于 1L 容量瓶中，用水稀释至标线，摇匀。此溶液每毫升含三氧化二铁、氧化钙、氧化镁、氧化钾和氧化钠各 0.1mg。

混合标准系列的配制：准确移取混合标准溶液 0.50mL、1.00mL、2.00mL、3.00mL、4.00mL、5.00mL、6.00mL、7.00mL、8.00mL、9.00mL、10.00mL、11.00mL、12.00mL、13.00mL、14.00mL、15.00mL 于一组 100mL 容量瓶中，各加 5mL 20% 氯化锶和 4mL 盐酸（1＋1），用水稀释至标线，摇匀。贮存于塑料瓶中。

（2）仪器　原子吸收分光光度计。

（3）分析步骤　称取 0.1g 试样于铂皿中，用少量水润湿，加 1mL 高氯酸和 10mL 氢氟酸，置于低温电炉上蒸发至冒高氯酸白烟，取下放冷。加 3~5mL 氢氟酸，继续蒸发至高氯酸白烟冒尽，取下放冷。加 4mL 盐酸（1+1）和约 20mL 水，加热溶解，放冷。移入 100mL 容量瓶中，加 5mL 20%氯化锶溶液，用水稀释至标线，摇匀。此溶液为试液（D）用于原子吸收法测定三氧化二铁、氧化钙和氧化镁。

准确吸取试液（D）10.00mL 于 100mL 容量瓶中，分别加入 3.6mL 盐酸（1+1）及 5mL 20%氯化锶溶液，用水稀释至标线，摇匀。此溶液为试液（E），用于原子吸收法测定氧化钾和氧化钠。

将原子吸收分光光度计按所用仪器的使用规程调整到工作状态。使用各元素的空心阴极灯，以空气-乙炔火焰，用表 6-2 中所列波长进行测定。

表 6-2　各元素的测定波长

元素	Fe	Ca	Mg	K	Na
测定波长/nm	248.3	422.7	285.2	766.5	589.0

喷雾试样溶液，读取吸光度（D_1）。

从混合标准系列中，选取比试样溶液浓度略小的标准溶液进行喷雾，读取吸光度（D_2）。再选取比试样溶液浓度略大的标准溶液进行喷雾，读取吸光度（D_3）。

三氧化二铁、氧化钙、氧化镁、氧化钾和氧化钠的质量分数按式(6-24)进行计算：

$$w = \frac{\left[c_1 + (c_2 - c_1) \dfrac{D_1 - D_2}{D_3 - D_2} \right] \times V \times 10^{-6}}{m_s} \times 100\% \qquad (6-24)$$

式中　c_1——比试样溶液浓度略小的标准溶液浓度，$\mu g/mL$；

　　　　c_2——比试样溶液浓度略大的标准溶液浓度，$\mu g/mL$；

　　　　V——试样溶液的体积，mL；

　　　　m_s——试样质量，g。

任务 6.3　白云石分析

白云石（也叫苦灰石），它是由碳酸钙和碳酸镁所组成的复盐，是引入氧化镁的主要原料。

6.3.1　烧失量的测定

试样中所含碳酸盐、有机物及其他易挥发性物质，经高温灼烧产生气体逸出，灼烧所损失的重量即为烧失量。

称取约 1g 试样于已恒重的铂坩埚中，盖上坩埚盖并留有缝隙。将坩埚置于高温炉内，从室温开始，逐渐升温至 950~1000℃ 灼烧 1h。取出坩埚，置于干燥器中冷却至室温，称量。反复灼烧，每次 30min，直至恒重。

烧失量的质量分数按式(6-25) 计算。

$$X = \frac{m - m_1}{m} \times 100\% \qquad (6-25)$$

式中　m——灼烧前试样质量，g；

　　　m_1——灼烧后试样质量，g。

6.3.2　二氧化硅的测定

6.3.2.1　硅钼蓝分光光度法

此方法适用于二氧化硅含量小于 3% 的试样。

在微酸性溶液中，单硅酸和钼酸铵生成硅钼酸配合物（钼黄），以抗坏血酸使硅钼黄还原为硅钼蓝，用分光光度计于波长 650nm 处测量吸光度。

（1）试剂

① 无水碳酸钠。

② 无水碳酸钠-硼酸混合熔剂：将 2 份质量的无水碳酸钠与 1 份质量的硼酸混合均匀。

③ 盐酸（1+1）、（1+3）、（1+11）。

④ 丙酮。

⑤ 8% 钼酸铵水溶液：称取 8g 钼酸铵，溶于 100mL 水中，过滤，贮存于塑料瓶中。

⑥ 2% 抗坏血酸溶液（使用时配制）。

⑦ 二氧化硅标准溶液：准确称取 0.1000g 预先经 1000℃ 灼烧 1h 的高纯二氧化硅（99.99%）于铂坩埚中，加 2g 无水碳酸钠，混匀。先于低温加热，逐渐升高温度至 1000℃，以得到透明熔体，冷却。用热水浸取熔块于 300mL 塑料杯中，加入 150mL 沸水，搅拌使其溶解（此时溶液应是澄清的），冷却。转入 1L 容量瓶中，用水稀释至标线，摇匀后立即转移到塑料瓶中贮存。此溶液每毫升含 0.1mg 二氧化硅。

（2）仪器　分光光度计。

（3）二氧化硅（硅钼蓝）比色标准曲线的绘制　于一组 100mL 容量瓶中，分别加 7mL 盐酸（1+11）及 10mL 水，摇匀。用刻度移液管依次加入 0.00、1.00mL、2.00mL、3.00mL、4.00mL、5.00mL 二氧化硅标准溶液，各加 5mL 丙酮，4mL 8% 钼酸铵，摇匀。室温高于 20℃ 时放置 15min，低于 20℃ 时，于 30~50℃ 的温水中放置 5~10min，冷却至室温。加 15mL 盐酸（1+1），用水稀释至近 90mL，加 5mL 2% 抗坏血酸，用水稀释至标线，摇匀。1h 后，于分光光度计上，以试剂空白溶液作参比，选用 0.5cm 比色皿，在波长 650nm 处测定溶液的吸光度。按测得的吸光度与比色溶液浓度的关系绘制标准曲线。

（4）分析步骤　称取约 0.4g 试样（精确至 0.0001g）于铂皿中，加 2g 碳酸钠-硼酸混合熔剂，用细玻璃棒混匀，再以少许熔剂清洗玻璃棒，并铺于试样表面，盖上坩埚盖。先于低温加热，逐渐升高温度至停止产生气泡后，于 1000℃ 熔融至呈透明熔体，继续熔融约 5min，用包有铂金头的坩埚钳夹持铂皿，小心旋转，使熔融物均匀地附着在皿的内壁，冷却。将坩埚连盖一并放入 300mL 烧杯中，加 75mL 盐酸（1+3），低温加热浸取熔融物，直至完全溶解。用水洗净坩埚及盖。冷却至室温，将溶液转移到 250mL 容量瓶中，用水稀释至标线，摇匀。此为试液 A，供测定二氧化硅、三氧化二铁、三氧化二铝、二氧化钛、氧化钙、氧化镁。

吸取适量试液 A（二氧化硅含量小于 1% 时吸取 25mL；二氧化硅含量大于 1% 时吸取 10mL）于 100mL 容量瓶中，加 5mL 丙酮，4mL 8% 钼酸铵，摇匀。室温高于 20℃ 时放置 15min，低于 20℃ 时，于 30~50℃ 的温水中放置 5~10min，冷却至室温。加 15mL 盐酸（1+1），用水稀释至近 90mL，加 5mL 2% 抗坏血酸，用水稀释至标线，摇匀。1h 后，于分光光度计上，以试剂空白溶液作参比，选用 0.5cm 比色皿，在波长 650nm 处测定溶液的吸光度。

二氧化硅的质量分数 w_{SiO_2} 按式(6-26) 计算：

$$w_{SiO_2} = \frac{cA}{m_s \times 1000} \times 100\%$$ (6-26)

式中 c——在标准曲线上查得所分取试液中二氧化硅的含量，mg；

A——系数（移取 25mL 试液时，$A=10$；移取 10mL 试液时，$A=25$）；

m_s——试样质量，g。

6.3.2.2 氟硅酸钾容量法

试样经碱熔生成可溶性硅酸，在硝酸溶液中与过量的钾离子、氟离子作用，定量生成氟硅酸钾沉淀，沉淀在热水中水解，生成氢氟酸，用氢氧化钠标准滴定溶液滴定，以消耗氢氧化钠标准滴定溶液的体积，计算试样中二氧化硅的含量。

（1）试剂

① 氢氧化钾。

② 硝酸。

③ 盐酸（1+1）。

④ 氯化钾。

⑤ 5％氯化钾溶液。

⑥ 5％氯化钾-乙醇溶液：称取 5g 氯化钾溶于 50mL 水中，加 50mL 95％乙醇，摇匀。

⑦ 15％氟化钾溶液：称取 15g 氟化钾（$KF \cdot 2H_2O$）于塑料烧杯中，加 80mL 水及 20mL 硝酸使其溶解，加氟化钾至饱和，放置过夜，过滤到塑料瓶中。

⑧ 1％酚酞指示剂乙醇溶液：将 1g 酚酞溶于 100mL 乙醇中，滴加 0.15mol/L 氢氧化钠至微红色。

⑨ 0.15mol/L 氢氧化钠标准滴定溶液：称取 30g 氢氧化钠，溶于 5L 经煮沸过的冷水中，充分摇匀，贮存于装有钠石灰干燥管的塑料桶中。

（2）分析步骤 称取约 0.5g 试样（精确至 0.0001g）于镍坩埚中，加约 2g 氢氧化钾，置于低温电炉上熔融，经常摇动坩埚，在 600～650℃继续熔融 15～20min，旋转坩埚，使熔融物均匀地附着在坩埚内壁，冷却。用热水浸取熔融物于 300mL 塑料杯中，盖上表面皿。一次加入 15mL 硝酸，再用少量盐酸（1+1）及水洗净坩埚，控制体积在 60mL 左右，冷却至室温。在搅拌下加入固体氯化钾至饱和（过饱和量控制在 0.5～1.0g），加 10mL 15％氟化钾溶液，用塑料棒搅拌，放置 7min，用塑料漏斗或涂蜡的玻璃漏斗以快速定性滤纸过滤，用 5％氯化钾溶液洗涤塑料杯 2～3 次，再洗涤滤纸一次。将滤纸及沉淀放回到原塑料杯中，沿杯壁加入约 10mL 5％氯化钾-乙醇溶液及 1mL 酚酞指示剂，用 0.15mol/L 氢氧化钠标准滴定溶液中和未洗净的残余酸，仔细搅拌滤纸并擦洗杯壁，直至试液呈微红色不消失。加入 200～250mL 中和过的沸水，立即以 0.15mol/L 氢氧化钠标准滴定溶液滴定至微红色。

二氧化硅的质量分数 w_{SiO_2} 按式(6-27) 计算：

$$w_{SiO_2} = \frac{cV \times \frac{1}{4} \times 60.08}{m_s \times 1000} \times 100\%$$ (6-27)

式中 c——氢氧化钠标准滴定溶液的浓度，mol/L；

V——滴定时消耗氢氧化钠标准滴定溶液的体积，mL；

60.08——二氧化硅的摩尔质量，g/mol；

m_s——试样质量，g。

6.3.3　三氧化二铁的测定

6.3.3.1　邻菲罗啉分光光度法

用盐酸羟胺将 Fe^{3+} 还原为 Fe^{2+}，pH 值在 2～9 时 Fe^{2+} 与邻菲罗啉生成稳定的橙红色配合物，以分光光度法测定。

（1）试剂

① 氨水（1+1）。

② 盐酸（1+1）。

③ 0.5% 对硝基苯酚指示剂：0.5% 的乙醇溶液。

④ 10% 盐酸羟胺水溶液。

⑤ 0.1% 邻菲罗啉溶液：称取 0.1g 邻菲罗啉溶于 10mL 乙醇中，加 90mL 水混匀。

⑥ 10% 酒石酸水溶液。

⑦ 三氧化二铁标准溶液：准确称取 0.1000g 预先经 105～110℃ 烘干 2h 的三氧化二铁于烧杯中，加 10mL 盐酸（1+1），加热溶解，冷却后，转入 1L 容量瓶中，用水稀释至标线，摇匀。此溶液每毫升含 0.1mg 三氧化二铁。

移取 100mL 上面配制的三氧化二铁标准溶液，放入 500mL 容量瓶中，用水稀释至标线，摇匀。此溶液每毫升含 0.02mg 三氧化二铁。

（2）仪器　分光光度计。

（3）三氧化二铁比色标准曲线的绘制　移取 0.00、1.00mL、3.00mL、5.00mL、7.00mL、9.00mL 三氧化二铁标准溶液（每毫升含 0.02mg 三氧化二铁），分别放入一组 100mL 容量瓶中，用水稀释至 40～50mL。加 4mL10% 酒石酸，1～2 滴对硝基苯酚指示剂，滴加氨水（1+1）溶液至溶液呈现黄色，随即滴加盐酸（1+1）至溶液刚好无色，此时溶液的 pH 值约为 5。加 2mL10% 盐酸羟胺，10mL0.1% 邻菲罗啉，用水稀释至标线，摇匀。放置 20min 后，于分光光度计上，以试剂空白溶液作参比，选用 1cm 比色皿，在波长 510nm 处测量溶液的吸光度。按测得的吸光度与比色溶液的浓度的关系绘制标准曲线。

（4）分析步骤　准确吸取 6.3.2.1 试液 A 25.00mL 于 100mL 容量瓶中，加水至约 50mL，加 4mL10% 酒石酸，1～2 滴对硝基苯酚指示剂，以下操作同标准曲线的绘制。

三氧化二铁的质量分数 $w_{Fe_2O_3}$ 按式（6-28）计算：

$$w_{Fe_2O_3} = \frac{m \times 10}{m_s \times 1000} \times 100\% \tag{6-28}$$

式中　m——在标准曲线上查得所分取试样溶液中三氧化二铁的含量，mg；

　　　m_s——试样质量，g。

6.3.3.2　原子吸收分光光度法

（1）试剂

① 盐酸（1+1）。

② 三氧化二铁标准溶液：同 6.3.3.1。

三氧化二铁标准系列溶液（0.1mg/mL）：向 5 个 100mL 容量瓶中依次加入 1.00mL、2.00mL、3.00mL、4.00mL、5.00mL 三氧化二铁标准溶液（0.1mg/mL），12mL 盐酸（1+1），用水稀释至标线，摇匀。此系列含三氧化二铁分别为 $1\mu g/mL$、$2\mu g/mL$、$3\mu g/mL$、$4\mu g/mL$、$5\mu g/mL$。

（2）仪器　原子吸收分光光度计。

（3）分析步骤　按照所用仪器的使用规程将原子吸收分光光度计调整到工作状态。使用铁空心阴极灯，以空气-乙炔火焰，波长 248.3nm，选择适当的仪器参数，按照如下操作测定三氧化二铁：

选取 6.3.2.1 制备的试液 A 进行喷雾，读取吸光度 D；从三氧化二铁标准系列中，选取比试液浓度略小的标准溶液进行喷雾，读取吸光度 D_1；选取比试液浓度略大的标准溶液进行喷雾，读取吸光度 D_2。

三氧化二铁的质量分数 $w_{Fe_2O_3}$ 按式（6-29）进行计算：

$$w_{Fe_2O_3} = \frac{\left[c_1 + (c_2 - c_1) \dfrac{D - D_1}{D_2 - D_1} \right] \times 250 \times 10^{-6}}{m_s} \times 100\% \qquad (6\text{-}29)$$

式中　c_1——比试样溶液浓度略小的标准溶液浓度，$\mu g/mL$；

$\quad\quad\ c_2$——比试样溶液浓度略大的标准溶液浓度，$\mu g/mL$；

$\quad\quad\ m_s$——试样质量，g。

6.3.4　三氧化二铝的测定

在试液中加入过量的 EDTA 标准滴定溶液，加热至 $70 \sim 80℃$，调节溶液 pH 值至 $3.8 \sim 4.0$，将溶液煮沸 $1 \sim 2min$，以 PAN 为指示剂，用硫酸铜标准滴定溶液回滴过量的 EDTA，测得三氧化二铁、二氧化钛、三氧化二铝的总量。用总量减去三氧化二铁、二氧化钛的含量，即为三氧化二铝的含量。

（1）试剂

① 氨水（1+1）。

② 盐酸（1+1）。

③ 20％氢氧化钾水溶液。

④ 醋酸-醋酸钠缓冲溶液（pH＝4.3）：将 42.3g 无水醋酸钠溶于水，加 80mL 冰醋酸，用水稀释至 1L，摇匀（用 pH 计或精密试纸检验）。

⑤ CMP 混合指示剂：称取 0.5g 钙黄绿素，0.5g 甲基百里香酚蓝，0.1g 酚酞与 50g 已在 105℃烘过的硝酸钾混合研细，贮存于棕色磨口瓶中。

⑥ 氧化钙标准溶液：准确称取经 $105 \sim 110℃$烘干 4h 的碳酸钙 1.7848g 于 300mL 烧杯中，加水约 150mL，盖上表面皿，滴加 10mL 盐酸（1+1）使其溶解，加热煮沸数分钟以驱尽溶液中的二氧化碳。冷却后移入 1L 容量瓶中，用水稀释至标线，摇匀。此溶液每毫升含 1mg 氧化钙。

⑦ 0.01mol/L 乙二胺四乙酸二钠（EDTA）标准溶液：称取 EDTA 3.72g 于烧杯中，加水约 200mL，加热溶解，用水稀释至 1L，摇匀。

⑧ 0.01mol/L 硫酸铜标准滴定溶液：称取硫酸铜（$CuSO_4 \cdot 5H_2O$）2.47g 溶于水中，加 $4 \sim 5$ 滴硫酸（1+1），用水稀释至 1L，摇匀。

⑨ 0.1％PAN ［1-(2-吡啶偶氮)-2-萘酚］指示剂：将 0.1g PAN 溶于 100mL 乙醇中。

EDTA 标准滴定溶液的标定：准确移取 10mL 氧化钙标准溶液于 300mL 烧杯中，加水约 150mL。滴加 20％氢氧化钾溶液调节溶液 pH 值约为 12，再过量 2mL，加适量 CMP 混合指示剂，用 0.01mol/L EDTA 标准滴定溶液滴定至绿色荧光消失并呈现淡红色。

EDTA 对三氧化二铝、氧化钙和氧化镁的滴定度按照下式计算：

$$T_{Al_2O_3} = \frac{m \times \frac{101.96}{2}}{V \times 56.08} \tag{6-30}$$

$$T_{CaO} = \frac{m}{V} \tag{6-31}$$

$$T_{MgO} = \frac{m \times 40.30}{V \times 56.08} \tag{6-32}$$

式中　m——所取氧化钙的毫克数；

　　　V——滴定时消耗 EDTA 标准滴定溶液的体积，mL；

　　$T_{Al_2O_3}$——EDTA 标准滴定溶液对三氧化二铝的滴定度，mg/mL；

　　　T_{CaO}——EDTA 标准滴定溶液对氧化钙的滴定度，mg/mL；

　　　T_{MgO}——EDTA 标准滴定溶液对氧化镁的滴定度，mg/mL；

　101.96——三氧化二铝的摩尔质量，g/mol；

　56.08——氧化钙的摩尔质量，g/mol；

　40.30——氧化镁的摩尔质量，g/mol。

　　EDTA 标准滴定溶液与硫酸铜标准滴定溶液体积比的测定：从滴定管中缓慢放出 10.00mL EDTA 标准滴定溶液于 300mL 烧杯中，加水至约 150mL，加 10mL 醋酸-醋酸钠缓冲溶液（pH＝4.3），加热至沸，取下稍冷，加入 2～3 滴 PAN 指示剂，用 0.01 mol/L 硫酸铜标准滴定溶液滴定至亮紫色。

　　EDTA 标准滴定溶液与硫酸铜标准滴定溶液的体积比按式(6-33)进行计算：

$$K = \frac{10}{V} \tag{6-33}$$

式中　K——每毫升硫酸铜标准滴定溶液相当于 EDTA 标准滴定溶液的毫升数；

　　　V——滴定时消耗硫酸铜标准滴定溶液的体积，mL。

　　（2）分析步骤　吸取 6.3.2.1 制备的试液 A 50mL 于 300mL 烧杯中，准确加入 10mL EDTA 标准滴定溶液，用水稀释至约 150mL，加热至 70～80℃，用氨水（1＋1）调节溶液 pH 值至 4 左右。加 10mL 醋酸-醋酸钠缓冲溶液（pH＝4.3），加热煮沸 1～2min，取下稍冷，加入 2～3 滴 PAN 指示剂，用硫酸铜标准滴定溶液滴定至亮紫色。

　　三氧化二铝的质量分数 $w_{Al_2O_3}$ 按式(6-34)计算：

$$w_{Al_2O_3} = \frac{T_{Al_2O_3} A (V_1 - V_2 K)}{m_s \times 1000} \times 100\% - (0.6384 \times Fe_2O_3\% + 0.6380 \times TiO_2\%)$$

$$\tag{6-34}$$

式中　$T_{Al_2O_3}$——EDTA 标准滴定溶液对三氧化二铝的滴定度，mg/mL；

　　　V_1——加入 EDTA 标准滴定溶液的体积，mL；

　　　V_2——滴定过量的 EDTA 消耗硫酸铜标准滴定溶液的体积，mL；

　　　K——每毫升硫酸铜标准滴定溶液相当于 EDTA 标准滴定溶液的毫升数；

　　　A——系数（当移取 25mL 试液时，$A=10$；当移取 50mL 试液时，$A=5$）；

　　　m_s——试样质量，g；

　0.6384——三氧化二铁对三氧化二铝的换算系数；

　0.6380——二氧化钛对三氧化二铝的换算系数。

6.3.5 二氧化钛的测定

用抗坏血酸消除 Fe^{3+} 的干扰后，在 pH 值为 3 左右，Ti^{4+} 与变色酸形成橙红色配合物，以分光光度计在波长 470nm 处测量吸光度。

（1）试剂

① 硫酸（1+1）。

② 盐酸（1+1）。

③ 氨水（1+1）。

④ 5%抗坏血酸溶液（使用时配制）。

⑤ 0.5%对硝基苯酚指示剂溶液。

⑥ 5%变色酸溶液（使用时配制）。

⑦ 二氧化钛标准溶液：准确称取 0.1000g 预先经 800～950℃灼烧 0.5h 的二氧化钛于铂坩埚中，加约 3g 焦硫酸钾，先在电炉上熔融，再移到喷灯上熔至呈透明状态。放冷后，用 20mL 热硫酸（1+1）浸取熔块于预先盛有 80mL 硫酸（1+1）的烧杯中，加热溶解。冷却后，转入 1L 容量瓶中，用水稀释至标线，摇匀。此溶液每毫升含 0.1mg 二氧化钛。

移取 100mL 上面配制的二氧化钛标准溶液，放入 1000mL 容量瓶中，用水稀释至标线，摇匀。此溶液每毫升含 0.01mg 二氧化钛。

（2）仪器　分光光度计。

（3）二氧化钛比色标准曲线的绘制　移取 0.00、0.50mL、1.00mL、2.00mL、3.00mL、4.00mL、5.00mL 二氧化钛标准溶液（每毫升含 0.01mg 二氧化钛），分别放入一组 100mL 容量瓶中，用水稀释至 40～50mL。加 5mL5%抗坏血酸溶液和 1～2 滴 0.5%对硝基苯酚指示剂溶液，滴加氨水（1+1）至溶液呈现黄色，随即滴加盐酸（1+1）至溶液刚无色，再加 3 滴，加 5mL5%变色酸溶液，用水稀释至标线，摇匀，放置 10min 后，于分光光度计上，以试剂空白溶液作参比，选用 3cm 比色皿，在波长 470nm 处测量溶液的吸光度。按测得的吸光度与比色溶液的浓度的关系绘制标准曲线。

（4）分析步骤　吸取 6.3.2.1 制备的试液 A 50mL 于 100mL 容量瓶中，用水稀释至 40～50mL。加 5mL5%抗坏血酸溶液和 1～2 滴 0.5%对硝基苯酚指示剂溶液，以下操作同标准曲线的绘制。

二氧化钛的质量分数 w_{TiO_2} 按式(6-35) 计算：

$$w_{TiO_2} = \frac{m \times 5}{m_s \times 1000} \times 100\% \qquad (6-35)$$

式中　m——在标准曲线上查得所分取试样溶液中二氧化钛的含量，mg；

　　　m_s——试样质量，g。

6.3.6 氧化钙的测定

在 pH 值大于 12 的溶液中，以氟化钾（2%）掩蔽硅，三乙醇胺掩蔽铁、铝，以 CMP（钙黄绿素-甲基百里香酚蓝-酚酞）为指示剂，以 EDTA 标准滴定溶液滴定氧化钙的量。

（1）试剂

① 盐酸（1+1）。

② 2%氟化钾溶液。

③ 三乙醇胺（1+1）。

④ 20%氢氧化钾水溶液。

⑤ CMP 混合指示剂：同 6.2.4。

⑥ 0.01mol/L EDTA 标准滴定溶液。

（2）分析步骤 准确吸取 6.3.2.1 制备的试液 A 25.00mL 于 300mL 烧杯中，加 5mL 2%氟化钾溶液，搅拌并放置 2min 以上，加 3mL 三乙醇胺溶液（1+1），用 20%氢氧化钾水溶液调节溶液 pH 值约为 12，再过量 2mL，加适量 CMP 混合指示剂，用 0.01mol/L EDTA 标准滴定溶液滴定至绿色荧光消失并呈现淡红色。

氧化钙的质量分数 w_{CaO} 按式(6-36) 计算：

$$w_{CaO} = \frac{T_{CaO} V_1 \times 10}{m_s \times 1000} \times 100\% \tag{6-36}$$

式中 T_{CaO}——EDTA 标准滴定溶液对氧化钙的滴定度，mg/mL；

V_1——滴定时消耗 EDTA 标准滴定溶液的体积，mL；

m_s——试样质量，g。

6.3.7 氧化镁的测定

以氟化钾（2%）掩蔽硅，三乙醇胺掩蔽铁、铝，在 pH=10 的氨性缓冲溶液中，以 K-B 为指示剂，以 EDTA 标准滴定溶液滴定钙、镁合量。

（1）试剂

① 2%氟化钾溶液。

② 三乙醇胺（1+1）。

③ 氨水（1+1）。

④ 氨水-氯化铵缓冲溶液（pH=10）：称取 67.5g 氯化铵溶于水中，加 570mL 氨水用水稀释至 1L。

⑤ 酸性铬蓝 K-萘酚绿 B（1+3）混合指示剂：称取 0.3g 酸性铬蓝 K，0.9g 萘酚绿 B 与 100g 已在 105℃烘过的硝酸钾混合，研细，贮存于带磨口塞的棕色瓶中。

⑥ 0.01mol/L EDTA 标准滴定溶液。

（2）分析步骤 准确吸取 6.3.2.1 制备的试液 A 25.00mL 于 300mL 烧杯中，加 5mL 2%氟化钾溶液，搅拌并放置 2min 以上，加 3mL 三乙醇胺溶液（1+1），滴加氨水（1+1）调节溶液 pH 值约为 10，再加 10mL pH 值为 10 的氨水-氯化铵缓冲溶液及适量的酸性铬蓝 K-萘酚绿 B 混合指示剂。用 0.01mol/L EDTA 标准滴定溶液滴定至试液由紫红色变为蓝绿色。

氧化镁的质量分数 w_{MgO} 按式(6-37) 计算：

$$w_{MgO} = \frac{T_{MgO} \times (V_2 - V_1) \times 10}{m_s \times 1000} \times 100\% \tag{6-37}$$

式中 T_{MgO}——EDTA 标准滴定溶液对氧化镁的滴定度，mg/mL；

V_2——滴定钙、镁合量时消耗 EDTA 标准滴定溶液的体积，mL；

V_1——滴定氧化钙时消耗 EDTA 标准滴定溶液的体积，mL；

m_s——试样质量，g。

6.3.8 氧化钾、氧化钠的测定

6.3.8.1 火焰光度法

试样经氢氟酸-硫酸分解后，以氨水和碳酸铵分离铁、铝及大量钙，用火焰光度法测定氧化钾、氧化钠含量。

(1) 试剂

① 氢氟酸。

② 硫酸 (1+1)。

③ 盐酸 (1+1)。

④ 氨水 (1+1)。

⑤ 0.2%甲基红溶液：将 0.2g 甲基红溶于 100mL 乙醇中。

⑥ 10%碳酸铵溶液 (使用时配制)。

⑦ 氧化钾标准溶液：准确称取预先在 105～110℃烘干 2h 的氯化钾 0.1583g 于烧杯中，加水溶解，移入 1L 容量瓶中，用水稀释至标线，摇匀。贮存于聚乙烯瓶中。此溶液每毫升含 0.1mg 氧化钾。

⑧ 氧化钠标准溶液：准确称取预先在 105～110℃烘干 2h 的氯化钠 0.1886g 于烧杯中，加水溶解，移入 1L 容量瓶中，用水稀释至标线，摇匀。贮存于聚乙烯瓶中。此溶液每毫升含 0.1mg 氧化钠。

⑨ 氧化钾、氧化钠混合标准系列溶液的配制：向 6 个 100mL 容量瓶中依次加入 0.50mL、1.00mL、2.00mL、3.00mL、4.00mL、5.00mL 氧化钾标准溶液，向上述容量瓶中依次加入同样数量的氧化钠标准溶液。各加 2mL 盐酸 (1+1)，用水稀释至标线，摇匀。贮存于塑料瓶中。此系列含氧化钾和氧化钠分别为 $0.5\mu g/mL$、$1.0\mu g/mL$、$2.0\mu g/mL$、$3.0\mu g/mL$、$4.0\mu g/mL$、$5.0\mu g/mL$。

(2) 仪器　火焰光度计。

(3) 分析步骤　准确称取试样 0.3g 于铂皿中，用少量水润湿，加 15～20 滴硫酸 (1+1) 和 5～10mL 氢氟酸，置于低温电炉上蒸发至干，近干时摇动铂皿，以防溅失。待氢氟酸驱尽后，逐渐升高温度，驱尽三氧化硫白烟，取下，冷却。加约 50mL 热水，将残渣压碎，使其溶解。加 1 滴 0.2%甲基红溶液，用氨水 (1+1) 中和至黄色，再加入 10mL10% 的碳酸铵溶液，搅拌，加热 20～30min，用快速定性滤纸过滤，以热水洗涤，滤液承接于 100mL 容量瓶中。冷却至室温后用盐酸 (1+1) 中和至溶液呈微红色，过量 2mL，用水稀释至标线，摇匀。此溶液可用于火焰光度法或原子吸收分光光度法测定氧化钾和氧化钠。

将火焰光度计按照仪器使用规程调整到工作状态，按照如下操作，分别使用钾滤光片 (波长 767nm) 测定氧化钾，钠滤光片 (波长 589nm) 测定氧化钠。

喷雾试样溶液，读取检流计读数 (D_1)。

从氧化钾、氧化钠混合标准系列中，选取比试样溶液浓度略小的标准溶液进行喷雾，读取检流计读数 (D_2)。再选取比试样溶液浓度略大的标准溶液进行喷雾，读取检流计读数 (D_3)。

氧化钾和氧化钠的质量分数 w_{K_2O}、w_{Na_2O} 按式(6-38) 计算：

$$w_{K_2O} \text{ 或 } w_{Na_2O} = \frac{\left[c_1 + (c_2 - c_1) \dfrac{D_1 - D_2}{D_3 - D_2} \right] \times 100 \times 10^{-6}}{m_s} \times 100\% \tag{6-38}$$

式中　c_1——比试样溶液浓度略小的标准溶液浓度，$\mu g/mL$；

c_2——比试样溶液浓度略大的标准溶液浓度，$\mu g/mL$；

m_s——试样质量，g。

6.3.8.2 原子吸收分光光度法

将 6.3.8.1 制备的溶液用原子吸收分光光度法测定氧化钾、氧化钠的含量。

按照所用仪器的使用规程将原子吸收分光光度计调整到工作状态。使用钾、钠空心阴极灯，选择适当的仪器参数，以空气-乙炔火焰，按照如下操作分别测定氧化钾和氧化钠。

喷雾 6.3.8.1 制备的溶液读取吸光度（D_1）。

从氧化钾、氧化钠混合标准系列中，选取比试样溶液浓度略小的标准溶液进行喷雾，读取吸光度（D_2）。再选取比试样溶液浓度略大的标准溶液进行喷雾，读取吸光度（D_3）。

氧化钾和氧化钠的质量分数 w_{K_2O}、w_{Na_2O} 按式(6-39) 计算：

$$w_{K_2O} \text{ 或 } w_{Na_2O} = \frac{\left[c_1 + (c_2 - c_1)\dfrac{D_1 - D_2}{D_3 - D_2}\right] \times 100 \times 10^{-6}}{m_s} \times 100\% \tag{6-39}$$

式中 c_1——比试样溶液浓度略小的标准溶液浓度，$\mu g/mL$；

c_2——比试样溶液浓度略大的标准溶液浓度，$\mu g/mL$；

m_s——试样质量，g。

任务 6.4 石灰石分析

玻璃原料石灰石的主要成分是碳酸钙，它是自然界分布很普遍的一种沉积岩，一般呈灰色，是引入氧化钙的主要原料。

石灰石试样分析前在 105～110℃干燥箱中干燥 2h，盖好试样瓶盖子，放入干燥器（内装变色硅胶）中冷却至室温，供测定用。

6.4.1 烧失量的测定

试样在 950～1000℃的高温炉中灼烧，驱除二氧化碳和水分，灼烧所失去的质量即为烧失量。

称取约 1g 试样（m），精确至 0.0001g，置于已灼烧恒量的瓷坩埚中，将盖斜置于坩埚上，放在高温炉内，从低温开始逐渐升高温度，在 950～1000℃下灼烧 1h 或达到恒量，取出坩埚置于干燥器中，冷却至室温，称量（m_1）。

烧失量的质量分数按式(6-40) 计算：

$$X = \frac{m - m_1}{m} \times 100 \tag{6-40}$$

式中 X——烧失量的质量分数，%；

m_1——灼烧后试样的质量，g；

m——试样的质量，g。

6.4.2 二氧化硅的测定

在有过量的氟、钾离子存在的强酸性溶液中，使硅酸形成氟硅酸钾（K_2SiF_6）沉淀。

经过滤、洗涤及中和残余酸后，加入沸水使氟硅酸钾沉淀水解，生成等物质的量的氢氟酸。然后以酚酞为指示剂，用氢氧化钠标准滴定溶液进行滴定。

（1）试剂

① 氢氧化钾（KOH，固体）。

② 硝酸（1+20）。

③ 硝酸（HNO_3，$1.39 \sim 1.41g/cm^3$，质量分数 $65\% \sim 68\%$）。

④ 氟化钾溶液（150g/L）：将 150g 氟化钾（$KF \cdot 2H_2O$）置于塑料杯中，加水溶解后，加水稀释至1L，贮存于塑料瓶中。

⑤ 氯化钾（KCl，固体，颗粒粗大时，研细后使用）。

⑥ 氯化钾溶液（50g/L）：50g 氯化钾（KCl）溶于水中，加水稀释至1L。

⑦ 乙醇（C_2H_5OH，体积分数≥95% 或无水乙醇）。

⑧ 氯化钾-乙醇溶液（50g/L）：将 5g 氯化钾（KCl）溶于 50mL 水后，加入 50mL 乙醇（体积分数≥95% 或无水乙醇），混匀。

⑨ 氢氧化钠标准滴定溶液 $[c(NaOH)=0.15mol/L]$。

⑩ 酚酞指示剂溶液（10g/L）。

（2）分析步骤　称取约 0.3g 试样（m），精确至 0.0001g，置于镍坩埚或银坩埚中，加入 4～5g 氢氧化钾（固体），盖上坩埚盖（留有缝隙），放在电炉上加热熔融 20～30min，期间，摇动 1～2 次。取下冷却，用温水将熔块提取到 300mL 塑料杯中，用硝酸（1+20）及温水洗净坩埚和盖（此时溶液的体积控制在 50mL 左右）。然后加入 20mL 硝酸（$1.39 \sim 1.41g/cm^3$，质量分数 $65\% \sim 68\%$），冷却至30℃以下。加入 10mL 氟化钾溶液（150g/L），加入氯化钾（固体），仔细搅拌至氯化钾充分饱和，并有少量氯化钾（约2g）析出，在30℃以下放置 15～20min，期间，搅拌 1～2 次。用中速滤纸过滤，先过滤溶液，固体氯化钾和沉淀留在杯底，溶液滤完后用氯化钾溶液（50g/L）洗涤塑料杯及沉淀 3 次，洗涤过程中使固体氯化钾溶解，洗涤液总量不超过 25mL。将滤纸连同沉淀取下，置于原塑料杯中，沿杯壁加入 10mL 30℃以下的氯化钾-乙醇溶液（50g/L）及 1mL 酚酞指示剂溶液（10g/L），将滤纸展开，用氢氧化钠标准滴定溶液 $[c(NaOH)=0.15mol/L]$ 中和未洗尽的酸，仔细搅动、挤压滤纸并随之擦洗杯壁直至溶液呈红色（过滤、洗涤、中和残余酸的操作应迅速，以防止氟硅酸钾沉淀的水解）。向杯中加入约 200mL 沸水（煮沸后用氢氧化钠溶液中和至酚酞呈微红色的沸水），用氢氧化钠标准滴定溶液滴定至微红色（V）。

（3）结果的计算与表示　二氧化硅的质量分数 w_{SiO_2}，按式(6-41)计算：

$$w_{SiO_2} = \frac{T_{SiO_2} \times (V-V_0)}{m \times 1000} \times 100\% \tag{6-41}$$

式中　w_{SiO_2}——二氧化硅的质量分数，%；

T_{SiO_2}——氢氧化钠标准滴定溶液对二氧化硅的滴定度，mg/mL；

V——滴定时消耗氢氧化钠标准滴定溶液的体积，mL；

V_0——空白试验消耗氢氧化钠标准滴定溶液的体积，mL；

m——试样的质量，g。

6.4.3　三氧化二铁的测定

在 pH 为 1.8～2.0、温度为 60～70℃ 的溶液中，以磺基水杨酸钠为指示剂，用 EDTA

标准滴定溶液滴定。

(1)试剂

① 无水碳酸钠(将无水碳酸钠用玛瑙研钵研细至粉末状,贮存于密封瓶中)。

② 硝酸(HNO_3)。

③ 氯化铵(NH_4Cl)。

④ 盐酸(HCl)。

⑤ 盐酸(1+1)、(1+5)、(3+97)。

⑥ 硝酸银溶液(5g/L):将0.5g硝酸银($AgNO_3$)溶于水中,加入1mL硝酸,加水稀释至100mL,贮存于棕色瓶中。

⑦ 硫酸(1+4)。

⑧ 氢氟酸(HF,密度1.15~1.18g/cm^3,质量分数为40%)。

⑨ 焦硫酸钾($K_2S_2O_7$,将市售的焦硫酸钾在瓷蒸发皿中加热熔化,加热至无泡沫发生,冷却并压碎熔融物,贮存于密封瓶中)。

⑩ 氢氧化钠(NaOH,固体,密封保存)。

⑪ 氨水(1+1)。

⑫ 磺基水杨酸钠指示剂溶液(10g/L)。

⑬ EDTA标准滴定溶液[c(EDTA)=0.015mol/L]。

(2)试样的制备

1)溶液A的制备

① 称取约0.5g试样(m),精确至0.0001g,置于铂坩埚中,将盖斜置于坩埚上,在950~1000℃下灼烧5min,取出坩埚冷却。用玻璃棒仔细压碎块状物,加入(0.30±0.01)g已磨细的无水碳酸钠,仔细混匀。再将坩埚置于950~1000℃下灼烧10min,取出坩埚冷却。

将烧结块移入瓷蒸发皿中,加入少量水润湿,用平头玻璃棒压碎块状物,盖上表面皿,从皿口慢慢加入5mL盐酸及2~3滴硝酸,待反应停止后取下表面皿,用平头玻璃棒压碎块状物使其分解完全,用热盐酸(1+1)清洗坩埚数次,洗液合并于蒸发皿中。将蒸发皿置于蒸汽水浴上,皿上放一玻璃三脚架,再盖上表面皿。蒸发至糊状后,加入约1g氯化铵,充分搅匀,在蒸汽水浴上蒸发至干后,继续蒸发10~15min。蒸发期间用平头玻璃棒仔细搅拌并压碎大颗粒。

取下蒸发皿,加入10~20mL热盐酸(3+97),搅拌使可溶性盐类溶解。用中速定量滤纸过滤,用胶头擦棒擦洗玻璃棒及蒸发皿,用热盐酸(3+97)洗涤沉淀3~4次,然后用热水充分洗涤沉淀,直至检验无氯离子为止。滤液及洗液收集于250mL容量瓶中。

将沉淀连同滤纸一并移入铂坩埚中,将盖斜置于坩埚上,在电炉上干燥、灰化完全后,放入950~1000℃的高温炉内灼烧60min,取出坩埚置于干燥器中,冷却至室温,称量。反复灼烧,直至恒量。

向坩埚中慢慢加入数滴水润湿沉淀,加入3滴硫酸(1+4)和10mL氢氟酸,放入通风橱内电热板上缓慢加热,蒸发至干,升高温度继续加热至三氧化硫白烟完全驱尽。将坩埚放入950~1000℃的高温炉内灼烧30min,取出坩埚置于干燥器中,冷却至室温,称量。反复灼烧,直至恒量。

② 向按①经过氢氟酸处理后得到的残渣中加入0.5g焦硫酸钾,在喷灯上熔融,熔块用热水和数滴盐酸(1+1)溶解,溶液合并入按①分离二氧化硅后得到的滤液和洗液中。用水稀释至标线,摇匀,便得到溶液A,此溶液A供测定滤液中残留的可溶性二氧化硅、三氧化二铁、三氧化二铝、氧化钙、氧化镁、二氧化钛和五氧化二磷用。

2）溶液 B 的制备：称取约 0.6g 试样（m），精确至 0.0001g，置于银坩埚中，加入 6～7g 氢氧化钠（固体），盖上坩埚盖（留有缝隙），放入高温炉中，从低温升起，在 650～700℃ 的高温下熔融 20min，期间，取出摇动 1 次。取出冷却，将坩埚放入已盛有约 100mL 沸水的 300mL 烧杯中，盖上表面皿，在电炉上适当加热，待熔块完全浸出后，取出坩埚，用水冲洗坩埚和盖。在搅拌下一次加入 25～30mL 盐酸，再加入 1mL 硝酸，用热盐酸（1+5）洗净坩埚和盖。将溶液加热煮沸，冷却至室温后，移入 250mL 容量瓶中，用水稀释至标线，摇匀，便得到溶液 B，此溶液 B 供测定三氧化二铁、三氧化二铝、氧化钙、氧化镁和二氧化钛用。

（3）分析步骤 从溶液 A 或溶液 B 中吸取 50.00mL 溶液放入 300mL 烧杯中，加水稀释至约 100mL，用氨水（1+1）和盐酸（1+1）调节溶液的 pH 值为 1.8～2.0（用精密 pH 试纸检验或酸度计）。将溶液加热至 70℃，加入 10 滴磺基水杨酸钠指示剂溶液（10g/L），用 EDTA 标准滴定溶液缓慢地滴定至无色或亮黄色（终点时溶液温度应不低于 60℃，若终点前溶液降至近 60℃ 时，需再加热至 65～70℃）（V_1）。保留此溶液供测定三氧化二铝用。

（4）结果的计算与表示 三氧化二铁的质量分数 $w_{\mathrm{Fe_2O_3}}$ 按式（6-42）计算：

$$w_{\mathrm{Fe_2O_3}} = \frac{T_{\mathrm{Fe_2O_3}} \times (V_1 - V_0) \times 5}{m \times 1000} \times 100\% \tag{6-42}$$

式中 $\quad w_{\mathrm{Fe_2O_3}}$——三氧化二铁的质量分数，%；

$\qquad T_{\mathrm{Fe_2O_3}}$——EDTA 标准滴定溶液对三氧化二铁的滴定度，mg/mL；

$\qquad V_1$——滴定时消耗 EDTA 标准滴定溶液的体积，mL；

$\qquad V_0$——空白试验消耗 EDTA 标准滴定溶液的体积，mL；

$\qquad m$——试样的质量，g；

$\qquad 5$——全部试样溶液与所分取试样溶液的体积比。

6.4.4 三氧化二铝的测定

6.4.4.1 直接滴定法

在滴定铁后的溶液中，调节 pH 值至 3.0。在煮沸下以 EDTA-铜和 PAN 为指示剂，用 EDTA 标准滴定溶液滴定。

（1）试剂

① 盐酸（1+1）。

② 氨水（1+1）。

③ pH 为 3.0 的缓冲溶液：将 3.2g 无水乙酸钠（CH₃COONa）溶于水中，加入 120mL 冰乙酸，加水稀释至 1L。

④ EDTA-铜溶液：按 EDTA 标准滴定溶液与硫酸铜标准滴定溶液的体积比，准确配制成等物质量浓度的混合溶液。

⑤ 溴酚蓝指示剂溶液（2g/L）：将 0.2g 溴酚蓝溶于 100mL 乙醇（1+4）中。

⑥ 1-(2-吡啶偶氮)-2 萘酚指示剂溶液（简称 PAN 指示剂溶液）（2g/L）：将 0.2g 1-(2-吡啶偶氮)-2 萘酚溶于 100mL 乙醇（体积分数≥95% 或无水乙醇）中。

⑦ EDTA 标准滴定溶液 [$c(\mathrm{EDTA})=0.015\mathrm{mol/L}$]。

（2）分析步骤 将测完铁的溶液加水稀释至约 200mL，加入 1～2 滴溴酚蓝指示剂溶液（2g/L），滴加氨水（1+1）至溶液出现蓝紫色，再滴加盐酸（1+1）至黄色。加入 15mL pH3.0 的缓冲溶液，加热煮沸并保持微沸 1min，加入 10 滴 EDTA-铜溶液及 2～3 滴 PAN 指示剂溶液，用 EDTA 标准滴定溶液滴定至红色消失。继续煮沸，滴定，直至溶液经煮沸后红色不再出现，呈稳定的亮黄色为止（V）。

（3）结果表示　三氧化二铝的质量分数 $w_{Al_2O_3}$ 按式（6-43）计算：

$$w_{Al_2O_3} = \frac{T_{Al_2O_3} \times (V - V_0) \times 5}{m \times 1000} \times 100\% \tag{6-43}$$

式中　$w_{Al_2O_3}$——三氧化二铝的质量分数，%；

　　　$T_{Al_2O_3}$——EDTA 标准滴定溶液对三氧化二铝的滴定度，mg/mL；

　　　V——滴定时消耗的 EDTA 标准滴定溶液的体积，mL；

　　　V_0——空白试验消耗 EDTA 标准滴定溶液的体积，mL；

　　　m——试样的质量，g。

6.4.4.2　硫酸铜返滴定法

在滴定铁后的溶液中，加入对铝、钛过量的 EDTA 标准滴定溶液，控制溶液 pH 为 3.8～4.0，以 PAN 为指示剂，用硫酸铜标准滴定溶液返滴定过量的 EDTA。本法只适用于一氧化锰含量在 0.5% 以下的试样。

（1）试剂

① EDTA 标准滴定溶液 $[c(EDTA) = 0.015mol/L]$。

② pH4.3 的缓冲溶液：将 42.3g 无水乙酸钠（CH_3COONa）溶于水中，加入 80mL 冰乙酸，水稀释至 1L。

③ PAN 指示剂溶液（2g/L）。

④ 硫酸铜标准滴定溶液 $[c(CuSO_4) = 0.015mol/L]$。

（2）分析步骤　往测完铁的溶液中加入 EDTA 标准滴定溶液至过量 10.00～15.00mL（对铝、钛合量而言）（V_2），加水稀释至 150～200mL，将溶液加热至 70～80℃后，在搅拌下用氨水（1+1）调节溶液的 pH 值在 3.0～3.5 之间（用精密 pH 试纸检验），加入 15mL pH4.3 的缓冲溶液，加热煮沸并保持微沸 1～2min，取下稍冷，加入 4～5 滴 PAN 指示剂溶液，用硫酸铜标准滴定溶液滴定至亮紫色（V_1）。

（3）结果的计算与表示　三氧化二铝的质量分数 $w_{Al_2O_3}$ 按式（6-44）计算：

$$w_{Al_2O_3} = \frac{T_{Al_2O_3} \times (V_2 - K \times V_1) \times 5}{m \times 1000} \times 100\% - 0.64 w_{TiO_2} \tag{6-44}$$

式中　$w_{Al_2O_3}$——三氧化二铝的质量分数，%；

　　　$T_{Al_2O_3}$——EDTA 标准滴定溶液对三氧化二铝的滴定度，mg/mL；

　　　V_2——加入 EDTA 标准滴定溶液的体积，mL；

　　　V_1——滴定时消耗硫酸铜标准滴定溶液的体积，mL；

　　　K——EDTA 标准滴定溶液与硫酸铜标准滴定溶液的体积比；

　　　m——试样的质量，g；

　　　w_{TiO_2}——测得的二氧化钛的质量分数，%；

　　　0.64——二氧化钛对三氧化二铝的换算系数；

　　　5——全部试样溶液与所分取试样溶液的体积比。

6.4.5　氧化钙的测定

本法为氢氧化钠熔样-EDTA 滴定法。在酸性溶液中加入适量的氟化钾，以抑制硅酸的干扰。然后在 pH13 以上的强碱性溶液中，以三乙醇胺为掩蔽剂，用钙黄绿素-甲基百里香酚蓝-酚酞混合指示剂为指示剂，用 EDTA 标准滴定溶液滴定。

（1）试剂

① 氟化钾溶液（20g/L）：将 20g 氟化钾（KF·2H$_2$O）溶于水中，加水稀释至 1L，贮存于塑料瓶中。

② 三乙醇胺溶液（1+2）。

③ CMP 混合指示剂。

④ 氢氧化钾溶液（200g/L）：将 200g 氢氧化钾（KOH）溶于水中，加水稀释至 1L，贮存于塑料瓶中。

⑤ EDTA 标准滴定溶液 [c(EDTA)=0.015mol/L]。

（2）分析步骤　从溶液 B 中吸取 25.00mL 溶液放入 300mL 烧杯中，加入 2mL 氟化钾溶液（20g/L）（氟化钾溶液的加入量视试样中二氧化硅含量而定），搅匀并放置 2min 以上。然后加水稀释至约 200mL，加入 5mL 三乙醇胺溶液（1+2）及少许的 CMP 混合指示剂，在搅拌下加入氢氧化钾溶液（200g/L）至出现绿色荧光后再过量 5~8mL，用 EDTA 标准滴定溶液滴定至绿色荧光完全消失并呈现红色。

（3）结果的计算与表示　氧化钙的质量分数 w_{CaO} 按式（6-45）计算：

$$w_{CaO} = \frac{T_{CaO} \times (V_1 - V_0) \times 10}{m \times 1000} \times 100\% \quad (6-45)$$

式中　w_{CaO}——氧化钙的质量分数，%；

T_{CaO}——EDTA 标准滴定溶液对氧化钙的滴定度，mg/mL；

V_1——滴定时消耗 EDTA 标准滴定溶液的体积，mL；

V_0——空白试验消耗 EDTA 标准滴定溶液的体积，mL；

m——试料的质量，g；

10——全部试样溶液与所分取试样溶液的体积比。

6.4.6　氧化镁的测定

在 pH≈10 的溶液中，以酒石酸钾钠、三乙醇胺为掩蔽剂，用酸性铬蓝 K-萘酚绿 B 混合指示剂为指示剂，用 EDTA 标准滴定溶液滴定。

（1）试剂

① 酒石酸钾钠溶液（100g/L）：将 10g 酒石酸钾钠（C$_4$H$_4$KNaO$_6$·4H$_2$O）溶于水中，加水稀释至 100mL。

② 三乙醇胺溶液（1+2）。

③ pH10 缓冲溶液：将 67.5g 氯化铵（NH$_4$Cl）溶于水中，加入 570mL 氨水，加水稀释至 1L。

④ 酸性铬蓝 K-萘酚绿 B 混合指示剂。

⑤ EDTA 标准滴定溶液 [c(EDTA)=0.015mol/L]。

（2）分析步骤　从溶液 A 或溶液 B 中吸取 25.00mL 溶液放入 300mL 烧杯中，加水稀释至约 200mL，加入 1mL 酒石酸钾钠溶液（100g/L），搅拌，然后加入 5mL 三乙醇胺溶液（1+2），搅拌。加入 25mL pH≈10 缓冲溶液及少许的酸性铬蓝 K-萘酚绿 B 混合指示剂，用 EDTA 标准滴定溶液滴定，近终点时应缓慢滴定至纯蓝色。

（3）结果的计算与表示　氧化镁的质量分数 w_{MgO} 按式（6-46）计算：

$$w_{MgO} = \frac{T_{MgO} \times [(V_3 - V_2) - (V_1 - V_0)] \times 10}{m \times 100} \times 100\%$$ (6-46)

式中　w_{MgO}——氧化镁的质量分数，%；

T_{MgO}——EDTA 标准滴定溶液对氧化镁的滴定度，mg/mL；

V_3——滴定钙、镁总量时消耗 EDTA 标准滴定溶液的体积，mL；

V_2——滴定钙、镁总量时空白试验消耗 EDTA 标准滴定溶液的体积，mL；

V_1——测定氧化钙时消耗 EDTA 标准滴定溶液的体积，mL；

V_0——测定氧化钙时空白试验消耗 EDTA 标准滴定溶液的体积，mL；

m——试样的质量，g；

10——全部试样溶液与所分取试样溶液的体积比。

6.4.7　氧化钾和氧化钠的测定

本法采用原子吸收光谱法测定氧化钾和氧化钠。用氢氟酸-高氯酸分解试样，以锶盐消除硅、铝、钛等的干扰，在空气-乙炔火焰中，分别于波长 766.5nm 处和波长 589.0nm 处测定氧化钾和氧化钠的吸光度。

（1）试剂及仪器

① 盐酸（1+1）。

② 氯化锶溶液（锶 50g/L）：将 152.2g 氯化锶（$SrCl_2 \cdot 6H_2O$）溶解于水中，加水稀释至 1L，必要时过滤后使用。

③ 原子吸收光谱仪：带有镁、钾、钠、铁、锰元素空心阴极灯。

④ 氯化钾（KCl，基准试剂或光谱纯）。

⑤ 氯化钠（NaCl，基准试剂或光谱纯）。

（2）工作曲线

① 氧化钾（K_2O）、氧化钠（Na_2O）标准溶液的配制。

称取 1.5829g 已于 105～110℃烘过 2h 的氯化钾（KCl，基准试剂或光谱纯）及 1.8859g 已于 105～110℃烘过 2h 的氯化钠（NaCl，基准试剂或光谱纯），精确至 0.0001g，置于烧杯中，加水溶解后，移入 1000mL 容量瓶中，用水稀释至标线，摇匀。贮存于塑料瓶中。此标准溶液每毫升含 1mg 氧化钾及 1mg 氧化钠。

吸取 50.00mL 上述标准溶液放入 1000mL 容量瓶中，用水稀释至标线，摇匀。贮存于塑料瓶中。此标准溶液每毫升含 0.05mg 氧化钾和 0.05mg 氧化钠。

② 用于原子吸收光谱法的工作曲线的绘制。吸取每毫升含 0.05mg 氧化钾及 0.05mg 氧化钠的标准溶液 0mL、2.50mL、5.00mL、10.00mL、15.00mL、20.00mL、25.00mL 分别放入 500mL 容量瓶中，并加入 30mL 盐酸及 10mL 氯化锶溶液（锶 50g/L），用水稀释至标线，摇匀，贮存于塑料瓶中。将原子吸收光谱仪调节至最佳工作状态，在空气-乙炔火焰中，分别用钾元素空心阴极灯于波长 766.5nm 处和钠元素空心阴极灯于波长 589.0nm 处，以去离子水校零测定溶液的吸光度。用测得的吸光度作为相对应的氧化钾和氧化钠含量的函数，绘制工作曲线。

（3）分析步骤　称取约 0.1g 试样（m），精确至 0.0001g，置于铂坩埚（或铂皿）中，加入 0.5～1mL 水润湿，加入 5～7mL 氢氟酸和 0.5mL 高氯酸，放入通风橱内低温电热板上加热，近干时摇动铂坩埚以防溅失。待白色浓烟完全驱尽后，取下冷却。加入 20mL 盐酸（1+1），温热至溶液澄清，冷却后，移入 250mL 容量瓶中，加入 5mL 氯化锶溶液（锶

50g/L），用水稀释至标线，摇匀，备用。

　　吸取一定量的试样溶液放入容量瓶中（试样溶液的分取量及容量瓶的容积视氧化钾和氧化钠的含量而定），加入盐酸（1+1）及氯化锶溶液（锶50g/L），使测定溶液中盐酸的体积分数为6%，锶的浓度为1mg/mL，用水稀释至标线，摇匀。用原子吸收光谱仪，在空气-乙炔火焰中，分别用钾元素空心阴极灯于波长766.5nm处和钠元素空心阴极灯于波长589.0nm处，在相同的仪器条件下测定溶液的吸光度，在工作曲线上查出氧化钾的浓度（c_1）和氧化钠的浓度（c_2）。

　　（4）结果的计算与表示　氧化钾和氧化钠的质量分数 w_{K_2O} 和 w_{Na_2O} 分别按式(6-47)和式(6-48) 计算：

$$w_{K_2O} = \frac{c_1 \times V \times n}{m \times 1000} \times 100\% \tag{6-47}$$

$$w_{Na_2O} = \frac{c_2 \times V \times n}{m \times 1000} \times 100\% \tag{6-48}$$

式中　w_{K_2O}——氧化钾的质量分数，%；

　　　　w_{Na_2O}——氧化钠的质量分数，%；

　　　　c_1——测定溶液中氧化钾的浓度，mg/mL；

　　　　c_2——测定溶液中氧化钠的浓度，mg/mL；

　　　　V——测定溶液的体积，mL；

　　　　n——全部试样溶液与所分取试样溶液的体积比。

任务 6.5 芒硝分析

　　芒硝的主要成分是硫酸钠，其含量在98%以上的叫元明粉，低于95%的分别叫做95硝、85硝和土硝，其测定方法相同。

6.5.1　硫酸钠的测定（重量法）

　　用水溶解试料并过滤不溶物，在酸性条件下，加入氯化钡，与试液中的硫酸根离子生成硫酸钡沉淀，经过滤、烘干、灰化、灼烧、称量计算含量。

　　（1）试剂

　　① 盐酸溶液（1+1）。

　　② 氯化钡溶液（$BaCl_2 \cdot 2H_2O$）:122g/L。

　　③ 硝酸银溶液：20g/L。

　　（2）分析步骤　称取约5g试样，精确至0.0002g，置于250mL烧杯中，加100mL水，加热溶解。过滤到500mL容量瓶中，用水洗涤至无硫酸根离子为止（用氯化钡溶液检验）。冷却，用水稀释至刻度、摇匀。

　　用移液管移取25mL试验溶液置于500mL烧杯中，加入5mL盐酸溶液，270mL水，加热至沸腾。在搅拌下滴加10mL氯化钡溶液，时间约需1.5min。继续搅拌并微沸2～3min，然后盖上表面皿，保持微沸5min。再把烧杯放到沸水浴上保持2h。

　　将烧杯冷却至室温，用慢速定量滤纸过滤。用温水洗涤沉淀至无氯离子为止（取5mL洗涤液，加5mL硝酸银溶液混匀，放置5min不出现浑浊）。

　　将沉淀连同滤纸转移至已于800℃±20℃下恒重的瓷坩埚中，在110℃烘干。然后灰化，在 800℃±20℃灼烧至恒重。

硫酸钠的质量分数 $w_{Na_2SO_4}$ 按式（6-49）计算：

$$w_{Na_2SO_4} = \frac{(m_1 - m_2) \times 0.6086}{m_s \times 25/500} \times 100\% - 5.844 w_{Mg} \tag{6-49}$$

式中　m_1——硫酸钡及瓷坩埚的质量，g；

　　　m_2——瓷坩埚的质量，g；

　　　m_s——试样质量，g；

　0.6086——硫酸钡换算为硫酸钠的系数；

　　　w_{Mg}——试样中钙、镁（以 Mg 计）总含量的数值，%；

　5.844——镁换算为硫酸钠的系数。

6.5.2　钙、镁含量的测定

以铬黑 T 为指示剂，用 EDTA 标准滴定溶液滴定钙镁。

（1）试剂

① 三乙醇胺溶液（1+3）。

② 硫化钠溶液：20g/L。

③ 氨-氯化铵缓冲溶液：pH=10。

④ EDTA 标准滴定溶液：0.02mol/L。

⑤ 铬黑 T 指示剂：称取 1 份铬黑 T 与 200 份于 105～110℃烘干的氯化钠混合，于研钵中研磨至均匀，密封保存。

（2）仪器　微量滴定管，分度值 0.01mL 或 0.02mL。

（3）分析步骤　用移液管移取 25mL 试样溶液置于 250mL 锥形瓶中，加入 25mL 水、2mL 三乙醇胺溶液，如存在铜的干扰，再加入 1mL 硫化钠溶液。加入 5mL 氨-氯化铵缓冲溶液和约 0.1g 铬黑 T 指示剂，用 EDTA 标准滴定溶液滴定至溶液由紫红色变为蓝色即为终点。

钙镁总含量以镁（Mg）的质量分数 w_{Mg} 表示，按式（6-50）计算：

$$w_{Mg} = \frac{(V/1000)cM}{m_s \times 25/500} \times 100\% \tag{6-50}$$

式中　V——消耗 EDTA 标准滴定溶液的体积，mL；

　　　c——EDTA 标准滴定溶液的浓度，mol/L；

　　　m_s——试样质量，g；

　　　M——镁的摩尔质量，24.3g/mol。

6.5.3　铁的测定

（1）试剂

① 盐酸。

② 氨水溶液（1+1）。

③ 硫酸。

④ 乙酸-乙酸钠缓冲溶液（pH=4.5）。

⑤ 0.2%邻菲罗啉：称取 0.2g 邻菲罗啉溶于 10mL 乙醇中，加 90mL 水混匀。

⑥ 2%抗坏血酸溶液。

⑦ 硫酸铁铵。

（2）仪器　分光光度计，带有 1cm 和 3cm 的吸收池。

（3）分析步骤　铁标准溶液（0.1mg/mL）制备：称取 0.863g 硫酸铁铵，置于 200mL 烧杯中，加入 100mL 水、10mL 硫酸，溶解后全部转移到 1000mL 容量瓶中，用水稀释至刻度，摇匀。

试样溶液的制备：称取约 10g 试样，精确至 0.01g，置于 250mL 烧杯中，加 50mL 水、25mL 盐酸，加热至沸腾。试料完全溶解后继续煮沸 5min，冷却，全部转移到 500mL 容量瓶中，稀释至刻度，摇匀。

空白试样溶液的制备：在 250mL 烧杯中，加 50mL 水、25mL 盐酸，加热煮沸 5min。冷却后转移到 500mL 容量瓶中，稀释至刻度，摇匀。

测定：用移液管移取表中规定量的试样溶液以及相同量的空白试样溶液，分别置于 100mL 容量瓶中，加入相应量的氨水溶液（1+1）调到 pH 值为 2，加 2.5mL 抗坏血酸溶液、10mL 缓冲溶液、5mL 邻菲罗啉溶液，用水稀释至刻度，摇匀。使用相应厚度的吸收池，在 510nm 处，以水为参比，测量吸光度。表 6-3 为试料等级与有关参数的对照表。

表 6-3　试料等级与有关参数的对照表

试料等级	I 类		II 类	
	优等品	一等品	一等品	合格品
移取试验溶液体积/mL	50	50	50	20
加入氨水体积/mL	4	4	4	0
吸收池厚度/cm	3	3	3	1

铁的质量分数 w_{Fe} 按式（6-51）计算：

$$w_{Fe} = \frac{m}{m_s \times 1000 \times V/500} \times 100\% \qquad (6-51)$$

式中　m——根据测得的试样溶液吸光度减去空白试样溶液的吸光度后从工作曲线上查出的铁的质量，mg；

　　　　V——移取试样溶液的体积，mL；

　　　　m_s——试样质量，g。

任务 6.6　纯碱分析

纯碱主要成分为碳酸钠，含量在 98.5% 以上。主要用于化工、玻璃、冶金、造纸、印染、合成洗涤剂、石油化工等工业。它在玻璃配合料中用来引入氧化钠（Na_2O）。

6.6.1　总碱量的测定

纯碱主要成分为碳酸钠，溶于水后溶液呈碱性，以溴甲酚绿-甲基红混合液作指示剂，用盐酸标准滴定溶液直接滴定。反应如下：

$$CO_3^{2-} + H^+ \longrightarrow HCO_3^-$$

$$HCO_3^- + H^+ \longrightarrow H_2O + CO_2$$

（1）试剂

① 盐酸标准滴定溶液：1mol/L。

② 溴甲酚绿-甲基红混合指示剂溶液。

（2）分析步骤

① 总碱量（湿基计）的测定　准确称取 1.7g 试样，精确至 0.0002g，置于锥形瓶中，用 50mL 水溶解试料，必要时可加热促进溶解，冷却后，加 10 滴溴甲酚绿-甲基红混合指示剂溶液，用盐酸标准滴定溶液滴定，溶液由绿色变成暗红色。煮沸 2min，冷却后继续滴定至暗红色。同时做空白试验。

② 总碱量（干基计）的测定　准确称取 1.7g 于 250～270℃ 下加热至恒重的试样，精确至 0.0002g，置于锥形瓶中，用 50mL 水溶解试料，必要时可加热促进溶解，冷却后，加 10 滴溴甲酚绿-甲基红混合指示剂溶液，用盐酸标准滴定溶液滴定，溶液由绿色变成暗红色。煮沸 2min，冷却后继续滴定至暗红色。同时做空白试验。

总碱量以碳酸钠的质量分数 $w_{Na_2CO_3}$ 按式（6-52）计算，

$$w_{Na_2CO_3} = \frac{c(V - V_0)M}{2 \times m_s \times 1000} \times 100\% \tag{6-52}$$

式中　c——盐酸标准滴定溶液的浓度，mol/L；

　　　V——滴定消耗盐酸标准滴定溶液的体积，mL；

　　　V_0——空白试验消耗盐酸标准滴定溶液的体积，mL；

　　　m_s——试料的质量，g；

　　　M——碳酸钠的摩尔质量，105.99g/moL。

6.6.2　氯化物含量的测定（汞量法）

以二苯偶氮碳酰肼为指示剂，用硝酸汞溶液滴定氯离子。

（1）试剂

① 硝酸溶液（1+1）。

② 硝酸溶液（1+7）。

③ 氢氧化钠溶液：40g/L。

④ 硝酸汞标准滴定溶液：0.05mol/L。

⑤ 溴酚蓝指示液：1g/L。

⑥ 二苯偶氮碳酰肼指示剂：10g/L。

参比溶液：在 250mL 锥形瓶中加 40mL 水和 2 滴溴酚蓝指示液，滴加（1+7）硝酸溶液至由蓝变黄并过量 2～3 滴。加入 1mL 二苯偶氮碳酰肼指示剂，使用微量滴定管，用 0.05mol/L 硝酸汞标准滴定溶液滴定至紫红色，记录所用体积。此溶液在使用前制备。

（2）仪器　微量滴定管，分度值 0.01mL 或 0.02mL。

（3）分析步骤　称取约 2g 试样，精确至 0.01g，置于 250mL 锥形瓶中，加水 40mL 溶解试样，加 2 滴溴酚蓝指示剂溶液。滴加（1+1）硝酸溶液中和至溶液变黄后，滴加 40g/L 氢氧化钠溶液至溶液变蓝，再滴加（1+7）硝酸溶液至溶液变黄并过量 2～3 滴。加入 1mL 二苯偶氮碳酰肼指示剂，使用微量滴定管，用 0.05mol/L 硝酸汞标准滴定溶液滴定至溶液由黄色变为与参比溶液相同的紫红色即为终点。

氯化物含量以氯化钠的质量分数 w_{NaCl} 按式（6-53）计算：

$$w_{NaCl} = \frac{c(V - V_0)M/1000}{m_s(100\% - w_0)} \times 100\% \tag{6-53}$$

式中　c——硝酸汞标准滴定溶液的浓度，mol/L；

　　　V——滴定中消耗硝酸汞标准滴定溶液的体积，mL；

V_0——参比溶液制备中所消耗硝酸汞标准滴定溶液的体积，mL；

m_s——试样的质量，g；

w_0——烧失量的质量分数，%；

M——氯化钠的摩尔质量，58.44g/moL。

6.6.3　铁含量的测定

（1）试剂

① 盐酸。

② 氨水溶液（1+1）。

③ 硫酸。

④ 乙酸-乙酸钠缓冲溶液（pH=4.5）。

⑤ 0.2%邻菲罗啉：称取0.2g邻菲罗啉溶于10mL乙醇中，加90mL水混匀。

⑥ 2%抗坏血酸溶液。

⑦ 硫酸铁铵。

（2）仪器　分光光度计，带有1cm和3cm的吸收池。

（3）分析步骤　铁标准溶液（0.1mg/mL）制备：称取0.863g硫酸铁铵，置于200mL烧杯中，加入100mL水、10mL硫酸，溶解后全部转移到1000mL容量瓶中，用水稀释至刻度，摇匀。

试样溶液的制备：称取约10g试样，精确至0.01g，置于250mL烧杯中，加50mL水、25mL盐酸，加热至沸腾。试料完全溶解后继续煮沸5min。冷却，全部转移到500mL容量瓶中，稀释至刻度，摇匀。

空白试样溶液的制备：在250mL烧杯中，加50mL水、25mL盐酸，加热煮沸5min。冷却后转移到500mL容量瓶中，稀释至刻度，摇匀。

测定：用移液管移取表中规定量的试样溶液以及相同量的空白试样溶液，分别置于100mL容量瓶中，加入相应量的氨水溶液（1+1）调到pH值为2，加2.5mL抗坏血酸溶液、10mL缓冲溶液、5mL邻菲罗啉溶液，用水稀释至刻度，摇匀。使用相应厚度的吸收池，在510nm处，以水为参比，测量吸光度。

铁的质量分数 w_{Fe} 按式(6-54)计算：

$$w_{Fe} = \frac{m}{m_s \times 1000 \times V/250} \times 100\% \tag{6-54}$$

式中　m——根据测得的试样溶液吸光度减去空白试样溶液的吸光度后从工作曲线上查出的铁的质量，mg；

　　　V——移取试样溶液的体积，mL；

　　　m_s——试样质量，g。

任务 6.7　炭粉分析

6.7.1　挥发分的测定

准确称取经105~110℃烘干1h的试样1g于恒定的瓷坩埚中，盖上盖，移入800℃的高温炉中灼烧 7min（时间控制严格），取出，冷却 30min 称量。挥发分的百分含量按式(6-55) 计算：

$$w(挥发分)=\frac{G_1-G_2}{G}\times100\%$$ (6-55)

式中 G_1——灼烧前坩埚和试样的重量，g；
    G_2——烧后坩埚和试样的重量，g；
    G——试样重量，g。

6.7.2   固定碳的测定

将上述测挥发分后的试样，移入高温炉中在 100℃下灼烧 1h（无黑炭粉），冷却 30min，称量，反复灼烧至恒重。

固定碳的百分含量按式(6-56) 计算：

$$w(C)=\frac{G_2-G_3}{G}\times100\%$$ (6-56)

式中 G_2——测定挥发分后的坩埚及试样重量，g；
    G_3——测完挥发分在 100℃高温炉中灼烧后的坩埚及试样重量，g；
    G——试样重量，g。

6.7.3   灰分的测定

灰分的百分含量按式(6-57) 计算：

$$w(灰分)=\frac{G_3-G_4}{G}\times100\%$$ (6-57)

式中 G_4——坩埚重量，g；
    G_3——在 1000℃高温灼烧后的坩埚及试样重量，g；
    G——试样重量，g。

任务 6.8 钠钙硅玻璃分析

6.8.1   烧失量的测定

（1）试料量   称取约 1g（m_1）试样，精确至 0.0001g。

（2）测定   将试料置于已恒量（两次灼烧称量的差值小于等于 0.0002g）的铂坩埚或瓷坩埚中，盖上盖，并稍留缝隙，放入高温炉内，从低温升至 550℃，保温 1h，取出稍冷，即放入干燥器中，冷至室温，称量。重复灼烧（每次 15min），称量，直至恒量（当烧失量小于等于 1%时，2 次灼烧称量的差值小于等于 0.0002g；当烧失量大于 1%时，2 次灼烧称量的差值小于等于 0.0005g，即为恒量）。

（3）分析结果的计算   烧失量的质量分数 X 按式(6-58) 计算：

$$X=\frac{m_1-m_2}{m_1}\times100\%$$ (6-58)

式中　X——烧失量的质量分数，%；

　　　m_1——试料质量，g；

　　　m_2——灼烧后试料的质量，g。

6.8.2　二氧化硅的测定

6.8.2.1　盐酸———次脱水重量法

（1）试剂与仪器

① 无水碳酸钠（Na_2CO_3）。

② 盐酸（HCl，ρ 约 1.19g/mL）。

③ 盐酸（HCl，1+1）。

④ 盐酸（HCl，5+95）。

⑤ 盐酸（HCl，1+11）。

⑥ 氢氟酸（HF，优级纯，ρ 约 1.15g/mL）。

⑦ 硫酸（H_2SO_4，1+4）。

⑧ 氢氧化钠溶液（100g/L）。

⑨ 氟化钾溶液（20g/L）。

⑩ 硼酸溶液（20g/L）。

⑪ 对硝基酚指示剂（5g/L）。

⑫ 乙醇（C_2H_5OH，95%）。

⑬ 钼酸铵溶液（80g/L）。

⑭ 抗坏血酸溶液（20g/L）。

⑮ 二氧化硅标准溶液（0.10mg/mL）：准确称取 0.1000g 预先经 1000℃灼烧 1h 的高纯二氧化硅（SiO_2，纯度为 99.99% 以上）于铂坩埚中，加 2g 无水碳酸钠，混匀。先低温加热，逐渐升高温度至 1000℃，得到透明熔体，继续熔融 3～5min。冷却，用热水浸取熔块于 300mL 塑料杯中，加入 150mL 沸水，搅拌使其溶解（此时溶液应澄清）。冷却，移入 1L 容量瓶中，用水稀释至标线，摇匀后立刻转移到塑料瓶中贮存。

⑯ 分光光度计。

（2）标准曲线的绘制　于一组 100mL 容量瓶中，各加 5mL 盐酸（1+1）及 20mL 水，摇匀。移取 0mL、1.00mL、2.00mL、3.00mL、4.00mL、5.00mL、6.00mL、7.00mL、8.00mL 二氧化硅标准溶液（0.10mg/mL），加 8mL 乙醇（95%），4mL 钼酸铵溶液（80 g/L），摇匀，于 20～30℃放置 15min，加 15mL 盐酸（1+1），用水稀释至 90mL 左右。加 5mL 抗坏血酸溶液（20g/L），用水稀释至标线，摇匀。1h 后，于分光光度计上，以试剂空白作参比，选用 5mm 比色皿，在波长 700nm 处测定溶液的吸光度。按测得吸光度与比色溶液浓度的关系绘制标准曲线。

（3）分析步骤

① 试料量。称取 0.5g（m_3）试样，精确至 0.0001g。

② 测定。将试料置于铂坩埚中，加 1.5g 无水碳酸钠，与试料混匀，再取 0.5g 无水碳酸钠铺在表面，盖上坩埚盖，先低温加热，逐渐升高温度至 1000℃，熔融至透明状态，继续熔融 15min，用坩埚钳夹持坩埚，小心旋转，使熔融物均匀地附在坩埚内壁。冷却，用热水浸取熔块移入铂蒸发皿（或瓷蒸发皿）中。盖上表面皿，加 10mL 盐酸（1+1）溶解熔块，用少量盐酸（1+1）及热水洗净坩埚，洗液并入蒸发皿内，将皿置于水浴上蒸发至近

干，冷却。加 5mL 盐酸（ρ 约 1.19g/mL），放置约 5min，加 50mL 热水，搅拌使盐类溶解。用中速定量滤纸倾泻过滤，滤液用 250mL 容量瓶承接，以热盐酸（5+95）洗涤皿壁及沉淀 8～10 次，热水洗 3～5 次。在沉淀上加 4 滴硫酸（1+4），将滤纸及沉淀转入铂坩埚中，放在电炉上低温烘干，升高温度使滤纸充分灰化。于 1100℃ 灼烧 1h，在干燥器中冷却至室温，称量。反复灼烧，直至恒量。将沉淀用水润湿，加 4 滴硫酸（1+4）及 5～7mL 氢氟酸（优级纯，ρ 约 1.15g/mL），于低温电炉上蒸发至干，重复处理一次。逐渐升高温度，驱尽三氧化硫白烟，将残渣于 1100℃ 灼烧 15min，在干燥器中冷却至室温，称量。反复灼烧，直至恒量。

　　将上述的滤液用水稀释至标线，摇匀。移取 25.00mL 滤液于 100mL 塑料杯中，加 5mL 氰化钾溶液（20g/L），摇匀。放置 10min 后，加 5mL 硼酸溶液（20g/L），加 1 滴对硝基酚指示剂（5g/L），滴加氢氧化钠溶液（100g/L）至溶液变黄色，加 5mL 盐酸（1+11），移入 100mL 容量瓶中。加 8mL 乙醇（95%）、4mL 钼酸铵溶液（80g/L），摇匀，于 20～30℃ 放置 15min，加 15mL 盐酸（1+1），用水稀释至 90mL 左右。加 5mL 抗坏血酸溶液（20g/L），用水稀释至标线，摇匀。1h 后，于分光光度计上，以试剂空白作参比，选用 5mm 比色皿，在波长 700nm 处测定溶液的吸光度，从标准曲线上查得所分取滤液中二氧化硅的含量（c_1）。

　　（4）分析结果的计算　二氧化硅的质量分数（w_{SiO_2}）按式（6-59）计算：

$$w_{SiO_2} = \left(\frac{m_4 - m_5}{m_3} + \frac{c_1 \times 100}{m_3 \times 1000} \right) \times 100\%　\tag{6-59}$$

式中　w_{SiO_2}——二氧化硅的质量分数，%；

　　　　m_3——试料质量，g；

　　　　m_4——灼烧后未经氢氟酸处理的沉淀及坩埚质量，g；

　　　　m_5——经氢氟酸处理后灼烧的残渣及坩埚质量，g；

　　　　c_1——在标准曲线上查得所分取滤液中二氧化硅的含量，mg。

6.8.2.2　氟硅酸钾容量法

　　（1）试剂

　　① 盐酸（HCl，1+1）。

　　② 氢氧化钾（KOH）。

　　③ 氯化钾（KCl）。

　　④ 乙醇（C_2H_5OH，95%）。

　　⑤ 硝酸（HNO_3，ρ 约 1.42g/mL）。

　　⑥ 氯化钾溶液（50g/L）：称取 5g 氯化钾（KCl），溶于 100mL 水中，摇匀。

　　⑦ 氯化钾乙醇溶液（50g/L）：称取 5g 氯化钾（KCl），溶于 50mL 水中，加 50mL 乙醇（C_2H_5OH，95%），摇匀。

　　⑧ 氟化钾溶液（150g/L）。

　　⑨ 酚酞指示剂（10g/L）。

　　⑩ 氢氧化钠标准滴定溶液（0.15mol/L）。

　　（2）试料量　称取 0.1g（m_7）试样，精确至 0.0001g。

　　（3）测定　将试料置于镍坩埚中，加约 2g 氢氧化钾，先低温熔融，经常摇动坩埚。然后，在 600～650℃ 继续熔融 15～20min。旋转坩埚，使熔融物均匀地附着在坩埚内壁。冷却，用热水浸取熔融物于 300mL 塑料杯中。盖上表面皿，一次加入 15mL 硝酸（ρ 约 1.42g/mL），再用少量盐酸（1+1）及水洗净坩埚，洗液并于塑料杯中，控制试液体积在

60mL 左右。冷却至室温，用少量氯化钾溶液（50g/L）洗涤塑料杯壁，在搅拌下加入氯化钾至过饱和（过饱和量控制在 0.5～1g），缓慢加入 10mL 氟化钾溶液（150g/L），用塑料棒仔细搅拌，压碎大颗粒氯化钾，使其完全饱和，并有少量氯化钾析出，放置 10～15min。用塑料漏斗以快速定性滤纸过滤，用氯化钾溶液（50g/L）洗涤塑料杯 2～3 次，再洗涤滤纸一次。将滤纸和沉淀放回原塑料杯中，沿杯壁加入 10mL 氯化钾乙醇溶液（50g/L）及 1mL 酚酞指示剂（10g/L）。用氢氧化钠标准滴定溶液（0.15mol/L）中和未洗净的残余酸，仔细搅拌滤纸，并擦洗杯壁，直至试液呈现微红色不消失。加入 200～250mL 中和过的沸水，立即以氢氧化钠标准滴定溶液（0.15mol/L）滴定至微红色。

（4）分析结果的计算　二氧化硅的质量分数 w_{SiO_2} 按式（6-60）计算：

$$w_{SiO_2} = \frac{c(NaOH) \times V_2 \times 15.02}{m_7 \times 1000} \times 100\% \qquad (6\text{-}60)$$

式中　w_{SiO_2}——二氧化硅的质量分数，%；

　$c(NaOH)$——氢氧化钠标准滴定溶液浓度，mol/L；

　　　V_2——滴定时消耗氢氧化钠标准滴定溶液的体积，mL；

　　　m_7——试料质量，g；

　15.02——$\frac{1}{2}SiO_2$ 的摩尔质量，g/mol。

6.8.3　三氧化二铝的测定

（1）试剂

① 氢氟酸（HF，优级纯，ρ 约 1.15g/mL）。

② 乙酸（CH_3COOH，ρ 约 1.05g/mL）。

③ 硫酸（H_2SO_4，1+1）。

④ 盐酸（HCl，1+1）。

⑤ 氨水（$NH_3 \cdot H_2O$，1+1）。

⑥ 氢氧化钾溶液（200g/L）：称取 20g 氢氧化钾（KOH）于塑料杯中，加 100mL 水溶解，贮存于塑料瓶中。

⑦ 六亚甲基四胺溶液（200g/L）：称取 200g 六亚甲基四胺于烧杯中，加水溶解，用水稀释至 1L。

⑧ 氧化钙标准溶液（1.00mg/mL）。

⑨ 乙二胺四乙酸二钠（EDTA）标准滴定溶液（0.01mol/L）。

⑩ 乙酸锌标准滴定溶液（0.01mol/L）：称取 2.1g 乙酸锌 [$Zn(CH_3COO)_2 \cdot 2H_2O$] 于烧杯中，加入少量水及 2mL 乙酸溶液（$\rho$ 约 1.05g/mL），移入 1L 容量瓶中，用水稀释至标线，摇匀。

乙酸锌标准滴定溶液与 EDTA 标准滴定溶液体积比的测定：

移取 10.00mL EDTA 标准滴定溶液（0.01mol/L），于 300mL 烧杯中，加约 150mL 水，再加 5mL 六亚甲基四胺溶液（200g/L）（此时溶液 pH 应为 5.5～5.8）和 3～4 滴二甲酚橙指示剂溶液（2g/L），用乙酸锌标准滴定溶液（0.01mol/L）滴定至溶液由黄色变为玫瑰红色。

乙酸锌标准滴定溶液与 EDTA 标准滴定溶液的体积比按式（6-61）计算：

$$K = \frac{10}{V_4} \tag{6-61}$$

式中 K——每毫升乙酸锌标准滴定溶液相当于EDTA标准滴定溶液的毫升数;

V_4——滴定时消耗乙酸锌标准滴定溶液的体积,mL。

⑪ 钙黄绿素-甲基百里香-酚酞混合指示剂(简称CMP混合指示剂):称取1.000g钙黄绿素、1.000g甲基百里香酚蓝、0.200g酚酞与50g已在105~110℃烘干过的硝酸钾,在玛瑙乳钵中仔细研磨混匀,贮存于磨口棕色瓶中。

⑫ 二甲酚橙指示剂溶液(2g/L):称取0.2g二甲酚橙,溶于100mL水中。

(2)试料量 称取0.5g(m_9)试样,精确至0.0001g。

(3)测定 将试料置于铂皿中,用少量水润湿,加1mL硫酸(1+1)和7~10mL氢氟酸(ρ约1.15g/mL),于低温电炉上蒸发至冒三氧化硫白烟。重复处理一次,逐渐升高温度,驱尽三氧化硫白烟。冷却,加10mL盐酸(1+1)及适量水,加热溶解。冷却后,移入250mL容量瓶中,用水稀释至标线,摇匀。此为试液A,供测定三氧化二铝、三氧化二铁、二氧化钛、氧化钙、氧化镁。

移取25.00mL试液A于300mL烧杯中,用滴定管准确加入10.00mL EDTA标准滴定溶液(0.01mol/L),以氨水(1+1)调节试液pH至3~3.5,煮沸2~3min,冷却至室温,用水稀释到200mL左右。加5mL六亚甲基四胺溶液(200g/L)(此时溶液pH应为5.5~5.8)和3~4滴二甲酚橙指示剂溶剂(2g/L),用乙酸锌标准滴定溶液(0.01mol/L)滴定至试液由黄色变为玫瑰红。

(4)分析结果的计算 三氧化二铝的质量分数$w_{Al_2O_3}$按式(6-62)计算:

$$w_{Al_2O_3} = \frac{c(EDTA) \times 50.89 \times (V_5 - K \times V_6) \times 10}{m_9 \times 1000} \times 100 - \alpha w_{X_1} \tag{6-62}$$

式中 $w_{Al_2O_3}$——三氧化二铝的质量分数,%;

$c(EDTA)$——EDTA标准滴定溶液的浓度,mol/L;

V_5——加入EDTA标准滴定溶液的体积,mL;

V_6——滴定过量EDTA消耗乙酸锌标准滴定溶液的体积,mL;

K——每毫升乙酸锌标准滴定溶液相当于EDTA标准滴定溶液的毫升数。

m_9——试样质量,g;

50.98——$\left(\frac{1}{2}Al_2O_3\right)$的摩尔质量,g/mol;

w_{X_1}——试样中金属氧化物的质量分数,%;

α——三氧化二铁、二氧化钛、氧化铜、氧化锌、三氧化二钴、氧化镍、三氧化二铬、氧化镉、一氧化锰对三氧化二铝的换算系数,见表6-4。

表6-4 各氧化物对三氧化二铝的换算系数

氧化物名称	Fe$_2$O$_3$	TiO$_2$	CuO	ZnO	Co$_2$O$_3$	NiO	Cr$_2$O$_3$	CdO	MnO
换算系数	0.6384	0.6380	0.6409	0.6265	0.6147	0.6824	0.6708	0.3970	0.7187

6.8.4 二氧化钛的测定

二氧化钛的测定采用二安替吡啉甲烷分光光度法。

（1）试剂与仪器

① 焦硫酸钾（$K_2S_2O_3$）。

② 盐酸（HCl，1+2）。

③ 盐酸（HCl，1+11）。

④ 硫酸（H_2SO_4，1+1）。

⑤ 抗坏血酸溶液（10g/L）：称取 1g 抗坏血酸（$C_6H_8O_6$）溶于 100mL 水中（使用时配制）。

⑥ 二安替吡啉甲烷溶液（30g/L）：称取 3g 二安替吡啉甲烷（$C_{23}H_{24}N_4O_2$）溶于 100mL 盐酸（1+11）中，过滤后使用。

⑦ 二氧化钛标准溶液（0.10mg/mL）：准确称取 0.1000g 预先经 800～950℃灼烧 1h 的二氧化钛（TiO_2，光谱纯试剂）于铂坩埚中，加约 3g 焦硫酸钾，先在低温电炉上熔融，再移至喷灯上熔至呈透明状态。放冷后，用 20mL 热硫酸（1+1）浸取熔块于预先盛有 80mL 硫酸（1+1）的烧杯中，加热溶解，冷却后，移入 1L 容量瓶中，用水稀释至标线，摇匀。

⑧二氧化钛标准溶液（0.010mg/mL）：移取 100.00mL 二氧化钛标准溶液（0.10mg/mL）于 1L 容量瓶中，用水稀释至标线，摇匀。

⑨ 分光光度计。

（2）标准曲线的绘制 移取 0mL、1.00mL、3.00mL、5.00mL、7.00mL、9.00mL 二氧化钛标准溶液（0.010mg/mL），分别放入一组 100mL 容量瓶中，依次加入 10mL 盐酸（1+2）、10mL 抗坏血酸溶液（10g/L）、20mL 二安替吡啉甲烷溶液（30g/L），用水稀释至标线，摇匀。放置 40min 后，于分光光度计上，以试剂空白作参比，选用 2cm 比色皿，在波长 430nm 处测定溶液的吸光度，按测得的吸光度与比色溶液浓度的关系绘制标准曲线。

（3）测定 移取 50.00mL 试液 A 于 100mL 容量瓶中，依次加入 10mL 盐酸（1+2）、10mL 抗坏血酸溶液（10g/L）、20mL 二安替吡啉甲烷溶液（30g/L），用水稀释至标线，摇匀。放置 40min 后，于分光光度计上，以试剂空白作参比，选用 2cm 比色皿，在波长 430nm 处测定溶液的吸光度，从标准曲线上查得所分取试液中二氧化钛的含量（c_2）。

（4）分析结果的计算 二氧化钛的质量分数（w_{TiO_2}）按式(6-63)计算：

$$w_{TiO_2} = \frac{c_2 \times 5}{m_9 \times 1000} \times 100\% \qquad (6\text{-}63)$$

式中 w_{TiO_2}——二氧化钛的质量分数，%；

c_2——在标准曲线上查得所分取试液中二氧化钛的含量，mg；

m_9——试样质量，g。

6.8.5 三氧化二铁的测定

（1）试剂与仪器

① 硝酸（HNO_3，ρ 约 1.42g/mL）。

② 盐酸（HCl，1+1）。

③ 氨水（$NH_3 \cdot H_2O$，1+1）。

④ 盐酸羟胺溶液（100g/L）：称取 10g 盐酸羟胺（$NH_2OH \cdot HCl$），溶于 100mL 水中，摇匀。

⑤ 酒石酸溶液（100g/L）：称取 10g 酒石酸（$H_6C_4O_6$），溶于 100mL 水中，摇匀。

⑥ 邻菲罗啉溶液（1g/L）：称取 0.1g 邻菲罗啉（$C_{12}H_8N_2 \cdot 2H_2O$）溶于 10mL 乙醇，加 90mL 水混匀。

⑦ 三氧化二铁标准溶液（0.10mg/mL）：准确称取 0.1000g 预先经 105～110℃ 烘干 2h 的三氧化二铁（Fe_2O_3，光谱纯试剂）于烧杯中，加 20mL 盐酸（1+1）和 2mL 硝酸（ρ 约 1.42g/mL），加热溶解。冷却，移入 1L 容量瓶中，用水稀释至标线，摇匀。

⑧ 三氧化二铁标准溶液（0.02mg/mL）：准确移取 100.00mL 三氧化二铁标准溶液（0.10mg/mL）放入 500mL 容量瓶中，用水稀释至标线，摇匀。

⑨ 对硝基酚指示剂（5g/L）。

⑩ 分光光度计。

（2）标准曲线的绘制 移取 0mL、1.00mL、3.00mL、5.00mL、7.00mL、9.00mL、11.00mL 三氧化二铁标准溶液（0.02mg/mL），分别放入一组 100mL 容量瓶中，用水稀释至 40～50mL。加 4mL 酒石酸溶液（100g/L），加 1～2 滴对硝基酚指示剂（5g/L），滴加氨水（1+1）至溶液呈现黄色，随即滴加盐酸至溶液刚无色。此时溶液 pH 值近似 5，加 2mL 盐酸羟胺溶液（100g/L）、10mL 邻菲罗啉溶液（1g/L），用水稀释至标线，摇匀。放置 20min 后，于分光光度计上，以试剂空白作参比，选用 1cm 比色皿，在波长 510nm 处测定溶液的吸光度，按测得的吸光度与比色溶液浓度的关系绘制标准曲线。

（3）测定 移取 25.00mL 试液 A 于 100mL 容量瓶中，用水稀释至 40～50mL，加 4mL 酒石酸溶液（100g/L），加 1～2 滴对硝基酚指示剂（5g/L），滴加氨水（1+1）至溶液呈现黄色，随即滴加盐酸至溶液刚无色。此时溶液 pH 值近似 5，加 2mL 盐酸羟胺溶液（100g/L），10mL 邻菲罗啉溶液（1g/L），用水稀释至标线，摇匀。放置 20min 后，于分光光度计上，以试剂空白作参比，选用 1cm 比色皿，在波长 510nm 处测定溶液的吸光度，从标准曲线上查得所分取试液中三氧化二铁的含量（c_3）。

（4）分析结果的计算 三氧化二铁的质量分数（$w_{Fe_2O_3}$）按式(6-64)计算：

$$w_{Fe_2O_3} = \frac{c_3 \times 100}{m_9 \times 1000} \times 100\% \tag{6-64}$$

式中 $w_{Fe_2O_3}$——三氧化二铁的质量分数，%；

c_3——在标准曲线上查得所分取试液中三氧化二铁的含量，mg；

m_9——试料质量，g。

6.8.6 氧化钙的测定

（1）试剂

① 三乙醇胺（$C_6H_{15}NO_3$，1+1）。

② 氢氧化钾溶液（200g/L）。

③ EDTA 标准滴定溶液（0.01mol/L）。

④ 钙黄绿素-甲基百里香-酚酞混合指示剂（简称 CMP 混合指示剂）。

⑤ 盐酸羟胺（$NH_2OH \cdot HCl$）。

（2）测定 移取 25.00mL 试液 A 于 300mL 烧杯中，用水稀释至约 150mL，加少量盐酸羟胺，加 3mL 三乙醇胺（1+1），滴加氢氧化钾溶液（200g/L）至溶液 pH 值近似为 12，再加 2mL 氢氧化钾溶液（200g/L）。加入适量 CMP 混合指示剂，用 EDTA 标准滴定溶液（0.01mol/L）滴定至绿色荧光完全消失并呈现红色。

（3）分析结果的计算 氧化钙的质量分数（w_{CaO}）按式(6-65)计算：

$$w_{CaO} = \frac{c(EDTA) \times V_7 \times 56.08 \times 10}{m_9 \times 1000} \times 100\% \tag{6-65}$$

式中　w_{CaO}——氧化钙的质量分数，%；

　　$c(EDTA)$——EDTA 标准滴定溶液的浓度，mol/L；

　　　　V_7——滴定氧化钙时消耗 EDTA 标准滴定溶液的体积，mL；

　　56.08——CaO 的摩尔质量，g/mol；

　　　　m_9——试料质量，g。

6.8.7　氧化镁的测定

(1) 试剂

① 三乙醇胺（$C_6H_{15}NO_3$，1+1）。

② 氨水（$NH_3 \cdot H_2O$，1+1）。

③ 氨水-氯化铵缓冲溶液（pH 为 10）：称取 67.5g 氯化铵溶于适量水中，加 570mL 氨水（ρ 约 0.90g/mL），然后用水稀释至 1L。

④ EDTA 标准滴定溶液（0.01mol/L）。

⑤ 酸性铬蓝 K-萘酚绿 B（1∶3）混合指示剂（简称 K-B 指示剂）：称取 1.000g 酸性铬蓝 K、3.000g 萘酚绿 B 与 50g 已在 105～110℃ 烘干过的硝酸钾在玛瑙乳钵中仔细研磨混匀，贮存于磨口棕色瓶中。

⑥ 盐酸羟胺（$NH_2OH \cdot HCl$）。

(2) 测定　移取 25.00mL 试液 A 于 300mL 烧杯中，用水稀释至约 150mL，加少量盐酸羟胺，加 3mL 三乙醇胺（1+1），以氨水（1+1）调至 pH 值近似为 10，再加 10mL 氨水-氯化铵缓冲溶液（pH 为 10）及适量 K-B 指示剂，用 EDTA 标准滴定溶液（0.01mol/L）滴定至试液由紫红色变为蓝绿色。

(3) 分析结果的计算　氧化镁的质量分数（w_{MgO}）按式(6-66)计算：

$$w_{MgO} = \frac{c(EDTA) \times (V_8 - V_7) \times 40.31 \times 10}{m_9 \times 1000} \times 100\% \qquad (6\text{-}66)$$

式中　w_{MgO}——氧化镁的质量分数，%；

　　$c(EDTA)$——EDTA 标准滴定溶液的浓度，mol/L；

　　　　V_7——滴定氧化钙时消耗 EDTA 标准滴定溶液的体积，mL；

　　　　V_8——滴定氧化镁时消耗 EDTA 标准滴定溶液的体积，mL；

　　40.31——MgO 的摩尔质量，g/mol；

　　　　m_9——试料质量，g。

6.8.8　三氧化硫的测定

(1) 试剂

① 硝酸（HNO_3，ρ 约 1.42g/mL）。

② 高氯酸（$HClO_4$，ρ 约 1.67g/mL）。

③ 氢氟酸（HF，优级纯，ρ 约 1.15g/mL）。

④ 盐酸（HCl，1+1）。

⑤ 氯化钡溶液（50g/L）：称取 50g 氯化钡（$BaCl_2 \cdot 2H_2O$），溶于 1L 水中，摇匀。

⑥ 硝酸银溶液（10g/L）：称取 1g 硝酸银（$AgNO_3$）溶于 95mL 水中，加入 5mL 硝酸（ρ 约 1.42g/mL），存于棕色瓶中。

（2）试料量　称取 1.0g（m_{10}）试样，精确至 0.0001g。

（3）测定　将试料置于铂皿中，加 2mL 硝酸（ρ 约 1.42g/mL）、1mL 高氯酸（ρ 约 1.67g/mL）和 10mL 氢氟酸（优级纯，ρ 约 1.15g/mL），于低温电炉上缓慢加热蒸发至开始逸出高氯酸白烟。冷却，再加 2mL 高氯酸（ρ 约 1.67g/mL）和 5mL 氢氟酸（优级纯，ρ 约 1.15g/mL），继续加热蒸发至干，冷却，加 20mL 水及 4mL 盐酸（1+1），加热至盐类完全溶解。将所得试液移入 300mL 烧杯中，用水稀释至约 150mL，加热微沸，在不断搅拌下滴加 5mL 氯化钡溶液（50g/L），继续微沸约 10min。移至温处静置约 1h，再于室温下静置 4h 或 12～24h（仲裁分析须静置 12～24h）。用慢速定量滤纸过滤，以温水洗涤沉淀至无氯根反应为止〔用硝酸银溶液（10g/L）检验〕。

将滤纸及沉淀移入已恒量的铂坩埚中，灰化后，在 850℃灼烧 30min，在干燥器中冷却至室温，称量。反复灼烧，直至恒量。

（4）分析结果的计算　三氧化硫的质量分数（w_{SO_3}）按式（6-67）计算：

$$w_{SO_3} = \frac{m_{11} \times 0.3430}{m_{10}} \times 100\% \qquad (6\text{-}67)$$

式中　w_{SO_3}——三氧化硫的质量分数，%；

　　　m_{10}——试料质量，g；

　　　m_{11}——灼烧后沉淀的质量，g；

　　　0.3430——硫酸钡对三氧化硫的换算系数。

6.8.9　五氧化二磷的测定

五氧化二磷的测定采用磷钒钼黄分光光度法

（1）试剂与仪器

① 硝酸（HNO_3，ρ 约 1.42g/mL）。

② 硝酸（HNO_3，1+2）。

③ 高氯酸（$HClO_4$，ρ 约 1.67g/mL）。

④ 氢氟酸（HF，优级纯，ρ 约 1.15g/mL）。

⑤ 钼酸铵-钒酸铵显色剂：

钼酸铵溶液（甲）：称取 25g 钼酸铵〔$(NH_4)_6Mo_7O_{24} \cdot 4H_2O$〕溶于约 150mL 水中，加热至 60℃，待溶解后，冷却（必要时过滤），用水稀释至 250mL，并加入 1mL 硝酸（ρ 约 1.42g/mL）。

钒酸铵溶液（乙）：称取 0.75g 钒酸铵（NH_4VO_3）溶于 150mL 水中，加热至 60℃，待溶解后冷却，加 15mL 硝酸（ρ 约 1.42g/mL），用水稀释至 250mL。

将甲、乙两溶液混合，混匀后保存在棕色瓶中。

⑥ 五氧化二磷标准溶液（0.10mg/mL）：准确称取 0.1917g 预先经 105～110℃烘干 2h 的磷酸二氢钾（KH_2PO_4，基准试剂）溶于水中，移入 1L 容量瓶中，用水稀释至标线，摇匀。

⑦ 分光光度计。

（2）试料量　称取 1.0g（m_{12}）试样，精确至 0.0001g。

（3）标准曲线的绘制　分别移取 0mL、2.50mL、5.00mL、7.50mL、10.00mL、12.50mL、15.00mL 五氧化二磷标准溶液（0.10mg/mL）于 100mL 容量瓶中。加入 5mL 硝酸（1+2），然后用水稀释至 50～60mL，加入 10mL 钼酸铵-钒酸铵显色剂，用水稀释至标线，摇匀。放置 10min 后，于分光光度计上，以试剂空白作参比，选用 1cm 的比色皿，在波长 460nm 处测量溶液的吸光度，按测得的吸光度与比色溶液浓度的关系绘制标准曲线。

（4）测定　将试料置于铂皿中，用少量水润湿，加入 5～6mL 高氯酸（ρ 约 1.67g/mL）、2～3mL 硝酸（ρ 约 1.42g/mL）和 7～10mL 氢氟酸（ρ 约 1.15g/mL），于低温电炉上蒸发至近干，用水冲洗皿壁，再加 1mL 硝酸（ρ 约 1.42g/mL），继续蒸发至干，冷却，加 5mL 硝酸（ρ 约 1.42g/mL）及适量水，加热溶解，冷却后，移入 100mL 容量瓶中，溶液的体积保持在 50～60mL，加入 10 毫升钼酸铵-钒酸铵显色剂，用水稀释至标线，摇匀。放置 10min 后，于分光光度计上，以试剂空白作参比，选用 1cm 的比色皿，在波长 460nm 处测量溶液的吸光度，从标准曲线上查得五氧化二磷的含量（c_4）。

（5）分析结果的计算　五氧化二磷的质量分数（$w_{P_2O_5}$）按式(6-68)计算：

$$w_{P_2O_5} = \frac{c_4}{m_{12} \times 1000} \times 100\% \tag{6-68}$$

式中　$w_{P_2O_5}$——五氧化二磷的质量分数，%；

$\quad\quad c_4$——在标准曲线上查得被测溶液中五氧化二磷的含量，mg；

$\quad\quad m_{12}$——试料质量，g。

6.8.10　三氧化二铁、氧化钙、氧化镁、氧化钾、氧化钠的测定（原子吸收光谱法）

（1）试剂与仪器

① 氢氟酸（HF，优级纯，ρ 约 1.15g/mL）。

② 硝酸（HNO_3，优级纯，ρ 约 1.42g/mL）。

③ 高氯酸（$HClO_4$，高纯，ρ 约 1.67g/mL）。

④ 盐酸（HCl，优级纯，1+1）。

⑤ 氯化锶溶液（200g/L）：称取 200g 氯化锶（$SrCl_2 \cdot 6H_2O$）溶于 1L 水中，摇匀，贮存于塑料瓶中。

⑥ 氧化钠标准溶液（1.00mg/mL）：准确称取 1.8859g 预先经 400～500℃ 灼烧至恒量并冷却至室温的氯化钠（NaCl，基准试剂或光谱纯试剂）溶于水中，移入 1L 容量瓶中，用水稀释至标线，摇匀。贮存于塑料瓶中。

⑦ 氧化钾标准溶液（1.00mg/mL）：准确称取 1.5830g 预先经 400～500℃ 灼烧至恒量并冷却至室温的氯化钾（KCl，基准试剂或光谱纯试剂）溶于水中，移入 1L 容量瓶中，用水稀释至标线，摇匀。贮存于塑料瓶中。

⑧ 氧化钙标准溶液（1.00mg/mL）：准确称取 1.7848g 预先经 105～110℃ 烘干 2h 的碳酸钙（$CaCO_3$，基准试剂），于 200mL 烧杯中，盖表面皿，加少量水，加 20mL 盐酸（1+1）溶解，加热微沸，以驱尽二氧化碳，冷却，移入 1L 容量瓶中，用水稀释至标线，摇匀。贮存于塑料瓶中。

⑨ 氧化镁标准溶液（1.00mg/mL）：准确称取 0.5000g 预先经 950℃ 灼烧 2h 的氧化镁（MgO，光谱纯试剂），用水润湿，加 20mL 盐酸（1+1），加热溶解，冷却，移入 500mL 容量瓶中，用水稀释至标线，摇匀。贮存于塑料瓶中。

⑩ 三氧化二铁标准溶液（1.00mg/mL）：准确称取 0.5000g 预先经 105～110℃ 烘干 2h 的三氧化二铁（Fe_2O_3，光谱纯试剂），于 200mL 烧杯中，加入 40mL 盐酸（1+1）、2mL 硝酸（ρ 约 1.42g/mL），加热溶解，冷却。移入 500mL 容量瓶中，用水稀释至标线，摇匀。贮存于塑料瓶中。

⑪ 混合标准溶液（20μg/mL）：分别移取 20.00mL 氧化钾（1.00mg/mL）、20mL 氧化

钠（1.00mg/mL）、20mL 氧化钙（1.00mg/mL）、20mL 氧化镁（1.00mg/mL）、20mL 三氧化二铁（1.00mg/mL）标准溶液，放入同一个 1L 容量瓶中，用水稀释至标线，摇匀。

⑫ 标准系列溶液：准确移取混合标准溶液（20μg/mL）5.00mL、10.00mL、15.00mL、20.00mL、25.00mL、30.00mL、35.00mL、40.00mL，分别放入一组 100mL 容量瓶中，加 4mL 盐酸（1+1）和 5mL 氯化锶溶液（200g/L），用水稀释至标线，摇匀。此标准系列溶液中氧化钾、氧化钠、氧化钙、氧化镁、三氧化二铁浓度分别为 1.00μg/mL、2.00μg/mL、3.00μg/mL、4.00μg/mL、5.00μg/mL、6.00μg/mL、7.00μg/mL、8.00μg/mL。

（2）原子吸收光谱仪，采用空气-乙炔火焰，铁灯在 248.3nm、钙灯在 422.7nm、镁灯在 285.2nm、钾灯在 766.5nm、钠灯在 589.0nm 处。空气和乙炔气体要足够纯净（不含水、油、钙、镁、钾、钠、铁），以提供稳定清澈的贫燃火焰。

（3）试料量　称取 0.1g（m_{13}）试样，精确至 0.0001g。

（4）测定　将试料置于铂皿中，用少量水润湿，加 1mL 高氯酸（ρ 约 1.67g/mL）和 10～15mL 氢氟酸（ρ 约 1.15g/mL），于低温电炉上加热分解，蒸发至糊状，用水冲洗皿壁，再加 0.5mL 高氯酸（高纯，ρ 约 1.67g/mL），继续加热蒸发至高氯酸白烟冒尽。冷却后，加约 20mL 水和 8mL 盐酸（优级纯，1+1），缓慢加热 20～30min，待残渣全部溶解后，冷却至室温，移入 200mL 容量瓶中，用水稀释至标线，摇匀。此为试液 B。

测定三氧化二铁直接用试液 B。测定氧化钙、氧化镁和氧化钾时，移取 20mL 试液 B 于 100mL 容量瓶中，加 4mL 盐酸（优级纯，1+1）及 5mL 氯化锶溶液（200g/L），用水稀释至标线，摇匀；测定氧化钠时，移取 10mL 试液 B 于 100mL 容量瓶中。加 4mL 盐酸（优级纯，1+1）及 5mL 氯化锶溶液（200g/L），用水稀释至标线，摇匀。

将仪器调节至最佳工作状态，用空气-乙炔火焰，以试剂空白作参比，对试液和标准系列溶液进行测定。如果试样溶液和标准系列溶液浓度接近则按直接比较法计算，否则，需测定两个参考标准，按内插法计算。

直接比较法按式(6-69) 计算：

$$c_{X_1} = \frac{A_{X_1}}{A_{标1}} \times c_{标1} \tag{6-69}$$

式中　c_{X_1}——被测溶液中各氧化物浓度，μg/mL；

$c_{标1}$——标准溶液浓度，μg/mL；

A_{X_1}——被测溶液的吸光度；

$A_{标1}$——标准溶液的吸光度。

内插法按式(6-70) 计算：

$$c_{X_2} = c_5 + \frac{c_6 - c_5}{A_2 - A_1}(A_{X_2} - A_1) \tag{6-70}$$

式中　c_{X_2}——被测溶液中各氧化物浓度，μg/mL；

c_5、c_6——标准溶液浓度，μg/mL；

A_1、A_2——标准溶液的吸光度；

A_{X_2}——被测溶液的吸光度。

（5）分析结果的计算　各氧化物的质量分数（w_{X_2}）按式(6-71) 计算：

$$w_{X_2} = \frac{c_{X_3} \times V_9 \times n}{m_{13} \times 10^6} \times 100 \tag{6-71}$$

式中　w_{X_2}——各氧化物的质量分数，%；

c_{X_3}——被测溶液中各氧化物浓度，μg/mL；

V_9——测量溶液的体积，mL；

　　n——被测溶液稀释倍数；

m_{13}——试料质量，g。

6.8.11 氧化钾和氧化钠的测定（火焰光度法）

（1）试剂与仪器

① 氢氟酸（HF，优级纯，ρ 约 1.15g/mL）。

② 硫酸（H_2SO_4，优级纯，1+1）。

③ 盐酸（HCl，优级纯，1+1）。

④ 氧化钾标准溶液（1.00mg/mL）。

⑤ 氧化钠标准溶液（5.00mg/mL）：准确称取 4.7147g 预先经 400～500℃灼烧至恒量并冷却至室温的氯化钠（NaCl，基准试剂或光谱纯试剂）溶于水中，移入 500mL 容量瓶中，用水稀释至标线，摇匀。贮存于塑料瓶中。

⑥ 混合标准溶液（氧化钾 0.10mg/mL，氧化钠 1.00mg/mL）：分别移取 10.00mL 氧化钾标准溶液（1.00mg/mL）和 20.00mL 氧化钠标准溶液（5.00mg/mL），放入 100mL 容量瓶中，用水稀释至标线，摇匀。得到混合标准溶液。

⑦ 混合标准溶液系列：准确移取混合标准溶液（氧化钾 0.10mg/mL，氧化钠 1.00mg/mL）1.00mL、2.00mL、3.00mL、4.00mL、5.00mL、6.00mL、7.00mL，分别放入一组 100mL 容量瓶中（每份溶液中氧化钾和氧化钠的含量之比为 1:10），加入 2mL 盐酸（优级纯，1+1），用水稀释至标线，摇匀。

⑧ 火焰光度计。

（2）试料量　称取 0.1g（m_{14}）试样，精确至 0.0001g。

（3）测定　将试料置于铂皿中，用少量水润湿，加 4～5 滴硫酸（优级纯，1+1）和 7～10mL 氢氟酸（优级纯，ρ 约 1.15g/mL），于低温电炉上蒸发至干，逐渐升高温度驱尽三氧化硫白烟。取下冷却，加约 30mL 水及 5mL 盐酸（优级纯，1+1），缓慢加热 20～30min，待残渣全部溶解后，冷却，移入 250mL 容量瓶中，用水稀释至标线，摇匀。此为试液 C，供测定氧化钾。

移取 50.00mL 试液 C 于 100mL 容量瓶中，加 1mL 盐酸（优级纯，1+1），用水稀释至标线，摇匀。此为试液 D，供测定氧化钠。

（4）计算结果的表示　在火焰光度计上用曲线法（或内插法）进行氧化钾和氧化钠的测定。

氧化钾及氧化钠的质量分数（w_{K_2O}、w_{Na_2O}）按式(6-72)、式(6-73)计算：

$$w_{K_2O} = \frac{c_7 \times 250}{m_{14} \times 1000} \times 100\% \tag{6-72}$$

$$w_{Na_2O} = \frac{c_8 \times 250 \times 2}{m_{14} \times 1000} \times 100\% \tag{6-73}$$

式中　w_{K_2O}——氧化钾的质量分数，%；

w_{Na_2O}——氧化钠的质量分数，%；

　　c_7——在氧化钾标准曲线上查得被测溶液中氧化钾的含量，mg/mL；

　　c_8——在氧化钠标准曲线上查得被测溶液中氧化钠的含量，mg/mL；

m_{14}——试料质量，g。

6.8.12 等离子体发射光谱法测定三氧化二铁、三氧化二铝、氧化钙、氧化镁、氧化钾、氧化钠、二氧化钛、五氧化二磷

（1）试剂

① 氢氟酸（优级纯）。

② 高氯酸（优级纯）。

③ 盐酸（优级纯）。

④ 硫酸（优级纯）。

⑤ 硝酸（优级纯）。

⑥ 三氧化二铝标准溶液（1.00mg/mL）：称取已经在硅胶干燥器中存放过夜的金属铝（光谱纯试剂）0.5293g，置于 200mL 烧杯中，盖上表面皿，加入 20mL 水，40mL 盐酸（1+1）。滴加 1～2mL 硝酸（$\rho=1.42\text{g/mL}$），低温加热，使其完全溶解，再微沸数分钟。取下，冷却至室温。移入 1L 容量瓶中，用水稀释至刻度，摇匀。贮存于塑料瓶中。

⑦ 二氧化钛标准溶液（1.00mg/mL）：称取已经在硅胶干燥器中存放过夜的金属钛（光谱纯试剂）0.2997g，置于铂皿中，加少量水润湿，慢慢滴加氢氟酸使样品溶解，再滴加硝酸使低价钛完全氧化，加入 10mL 硫酸（$\rho=1.84\text{g/mL}$），在电炉上低温蒸发近干，再逐渐升温至白烟冒尽，取下冷却，加硫酸（1+9）溶液并用该硫酸代替水将铂皿中的溶液转移入 500mL 容量瓶中，用水稀释至标线，摇匀。贮存于塑料瓶中。

⑧ 氧化镁标准溶液（1.00mg/mL）：准确称取 0.5000g 预先经 950℃灼烧至恒重的氧化镁（光谱纯试剂），加少量水润湿，加 20mL 盐酸（1+1），加热溶解，冷却，移入 500mL 容量瓶中，用水稀释至标线，摇匀，储存于塑料瓶中。

⑨ 三氧化二铁标准溶液（1.00mg/mL）：准确称取 0.5000g 预先经 105～110℃烘干 2h 的三氧化二铁（光谱纯试剂），溶于 40mL 盐酸（1+1）和 2mL 硝酸，加热溶解，冷却，移入 500mL 容量瓶中，用水稀释至标线，摇匀，储存于塑料瓶中。

⑩ 氧化钾标准溶液（1.00mg/mL）：准确称取 1.5830g 预先经 400～500℃灼烧至恒重并冷却至室温的氯化钾（基准试剂或光谱纯试剂），溶于水中，移入 1L 容量瓶中，用水稀释至标线，摇匀，储存于塑料瓶中。

⑪ 氧化钙标准溶液（0.50mg/mL）：准确称取 0.8924g 预先经 105～110℃烘干 2h 的碳酸钙（基准试剂），于 300mL 烧杯中，加少量水，盖上表面皿，滴加 20mL 盐酸（1+1）使其溶解，加热煮沸数分钟以驱尽溶液中的二氧化碳。冷却后移入 1L 容量瓶中，用水稀释至标线，摇匀，储存于塑料瓶中。

⑫ 氧化钠标准溶液（0.50mg/mL）：准确称取 0.9340g 预先经 400～500℃灼烧至恒重并冷却至室温的氧化钠（基准试剂或光谱纯试剂），溶于水中，移入 1L 容量瓶中，用水稀释至标线，摇匀，储存于塑料瓶中。

⑬ 五氧化二磷标准溶液（0.10mg/mL）：准确称取 0.1917g 预先经 105～110℃烘干 2h 的磷酸二氢钾（基准试剂），溶于水中，移入 1L 容量瓶中，用水稀释至标线，摇匀。

⑭ 混合标准过渡溶液［三氧化二铁、三氧化二铝、氧化镁、氧化钾、二氧化钛（均为 $100\mu\text{g/mL}$）、五氧化二磷（$10\mu\text{g/mL}$）混合标准过渡溶液］：分别准确移取 100.00mL 三氧化二铁、三氧化二铝、氧化镁、氧化钾、二氧化钛、五氧化二磷标准溶液，放入 1000mL 容量瓶中，用水稀释至标线，摇匀。

⑮ 氧化钠标准过渡溶液（$100\mu\text{g/mL}$）：准确移取 200.00mL 氧化钠标准溶液于 1000mL

容量瓶中，用水稀释至标线，摇匀。

⑯ 氧化钙标准过渡溶液（100μg/mL）：准确移取 200.00mL 氧化钙标准溶液于 1000mL 容量瓶中，用水稀释至标线，摇匀。

⑰ 高浓度标准溶液：准确移取 20.00mL 上述⑭混合标准过渡溶液，放入 100mL 容量瓶中，再准确移取 15mL 上述⑫氧化钠标准溶液和 10mL 上述⑪氧化钙标准溶液放入同一个 100mL 容量瓶中，加入 10mL 硝酸（1+1），用水稀释至标线，摇匀。得到氧化钠为 75μg/mL，氧化钙为 50μg/mL，三氧化二铁、三氧化二铝、氧化镁、氧化钾、二氧化钛各为 20μg/mL，五氧化二磷为 2μg/mL 混合的标准溶液，此溶液在后续分析中作为高浓度标准溶液。

⑱ 低浓度标准溶液：分别准确移取 20.00mL 上述⑮氧化钠标准过渡溶液和 10.00mL 上述⑯氧化钙标准过渡溶液，放入同一个 100mL 容量瓶中，加入 10mL 硝酸（1+1），用水稀释至标线，摇匀。得到氧化钠为 20μg/mL，氧化钙为 10μg/mL，三氧化二铁、三氧化二铝、氧化镁、氧化钾、二氧化钛各为 10μg/mL，五氧化二磷为 0μg/mL 混合的标准溶液，此溶液在后续分析中作为低浓度标准溶液。

（2）仪器　等离子发射光谱仪。

（3）分析步骤　准确称取 0.1g 试样（测定五氧化二磷时，试样用量 0.5～1.0g），置于铂皿中，加少量水润湿，加 1mL 高氯酸，10～15mL 氢氟酸，将铂皿置于电热板上低温加热，蒸发至糊状，用水冲洗四壁，再加 0.5mL 高氯酸，加热蒸发至干，冷却后，加 10mL 硝酸（1+1）及适量水，加热溶解，冷却后，移入 100mL 容量瓶，用水稀释至标线，摇匀。

在分析试样前，预先将等离子发射光谱仪电路通电，稳定后，按仪器要求编制分析控制程序。打开仪器的气路、水路，接通高频电源，用工作气体将管路和雾化系统内的空气排除干净，点燃等离子体火焰。仪器的输出功率控制为 1.1kW，反射功率小于 10W，冷却气流量 16L/min，进样量 1～2mL/min，待仪器工作 15～30min 稳定后，按照分析控制程序分别吸入低浓度标准溶液和高浓度标准溶液进行仪器的标准化，建立标准曲线。完成标准化工作后，按程序吸入样品溶液，转入样品分析，测定样品溶液中各氧化物的浓度。

分析过程中穿插测试试剂空白溶液和硝酸（1+1）溶液，确定试剂空白的大小，并加以扣除。如果发现存在明显的试剂空白，则需更新带来空白效应的试剂，重新分析。

每种氧化物的质量分数按式(6-74) 计算：

$$w = \frac{c \times V}{m_s \times 10^6} \times 100\% \tag{6-74}$$

式中　w——分别为各氧化物的质量分数，%；

c——被测溶液中各氧化物的浓度，$\mu g/mL$；

V——测量溶液用的体积，mL；

m_s——试样质量，g。

6.8.13　原子吸收分光光度法测定氧化铜、氧化锌、三氧化二钴、氧化镍、三氧化二铬、氧化镉、一氧化锰

（1）试剂

① 氢氟酸（优级纯）。

② 高氯酸（优级纯）。

③ 盐酸（优级纯）。

④ 硝酸（优级纯）。

⑤ 氧化铜标准溶液（1.00mg/mL）：准确称取 0.5000g 预先经 105～110℃烘干的氧化铜（高纯或光谱纯试剂），置于 200mL 烧杯中，加入 15mL 盐酸（1＋1）和 3mL 硝酸，加热至近干，再加 5mL 硝酸，使残渣溶解，完全溶解后冷却，移入 500mL 容量瓶中，用水稀释至标线，摇匀，储存于塑料瓶中。

⑥ 氧化锌标准溶液（1.00mg/mL）：准确称取 0.4017g 预先经表面处理过的高纯金属锌（高纯或光谱纯试剂），置于 200mL 烧杯中，加入 20mL 盐酸（1＋1）和 3mL 硝酸，加热完全溶解后冷却，移入 500mL 容量瓶中，用水稀释至标线，摇匀，储存于塑料瓶中。

⑦ 三氧化二钴标准溶液（1.00mg/mL）：准确称取 0.5000g 预先经 105～110℃烘干的三氧化二钴（高纯或光谱纯试剂），置于 200mL 烧杯中，加入 15mL 盐酸（1＋1）和 3mL 硝酸，加热至近干，再加 5mL 硝酸，使残渣溶解，完全溶解后冷却，移入 500mL 容量瓶中，用水稀释至标线，摇匀，储存于塑料瓶中。

⑧ 氧化镍标准溶液（1.00mg/mL）：准确称取 0.5000g 预先经 105～110℃烘干的氧化镍（高纯或光谱纯试剂），置于 200mL 烧杯中，加入 15mL 盐酸（1＋1）和 3mL 硝酸，加热熔解，加热至近干，再加 5mL 硝酸，使残渣溶解，完全溶解后冷却，移入 500mL 容量瓶中，用水稀释至标线，摇匀，储存于塑料瓶中。

⑨ 三氧化二铬标准溶液（1.00mg/mL）：准确称取 0.5000g 预先经 105～110℃烘干的三氧化二铬（高纯或光谱纯试剂），置于 200mL 烧杯中，加入 15mL 盐酸（1＋1）和 3mL 硝酸，加热溶解，加热至近干，再加 5mL 硝酸，使残渣溶解，完全溶解后冷却，移入 500mL 容量瓶中，用水稀释至标线，摇匀，储存于塑料瓶中。

⑩ 氧化镉标准溶液（0.50mg/mL）：准确称取 0.4377g 预先经表面处理过的高纯金属镉（高纯或光谱纯试剂），置于 200mL 烧杯中，加入 50mL 盐酸（1＋1）和 3mL 硝酸，加热完全溶解后再加 5mL 硝酸，冷却，移入 500mL 容量瓶中，用水稀释至标线，摇匀，储存于塑料瓶中。

⑪ 一氧化锰标准溶液（0.50mg/mL）：准确称取 0.5000g 预先经 105～110℃烘干的一氧化锰（高纯或光谱纯试剂），置于 200mL 烧杯中，加入 15mL 盐酸（1＋1）和 3mL 硝酸，加热溶解，加热至近干，再加 5mL 硝酸，使残渣溶解，完全溶解后冷却，移入 500mL 容量瓶中，用水稀释至标线，摇匀，储存于塑料瓶中。

⑫ 氧化铜、氧化锌、三氧化二钴、氧化镍、三氧化二铬、氧化镉、一氧化锰混合标准溶液（100μg/mL）：分别准确移取 100.00mL 上述氧化铜标准溶液、氧化锌标准溶液、三氧化二钴标准溶液、氧化镍标准溶液、三氧化二铬标准溶液、氧化镉标准溶液、一氧化锰标准溶液于同一个 1000mL 容量瓶中，补加 10mL 盐酸，用水稀释至标线，摇匀。

⑬ 氧化铜、氧化锌、三氧化二钴、氧化镍、三氧化二铬、氧化镉、一氧化锰混合标准溶液（10μg/mL）：准确移取 100.00mL 上述⑫混合标准溶液，移入 1000mL 容量瓶中，用水稀释至标线，摇匀。

⑭ 标准系列溶液：准确移取上述⑬混合标准溶液 5.00mL、10.00mL、15.00mL、20.00mL、25.00mL、30.00mL、35.00mL、40.00mL 分别放入一组 100mL 容量瓶中，分别加入 10mL 盐酸（1＋1），用水稀释至标线，摇匀。此标准溶液中氧化铜、氧化锌、三氧化二钴、氧化镍、三氧化二铬、氧化镉、一氧化锰浓度分别为 0.50μg/mL、1.00μg/mL、1.50μg/mL、2.00μg/mL、2.50μg/mL、3.00μg/mL、3.50μg/mL、4.00μg/mL。

（2）仪器 原子吸收光谱仪。

（3）分析步骤 准确称取 0.1g 试样，置于铂皿中，加少量水润湿，加 1mL 高氯酸，10～15mL 氢氟酸，将铂金置于电热板上低温加热，蒸发至糊状，用水冲洗四壁，再加

0.5mL 高氯酸，加热蒸发至干，冷却后，加 10mL 盐酸（1+1）及适量水，加热溶解，冷却后，移入 100mL 容量瓶中，用水稀释至标线，摇匀。采取与样品相同的分析步骤做试剂空白。

将仪器调节到最佳工作状态，用空气-乙炔火焰，以试剂空白作参比，对试液和标准系列溶液进行测定。如果试样溶液与标准系列溶液浓度接近则按直接比较法计算。

各氧化物的测量波长如表 6-5 所示。

表 6-5　各氧化物的测量波长

氧化物名称	CuO	ZnO	Co_2O_3	NiO	Cr_2O_3	CdO	MnO
波长/nm	324.8	213.9	240.7	232.0	357.9	228.8	279.5

直接比较法按式(6-75) 计算：

$$c_X = \frac{A_X}{A_{标}} \times c_{标} \qquad (6\text{-}75)$$

式中　c_X——被测溶液中各氧化物浓度，$\mu g/mL$；

　　　$c_{标}$——标准溶液浓度，$\mu g/mL$；

　　　A_X——被测溶液的吸光度；

　　　$A_{标}$——标准溶液的吸光度。

每种氧化物的质量分数按照式(6-76) 计算：

$$w_X = \frac{c \times V}{m_s \times 10^6} \times 100\% \qquad (6\text{-}76)$$

式中　w_X——分别为各氧化物的质量分数，%；

　　　c——被测溶液中各氧化物的浓度，$\mu g/mL$；

　　　V——测量溶液用的体积，mL；

　　　m_s——试样质量，g。

能力训练题

1. 生产玻璃都有哪些主要原料？

2. 二氧化硅的作用及测定二氧化硅的主要方法有哪些？

3. 氧化铝的作用及测定氧化铝的注意事项有哪些？

4. 三氧化二铁的测定方法有哪些？测定中应注意哪些问题？

5. 氧化钙测定中使用的指示剂是什么？氧化镁测定中的指示剂又是什么？适用的 pH 值各为多少？

6. 测定玻璃中的氧化铁时，如何快速调节 pH？

项目 7

玻璃配合料及着色剂的质量控制与检测

教学目标

通过本项目的学习，掌握配合料质量控制的内容、方法；掌握配合料质量检测的质量要求及检测方法；掌握着色剂的成分分析方法。培养团队合作能力、沟通能力；培养良好的职业修养和职业道德。

项目概述

玻璃配合料的制备是玻璃生产过程中最重要的工序之一。玻璃配合料是由各种原料经过加工、准确称量、混合而得到的，玻璃制品上的缺陷如气泡、波筋、砂粒、条纹等，在很大程度上与原料及配合料制备质量有关。配合料的好坏，直接影响到玻璃的熔化效率和成品玻璃的质量，其稳定性和均匀性对玻璃的质量具有决定性的作用。同时在配合料中加入不同的着色剂可生产出不同颜色的玻璃，着色剂质量的好坏及用量直接影响玻璃的颜色，进而影响产品的外观。本项目介绍了玻璃配合料的质量控制及检测方法、着色剂的成分分析方法。通过学习提高对配合料制备工艺、检测方法及着色剂成分检测的认识和应用能力。

配合料的好坏,直接影响到玻璃的熔化效率和成品玻璃的质量,其稳定性和均匀性对玻璃的质量具有决定性的作用。优质的配合料是高效熔化优质玻璃和降低热耗的重要的先决条件。

影响配合料质量的因素是多方面的,任何一种因素的变化都会对配合料的质量造成波动,而最重要的因素就是原料的质量以及配合料制备的工艺管理。配合料是由各种原料经过加工、准确称量、混合而得到的,玻璃制品上的缺陷如气泡、波筋、砂粒、条纹等,在很大程度上与原料及配合料制备质量有关。因此,在玻璃生产过程中,必须严格控制原料的质量,并强化原料的工艺管理,从而使配合料的质量得到有效控制。

7.1.1 原料的质量控制

7.1.1.1 原料外观质量的控制

玻璃原料外观质量的控制主要包括原矿构成、包装质量、原料的色泽、杂物混入及污染、粒度初检等。

控制方法:肉眼观察、人手感觉、初步筛分等。

主要控制环节:加工厂家原矿控制、厂家成品原料控制、进厂原料检验控制、上料过程控制等。

7.1.1.2 原料成分的控制

优质的配合料首先基于各种原料化学组成的稳定,即要严格控制各种原料的成分,使成分的波动控制在工艺允许的波动范围内。要求原料的有效氧化物含量高,有害杂质少,难熔重金属氧化物的含量极小,而且氧化物含量的波动要小。在控制成分的同时,要严把原料外观质量关,防止带有大量泥土的小块料进厂。对进厂的原料,要严格遵循分堆码垛、横码竖切、先来先用的原则,以利于原料成分的稳定一致。在使用过程中,要加强对原料组分的分析,要求同一批料中的化学组成波动要小,相邻两批原料的化学组成波动也不能太大,使成分波动控制在工艺允许的波动范围内,并且要将分析结果与实际玻璃成分进行对照分析,判断各种原料成分的波动趋向和幅度,及时调整小料方,以便有效地控制玻璃成分的稳定,防止由于原料成分的波动而影响配合料的稳定,从而影响到玻璃的均匀性。为了制备优质的配合料,原料的化学组成及允许的波动范围见表 7-1。

表 7-1 原料的化学组成及允许波动范围 单位:%

原　　料	SiO$_2$	Fe$_2$O$_3$	Al$_2$O$_3$	CaO	MgO	R$_2$O
硅砂	≥98.0 ±0.1	≤0.08 ±0.001				
长石	≥12±0.5	≥12±0.5	≥12±0.5			≥12±0.5
白云石	≤0.15	±0.05	≤0.2	±0.1	≤32	±0.3
石灰石	≤0.15	±0.05	<0.3	±0.1	≥48	±0.3

7.1.1.3 原料水分的控制

进厂的各种原料都具有一定的吸水性,因而都含有多少不等的水分,而且这些水分随时都在变化,尤其是精砂、纯碱、芒硝等原料的水分变化不仅快,而且变化的量也相当大。精砂的水分波动范围一般在 5%~10%,最大时含水率可达 20% 以上,一般要求进配料仓的精砂含水率在 4.5%。纯碱的含水率最大时约为 10%，最小时则不到 1%。纯碱水分每波动 1%，将影响玻璃成分中 Na_2O 含量约 0.1%。可见水分的波动将严重影响到配合料的质量，必须严格控制。

目前，对配合料水分的测定多采用离线检测法，依靠人工取样进行分析，这样测得的水分不能真实地反映配料时原料的含水率，其分析结果具有一定的滞后性。为了使分析结果与配料时的水分尽量接近，不仅要保证有效的取样次数，还要按规定及时取样、及时分析。当水分波动较大时，要适当增加水分的检测次数。若能采用水分在线自动分析，则测定的水分就更接近于配料时的水分值，而且还能计算出配合料应加入的水分，不仅可保证配合料的湿度和均匀性，还能更好地消除原料水分波动对配合料质量的影响，从而提高产品质量。

7.1.1.4 原料粒度的控制

原料粒度的大小及分布直接影响到配合料的均匀性。若想得到均匀的配合料，除了同一种原料的粒度分布要合理之外，各种原料之间的粒度分布也要合理匹配，才能使配合料的分层降低到最低程度，使配合料的均匀性达到最佳状态。

浮法玻璃配合料的主要原料为精砂，占配合料总量的 60% 左右，因而精砂颗粒大小及颗粒组成的均匀程度对于配合料的混合均匀、分聚、熔融和玻璃液的均化速度以及对减少玻璃原板的外观缺陷具有重要影响。精砂颗粒太大时，会使熔化困难，甚至将未熔融的砂粒带到玻璃板上；颗粒较小而均匀时，砂粒与助熔剂有充分的接触面积，容易混合均匀，不易分层，有利于熔化和均化；颗粒太小时，会形成砂子蛋，使配合料不均匀。砂粒的熔化速度与其比表面积成正比地增长。颗粒为 0.1mm 时的熔化速度比 0.2mm 时大 1 倍，而 <0.1mm 的颗粒会很快地熔融成一层膜，阻止了内部气泡的升起。精砂的颗粒一般在 0.1~0.9mm 之间，它是配合料中熔化速度最慢的原料，熔化温度高达 1710℃，而且其用量最多，因此，当硅砂的粒度确定后，其他各种原料的粒度应以其为基准。

20 世纪 60 年代，国际玻璃行业研究配合料动态反应的一项成果是加大碳酸盐类原料（主要是白云石、石灰石）的粒度 ≥3mm，这一方面可以减少细粉的含量，另一方面还有利于硅酸盐反应过程中初生液相对难熔硅质原料的润湿和包裹，从而提高熔化效率，而且在熔制后期生成大量的 CO_2 气体，有利于玻璃液的澄清。这是因为在玻璃形成过程中，白云石、石灰石开始反应的温度远低于硅质原料，如果其颗粒稍大一些，在玻璃熔融的初期，它能阻滞碳酸盐的分解，这对原料的熔化是有利的；而在熔化中期，它能促进初生液相偏硅酸钠的生成，加速配合料的熔化速度；到熔化后期阶段，由于它们的急速分解所释放出来的气体的反复作用，又可大大加速玻璃液的澄清和均化。该理论已在生产实践中得到了充分验证。

纯碱是玻璃行业用量较大的化工原料，其粒度对配合料的均匀性及熔化效率、窑炉寿命具有至关重要的作用。重碱的容重较大，其颗粒与精砂颗粒相近，在配合料的混合、输送过程中，它们的运动形式具有类似的特征，可以降低配合料的分层。另外，重碱配合料的气孔率低、导热性好，能使配合料的熔化加快而且完全。使用轻质碱作原料进行配料时易结团，难以混合均匀，轻质碱的飞扬还会对熔窑大碹和蓄热室的格子体造成严重的侵蚀和堵塞。所以，使用重碱代替轻碱是提高配合料质量和减少碱尘的措施之一。

7.1.1.5 有害杂质的控制

控制原料中的有害杂质主要是对原料中 Fe_2O_3、难熔重矿物及原料中污染物的控制。

(1) 对原料中 Fe_2O_3 含量的控制　一般要求硅质原料 Fe_2O_3 含量小于 0.1%，长石 Fe_2O_3 含量小于 0.2%，白云石、石灰石 Fe_2O_3 含量小于 0.08%。同时应做好加工运输过程中铁含量的控制。

(2) 难熔重矿物的控制　原料进厂后，主要靠目测和筛分抽查来控制，应剔除粒径大于

0.2mm 的铬铁矿和粒径大于 0.4mm 的难熔物如堇青石、刚玉等。同时应注意防止硅线石的混入。

（3）对原料污染物的控制　原料进厂后主要靠目测检验，原料中不能混杂砖块、水泥块、金属杂质、木条、塑料布等杂质。

7.1.2　配合料的质量控制

优质的原料是制备优质配合料不可或缺的因素之一，而另一个关键因素则是配合料制备过程的精度控制，主要包括称量和混合这两个工艺过程。随着我国浮法玻璃工业的发展，为满足高品质玻璃对配合料精度及混合均匀度的要求，必须加强称量系统及混合系统的工艺管理。

7.1.2.1　原料称量系统的质量控制

原料的称量系统包括料仓、喂料器、秤、控制系统以及把已称好的原料送到混合机的输送设备。该输送设备习惯上采用皮带输送机，又叫集料皮带。

在连续批量称量的工业性生产中，应当把料仓、喂料器和秤视为一个有机整体，而不能认为只有好的秤就行。料仓必须均衡供料，不结拱，没有断续性塌料及随之而来的涌流；喂料器必须要保证额定称量精度所需的过送量；秤必须有足够的静态精度，而且微机控制系统应具有过送量自动补偿功能和对原料水分变化自动校正功能。

（1）称量精度　衡量玻璃原料称量准确与否的指标是动态实际称量精度。

① 静态精度　一台秤用标准砝码标定时，秤的质量显示值与标准砝码值之间的最大偏差值就是这台秤的静态精度，具体表示方法是该最大偏差值除以该台秤的额定测量值，它是一个相对值。例如静态精度为 1/1000、额定称量值为 1000kg 的秤，其称量误差不超过 1kg。

② 动态精度　物料实际称量误差除以该台秤的额定称量值，就是该台秤的动态精度。

物料的实际称量误差不完全取决于秤本身的静态精度，电器控制系统、给料机的过送量也会引入误差，因此动态精度是由以上三项差项按"方根和"法则合成，表示为

$$\Delta = \sqrt{\Delta_1^2 + \Delta_2^2 + \Delta_3^2} \tag{7-1}$$

式中　Δ——额定称量精度，以均方差或最大误差表示；

Δ_1——秤的静态精度，以均方差或最大误差表示；

Δ_2——控制系统精度，以均方差或最大误差表示；

Δ_3——给料过送量的随机波动量，以均方差或最大误差表示。

③ 额定称量精度与实际称量精度　最大动态称量误差值与秤的额定称量值的比值叫额定称量精度。最大动态称量误差值与料单设定值（实际称量值）的比值叫实际称量精度。

例如一台秤额定称量动态精度为 2/1000，额定称量为 1000kg，那么它最大称量误差为 ±2kg。但如果料单设定值为 800kg，则该台秤实际称量精度仅为 1/400，如果设定值为 100kg，那么该台秤实际精度仅为 1/50。

从生产控制角度来讲，人们应当更关心的是秤的实际称量精度，因此在秤的选型上或设计上，千万注意不要用大秤称量小料。

（2）称量方式选择　现代玻璃制造技术对玻璃原料的动态称量精度要求相当高，因此不仅要求秤的静态精度要高，给料机过送量要小，料仓功能优良，同时要求电子控制系统也必须稳定可靠性能良好，选择合适的称量方式有助于提高动态称量精度。

① 增量法称量方式原理　该称量方式就是通过给料机将原料从料仓加到秤斗中，达到设定值时停止加料，料斗下有一闸门，开启闸门放出所有已称好的原料输送到混合机。

这种称量方式要求原料不黏附在秤斗壁上，否则实际放出的原料量不等于称量值，会明

显降低称量精度。另外，秤斗下部闸门如果控制不好，容易发生漏料而严重影响配合料的化学组分均匀性。

② 减量法称量方式原理 假定要称量 X kg 原料，先通过给料机向秤斗加料到 A kg，然后由秤斗出料口处的给料机往外排料，直到秤斗中还残留 B kg 料时停止排料，使 $X = A - B$。秤斗中残留的数量一般为额定称量值的 $1/5 \sim 1/4$。

减量法称量可以使黏附在秤斗壁上的料被包括在残留料量内不会影响称量精度，这种称量方式比一次称量方式多用了一台给料机，但却能保证达到很高的称量精度。现代玻璃生产中减量法称量已被普遍采用。

③ 称量系统主要工艺设备功能简介

a. 料仓 料仓功能主要包括能容纳规定数量的储存量；有足够的强度来承受料仓内散状固体物料所产生的压力及外界自然环境可能施加在料仓上的力；料仓卸料时，散状固体原料能通畅而均衡地从料仓出口流出，仓内不形成管斗，料仓出口附近不结拱，出料速率均匀可控。

为保证料仓以上功能，尤其是保证料仓卸料功能实现，主要通过料仓助流装置来完成，主要包括仓壁振动器和振动料斗（活化料斗），各厂应该根据实际情况有选择使用。

b. 给料机 为保证给料机的工作不影响称量精度，对给料机提出了三条基本要求：

给料机给料速率稳定，可调可控；给料机的过送量应当小而恒定；要处理好给料机与料仓出口之间衔接，接口必须要让物料从料仓整个出口均衡卸出。

常见的给料机主要有振动给料机、螺旋给料机和皮带给料机，在生产中给料机的选型应该根据物料的物化性能、送料量及其他工艺要求确定。

c. 秤 秤是配料车间的主要设备，各种原料能否准确称量，直接与秤的选型或设计有关，它是配料系统的心脏。

现代玻璃制造技术要求秤必须有很高的称量精度，由微机控制的传感器式电子秤称量系统实现了这一要求。它不仅能显示所有物料的质量，还可以根据预先编制的程序进行控制，完成自动校准、自动调零和自动逻辑判断、自动存取并更改调节以及自动完成质量测量，还能收集和处理所得的数据并按误差理论进行误差计算，求出传感器非线性误差，并对测量结果进行修正。

为保证秤的称量精度，除了以上介绍的方法外，还必须做好秤的日常维护工作。秤的准确度应当定期地用标准砝码或适当的方法进行校正，并经常性保持传感器与支座的清洁。

d. 在线水分测定仪 在玻璃制造过程中，因湿法加工生产的硅砂质量的优越性，越来越多的玻璃制造企业选择了湿砂，但同时也带来了因湿砂水分经常性出现较大波动而影响硅砂称量准确性的不利因素。靠人工测定硅砂水分实施对硅砂实际称量值的补偿方法，因存在滞后性及测定误差，从而影响硅砂称量的准确性。为了解决这一问题大多玻璃制造企业采用了在线水分测定仪实施对硅砂水分在线自动测定，通过计算机控制系统实现对硅砂称量值的自动补偿，从而提高硅砂称量的准确性。在线水分测定仪有电容法、微波法、中子法和红外线法。

（a）电容法：利用不同水分的砂子介电常数值的不同来测定水分。

（b）微波法：利用微波通过不同含水量的砂子时的能量衰减量不同来测定水分。这种方式在硅砂水分为 6% 以下时测定值较准确，水分超过 6% 则不太理想。

（c）中子法：利用通过不同的含水量砂子时的中子衰减量不同来测定水分，这种方法在硅砂水分为 10% 以下时比较准，超过 10% 时则影响测量的准确度。

（d）红外线法：红外测水仪能够区分原料中的结晶水与吸附水，对于测定纯碱水分而言是最适合的。

影响水分测定仪检测结果的因素 不论使用哪种水分测定仪，物料的容重都会影响测定结果，因此在实际生产控制过程中，当影响物料容重的因素发生变化时，都必须修正测水仪的有关参数，以保证测定结果的准确性。主要因素如下：物料的粒度组成发生变化时；玻璃生产过程中需要变换原料产地时；原料本身水分有较大变化时；水分测定仪的校正方法由仪器供应商来提供。

（3）称量自动控制系统工作原理

① 增量法的控制过程简述　对增量称量方法，控制系统启动后，首先检查料仓是否有料，如仓空则发出往仓内送料的命令，直至仓满反馈信号送回为止。

若有料，则往下检查配料秤的零点（亦即检查秤斗内是否存料），同时检查秤斗卸料门是否关好，如检查结果是肯定的，则启动料仓的振动器和给料机向秤斗快速加料；倘若秤斗门开着，控制系统将会发出信号使它关闭，经过再次检查如果秤斗卸料门还没关闭或配料秤中有料，则系统进入（保持）状态直到操作人员到现场处理好为止。

给料机快速向秤斗加料后，配料秤的质量测量值随之增加，称量控制系统判别称量值是否达到90%（或95%）的快加量，一旦达到，则给料机由快速加料切换为慢速加料，并随时判别称量值是否达到应加的质量值，如果达到，则给料机慢加料停止，并显示出设定值、实际称量值和误差，否则继续慢加料。

当每台秤的给料机都完成加料工作后，配料生产线的控制系统将对各台配料秤进行检验，校核各组分的称量值是否都在允许误差之内。当经校核后均满足精度要求，便发出允许排料信号。具体的排料时序是按工艺要求由称量控制系统发出命令来确定。

如果某台秤的称量值有过量或不足的情况，称量控制系统将按下述方式工作。

a. 当称量值不足时，如稍大于允许误差值，则给料机以慢速缓慢加料，直到达到允许误差范围之内，缓慢加料仍未能达到，则报警，称量系统进入（保持）状态，由操作人员到现场处理，排除故障后，系统才继续运行。

b. 如果超过量不大于某一规定值（例如3%），则其他各秤在接到相应的信号后自动增加配料量，以保证配方正确，然后方允许排料。

c. 如果超过量在3%～10%之内时，则发出信号询问操作人员是否废弃这次称量的原料，如果不同意废弃，则按小过量方式处理。如果同意废弃，则按废料处理。

d. 如果过量超过10%，控制系统自动废弃该次称量的原料。一次称量法要求排料时秤斗必须排空，才能保证称量精度，为避免粘料，配料秤斗壁上一般都装有仓壁振动器，如果排料后的称量控制系统检测发现秤斗壁上有粘料现象，则发出信号使仓壁振动器工作几秒钟后再进行检测，当振动若干次仍无效果，则报警，由操作人员到现场处理。

② 减量法称量控制系统原理简介　对于减量法称量，系统启动之后，首先检查料仓和配料秤中的残留料量，若正常，就启动料仓振动器及给料机向秤斗快速加料，与一次称量法不同的是，这里不用在临近设定值时切换到慢加料，因为减量法的称量精度是由秤斗加料后的称量值和排料后的称量值的差决定的，只要检测好加料后秤斗的料量，控制好排出的量就可以了，关键是设定好卸料值。为了获得必需的配料精度，减量法的排料应该有快、慢排料切换，即得到允许的排料命令时先快速排料，配料秤的质量随之减少，当称量控制系统判别排料值已达到应排值的90%（或95%），则排料机即由快排改为慢排料，当排料值达到应排值时，排料机停止工作，并将出口处的快速断流闸板关闭，减量法在其他方面处理与一次称量法基本相同。

③ 排料时序控制　当各称量系统完成称量，允许排料时，控制系统判别集料皮带、混合机是否正常运行，混合机卸料是否已经关闭，在得到肯定回答后才允许各配料秤排料。

a. 一次称量排料时序控制。一次称量法排料时要求各组分的秤斗卸料门按一定顺序依次打开，特别是在采用集料皮带时更应如此，以免两种或两种以上原料重叠在一起，使称量后的原料散落在皮带外面。

b. 减量法称量排料时序控制。由于减量法排料有快慢速切换，排料口下还装有快速断流闸板，因此在排料前应先打开快速断流闸板，再启动排料机。排料过程也要求按一定的时序进行，一般都是硅砂原料先卸到集料皮带上垫底，然后按要求的顺序排卸其他物料，这样除了能防止洒料外，还能在集料皮带上将各种原料叠层（像三明治一样）输送，起到预混的效果。

7.1.2.2　原料混合系统的质量控制

（1）基本概念

① 原料混合　多种原料在外力作用下，通过运动速度和方向发生变化，使各种原料粒子得以均匀分布的操作叫原料混合。完成这种操作的主要设备叫混合机。

② 固体粒子混合机理

a. 扩散混合。靠在新形成的混合物表面上重新分布粒子的办法来促进混合叫扩散混合，扩散混合要靠外力（一般是重力）来实现。

b. 对流混合。把一组粒状物料从混合物中的一个位置迁移到另一个位置，靠这种迁移作用促使固体粒子混合叫对流混合，对流混合主要靠机械力推动，该混合效率很高，但比较容易分层。

c. 剪切混合。在粒状物料内部造成滑移平面，从而改变固体粒子之间相互位置的混合叫剪切混合。按这种机理进行的混合效率高，最不易分层。

在实际的工业混合机中，这三种混合机理不好截然分开，只能说是以哪一种或哪两种为主。

（2）混合系统主要工艺设备

① 混合机。常用的混合机有强制混合机、艾立赫混合机、螺旋锥形混合机、无重力粒子混合机等。

② 混合控制系统。混合过程的控制总是与称量和配料控制过程交叉进行，其程序控制过程包括混合机加料、混合、将混好的配合料输送到窑头料仓。从原料进入混合机开始混料计时，在达到规定混合时间之后，准备排料之前，控制系统先要检查排料口下的输送机械是否做好受料准备，然后决定是否打开阀门，排入混合好的配合料。

在混合过程中，为了保持配合料所要求的湿度和温度，要适量加热水或加蒸汽。

准确称量的原料经过混合机的控制系统有效混合后才能制得均匀的配合料。当配合料的均匀性达不到要求时，将会引起玻璃成分的波动，玻璃板面上就会出现玻筋、结石、线道等明显的缺陷。即使在窑内采取提高温度、加强熔化、利用搅拌等措施，也不能彻底消除由于配合料混合不均而造成的玻璃成分的波动。

为了使配合料混合均匀，首先要严格设定控制系统的混合时间。如果混合时间过短，原料的混合质量得不到很好的改善；若混合时间过长，则可能产生分层现象。实践表明，采用湿式混合，混合时间为 1min 左右，其含水量为 3%～5% 时，有助于提高配合料的均匀性，提高配合料的熔化效率，还可以减少熔窑中配合料的飞料损失，从而减轻蓄热室的堵塞和侵蚀。其次为保证配合料具有一定的湿度，在加水时要求数量准、喷出匀。混合机加水方式分为定时加水和定量加水。定时加水因容易受水压等因素影响而造成加水不准确，若加水量不准，将直接造成配合料水分的不合格，喷出不匀会造成局部水分大而形成料蛋。为了保证加水量的准确性一般多选择定量加水方式。最后是要控制好配合料的温度。配合料有一定湿度，如前所述，既有助于提高配合料的均匀性，又能提高熔化效率，还可以减少飞料损失，减轻蓄热室的堵塞和侵蚀。但是如果配合料温度低，这些效果不但不能达到，反而会产生结块，这样就影响了配合料的混合均匀性，影响到玻璃的熔化，而且使大窑能耗增加。生产实践证明，当温度<32℃时，纯碱（Na_2CO_3）易形成 $Na_2CO_3 \cdot 10H_2O$ 晶体；温度<35.4℃时，形成 $Na_2CO_3 \cdot 7H_2O$ 晶体，这些晶体不仅产生大的料块，而且耗用了加入的水量，使配合料手感变干。所以应当保持配合料的温度不低于 35.4℃，才能起到加水给湿应有的效果。因此，混合机应加热水或通湿蒸汽，使配合料出混合机后的温度保持在 40℃以上，这样就能防止配合料在输送路途中由于温度降得过低而变干或结块。故此配合料温度的高低直接影响配合料的质量。

为了保证配合料的温度达到要求，通常可用以下方法来实现：一是提高配合料加水温度，水温在 70～80℃；二是在混合机通入蒸汽；三是在配合料输送过程中实行密封作业，皮带廊进行保温；四是对主要原料如硅砂、白云石等进行单独加热，往往采用在料仓中通加热管，进行蒸汽加热。硅质原料在配合料中所占的比例较大，硅质原料在配合料前每提高 1℃，配合料料温可相应提高 0.58℃。

另外，制备出合格的配合料后，在配合料的输送过程中，要防止配合料的分层与漏料。要随时观察皮带输送机的运行情况，及时调整皮带的"跑偏"，尽量减小配合料的输送距离，减少各处的落差，以减少配合料的分层，保证配合料的均匀性。

同时，要及时地对绞刀和刮板进行调整或更换，定期对混合机进行清扫。只有这样，才能保证配合料的均匀性，提高配合料的质量。

7.1.2.3　配合料 REDOX 的控制

（1）概述　配合料 REDOX 控制即配合料氧化还原因素控制，它的含义是把组成配合料的原料中所含的还原性物质通过 COD 值测定折算为等当量的碳，连同加入配合料中的炭粉、芒硝一并考虑。根据原料 COD 值的变化调整配合料中炭粉用量，改变了以往只注意控制配合料的化学成分及粒度，不管其氧化还原因素变化的做法，采用定量计算的方法对配合料芒硝、炭粉用量及合适的比例关系进行探索总结，为稳定生产奠定了基础。

（2）原料的 COD 值　COD 是来自测评水质污染的一项指标，即化学需氧量。它的含义是各种玻璃原料中会不同程度地含有一些还原性物质或含碳物质，在玻璃的熔制过程中，这些还原性物质或含碳物质会与加入的炭粉一样，影响着熔窑的熔制气氛。所以原料的 COD 值就是把原料所含还原性物质的量折算为碳含量，以 mg/kg 表示的数据，通过测定原料的 COD 值，为配合料的 REDOX 控制提供数据参考。

① 影响原料 COD 值的因素

a. 不同种类的原料 COD 值不同，因为不同的原料矿物形成的过程不同。

b. 即使同种原料来自不同产地，其矿物形成的条件不同，所含的还原性物质也不同，COD 值会有较大差别。

② 原料粒度组成发生变化，COD 值不同。除化工原料的 COD 值不随粒度变化外，其他的原料则是粒度越细 COD 值越高。

纯碱因生产方法不同，COD 值也有差别。

③ 不同颜色的碎玻璃 COD 值不同，同一种碎玻璃因存放环境、存放时间不同，COD 值也不相同。碎玻璃作为必需的原料，加强碎玻璃管理，保证碎玻璃的质量、块度及稳定用量并使其均匀加入，这对稳定配合料的氧化还原性大有好处。

（3）控制原料 COD 值对控制配合料的 REDOX 的意义　某原料在配合料中的用量及 COD 值决定了它对配合料总碳量的贡献，某原料在配合料中的用量一定，但粒度组成发生变化，也会影响它向配合料中引入的碳量，因此固定原料产地，稳定原料粒度组成，可以保持由各原料向配合料引入还原性物质的量的稳定性。

（4）配合料的 REDOX 控制方法　研究配合料的 REDOX 控制，就要测定每批进厂原料的 COD 值，按各原料在一付配合料中的用量，计算出由原料引入的碳量，根据从实际生产中总结出的 REDOX 值（设定量）及芒硝用量，确定炭粉加入量，以稳定配合料的氧化还原性。用预先编制的程序，输入相关数据，在计算基料方的同时计算出总碳量。

应该注意的是，COD 值只是对原料所含的还原性物质的定量测定，至于这些物质在配合料熔化的过程中，多高的温度下参与了反应，对还原作用的贡献有多大，还是要在生产实践中认真总结。对于不同的窑炉，生产不同颜色的玻璃，熔窑温度、压力、空间气氛、重油的质量（热值、黏度、含硫量）等因素与配合料氧化还原性的最佳配合才是生产优质玻璃的基本保证。

7.1.3　电导法测混合料含碱量

（1）仪器与试剂

① DDS-11A 型（数显）电导率仪。

② DJS-1 型（铂黑）电导电极。

③ HJ-6 型磁力搅拌器。

④ 250mL 容量瓶。

⑤ 200mL 容量瓶。

⑥ 300mL 烧杯。

⑦ 分析天平（0.0001g）。

⑧ 温度计。

⑨ 称量瓶（40×25）。

⑩ 纯碱：分析纯。

⑪ 芒硝：分析纯。

⑫ 玻璃混合料（不含纯碱和芒硝）。

（2）实验步骤

① 开启 DDS-11A 型（数显）电导率仪，预热 30min。

② 配制标准试样。准确称取 0.7242g 纯碱、0.0317g 芒硝、3.2441g 玻璃混合料（除纯碱、芒硝外，其他料的混合物）制成含碱量为 18% 的标准试样。

③ 准确称取 4g（精确至 0.002g）左右经 105～110℃烘干 1h 的试样于 300mL 烧杯中，准确加入 200mL 蒸馏水，放在磁力搅拌器上，搅拌 5min，使水溶盐全部溶解。

④ 将纯水补偿转换开关置"10.cm"档，温度补偿置"25℃"档，按校准键，调满度电位器至电极常数为标称值 0.970。

⑤ 将纯水补偿转换开关置"1.cm"档，量程选择开关设置为"ms.cm"档，将电极插入搅拌后的标准试样溶液中，调温度补偿电位器至电导率为标准值。

⑥用蒸馏水洗净电极，依次插入搅拌后的待测试样溶液中，测其电导率。

⑦ 数据计算。碳酸钠的百分含量由式(7-2) 计算：

$$Na_2CO_3\% = \frac{304483X - 2.3105}{G} \times 100\% \tag{7-2}$$

$$平均值\ X = \frac{X_1 + X_2 + \cdots + X_n}{n}$$

式中 X——试样电导率平均值，ms/cm；

                  G——试样重量，g；

X_1，X_2，…，X_n——不同试样的电导率值，ms/cm；

                  n——试样个数。

（3）仪器维护和注意事项

① 电极应置于清洁干燥的环境中保存，在每天都需要使用的时候可把电极浸泡在蒸馏水中。使用时应轻拿轻放，避免磕碰，更不能放到温度高于40℃的溶液中测量，否则易造成电极的损坏。

② 电极在使用和保存过程中，因受介质、空气侵蚀等因素的影响，其电导常数会有所变化。电导常数发生变化后，需重新进行电导常数测定。仪器应根据新测得的常数重新进行"常数校正"。

③ 由于电导值对溶液温度的变化非常敏感，随着溶液温度的升高，电导值也随着升高。通过实验，对含碱量为18.0%左右的混合料，取4.0000g左右溶入蒸馏水中制成的溶液，温度每升高1℃，其电导值将升高约0.17ms/cm，所以溶液在室温下进行测量时，需要通过仪器温度补偿功能，测定补偿到25℃时的电导值。这样可以确保所有样品温度的一致性，能够达到测试结果的可比性。如果用恒温水浴法把溶液温度控制在25℃进行电导值测量当然会更好，但这要增加一定的成本，同时还会延长测试时间。

④ 测量时，为保证样液不被污染，电极应用去离子水（或二次蒸馏水）冲洗干净，并用样液适量冲洗。

⑤ 选用仪器量程时，能在低一档量程内测量的，不放在高一档测量。在低档量程内，若已超量程，仪器显示屏左侧第一位显示1（溢出显示），此时，选高一档测量。

需要强调的是，电导法操作一定要严格按照操作规程进行操作，需要确保以下几个环节，进一步提高其应用效果：

a. 样品称量的精度最好要达到0.001g。

b. 配置混合料溶液时，要用容量瓶准确加入200mL或250mL蒸馏水。

c. 在搅拌过程中，要使混合料在水溶液中充分翻动，达到配合料充分溶解。

d. 溶液要确保在室温下进行测量，充分利用电导率仪温度补偿功能。

e. 电导率仪温度补偿对所显示的电导值有一定的误差，要根据季节的不同重新推导出新的混合料含碱量计算公式，以减少混合料含碱量计算误差。

f. 定期进行校准电极的电导常数。

任务 7.2 配合料质量检测

配合料既是原料系统的产品，又是下道工序（熔化工序）的原料，配合料的质量对玻璃质量起着关键的作用，而配合料的质量又取决于各种原料的质量及配合料制备系统的设备性能及控制技术，因此应对配合料进行必要的检测，以便判断配料系统运行是否正常，及时发现潜在的问题并加以处理。

7.2.1 玻璃配合料质量要求

玻璃配合料质量应符合的条件如表7-2所示。

表 7-2 玻璃配合料质量要求

项目名称		允许范围	
		优级品	合格品
外观		无料块和结块	
配合料温度/℃	≥	36	
水分抽单样与设定值偏离/%		±0.50	
Na$_2$CO$_3$ 抽单样与设定值偏离/%		±0.03	±0.70
Na$_2$CO$_3$ 3～5 批抽单样累计平均值与设定值偏离/%		±0.05	±0.20
Na$_2$CO$_3$ 均方差/%		±0.25	±0.60
酸不溶物抽单样与设定值偏离/%		±0.05	±1.0
CaO 抽单样与设定值偏离/%		±0.30	±0.70
MgO 抽单样与设定值偏离/%			
电导仪测均匀度	≥	98.5	95

7.2.2 玻璃配合料检验规则

7.2.2.1 组批与检验分类

（1）组批　以混合机一次配合料量为一付，一天三班生产配合料的产量（120～180 付）为一批。

（2）检验　分为控制检验和全分析检验，项目见表 7-3。

表 7-3 控制检验和全分析检验项目

检 验 分 类	检 验 项 目
控制检验	外观
	配合料温度
	水分抽单样与设定值偏离
	Na$_2$CO$_3$ 抽单样与设定值偏离
	Na$_2$CO$_3$ 3～5 批抽单样累计平均值与设定值偏离
全分析检验	外观
	配合料温度
	水分抽单样与设定值偏离
	Na$_2$CO$_3$ 抽单样与设定值偏离
	Na$_2$CO$_3$ 3～5 批抽单样累计平均值与设定值偏离
	Na$_2$CO$_3$ 均方差或电导仪测均匀度
	酸不溶物抽单样与设定值偏离
	CaO 抽单样与设定值偏离
	MgO 抽单样与设定值偏离

① 控制检验。

a. 配合料外观和配合料温度在生产过程中不定期随时检验。

b. 水分抽单样与设定值偏离，每批抽检 6 次。

c. Na$_2$CO$_3$ 抽单样与设定值偏离，每批抽检 9 次。

d. Na$_2$CO$_3$ 抽单样累计平均值与设定值偏离，3～5 批抽检 1 次。

② 在下列情况之一时，应进行全分析检验：

a. 正常生产时每季度检查一次。

b. 生产工艺发生重大变化时，检查一次。

c. 生产中发生质量事故时，检查一次。

7.2.2.2 检查判定

控制检验和全分析检验结果均应符合表 7-2 规定，否则应查清原因进行调整。

7.2.2.3 配合料取样方法

（1）取样工具　插入式取样器和取样铲。一次取样量应为 10g、2g 或 5g。

（2）取样　在料罐中或皮带机料流上取样，取样点应均匀分布。测定均方差或电导仪测均匀度项目取样，一点组成一个试样；其余检验项目取样，5 个点组成一个试样。

用插入式取样器在料罐中取样，插入深度不少于 0.3m，用取样铲在皮带机料流上取样，间隔时间按式(7-3) 计算：

$$T = \frac{60 \times m}{NQ} \tag{7-3}$$

式中　T——取样间隔时间，min；

$\quad\quad m$——每付料质量，t；

$\quad\quad Q$——流动料的输送能力，t/h；

$\quad\quad N$——取样点数或取样个数。

（3）取样量　均方差或电导仪测均匀度检验项目，从一付料中取 20～30 个试样，每个试样足量 2g 或 5g。

其余检验项目取样，从每批料中按配料时间均匀取 9 个试样，试样量为 30～50g。

（4）试样制备　取 30～50g 试样，充分混合均匀，缩分后进行项目测定，测定均方差或电导仪测均匀度时，试样不进行混合缩分，烘干后直接进行测定，在试样制备中如果混合物料中有碎玻璃应首先过筛除去。

7.2.3　玻璃配合料的检测

7.2.3.1 配合料含水率的测定

准确称取试样 10g 置于恒重的称量瓶或料盘中，放入烘箱，在 105～110℃下烘干 45min，取出，放入干燥器中冷却至室温后称量，如此反复，直至恒重。

配合料含水百分率按式(7-4) 计算：

$$X = \frac{m - m_1}{m} \times 100\% \tag{7-4}$$

式中　X——配合料含水率，%；

$\quad\quad m$——烘干前试样质量，g；

$\quad\quad m_1$——烘干后试样质量，g。

允许偏差：平行测定两次结果之差不大于 0.1%。

7.2.3.2 配合料中碳酸钠的测定

（1）分析原理　试样溶于水后，以甲基橙为指示剂，用盐酸标准滴定溶液进行滴定，反应如下：

$$Na_2CO_3 + 2HCl \Longrightarrow 2NaCl + H_2O + CO_2$$

（2）试剂

① 0.3mol/L 盐酸标准滴定溶液。

② 0.1%甲基橙指示剂。

（3）分析步骤　试样经缩分后，取 2～5g 于瓷钵中研磨后，置于称量瓶，放入 105～110℃烘箱中烘 45min，取出放入干燥器冷却至室温后，准确称取 1～2g 试样，置于 300mL

烧杯中，加 50mL 水，加热使之溶解，加入 1 滴甲基橙指示剂，用 0.3mol/L 盐酸标准滴定溶液滴定至溶液由黄色变为橙色。保留滴定液，以供测定碳酸钙（镁）用。

碳酸钠的质量分数 $w_{Na_2CO_3}$ 按式（7-5）计算：

$$w_{Na_2CO_3} = \frac{c(V-V_0)M(\frac{1}{2}Na_2CO_3)}{m_s \times 1000} \times 100\% \tag{7-5}$$

式中　c——盐酸标准滴定溶液的浓度，mol/L；

　　　V——滴定消耗盐酸标准滴定溶液的体积，mL；

　　　V_0——空白试验消耗盐酸标准滴定溶液的体积，mL；

　　　m_s——试料的质量，g。

允许偏差：两次平行测定结果之差不大于 0.1%。

碳酸钠的均方差（X_c）和质量分数平均值（$\overline{X}$）按式（7-6）和式（7-7）计算：

$$X_c = \sqrt{\frac{1}{n-1}\sum_{i=1}^{n}(X_i - \overline{X})^2} \tag{7-6}$$

$$\overline{X} = \sum_{i=1}^{n}X_i \times \frac{1}{n} \tag{7-7}$$

式中　X_c——碳酸钠的均方差，%；

　　　X_i——任意一个试样测定碳酸钠质量分数，%；

　　　n—— 一付料中测定试样的个数；

　　　$\overline{X}$—— 一付料中测定 20～30 个试样碳酸钠质量分数的平均值或 3～5 批抽样测定碳酸钠累计平均值。

允许偏差：两次平行测定结果不大于 0.05%。

7.2.3.3　酸不溶物的测定

酸不溶物的测定有两种方法：

（1）减差法

$$w(酸不溶物) = 100\% - (Na_2CO_3\% + Na_2SO_4\% + RCO_3\%)$$

（2）重量法

① 试剂

a. 盐酸（1+1）。

b. 慢速定量滤纸。

c. 0.1g/L 硝酸银指示剂。

② 分析步骤　准确称取 1.5～2g 试样，置于 300mL 烧杯中，加水 100～130mL 和盐酸（1+1）25mL，待反应停止后，于电炉上加热煮沸 15min，待不溶物下沉后，用慢速定量滤纸过滤，用热水转移杯中水溶物至滤纸上，继续用温水洗涤不溶物至用硝酸银指示剂检验无氯离子反应，滤液接于 250mL 容量瓶中，以水稀释至刻度，该试液称为试样溶液（甲），以备测定氧化钙、氧化镁用。

将不溶物与滤纸移入预先恒重的瓷坩埚中，放在 105～110℃烘箱中烘干 2h 冷却至室温，反复烘干至恒重。

酸不溶物的质量分数按式（7-8）计算：

$$X = \frac{m_1 - m_2}{m_s} \times 100\% \tag{7-8}$$

式中　X——酸不溶物质量分数，%；

　　　m_1——酸不溶物、滤纸和坩埚质量，g；

　　　m_2——滤纸和坩埚质量，g；

　　　m_s——试样的质量，g。

允许偏差：两次平行测定结果不大于 0.25%。

7.2.3.4　氧化钙的测定（络合滴定法）

（1）分析原理　在 pH 值为 8～13 的溶液中，钙离子与 EDTA 定量的配合，生成无色配位化合物，当钙镁离子共存时，一般在 pH>12.8 溶液中进行滴定。

在碱性介质中（pH=13），以钙指示剂为指示剂，用三乙醇胺掩蔽铁、铝、钛，以 EDTA 标准滴定溶液直接滴定。

（2）试剂

① 三乙醇胺（1+1）。

② 20%氢氧化钠（钾）水溶液。

③ 钙指示剂。

④ 0.01mol/L EDTA 标准滴定溶液。

（3）测定方法　吸取 25mL 试样溶液（甲）于 300mL 烧杯中，加 3mL 三乙醇胺，用水稀释至 150mL，滴加 20%氢氧化钠至溶液 pH=12，再加 2mL 20%氢氧化钠。加入适量钙指示剂（临近终点时加），用 0.01mol/L EDTA 标准滴定溶液滴定至溶液由紫红色变为纯蓝色即为终点。

氧化钙的质量分数 w_{CaO} 按式(7-9) 计算：

$$w_{CaO} = \frac{T_{CaO} V_1 \times 10}{m_s \times 1000} \times 100\% \tag{7-9}$$

式中　T_{CaO}——EDTA 标准滴定溶液对氧化钙的滴定度，mg/mL；

　　　V_1——滴定时消耗 EDTA 标准滴定溶液的体积，mL；

　　　m_s——试样质量，g。

7.2.3.5　氧化镁的测定（络合测定）

（1）分析原理　在 pH=10 的氨性溶液中，镁和 EDTA 形成较弱的配位化合物，在此条件下，钙也能与 EDTA 定量络合，由于钙、镁通常共存，以 K-B（酸性络蓝 K-萘酚绿 B）为指示剂，用 EDTA 标准滴定溶液直接滴定 Ca^{2+}、Mg^{2+}，终点由紫红色变为蓝绿色，其结果为钙镁合量。从合量中减去钙量即得镁量。

（2）试剂

① 三乙醇胺（1+1）。

② 氢氧化铵（1+1）。

③ pH=10 的氨性缓冲溶液。

④ 钙指示剂。

⑤ 酸性络蓝 K-萘酚绿 B 指示剂（1+2.5）。

⑥ 0.01mol/L EDTA 标准滴定溶液。

（3）测定方法　吸取 25mL 试样溶液（甲）于 300mL 烧杯中，加 3mL 三乙醇胺，用水稀释至 150mL，以（1+1）的氢氧化铵调节至 pH=9，再加 10mL pH=10 氨性缓冲溶液及适量的酸性络蓝 K-萘酚绿 B 指示剂（临近终点时加），用 0.01mol/L EDTA 标准滴定溶液滴定至溶液由紫红色变为蓝绿色即为终点。

氧化镁的质量分数 w_{MgO} 按式(7-10) 计算：

$$w_{MgO} = \frac{T_{MgO}(V_2 - V_1) \times 10}{m_s \times 1000} \times 100\% \tag{7-10}$$

式中　T_{MgO}——EDTA 标准滴定溶液对氧化镁的滴定度，mg/mL；

V_2——滴定钙、镁合量时消耗 EDTA 标准滴定溶液的体积，mL；

V_1——滴定氧化钙时消耗 EDTA 标准滴定溶液的体积，mL；

m_s——试样的质量，g。

7.2.3.6　电导法测定配合料均匀度

（1）方法要点　在一定温度下玻璃配合料溶液的电导率与水溶盐含量成正比，因此利用电导率的均方差可推算配合料均匀度。

（2）设备仪器

① 电导仪：量程 $0 \sim 0.1 \mu S/cm$ 不大于 2%，其余各量程不大于 1.5%。

② 天平：精度 0.0001g。

③ 多头磁力搅拌器：单机功率为 1.5W，转速为 $200 \sim 1000 r/min$。

（3）测定步骤　抽取约 5g 试样放入 $105 \sim 110 \degree C$ 烘箱中烘干 45min，取出放入干燥器中冷却至室温，用天平准确称量试样放入 300mL 烧杯，再加入 200mL 与室温保持一致的蒸馏水，放在磁力搅拌器上，搅拌 5min 使水溶液全部溶解，打开电导仪，将黑电极用准备的蒸馏水洗净，调整零点，校正量程，将电极插入搅拌好的溶液中轻轻搅拌，指针稳定时，记下读数，再以同样方法重复进行其他 $20 \sim 30$ 个试样的测定。

配合料均匀度按概率论的数理统计方法，有限试样标准离差，按式(7-11)~式(7-13)计算：

$$S = \sqrt{\frac{1}{n-1} \sum_{i=1}^{n} (X_{i5} - \overline{X}_{i5})^2} \tag{7-11}$$

$$X_{i5} = \frac{X_i}{m_i} \times 5 \tag{7-12}$$

$$\overline{X}_{i5} = \sum_{i=1}^{n} X_{i5} \times \frac{1}{n} \tag{7-13}$$

式中　S——电导率均方差；

n——试样个数；

X_i——任意一个试样的电导率；

X_{i5}——试样换算成 5g 的电导率；

m_i——任意一个试样的质量，g；

$\overline{X}_{i5}$——试样换算为 5g 后的电导率的平均值。

因此推算相对标准偏差或变异系数：

$$C_V = \frac{S}{\overline{X}_{i5} \times 100} \tag{7-14}$$

配合料均匀度：

$$H_s = 100 - C_V \tag{7-15}$$

7.2.3.7　芒硝的测定（硫酸钡沉淀——配合滴定法）

芒硝在配合料中含量的分析手续繁琐，一般在事故分析时用来判断芒硝加入量是否正确。

（1）方法要点　在弱酸性介质中，加过量钡-镁混合溶液，使芒硝（Na_2SO_4）呈 $BaSO_4$ 形式析出，然后调节溶液 pH 值为 10，加铬黑 T 指示剂，用 EDTA 标准滴定溶液滴定过量的钡，计算硫酸钠的含量。

（2）试剂

① 钡-镁混合溶液：称取 6g 氯化钡（$BaCl_2 \cdot 2H_2O$）和 3g 氯化镁（$MgCl_3 \cdot 6H_2O$），置于 100mL 烧杯中，加入少量水和 5～6 滴盐酸（1+1）使其溶解，移入 1L 容量瓶中，用水稀释至刻度，摇匀。

② 盐酸（1+1）。

③ 0.03mol/L EDTA 标准滴定溶液。

④ pH=10 的氨性缓冲溶液。

⑤ 氨水（1+1）。

（3）测定方法

① 按氧化镁的测定步骤，滴定钙、镁合量时消耗 EDTA 标准滴定溶液的体积记为 V_1。

② 吸取待测液 25mL，置于 300mL 烧杯中，用水稀释至 100mL 左右。准确用滴定管加入 10mL 钡-镁混合溶液，加热煮沸 5min，冷却后，滴加氢氧化铵（1+1）至溶液 pH=9，加入 7mL pH=10 的氨性缓冲溶液和少许铬黑 T，用 EDTA 标准滴定溶液滴定至溶液呈蓝绿色（读数 V_2）。

于另一个 300mL 烧杯中，准确加入 10mL 钡-镁混合溶液，用水稀释至 100mL 左右。滴加氢氧化铵（1+1）至溶液 pH=10，加入 7mL pH=10 的氨性缓冲溶液和少许铬黑 T 指示剂，用 EDTA 标准滴定溶液滴定至溶液呈蓝绿色（读数 V_0）。

芒硝中硫酸钠的质量分数 $w_{Na_2SO_4}$ 按式（7-16）计算：

$$w_{Na_2SO_4} = \frac{[(V_0 + V_1) - V_2] \times c \times 142 \times 10}{m_s \times 1000} \times 100\% \tag{7-16}$$

式中　V_0——滴定 10mL 钡-镁混合溶液时消耗的 EDTA 标准滴定溶液的毫升数，mL；

　　　V_1——滴定（$CaCO_3 + MgCO_3$）平均含量时消耗的 EDTA 标准滴定溶液的毫升数，mL；

　　　V_2——滴定（$CaCO_3 + MgCO_3 +$ 芒硝）合量时消耗 EDTA 标准滴定溶液的毫升数，mL；

　　　c——EDTA 标准滴定溶液的物质的量的浓度，mol/L；

　　　142——硫酸钠的摩尔质量，g/mol；

　　　m_s——试样的质量，g。

任务 7.3　玻璃着色剂主要成分分析

玻璃着色剂主要成分、产品标准及分析方法标准见表 7-4。

表 7-4　玻璃着色剂主要成分、产品标准及分析方法标准

玻璃着色剂名称	分析元素	产品标准	分析方法标准
铁粉	Fe_2O_3	GB 1683—89	GB 1683—89
硒粉	SeO_2	YS/T 651—2007	YS/T 715.1—2009
钴粉	CoO	YS/T 256—2009	YS/T 710.1—2009
氧化铜	CuO	GB/T 26046—2010	GB/T 26046—2010
氧化镍	NiO	SJ/T 10677—1995	GB/T 26305—2010
氧化铬	Cr_2O_3	HG/T 2775—1996	HG/T 2775—1996
氧化铈	CeO_2	GB/T 4155—2003	GB/T 14635—2008
二氧化钛	TiO_2	GB/T 1706—2006	GB/T 1706—2006

玻璃着色剂名称	分析元素	产品标准	分析方法标准
氧化钒	V_2O_5	YB/T 5304—2006	YB/T 5328—2009
氧化锰	MnO_2	QB 2106—1995	QB 2106—1995

7.3.1　铁粉的成分分析

7.3.1.1　氧化铁粉技术指标

氧化铁粉技术指标见表 7-5。

表 7-5　氧化铁粉技术指标

项目	技术 指 标					
	HO_{01-04}		HO_{01-02}		HO_{01-05}	
	一级品	合格品	一级品	合格品	一级品	合格品
Fe_2O_3 含量/% ≥	95	90	94	90	75	67
105℃ 挥发物/% ≤	1.0	1.5	1.0	1.5	1.0	1.5
水溶物/%(m/m) ≤	0.3	0.5	0.3	0.5	1.0	1.5
水溶性氧化物及硫酸盐 ≤	0.2	0.3	0.2	0.3	0.7	1.4
筛余物(63μm 筛孔)/% ≤	0.3	0.5	0.3	0.5	0.2	0.5
水悬浮液 pH 值	5～7		5～7		5～7	
吸油量/(g/100g)	15～25		15～25		15～25	

7.3.1.2　三氧化二铁的测定

（1）方法要点　试样用焦硫酸钾熔融，在 pH 值为 1.5～2.5 的酸性溶液中，磺基水杨酸钠与三价铁离子作用生成紫红色配合物：

$$Fe^{3+} + 3[HSO_3-C_6H_3(OH)COONa] \!=\!= 3Na^+ + Fe[HSO_3-C_6H_3(OH)COO]_3$$

用 EDTA 标准滴定溶液滴定时，上述紫红色配合物的稳定性小于 EDTA 与三价铁配合物的稳定性，因此在滴定到达终点时，试液由紫红色变为试液三价铁与 EDTA 配合物的淡黄色，其反应式如下：

$$Fe^{3+} + H_2Y^{2-} \!=\!= FeY^- + 2H^+$$

$$H_2Y^{2-} + Fe[HSO_3-C_6H_3(OH)COO]_3 \!=\!= FeY^- + 3[HSO_3-C_6H_3(OH)COO]^- + 2H^+$$
$$\qquad\qquad\text{（紫红色）}\qquad\qquad\qquad\qquad\qquad\text{（淡黄色）}$$

根据 EDTA 标准滴定溶液消耗的毫升数，求得三氧化二铁的含量。

（2）试剂

① 焦硫酸钾。

② 硝酸（$\rho=1.42g/mL$）。

③ 盐酸（1+1）。

④ 氨水（1+1）。

⑤ 10%磺基水杨酸钠指示剂。

⑥ 0.025mol/L EDTA 标准滴定溶液。

（3）分析步骤　精确称取 0.1g 试样于铂皿中，加 2g 焦硫酸钾置低温电炉上熔融，移入 600℃高温炉中熔融至清亮透明，冷却。用热水浸出融块，于 250mL 烧杯中，加 2mL HCl（1+1），加热使熔块全部溶解，加 5mL 硝酸煮沸，稍冷，滴加氨水（1+1），至溶液 pH 值为 1.6～2.0（用精密 pH 试纸检验），加入 10～12 滴 10%磺基水杨酸钠指示剂，低温加热至 60～70℃。用 0.025mol/L EDTA 标准滴定溶液滴定至试液由紫红色变为亮黄色。

三氧化二铁的质量分数 $w_{Fe_2O_3}$ 按式（7-17）计算：

$$w_{Fe_2O_3} = \frac{T_{Fe_2O_3} \times V}{m_s \times 1000} \times 100\%$$ (7-17)

式中 $T_{Fe_2O_3}$ ——EDTA 标准滴定溶液对三氧化二铁的滴定度，mg/mL；

  V ——滴定时消耗 EDTA 标准滴定溶液的毫升数，mL；

  m_s ——试样的质量，g。

7.3.2 硒粉的成分分析

7.3.2.1 硒粉的技术指标

硒粉的技术指标如表 7-6 所示。

表 7-6　硒粉的技术指标

项　　目	技术指标	项　　目	技术指标
CAS 索引号	7782-49-2	含量	99%、99.5%、99.9%
耐热性	684.9℃±1.0℃	细度	200 目
晶体结构	黑灰色六方晶金属	包装	原装铁桶
密度	4.5～5.2g/cm³	规格	20kg/桶，25kg/桶

7.3.2.2 氧化硒的分析步骤

精确称取 1g 试样于已恒重的瓷坩埚中，置于砂浴上加热蒸发，使硒全部挥发。移入 1000℃高温炉中，灼烧至恒重。

硒的质量分数 w_{Se} 按式(7-18)计算：

$$w_{Se} = \frac{m_1 - m_2}{m_s} \times 100\%$$ (7-18)

式中 m_1 ——灼烧前坩埚试样质量，g；

  m_2 ——灼烧后坩埚试样质量，g；

  m_s ——试样质量，g。

7.3.3 钴粉的成分分析

7.3.3.1 钴粉的技术指标

钴粉的技术指标如表 7-7 所示。

表 7-7　钴粉的技术指标　　　　　　　　　　　　　　单位：%

规格指标		优级	一级	规格指标		优级	一级
Co		74	72	Cu	≤	0.1	0.1
Fe	≤	0.1	0.1	Pb	≤	0.005	0.005
Ni	≤	0.1	0.5				

7.3.3.2 氧化钴的测定

（1）试剂

① 浓盐酸。

② 氨水（1+1）。

③ 盐酸羟胺。

④ 硫氰酸铵。

⑤ 醋酸铵。

⑥ 丙酮。

（2）分析步骤　准确称取 0.2g 试样于 300mL 烧杯中，加入浓盐酸 10mL，加热溶解（如有不溶物可加 1～2mL 浓硝酸，至样品全部溶解，并除净 NO_2），冷却，移入 250mL 容量瓶中，用水稀释至标线，摇匀。吸取 25mL 试液于 300mL 烧杯中，加入 2～3mL 三乙醇胺（1+1），滴加氨水（1+1），至溶液呈微酸性，加 0.1g 盐酸羟胺、2.5g 硫氰酸铵、2g 醋酸铵、50mL 丙酮。用 0.01mol/L EDTA 标准滴定溶液滴定至溶液由蓝色变为红色。

三氧化二钴的质量分数 $w_{Co_2O_3}$ 按式（7-19）计算：

$$w_{Co_2O_3} = \frac{T_{Co_2O_3} \times V}{m_s \times 1000} \times 100\% \tag{7-19}$$

式中　$T_{Co_2O_3}$——EDTA 标准滴定溶液对三氧化二钴的滴定度，mg/mL；

$\quad\quad V$——滴定时消耗 EDTA 标准滴定溶液的毫升数，mL；

$\quad\quad m_s$——试样质量，g。

7.3.4　氧化铜的成分分析

7.3.4.1　氧化铜的技术指标

氧化铜的技术指标如表 7-8 所示。

表 7-8　氧化铜的技术指标　　　　　　　　　　　　　　　　　单位：%

技术指标		优级	一级	技术指标		优级	一级
CuO 含量	≥	99	98	Cl^-	≤	0.02	0.20
盐酸不溶物	≤	0.05	0.20	SO_4^{2-}	≤	0.05	0.20
化水可溶物	≤	0.01	0.10	细度		−300 目	−150 目

7.3.4.2　氧化铜的测定

（1）方法要点　氧化铜用硝酸溶解，二价铜离子与碘作用，析出碘：

$$2Cu^{2+} + 4I^- \longrightarrow Cu_2I_2 + I_2$$

析出的碘用硫代硫酸钠滴定：

$$I_2 + 2Na_2S_2O_3 \longrightarrow 2NaI + Na_2S_4O_6$$

（2）试剂

① 硝酸。

② 硫酸（1+1）。

③ 氨水（1+1）。

④ 醋酸（1+1）。

⑤ 氟化钠。

⑥ 碘化钾。

⑦ 硫代硫酸钠标准滴定溶液（0.1mol/L）：将 25g 硫代硫酸钠溶于 1L 新煮沸并冷却的水中，加入 0.2g 碳酸钠（防止溶液分解），贮存于棕色试剂瓶中，放置暗处，10 天后标定其浓度。

标定：准确称取 0.18g 基准试剂重铬酸钾，置于碘量瓶中，溶于 25mL 水中，加入 2g 碘化钾及加入 20mL（1+2）硫酸，盖上瓶塞摇匀。瓶口加少量水密封。放置暗处 10min 后用水稀释至 150mL，以配置好的硫代硫酸钠溶液滴定至淡黄色后，加入 3mL 0.5% 淀粉溶液，并继续滴定至蓝色消失为终点。

硫代硫酸钠溶液的物质的量的浓度按式（7-20）计算：

$$c(\mathrm{Na_2S_2O_3}) = \frac{m(\mathrm{K_2Cr_2O_7}) \times 1000}{M(\frac{1}{6}\mathrm{K_2Cr_2O_7}) \times V} \tag{7-20}$$

式中　　$c(\mathrm{Na_2S_2O_3})$——硫代硫酸钠溶液的物质的量的浓度，mol/L；

$M(\frac{1}{6}\mathrm{K_2Cr_2O_7})$——$\frac{1}{6}\mathrm{K_2Cr_2O_7}$ 的摩尔质量，g/mol；

V——滴定时消耗硫代硫酸钠溶液的体积，mL；

$m(\mathrm{K_2Cr_2O_7})$——重铬酸钾质量，g。

⑧ 0.5％淀粉溶液：将 0.5g 可溶性淀粉置于 250mL 烧杯中，加少量水搅拌，倒入 100mL 沸水中搅拌呈透明液体。

（3）分析步骤　准确称取 0.2g 试样于 300mL 烧杯中，加入浓硝酸 10mL，加热溶解，冷却。再加入 10mL 硫酸（1+1），蒸发至冒白烟，冷却。用水稀释至约 100mL，滴加氨水（1+1），至溶液呈微酸性。加 2～3g 氟化钠、5mL 醋酸（1+1），搅拌后加 5g 碘化钾。用 0.1mol/L 硫代硫酸钠标准滴定溶液滴定至微黄色，加入 5mL 0.5％ 淀粉溶液，继续滴定至蓝色消失。

氧化铜的质量分数 w_{CuO} 按式(7-21) 计算：

$$w_{\mathrm{CuO}} = \frac{T_{\mathrm{CuO}}V}{m_{\mathrm{s}} \times 1000} \times 100\% \tag{7-21}$$

式中　　T_{CuO}——硫代硫酸钠标准滴定溶液对氧化铜的滴定度，mg/mL；

V——滴定时消耗硫代硫酸钠标准滴定溶液的毫升数，mL；

m_{s}——试样质量，g。

7.3.5　氧化镍的成分分析

7.3.5.1　氧化镍的技术指标

氧化镍的技术指标如表 7-9 所示。

表 7-9　氧化镍的技术指标

规格指标		黑色氧化镍	规格指标	黑色氧化镍
镍/％	≥	75.0	钙、镁、钠总量/％	1.3
铜/％	≤	0.05	硫/％　　　≤	0.5
铁/％	≤	0.8	水不溶物	0.4
锌/％	≤	0.05	包装	50kg 内衬塑料袋、铁桶包装
钴/％	≤	0.12		

7.3.5.2　氧化镍测定

（1）试剂

① 浓盐酸。

② 氨水（1+1）。

③ 三乙醇胺（1+4）。

④ pH＝10 的氨性缓冲溶液。

⑤ 盐酸羟胺。

⑥ 紫脲酸铵指示剂：1g 紫脲酸铵与 99g NaCl 研磨、混匀并储存于棕色磨口瓶中。

⑦ 0.01mol/L EDTA 标准滴定溶液。

（2）分析步骤　准确称取 0.2g 试样于 300mL 烧杯中，加入浓盐酸 10mL；放在砂浴上加热溶解（如有黑色不溶物，可加数滴浓硝酸，至样品全部溶解，除净 NO_2），冷却；移入 250mL 容量瓶中，用水稀释至标线，摇匀；吸取 25mL 试液于 300mL 烧杯中；加入 5mL 三乙醇胺（1+1），滴加氨水（1+1），至溶液呈微碱性；加少许盐酸羟胺，加 20mL 氨性缓冲溶液（pH=10）及适量紫脲酸铵指示剂；用 0.01mol/L EDTA 标准滴定溶液滴定至蓝绿色。

氧化镍的质量分数 w_{NiO} 按式(7-22) 计算：

$$w_{NiO} = \frac{T_{NiO} V \times 10}{m_s \times 1000} \times 100\% \tag{7-22}$$

式中　T_{NiO}——EDTA 标准滴定溶液对氧化镍的滴定度，mg/mL；

　　　　V——滴定时消耗 EDTA 标准滴定溶液的毫升数，mL；

　　　　m_s——试样质量，g。

7.3.6　氧化铬的成分分析

7.3.6.1　氧化铬产品技术指标

氧化铬产品技术指标如表 7-10 所示。

表 7-10　氧化铬产品技术指标

项目名称		技术指标		
		优等品	一等品	合格品
含量/%	≥	99	98	97
水分/%	≤	0.15	0.3	0.5
水溶物/%	≤	0.1	0.4	0.7
筛余物(325 目)/%	≤	0.1	0.3	0.5
吸油量/(g/100g)		15～25		
着色力/%		100±5		
色光		符合要求		
执行标准		HG/T 2275—1996		

7.3.6.2　氧化铬的测定

（1）方法要点　试样用硫磷混酸溶解，在硫酸介质中和硝酸银接触剂存在下，用过硫酸铵将 Cr^{3+} 氧化为 Cr^{6+}，二价铁离子与六价铬离子发生氧化还原反应，根据硫酸亚铁铵标准滴定溶液的消耗量测定三氧化二铬含量。

$$Cr_2(SO_4)_3 + 3(NH_4)_2S_2O_8 + 8H_2O == 2H_2CrO_4 + 3(NH_4)_2SO_4 + 6H_2SO_4$$
$$2H_2CrO_4 + 6FeSO_4 + 6H_2SO_4 == 3Fe_2(SO_4)_3 + Cr_2(SO_4)_3 + 8H_2O$$

（2）试剂

① 硫磷混合酸溶液：磷酸+硫酸（6+4）。

② 硫磷混合酸水溶液：磷酸+硫酸+水（1+1+4）。

③ 高氯酸。

④ 25g/L 硝酸银溶液。

⑤ 过硫酸铵。

⑥ 1g/L 邻苯氨基苯甲酸溶液：称取 0.1g 邻苯氨基苯甲酸，溶于 100mL 碳酸钠溶液中。

⑦ 0.15mol/L 重铬酸钾标准溶液。

配制：称取约 7.5g 于 105～110℃烘干至恒重的标准重铬酸钾（精确至 0.0002g），用水溶解于 1000mL 容量瓶中，稀释至刻度，摇匀。

重铬酸钾标准溶液浓度按式(7-23) 计算：

$$c(\frac{1}{6}K_2Cr_2O_7)=\frac{m}{M(\frac{1}{6}K_2Cr_2O_7)\times V} \tag{7-23}$$

式中　$c(\frac{1}{6}K_2Cr_2O_7)$——重铬酸钾标准溶液浓度，mol/L；

　　　　　　　m——称取标准重铬酸钾的质量，g；

$M(\frac{1}{6}K_2Cr_2O_7)$——$\frac{1}{6}K_2Cr_2O_7$ 的摩尔质量，g/mol；

　　　　　　　V——容量瓶体积，L。

⑧ 0.2mol/L 硫酸亚铁铵标准滴定溶液

配制：称取约 80g 硫酸亚铁铵［Fe（NH$_4$）$_2$（SO$_4$）$_2$·6H$_2$O］，溶于 300mL（1＋8）硫酸溶液中，再加入 700mL 水，摇匀。该溶液使用前标定。

标定：用移液管移取 25mL 重铬酸钾基准溶液置于 500mL 锥形瓶中，加入 150 mL 水、20mL 硫磷混合酸水溶液，用硫酸亚铁铵标准滴定溶液滴定至黄绿色，然后加入 1mL 邻苯氨基苯甲酸指示液，继续滴定至紫红色变为亮绿色为终点。

硫酸亚铁铵标准滴定溶液浓度按式(7-24) 计算：

$$c=\frac{V_1c_1}{V} \tag{7-24}$$

式中　V_1——重铬酸钾标准滴定溶液的体积，mL；

　　　c_1——重铬酸钾标准滴定溶液的浓度，mol/L；

　　　V——滴定消耗硫酸亚铁铵标准滴定溶液的体积，mL 。

（3）分析步骤　称取约 0.2g 试样（精确至 0.0002g）置于 500mL 锥形瓶中；加入 20mL 硫磷混合酸溶液、2mL 高氯酸，于电炉上加热至溶液透明，底部无绿色颗粒；取下冷却至室温；加 150 mL 水，5mL 硝酸银溶液，4～5g 过硫酸铵，摇动，使其溶解静置 5min 后，继续加热至小泡转为大泡（破坏过量的氧化剂），保持 1min；取下冷至室温，加水稀释至 100mL；用硫酸亚铁铵标准滴定溶液滴定至溶液呈黄绿色；加入 1mL 邻苯氨基苯甲酸指示剂，继续滴定至溶液呈亮绿色为终点，同时作空白试验。

三氧化二铬的质量分数 $w_{Cr_2O_3}$ 按式(7-25) 计算：

$$w_{Cr_2O_3}=\frac{c\times(V-V_0)\times M(\frac{1}{6}Cr_2O_3)}{m_s\times 1000}\times 100\% \tag{7-25}$$

式中　V——滴定试样溶液所消耗的硫酸亚铁铵标准滴定溶液的体积，mL；

　　　V_0——滴定空白溶液所消耗的硫酸亚铁铵标准滴定溶液的体积，mL；

　　　c——硫酸亚铁铵标准滴定溶液的浓度，mol/L；

m_s——试样质量，g。

取平行测定结果的算术平均值为测定结果。平行测定结果的绝对差值不大于 0.3%。

7.3.7　氧化铈的成分分析

7.3.7.1　氧化铈产品技术指标

氧化铈产品技术指标见表 7-11。

表 7-11　氧化铈产品标准

产品牌号	化学成分(质量分数)/%											灼减(质量分数)/% ≤
	REO ≥	CeO₂/REO	杂质含量 ≤									
			稀土杂质/REO					非稀土杂质				
			La₂O₃	Pr₆O₁₁	Nd₂O₃	Sm₂O₃	Y₂O₃	Fe₂O₃	SiO₂	CaO	Cl	
021040A	99	99.99	0.001	0.002	0.003	0.002	0.001	0.001	0.05	0.05	0.01	1
021040B	99	99.99	0.001	0.002	0.003	0.002	0.001	0.001	0.05	0.05	0.05	1
021035	99	99.95	0.01	0.01	0.01	0.01	0.01	0.005	0.05	0.05	0.05	1
021030	99	99.9	合量 0.1					0.005	0.05	0.05	0.05	1
021020	98	99	合量 1					0.04	0.1	0.15	0.2	1
021018	98	98	合量 2					0.04	0.5	0.2	1
021015	98	95	合量 5					0.1	0.3	1	1

注：CeO₂/REO＝［1－（La₂O₃＋Pr₆O₁₁＋Nd₂O₃＋Sm₂O₃＋Y₂O₃）］×100%。

7.3.7.2　烧失量的测定

分析步骤：称取约 1g 试样于已恒重的铂坩埚中，盖上坩埚盖并留有缝隙，放入高温炉内。从室温开始，逐渐升温至 1000℃，灼烧 1h。取出坩埚置于干燥器中，冷却至室温，称量。反复灼烧，每次 20min，直至恒重。

烧失量的质量分数 X 按式(7-26)计算：

$$X=\frac{m_1-m_2}{m_s}\times100\% \tag{7-26}$$

式中　m_1——灼烧前试样和坩埚的质量，g；

　　　m_2——灼烧后试样和坩埚的质量，g；

　　　m_s——试样质量，g。

7.3.7.3　氧化铈的测定

(1) 方法要点　试样用磷酸、高氯酸分解，溶液中的铈离子被氧化为 4 价，在硫酸介质中，以邻苯氨基苯甲酸为指示剂，用硫酸亚铁铵标准滴定溶液滴定。其反应如下：

$$2Ce(SO_4)_2＋2(NH_4)_2Fe(SO_4)_2 ＝＝ Ce_2(SO_4)_3＋Fe_2(SO_4)_3＋2(NH_4)_2SO_4$$

当到达终点时，溶液由紫色变为橙红色。

(2) 试剂

① 磷酸（$\rho=1.69g/mL$）。

② 高氯酸（$\rho=1.50g/mL$）。

③ 30% 硫酸。

④ 0.2％邻苯氨基苯甲酸指示剂。

⑤ 0.1mol/L 硫酸亚铁铵标准滴定溶液。

（3）分析步骤　准确称取约 0.1g 试样于 300mL 烧杯中。加入 10mL 磷酸、5mL 高氯酸。低温加热至试样全部溶解，冷却。加入 30mL 30％硫酸。小心用水稀释至 70～80mL。加热煮沸片刻，冷却。加入 1～2 滴 0.2％邻苯氨基苯甲酸指示剂。用 0.1mol/L 硫酸亚铁铵标准滴定溶液滴定至溶液由紫红色变为橙红色。

氧化铈的质量分数 w_{CeO_2} 按式(7-27) 计算：

$$w_{CeO_2} = \frac{c \times V \times 172.1}{m_s \times 1000} \times 100\% \tag{7-27}$$

式中　c——硫酸亚铁铵标准滴定溶液的物质的量的浓度，mol/L；

　　　　V——滴定时消耗硫酸亚铁铵标准滴定溶液的体积，mL；

　　172.1——氧化铈的分子量，g/mol；

　　　　m_s——试样的质量，g。

7.3.8　钛白粉的成分分析

7.3.8.1　钛白粉产品指标

钛白粉产品技术指标见表 7-12。

表 7-12　钛白粉产品技术指标

项　目		技术指标		
		BA01-01		CTA-100
		一等品	合格品	一 等 品
TiO 含量/%	≥	98	97	98.5
颜色(与标准样比)		不低于	微差于	93℃(白度计测量值)
消色力(与标准样比)	>	100	90	105
105℃ 挥发物/%(m/m)	≤	0.5		0.5
经 23℃±2℃ 及相对湿度 50%±5% 预处理 24h 后,105℃ 挥发物/%(m/m)	≤	0.5		0.5
水溶物/%(m/m)	≤	0.5	0.6	0.4
水悬浮液 pH 值		6.5～8.0	6.0～8.5	6.5～8.5
吸油量/(g/100g)	≤	26	28	24
筛余物(45μm 筛孔)/%(m/m)	≤	0.1	0.3	0.05
水萃取液电阻率/Ω·m	≥	20	16	16

7.3.8.2　钛白粉的测定

（1）方法要点　在 pH 值为 0.5～5 时，钛与 H_2O_2 形成稳定的过氧化配合物 $[TiO(H_2O_2)]^+$，该配合物可与 EDTA 定量配合，且十分稳定，过量的 EDTA 用硝酸铋回滴，以二甲酚橙为指示剂。

（2）试剂

① 0.03mol/L EDTA 标准滴定溶液。

② 0.03mol/L 硝酸铋标准滴定溶液。

③ 30％过氧化氢。

④ 硝酸。

⑤ 0.2%二甲酚橙水溶液。

⑥ 氢氧化铵（1+1）。

⑦ 5%硫酸。

（3）分析步骤　准确称取 0.25g 试样于坩埚中，用 5g 焦硫酸钾熔融。熔块用 5%硫酸溶解，移入 250mL 容量瓶中，以 5%硫酸稀释至刻度，摇匀。用移液管吸取 50mL 溶液，放入 400mL 烧杯中，加 10mL30%过氧化氢。用滴定管加入过量（约过量 3～7mL）的 0.03mol/L EDTA，用水稀释到约 300mL。用氢氧化铵（1+1）调节酸度到 pH 值为 1.5～2，加 6 滴二甲酚橙指示剂，用硝酸铋标准滴定溶液回滴至溶液呈橘红色为终点。

二氧化钛的质量分数 w_{TiO_2} 按式（7-28）计算：

$$w_{TiO_2}=\frac{T_{TiO_2}\times(V_2-V_1\times A)}{m_s\times1000\times25/250}\times100\%$$ （7-28）

式中　T_{TiO_2}——0.03mol/L EDTA 对二氧化钛的滴定度，mg/mL；

V_2——加入 0.03mol/L EDTA 毫升数，mL；

V_1——回滴时消耗 0.03mol/L 硝酸铋的毫升数，mL；

A——硝酸铋标准滴定溶液体积换算为 EDTA 标准滴定溶液体积的系数；

m_s——试样的质量，g。

7.3.9　五氧化二钒的成分分析

7.3.9.1　不同规格五氧化二钒产品技术指标

不同规格五氧化二钒产品标准如表 7-13 所示。

表 7-13　不同规格五氧化二钒产品技术指标

规　格	化学成分/%								状态
	V_2O_5	V_2O_4	Si	Fe	S	P	AS	Na_2O+K_2O	
	≥	≤							
V_2O_5 98	98	—	0.25	0.3	0.03	0.05	0.02	1.5	片状
V_2O_5 98	98	2.5	0.25	0.3	0.1	0.05	0.02	1	粉状
V_2O_5 99	99	1.5	0.15	0.2	0.01	0.03	0.01	0.7	粉状
V_2O_5 99.5	99.5	1	0.1	0.08	0.01	0.01	0.01	0.25	粉状

7.3.9.2　五氧化二钒的测定

（1）方法要点　试料用磷酸和硫酸混合酸溶解，在 15%～20%硫酸酸度下，用高锰酸钾将 4 价钒（Ⅳ）氧化成 5 价钒（Ⅴ），在尿素存在下，用亚硝酸钠分解过量的高锰酸钾，以 N-苯基邻氨基苯甲酸为指示剂，用硫酸亚铁铵标准滴定溶液进行滴定，根据硫酸亚铁铵标准滴定溶液的消耗量计算试样中五氧化二钒的含量。

（2）试剂

① 尿素。

② 磷酸（$\rho=1.70$g/mL）。

③ 硫酸（1+1）。

④ 25g/L 高锰酸钾溶液。

⑤ 10g/L 亚硝酸钠溶液。

⑥ 250g/L 硫酸亚铁铵溶液：称取 125g 硫酸亚铁铵 $[(NH_4)_2Fe(SO_4)_2 \cdot 6H_2O]$，置于 800mL 烧杯中，加入 200mL 水、50mL 硫酸（1+1）溶解后，加入 250mL 水，混匀。

⑦ 0.045mol/L 重铬酸钾标准滴定溶液：称取 2.2064g 经预先在 150～170℃烘干 2h 并置于干燥器中冷至室温的基准重铬酸钾，置于 400mL 烧杯中，加入 300mL 水，搅拌使其溶解完全后，移入 1000mL 容量瓶中，以水稀释至刻度，混匀。

⑧ 0.045mol/L 硫酸亚铁铵标准滴定溶液：称取 17.65g 硫酸亚铁铵 $[(NH_4)_2Fe(SO_4)_2 \cdot 6H_2O]$ 置于 500mL 烧杯中，加入适量硫酸（5+95），搅拌溶解完全后，移入 1000mL 容量瓶中，以硫酸（5+95）稀释至刻度，混匀。使用前 4h 内标定。

标定：取 5.00mL 重铬酸钾标准滴定溶液三份分别置于 500mL 的锥形瓶中，加入 5mL 磷酸、20mL 硫酸，加入 70mL 水，混匀。冷却至室温，加入 3 滴 N-苯基邻氨基苯甲酸溶液，用硫酸亚铁铵标准滴定溶液滴定至溶液由紫红色转为亮绿色为终点，不计消耗的硫酸亚铁铵标准滴定溶液体积。再准确加入 25.00mL 重铬酸钾标准滴定溶液，继续用硫酸亚铁铵标准滴定溶液滴定至溶液由紫红色转为亮绿色为终点，消耗的硫酸亚铁铵标准滴定溶液体积为 V_1。

硫酸亚铁铵标准滴定溶液的浓度按式(7-29) 计算：

$$c = \frac{c_1 \times 25.00}{V_1} \qquad (7\text{-}29)$$

式中 c——硫酸亚铁铵标准滴定溶液的物质的量浓度，mol/L；

c_1——重铬酸钾标准滴定溶液的物质的量的浓度，mol/L；

V_1——标定时消耗硫酸亚铁铵标准滴定溶液的体积的平均值，mL。

⑨ 2g/L N-苯基邻氨基苯甲酸溶液；称取 0.20g N-苯基邻氨基苯甲酸指示剂溶于 100mL 微热的碳酸钠溶液（2g/L）中，混匀。

（3）操作步骤　按照《五氧化二钒》（YB/T 5304—2011）的规定，试样应通过 0.125mm 筛孔。试样预先在 105～110℃烘 2h，并在干燥器中冷却至室温。称取 0.200g 试样（精确至 0.0001g）置于 500mL 的锥形瓶中；沿杯壁加入少许水，再加入 5mL 磷酸、20mL 硫酸，加热至试料溶解完全并冒硫酸烟约 1min，取下，冷却。以水稀释至体积约 120mL，混匀，冷却至室温。加入 4mL 硫酸亚铁铵溶液，滴加高锰酸钾溶液至摇动后溶液呈现的微红色不消失并过量 1～2 滴；充分摇动，放置 5～10min；加入 2g 尿素，边滴加亚硝酸钠溶液，边振荡至红色恰好消失并过量 1～2 滴，放置 1min。加入 3 滴 N-苯基邻氨基苯甲酸溶液，用硫酸亚铁铵标准滴定溶液滴定至溶液由紫红色为亮绿色为终点。

五氧化二钒的质量分数 $w_{V_2O_5}$ 按式(7-30) 计算：

$$w_{V_2O_5} = \frac{c \times (V - V_0) \times 181.88}{m_s \times 2000} \times 100\% \qquad (7\text{-}30)$$

式中 c——硫酸亚铁铵标准滴定溶液摩尔浓度，mol/L；

V——滴定试料溶液消耗硫酸亚铁铵标准滴定溶液的体积，mL；

V_0——滴定空白溶液消耗硫酸亚铁铵标准滴定溶液的体积，mL；

181.88——五氧化二钒的分子量，g/mol；

m_s——试样的质量，g。

7.3.10 氧化锰的成分分析

7.3.10.1 氧化锰产品技术指标

氧化锰产品标准如表7-14所示。

表7-14 氧化锰产品技术指标

序号	项目名称	技术指标	序号	项目名称	技术指标
1	二氧化锰	$\geqslant 91.0\%$	8	汞	$\leqslant 5\times 10^{-6}$
2	水分	$\leqslant 3.0\%$	9	盐酸不溶物	$\leqslant 0.10\%$
3	铁	$\leqslant 100\times 10^{-6}$	10	硫酸盐	$\leqslant 1.4\%$
4	铜	$\leqslant 5\times 10^{-6}$	11	pH值(蒸馏水法测定)	$5.5\sim 7.5$
5	铅	$\leqslant 5\times 10^{-6}$	12	颗粒度—100目	$\geqslant 99.5\%$
6	镍	$\leqslant 5\times 10^{-6}$		—200目	$\geqslant 95.0\%$
7	钴	$\leqslant 5\times 10^{-6}$		—325目	$\geqslant 90.0\%$

7.3.10.2 氧化锰的测定

（1）方法要点　试样经草酸钠-硫酸分解，过量的草酸钠以高锰酸钾滴定。其反应如下：

$$MnO_2 + Na_2C_2O_4 + 2H_2SO_4 = MnSO_4 + Na_2SO_4 + 2CO_2 + 2H_2O$$
$$2KMnO_4 + 5Na_2C_2O_4 + 8H_2SO_4 = K_2SO_4 + 5Na_2SO_4 + 2MnSO_4 + 10CO_2 + 8H_2O$$

（2）试剂

① 3mol/L硫酸。

② 草酸钠。

③ 0.10mol/L高锰酸钾标准滴定溶液。

（3）操作步骤　准确称取0.15g试样于300mL烧杯中；加入0.3500g草酸钠$Na_2C_2O_4$、30mL硫酸（3mol/L），用水稀释至约150mL；置低温电炉上加热至70～80℃；用0.10mol/L高锰酸钾标准滴定溶液滴定至溶液呈微红色不消失。

氧化锰的质量分数 w_{MnO_2} 按式（7-31）计算：

$$w_{MnO_2} = \frac{\left[\dfrac{m}{67} - c\left(\dfrac{1}{5}KMnO_4\right)\times V(KMnO_4)\right]\times M\left(\dfrac{1}{2}MnO_2\right)}{m_s \times 1000}\times 100\% \qquad (7\text{-}31)$$

式中　　　m——草酸钠的质量，g；

　　　　67——$M\left(\dfrac{1}{2}Na_2C_2O_4\right)$ 的摩尔质量，g/mol；

　　$V(KMnO_4)$——滴定时消耗高锰酸钾标准滴定溶液的毫升数，mL；

$c\left(\dfrac{1}{5}KMnO_4\right)$——$\dfrac{1}{5}KMnO_4$ 标准滴定溶液的浓度，mol/mL；

$M\left(\dfrac{1}{2}MnO_2\right)$——$\dfrac{1}{2}MnO_2$ 的摩尔质量，g/mol；

　　　　m_s——试样的质量，g。

注意：加入草酸钠的量约为试样质量的1倍，称量准确至0.0001g。

能力训练题

1. 玻璃原料的质量控制包括哪些内容?
2. 玻璃配合料的质量控制包括哪些内容?
3. 合格的玻璃配合料对碳酸钠的要求是什么?
4. 玻璃配合料控制检测的内容有哪些?
5. 玻璃配合料的取样方法是什么?
6. 简述玻璃配合料中碳酸钠的检测方法。
7. 简述玻璃配合料中氧化钙的检测方法。
8. 常用的玻璃着色剂有哪些?
9. 简述三氧化二铁的分析步骤。
10. 简述氧化铜的分析步骤。
11. 简述五氧化二钒的分析步骤。

第四部分

建筑装饰材料篇

项目 8
室内装饰装修材料有害物质检测

 教学目标

　　通过本项目的学习，熟悉室内装饰装修材料的主要有害物质的种类、国家标准中对有害物质的限量要求；熟悉人造板及其制品中甲醛、内墙涂料污染物、溶剂型木器涂料污染物、胶黏剂中有害物质、木家具有害物质及混凝土外加剂释放氨的测定方法。在实验过程中引导学生善于思考，培养创新意识和创新能力。

　　项目概述

　　随着我国国民经济的发展和广大人民群众住房条件的改善，各种室内装饰装修材料应运而生。为此国家颁布了室内装饰装修材料相关标准来控制产品质量。室内装饰材料的优劣直接影响室内环境质量，室内环境质量的好坏直接影响人们的身体健康。本项目介绍了室内常用装修材料中有害成分的测定方法，为大众身体健康评价提供数据支撑。

当今，人类正面临"煤烟污染""光化学烟雾污染"之后的以"室内空气污染"为主的第三次环境污染。专家检测发现，在室内空气中存在 500 多种挥发性有机物，其中致癌物质就有 20 多种，致病病毒 200 多种。危害较大的主要有氡、甲醛、苯、氨以及酯、三氯乙烯等。大量触目惊心的事实证实，室内空气污染已成为危害人类健康的"隐形杀手"，也成为全世界各国共同关注的问题。

任务 8.1 室内装饰装修材料中主要污染物质及限量要求

8.1.1 目前我国室内环境污染情况

近年来，随着我国社会主义建设事业的迅猛发展，以及人们生活水平的迅速提高，百姓购房，居室装饰装修已成为消费热点。但是，市场装饰装修材料质量良莠不齐，有些装饰装修材料有害物质含量没有得到有效控制，消费者的室内环保意识淡薄，给室内空气带来了一定程度的污染，由此所诱发的各种疾病和室内环境案件，严重影响了人民群众的身心健康和正常的生活，广大消费者为此反映强烈。

从目前检测分析，室内空气污染物的主要来源有以下几个方面：

（1）由于建筑工程使用材料造成的室内环境污染　由建筑材料引发的室内环境污染直接危害人类的健康。许多室内环境污染问题是由建筑材料造成的，目前我国由于建筑物本身产生的污染有如下几种：

① 混凝土外加剂中的氨气污染　2000 年发生在北京的室内环境氨气污染是导火索。北京某房地产项目因氨气超标 35 倍，引来业主维权投诉：消费者李女士所购买的期房是在 2001 年建成的（国家对于建筑行业氨气的强制标准是 2002 年 11 月颁布的），2003 年正式入住开始，李女士发现房间内充满浓烈的氨气气味，熏得人头晕脑涨，经检测，此住房氨气含量竟然超过标准 35 倍。

在诸多检测机构的报道中，北方地区反映的室内环境氨气污染相对比较严重，而在南方地区则相对比较轻，因为氨气的污染主要来自冬季施工时混凝土中所加的含氨外加剂，如防冻剂、高碱混凝土膨胀剂、早强剂、阻燃剂以及板材、家具、装饰材料中使用的添加剂。大量含氨类物质的外加剂在混凝土和墙体中随着温湿度等环境因素的变化而还原成氨气从墙体中缓慢释放出来，所造成的氨气污染往往要持续三四年甚至更长的时间。板材、家具、装饰材料中添加剂中的氨释放比较快，不会在空气中长期大量积存，只要加强通风就可在较短时间内得到消除，对室内环境的影响相对比较小。

混凝土外加剂是导致室内环境氨气污染的主要原因。目前，对于混凝土外加剂造成的室内氨污染还没有比较有效的治理方法，只能是依靠加强通风来减轻氨气的污染，所以最可行的方法还是预防。

② 建筑材料中的放射性污染　建筑材料放射性对环境质量的影响，已引起人们的高度重视。建筑材料可分为主体材料和装修材料，主体材料包括：水泥及其制品、砖、瓦、混凝土、混凝土构件、砌块、墙体保温材料、工业废渣及各类新型墙体材料等；装修材料包括：大理石、花岗岩、建筑陶瓷、石膏制品、吊顶材料等。无论是水泥混凝土、各种废渣砖等主体材料，还是起着保护或美化作用的装饰材料，均含有天然放射性核素，这些天然放射性核素及其衰变而产生的子体是影响环境质量的主要因素。

（2）由于室内装饰装修造成的室内环境污染　随着人们居住条件的改善，新房进行室内装修越来越普遍，而且装修的规模不断扩大，由此带来的室内环境污染问题也越来越突出，引起了人们广泛的关注。中国室内装饰协会室内环境监测工作委员会调查显示，目前我国新装修的房屋室内环境有害物质浓度普遍偏高。

室内装修污染的主要来源有以下几个方面：人造板材料；石材瓷砖类；油漆、涂料、胶黏剂类；其他建筑材料挥发的有毒气体污染，如化纤地毯、泡沫材料、复合板等。

（3）由于室内各种家具造成的室内环境污染　随着人们家庭装饰装修观念的变化和生活水平的提高，人们更换家具的频率也越来越快，与此同时，由不合格家具造成的室内环境污染问题也越来越突出，很多家庭和写字楼都遇到了家具造成的室内环境污染问题。

8.1.2　针对家装环保的国家标准

为保护室内环境、保障人民身体健康，我国已相继颁发了《民用建筑工程室内环境污染控制规范》《室内装饰装修材料有害物质限量标准》《室内空气质量标准》等一系列标准法规。目前，我国与室内装饰环境检测有关的主要法律法规有以下这些：

《中华人民共和国环境保护法》

《中华人民共和国计量法》

《中华人民共和国标准化法》

《检测和校准实验室能力的通用要求》（GB/T 27025—2019）

《室内空气质量标准》（GB/T 18883—2002）

《民用建筑工程室内环境污染控制标准》（GB 50325—2020）

《室内装饰装修材料 人造板及其制品中甲醛释放限量》（GB 18580—2017）

《木器涂料中有害物质限量》（GB 18581—2020）

《建筑用墙面涂料中有害物质限量》（GB 18582—2020）

《室内装饰装修材料 胶黏剂中有害物质限量》（GB 18583—2008）

《室内装饰装修材料 木家具中有害物质限量》（GB 18584—2001）

《室内装饰装修材料 壁纸中有害物质限量》（GB 18585—2001）

《室内装饰装修材料 聚氯乙烯卷材地板中有害物质限量》（GB 18586—2001）

《室内装饰装修材料 地毯、地毯衬垫及地毯胶黏剂有害物质释放限量》（GB 18587—2001）

8.1.3　装饰装修材料中主要污染物质的限量要求

强制性国家标准涉及的材料制品包括：聚氯乙烯卷材地板，木家具，人造板及其制品，内墙涂料，溶剂型木器涂料，胶黏剂，混凝土外加剂，壁纸、地毯及地毯用胶黏剂，建筑材料放射性核元素等。

（1）室内装饰装修材料人造板及其制品中甲醛释放限量值见表 8-1。

表 8-1　室内装饰装修材料人造板及其制品中甲醛释放限量值

甲醛含量/（mg/m³）	0.124

（2）木器涂料中有害物质限制要求见表 8-2。

表 8-2　木器涂料中有害物质限制要求

项目		限量值								粉末涂料
		溶剂型涂料(含腻子)①				水性涂料(含腻子)②		辐射固化涂料(含腻子)		
		聚氨酯类	硝基类(限工厂化涂装使用)	醇酸类	不饱和聚酯类	色漆	清漆	水性②	非水性①	
VOC 含量	涂料/(g/L)≤	面漆[光泽(60°)≥80单位值]：550 面漆[光泽(60°)<80单位值]：650 底漆：650	700	450	420	250	300	250	420	—
	溶剂型腻子/(g/L)≤	400			300					
	水性和辐射固化腻子/(g/kg)≤	—				60		60		
甲醛含量/(mg/kg)≤		—				100		100		
总铅(Pb)含量/(mg/kg)(限色漆腻子和醇酸清漆)≤		90								
可溶性重金属含量/(mg/kg)(限色漆③腻子和醇酸清漆)≤	镉(Cd)含量	75								
	铬(Cr)含量	60								
	汞(Hg)含量	60								
乙二醇醚及醚酯总和含量/(mg/kg)(限乙二醇甲醚、乙二醇甲醚醋酸酯、乙二醇乙醚、乙二醇乙醚醋酸酯.乙二醇二甲醚、乙二醇二乙醚、二乙二醇二甲醚、三乙二醇二甲醚)≤		300								—
苯含量/%≤		0.1				—		—	0.1	—
甲苯与二甲苯(含乙苯)总和含量/%≤		20	20	5	10	—		—	5	
苯系物总和含量/(mg/kg)[限苯、甲苯、二甲苯(含乙苯)]≤		—				250		250	—	—
多环芳烃总和含量/(mg/kg)(限萘、蒽)≤		200				—		—	200	
游离二异氰酸酯总和含量④/%[限甲苯二异氰酸酯(TDD)、六亚甲基二异氰酸酯(HDD)]≤		潮(湿)气固化型：0.4 其他：0.2	—							
甲醇含量/%≤		—	0.3			—		—	0.3	

项目	限量值								
	溶剂型涂料(含腻子)①				水性涂料(含腻子)②		辐射固化涂料(含腻子)		粉末涂料
	聚氨酯类	硝基类(限工厂化涂装使用)	醇酸类	不饱和聚酯类	色漆	清漆	水性②	非水性①	
卤代烃总和含量/%（限二氯甲烷、三氯甲烷、四氯化碳、1,1-二氯乙烷、1,2-二氯乙烷、1,1,1-三氯乙烷、1,1,2-三氯乙烷、1,2-二氯丙烷、1,2,3-三氯丙烷、三氯乙烯、四氯乙烯）≤	0.1				—	—	—	0.1	
邻苯二甲酸酯总和含量/%[限邻苯二甲酸二丁酯(DBP)、邻苯二甲酸丁苄酯(BBP)、邻苯二甲酸二异辛酯(DEHP)、邻苯二甲酸二辛酯(DNOP)、邻苯二甲酸二异壬酯(DINP)、邻苯二甲酸二异癸酯(DIDP)]≤	—	0.2	—	—					
烷基酚聚氧乙烯醚总和含量/(mg/kg){限辛基酚聚氧乙烯醚[$C_8H_{17}-C_6H_4-(OC_2H_4)_nOH$,简称$OP_nEO$]和壬基酚聚氧乙烯醚[$C_9H_{19}-C_6H_4-(OC_2H_4)_nOH$,简称$NP_nEO$],$n=2\sim16$}≤	—				1000	1000	—		

① 按产品明示的施工状态下的施工配比混合后测定,如多组分的某组分的使用量为某一范围时,应按照产品施工状态下的施工配比规定的最大比例混合后进行测定。

② 涂料产品所有项目均不考虑水的稀释比例。膏状腻子和仅以水稀释的粉状腻子所有项目均不考虑水的稀释配比;粉状腻子（除仅以水稀释的粉状腻子外）除总铅、可溶性重金属项目直接测试粉体外,其余项目按产品明示的施工状态下的施工配比将粉体与水、胶黏剂等其他液体混合后测试。如施工状态下的施工配比为某一范围时,应按照水用量最小、胶黏剂等其他液体用量最大的配比混合后测试。

③ 指含有颜料、体质颜料、染料的一类涂料。

④ 如聚氨酯类涂料和腻子规定了稀释比例或由双组分或多组分组成时,应先测定固化剂（含游离二异氰酸酯预聚物）中的含量,再按产品明示的施工状态下的施工配比计算混合后涂料中的含量。如稀释剂的使用量为某一范围时,应按照产品施工状态下的施工配比规定的最小稀释比例进行计算;如固化剂的使用量为某一范围时,应按照产品施工状态下的施工配比规定的最大比例进行计算。

（3）水性墙面涂料中有害物质限量值要求见表 8-3。

表 8-3　水性墙面涂料中有害物质限量值要求

项目	限量值			
	内墙涂料①	外墙涂料①		腻子②
		含效应颜料类	其他类	
VOC含量　≤	80(g/L)	120(g/L)	100(g/L)	10(g/kg)
甲醛含量/(mg/kg)　≤	50			
苯系物总和含量/(mg/kg)[限苯、甲苯、二甲苯(含乙苯)]　≤	100			
总铅(Pb)含量/(mg/kg)(限色漆和腻子)　≤	90			

续表

项目		限量值			
		内墙涂料①	外墙涂料①		腻子②
			含效应颜料类	其他类	
可溶性重金属含量/	镉(Cd)含量		75		
(mg/kg)（限色漆和	铬(Cr)含量		60		
腻子）≤	汞(Hg)含量		60		
烷基酚聚氧乙烯醚总和含量/(mg/kg) {限辛基酚聚氧乙烯醚 [C_8H_{17}—C_4H_4—$(OC_2H_4)_n$OH,简称 OP_nEO]和壬基酚聚氧乙烯醚 [C_9H_{19}—C_6H_4-$(OC_2H_4)_n$OH,简称 NP_nEO], $n=2\sim16$] ≤			1000		—

① 涂料产品所有项目均不考虑水的稀释配比。

② 膏状腻子及仅以水稀释的粉状腻子所有项目均不考虑水的稀释配比；粉状腻子（除仅以水稀释的粉状腻子外）除总铅、可溶性重金属项目直接测试粉体外，其余项目按产品明示的施工状态下的施工配比将粉体与水，胶黏剂等其他液体混合后测试。如施工状态下的施工配比为某一范围时，应按照水用量最小、胶黏剂等其他液体用量最大的配比混合后测试。

（4）胶黏剂中有害物质限量　室内建筑装饰装修用胶黏剂分为溶剂型、水基型、本体型三大类。

① 溶剂型胶黏剂中有害物质限量值见表 8-4。

表 8-4　溶剂型胶黏剂中有害物质限量值

项目	指标			
	氯丁橡胶胶黏剂	SBS 胶黏剂	聚氨酯类胶黏剂	其他胶黏剂
游离甲醛/(g/kg)	≤0.5		—	—
苯/(g/kg)	≤5.0			
甲苯+二甲苯/(g/kg)	≤200	≤150	≤150	≤150
甲苯二异氰酸酯/(g/kg)	—		≤10	—
二氯甲烷/(g/kg)	总量≤5.0	≤50		≤50
1,2-二氯乙烷/(g/kg)				
1,1,2-三氯乙烷/(g/kg)		总量≤5.0		
三氯乙烯/(g/kg)				
总挥发性有机物/(g/L)	≤700	≤650	≤700	≤700

注：如产品规定了稀释比例或产品有双组分或多组分时，应分别测定稀释剂和各组分中的含量，再按产品规定的配比计算混合后的总量。如稀释剂的使用量为某一范围时，应按照推荐的最大稀释量进行计算。

② 水基型胶黏剂中有害物质限量值见表 8-5。

表 8-5　水基型胶黏剂中有害物质限量值

项目	指标				
	缩甲醛类胶黏剂	聚乙酸乙烯酯胶黏剂	橡胶类胶黏剂	聚氨酯类胶黏剂	其他胶黏剂
游离甲醛/(g/kg)	≤1.0	≤1.0	≤1.0	—	≤1.0
苯/(g/kg)	≤0.20				
甲苯和二甲苯/(g/kg)	≤10				
总挥发性有机物/(g/L)	≤350	≤110	≤250	≤100	≤350

③ 本体型胶黏剂中有害物质限量值见表 8-6。

表 8-6　本体型胶黏剂中有害物质限量值

项　目	指　标
总挥发性有机物/(g/L)	≤100

（5）木家具中有害物质限量要求见表 8-7。

表 8-7　木家具中有害物质限量值

项　目		限　量　值
甲醛释放量/(mg/L)		≤1.5
重金属含量(限色漆)/(mg/kg)	可溶性铅	≤90
	可溶性镉	≤75
	可溶性铬	≤60
	可溶性汞	≤60

（6）壁纸中有害物质的限量要求见表 8-8。

表 8-8　壁纸中有害物质限量值

有害物质名称		限量值/$\times 10^{-6}$
重金属(或其他)元素	钡	≤1000
	镉	≤25
	铬	≤60
	铅	≤90
	砷	≤8
	汞	≤20
	硒	≤165
	锑	≤20
氯乙烯单体		≤1.0
甲　醛		≤120

（7）聚氯乙烯卷材地板中有害物质限量要求

① 聚氯乙烯单体限量　卷材地板聚氯乙烯层中聚氯乙烯单体含量不大于 5mg/kg。

② 可溶性重金属限量　卷材地板中不得使用铅盐助剂；作为杂质，卷材地板中可溶性铅含量应不大于 20mg/m²。

③ 挥发物的限量见表 8-9。

表 8-9　聚氯乙烯卷材地板中挥发物限量值　　　　　单位：g/m²

发泡类卷材地板中挥发物的限量		非发泡类卷材地板中挥发物的限量	
玻璃纤维基材	其他基材	玻璃纤维基材	其他基材
≤75	≤35	≤40	≤10

（8）混凝土外加剂中释放氨的限量　要求：混凝土外加剂中释放氨的量≤0.10%（质量分数）。

（9）地毯、地毯衬垫及地毯胶黏剂有害物质释放限量　A 级为环保型产品，B 级为有害物质释放限量合格产品。

① 地毯中有害物质释放限量见表 8-10。

表 8-10　地毯中有害物质释放限量值　　　　　单位：mg/(m²·h)

序　号	有害物质测试项目	限　量	
		A 级	B 级
1	总挥发性有机化合物	≤0.500	≤0.600
2	甲醛	≤0.050	≤0.050
3	苯乙烯	≤0.400	≤0.500
4	4-苯基环己烯	≤0.050	≤0.050

② 地毯衬垫中有害物质释放限量见表 8-11。

表 8-11　地毯衬垫中有害物质限量值　　　　　　单位：mg/(m² • h)

序 号	有害物质测试项目	限　　量	
		A 级	B 级
1	总挥发性有机化合物	≤1.000	≤1.200
2	甲醛	≤0.050	≤0.050
3	苯乙烯	≤0.030	≤0.030
4	4-苯基环己烯	≤0.050	≤0.050

③ 地毯胶黏剂中有害物质释放限量见表 8-12。

表 8-12　地毯胶黏剂中有害物质释放限量值　　　　单位：mg/(m² • h)

序号	有害物质测试项目	限　　量	
		A 级	B 级
1	总挥发性有机化合物	≤10.000	≤12.000
2	甲醛	≤0.050	≤0.050
3	2-乙基己醇	≤3.000	≤3.500

（10）建筑材料放射性核素限量

① 建筑主体材料　当建筑主体材料中天然放射性核素镭-226、钍-232、钾-40 的放射性比活度同时满足 $IRa \leqslant 1.0$ 和 $Ir \leqslant 1.0$ 时，其产销与使用范围不受限制。对于空心率大于 25% 的建筑主体材料，其天然放射性核素镭-226、钍-232、钾-40 的放射性比活度同时满足 $IRa \leqslant 1.0$ 和 $Ir \leqslant 1.3$ 时，其产销与使用范围不受限制。

② 装修材料　本标准根据装修材料放射性水平大小划分为以下三类：

A 类装修材料：装修材料中天然放射性核素镭-226、钍-232、钾-40 的放射性比活度同时满足 $IRa \leqslant 1.0$ 和 $Ir \leqslant 1.3$ 要求的为 A 类装修材料。A 类装修材料产销与使用范围不受限制。

B 类装修材料：不满足 A 类装修材料要求但同时满足 $IRa \leqslant 1.3$ 和 $Ir \leqslant 1.9$ 要求的为 B 类装修材料。B 类装修材料不可用于 I 类民用建筑的内饰面，但可用于 I 类民用建筑的外饰面及其他一切建筑物的内外饰面。

C 类装修材料：不满足 A、B 类装修材料要求但满足 $Ir \leqslant 2.8$ 要求的为 C 类装修材料。C 类装修材料只可用于建筑物的外饰面及室外其他用途。$Ir > 2.8$ 的花岗岩只可用于碑石、海堤、桥墩等人类很少涉及的地方。

任务 8.2　人造板及其制品中甲醛释放量的检测方法

8.2.1　人造板甲醛的释放特征

　　人造板产品是室内主要的装饰材料，其甲醛释放已成为居室空气的主要污染源，研究人造板甲醛的释放特征是控制人造板甲醛释放的关键所在。人造板中的"游离甲醛"过去多认为是木材用胶中过剩的甲醛因结合松散，对温度和湿度敏感。事实上从人造板中释放出来的甲醛有两方面的来源，其中极少量来自于木材原料，主要来自木材胶黏剂。

　　人造板的甲醛释放是一个缓慢长期的过程。在时间上人造板甲醛的散发呈递减趋势，而且在起初较短的一段时间内，甲醛释放量急剧下降，在此之后，甲醛释放速度减缓。在空间上人造板甲醛释放呈现各向异性，释放的主要通道是端面而不是平面。

8.2.2 人造板及其制品中甲醛的测定

采用科学的方法测定人造板甲醛释放量是科学合理地控制人造板甲醛释放量的有力保障。目前测定人造板甲醛释放有多种方法，如穿孔萃取法、干燥器法、气候箱法、气体分析法、大容量测试室法等。其中穿孔萃取法、干燥器法和气候箱法因具有广泛的实用性，已被列入国家标准，使人造板甲醛释放量检测标准化而得到广泛应用。

（1）穿孔萃取法

① 原理 穿孔法测定甲醛释放量，基于下面两个步骤：首先穿孔萃取，把游离甲醛从板材中全部分离出来（它分为两个过程：首先将溶剂甲苯与试件共热，通过液-固萃取使甲醛从板材中溶解出来，然后将溶有甲醛的甲苯通过穿孔器与水进行液-液萃取，把甲醛转溶于水中）。其次测定甲醛水溶液的含量，可用碘量法测定（在氢氧化钠溶液中，游离甲醛被氧化成甲酸，进一步再生成甲酸钠，过量的碘生成次碘酸钠和碘化钠，在酸性溶液中又还原成碘，用硫代硫酸钠滴定剩余的碘，测得游离甲醛含量），也可用光度法测定（在乙酰丙酮和乙酸铵混合溶液中，甲醛与乙酰丙酮反应生成二乙酰基二氢卢剔啶，在波长为412nm时，它的吸光度最大）。对低甲醛释放量的人造板，应优先采用光度法测定。

② 仪器与设备 穿孔萃取仪，包括四个部分：标准磨口圆底烧瓶（1000mL），用以加热试件与溶剂进行液-固萃取；萃取管，具有边管（包以石棉绳）与小虹吸管，中间放置穿孔器进行液-液穿孔萃取；冷凝管，通过一个大小接头与萃取管连接，可促成甲醛-甲苯气体冷却液化与回流；液封装置，防止甲醛气体逸出及虹吸装置，包括90°弯头、小直管防虹吸球与三角烧瓶其他配套仪器。

③ 取样和试件 试件准备，必须谨防游离甲醛的散失。板材中的游离甲醛从切割过的侧面逸出要比压实的两个平面容易，所以二个试样中试件的制取均须将每个试样沿周边割去50mm后，再分别切割20mm×20mm的试件，并立刻放在密封的容器中，其放置的时间一般不超过两小时，否则应重新制取。

④ 方法 仪器校验：先将仪器安装好，并固定在铁座上，烧瓶加热可用套式恒器加热。将500mL甲苯加入1000mL具有标准磨口的圆底烧瓶中，另将100mL甲苯及1000mL蒸馏水加入萃取管内，然后开始蒸馏。调节加热器使回流速度保持为每分钟30mL，回流时萃取管中液体温度不得超过40℃，若温度超过40℃，必须采取降温措施以保证甲醛在水中溶解。

萃取操作：关上萃取管底部的活塞，加入1L蒸馏水，同时加100mL蒸馏水于有液封装置的三角烧瓶中。倒600mL甲苯于圆底烧瓶中，并加入105～110g的试件精确至0.01g（M_0），安装妥当，保证每个接口紧密而不漏气，可涂上凡士林或"活塞油脂"，开好冷却水即行加热，使甲苯沸腾开始回流，记下第一滴甲苯冷却下来的准确时间，继续回流2h。在此期间保持每分钟30mL恒定回流速度（既可以防止液封三角烧瓶中的水，虹吸回到萃取管中，又可以使穿孔器中的甲苯液柱保持一定的高度，使冷凝下来的带有甲醛的甲苯从孔器的底部穿孔而出并溶于水中）。甲苯因相对密度小于1，浮到水面之上并通过萃取管的小虹吸管而返回到烧瓶中继续其液-固萃取。

在萃取结束时，移开加热器，让仪器迅速冷却，此时三角烧瓶中的液封水会通过冷凝管回到萃取管中，起到了洗涤仪器上半部的作用。

萃取管的水面不能超过最高水位线，以免甲醛吸收水溶液通过小虹吸管进入烧瓶。为了防止上述现象，可将萃取管中吸收液转移一部分加入2000mL容量瓶，再向锥形瓶加入200mL蒸馏水，直到此系统中压力达到平衡。

开启萃取管部的活塞，将甲醛吸收液全部转到 2000mL 容量瓶中，再加两份 200mL 蒸馏水到三角烧瓶中，并让它虹吸回流到萃取管中，合并转移到 2000mL 容量瓶中。

将容量瓶用蒸馏水稀释到刻度，若有少量甲苯混入，可用滴管吸除后再定容、摇匀、待定量。

在萃取过程中若有漏气或停电间断，此项试验须重新进行。试验用过的甲苯属易燃品应妥善处理，有条件的话亦可重蒸脱水而使用。

⑤ 甲醛定量操作（碘量法）　从 2000mL 容量瓶中，准确吸取 100mL 萃取液 V_2 于 500mL 碘量瓶中，从滴定管中精确加入 0.01mL 碘标准液 50mL，立刻倒入 1mol/L 氢氧化钠流液 20mL，加塞液封摇匀，静置暗处 15min，取出加浓度为（1+1）硫酸 10mL，即以 0.01mol/L 硫代硫酸钠标准滴定溶液滴定到棕色褪尽至淡黄色，加 0.5% 淀粉指示剂 1mL，继续滴定到溶液变成无色为止。记录 0.01mol/L 硫代硫酸钠标准滴定溶液的用量为 V_1。与此同时量取 100mL 蒸馏水代替试液于碘价瓶中用同样方法进行空白试验，并记录 0.01mol/L 硫代硫酸钠标准滴定溶液的用量 V_0。每种吸收液须滴定二次，平行测定结果所用的 0.01mol/L 硫代硫酸钠标准液的量，相差不得超过 0.25mL，否则需要新吸样滴定。若板材中甲醛释放量高，则滴定时吸取的萃取样液可以减半，但需加蒸馏水补充到 100mL 进行滴定。

含水率测定：正常状态下的木材及其制品，都含有一定数量的水分。我国把木材中所含水分的质量与绝干后木材质量的百分比，定义为木材含水率。

含水率可以用全干木材的质量作为计算基准，算出的数值叫做绝对含水率，并简称为含水率 $H(\%)$，计算公式为：

$$H = \frac{G_s - G_{go}}{G_{go}} \times 100\% \tag{8-1}$$

式中　H——木材绝对含水率，%；

　　　G_s——湿木材质量；

　　　G_{go}——绝干材质量。

在测定甲醛释放量的同时必须将余下试件进行测定其含水率。在感量 0.01g 的天平上称取 50g 试件二份。放入 103℃±2℃ 的恒温箱中烘至恒重。但化学检测中的恒重系指试件烘干 6h，取出，冷却，称重，继续烘干，然后每隔 2h 的两次称重所得质量差数不超过 0.05%，精确到 0.025g（这和物理测定中略有不同）。

结果的计算公式为：

$$E = \frac{\dfrac{V_0 - V_1}{1000} \times c \times 15 \times 1000 \times 100}{\dfrac{100 M_0}{100 + H} \times \dfrac{V_2}{2000}} = \frac{(V_0 - V_1) \times c \times (100 + H) \times 3 \times 10^4}{M_0 V_2} \tag{8-2}$$

式中　E——100g 试件释放甲醛毫克数，mg/100g；

　　　H——试件含水率，%；

　　　M_0——用于萃取试验的试件质量，g；

　　　V_2——滴定时取用甲醛萃取液的体积，mL；

　　　V_1——滴定萃取液所用的硫代硫酸钠标准滴定溶液的体积，mL；

　　　V_0——滴定空白液所用的硫代硫酸钠标准滴定溶液的体积，mL；

　　　c——硫代硫酸钠标准滴定溶液的浓度，mol/L；

　　　15——$\dfrac{1}{2}CH_2O$ 摩尔质量，g/mol。

⑥ 甲醛定量操作（光度法）　根据测定甲醛标准系列溶液吸光度绘制标准曲线，测量

待测溶液吸光度，根据标准曲线进行甲醛含量的计算。

甲醛标准储备溶液浓度的标定：把大约 2.5g 甲醛溶液（含量 35%～40%）移至 1000mL 容量瓶中，并用蒸馏水稀释至刻度。甲醛溶液含量按下述方法标定：量取 20mL 甲醛溶液与 25mL 碘标准溶液（0.1mol/L）、10mL 氢氧化钠溶液（1mol/L）于 100mL 带塞三角烧瓶中混合。静置暗处 15min 后，把 1mol/L 硫酸溶液 15mL 加入到混合液中。多余的碘用 0.1mol/L 硫代硫酸钠标准滴定溶液滴定，滴定接近终点时，加入几滴 0.5% 淀粉指示剂，继续滴定到溶液变为无色为止。同时用 20mL 蒸馏水做平行试验。

配制甲醛校定溶液：按确定的甲醛溶液含量，计算含有甲醛 15mg 的甲醛溶液体积。用移液管移取该体积数到 1000mL 容量瓶中，并用蒸馏水稀释到刻度，则 1mL 校定溶液中含有 15μg 甲醛。

标准曲线的绘制：把 0、5mL、10mL、20mL、50mL 和 100 mL 甲醛校定溶液分别移加到 100mL 容量瓶中，并用蒸馏水稀释到刻度。然后分别取出 10mL 溶液，进行光度测量分析。根据甲醛含量（0～0.015mg/mL 之间）吸光情况绘制标准曲线。斜率由标准曲线计算确定，保留四位有效数字。

待测溶液光度测量分析：量取 10mL 乙酰丙酮（体积分数 0.4%）和 10mL 乙酸铵溶液（质量分数 20%）于 50mL 带塞三角烧瓶中，再准确吸取 10mL 待测溶液到该烧瓶中。塞上瓶塞，摇匀，再放到 40℃±2℃ 的恒温水浴锅中加热 15min，然后把这种黄绿色的溶液静置暗处，冷却至室温（18～28℃约 1h）。在分光光度计上 412nm 处，以蒸馏水作为对比溶液，调零。用厚度为 0.5cm 的比色皿测定待测溶液的吸光度 A_s。同时用蒸馏水代替待测溶液做空白试验，确定空白值 A_b。

（2）干燥器法

① 原理　利用干燥器法测定甲醛释放量基于下面两个步骤：

第一步：收集甲醛，在干燥器底部放置盛有蒸馏水的结晶皿，在其上方固定的金属支架上放置试件，释放出的甲醛被蒸馏水吸收，作为试样溶液。

第二步：测定甲醛浓度，用分光光度计测定试样溶液的吸光度，由预先绘制的标准曲线求得甲醛的浓度。

② 试件制备　试件取样：试件应在满足试验规定的出厂合格品上取样。若产品中使用数种木质材料则分别在每种材料的部件上取样。

试件应在距家具部件边沿 50mm 内制备。

试件规格：长 150mm±1mm，宽 150mm±1mm。

试件数量共 10 块。制备试件时应考虑每种木质材料与产品中使用面积的比例，确定每种材料部件上的试件数量。

试件锯完后其端面应立即采用熔点为 65℃ 的石蜡或不含甲醛的胶纸条封闭。试件端面的封边数量应为部件的原实际封边数量。

应在实验室内制备试件。试件制备后应 2h 内开始试验，否则应重新制作试件。

③ 甲醛的收集　在直径为 240mm，容积为 9～11L 的干燥器底部放置直径为 120mm、高度为 60mm 的结晶皿，在结晶皿内加入 300mL 蒸馏水。在干燥器上部放置金属支架，金属支架上固定试件，试件之间互不接触。测定装置在 20℃±2℃ 下放置 24h，蒸馏水吸收从试件释放出的甲醛，此溶液作为待测液。

④ 甲醛浓度的定量方法　量取 10mL 乙酰丙酮（体积分数为 0.4%）和 10mL 乙酸铵溶液（质量分数为 20%）于 50mL，带塞三角烧瓶中，再从结晶皿中移取 10mL 待测液到该烧瓶中，塞上瓶塞，摇匀，再放到 40℃±2℃ 的水槽中加热 15min，然后把这种黄绿色的反应

溶液静置暗处，冷却至室温（18～28℃，约 1h）。在分光光度计上 412nm 处，以蒸馏水作为对比溶液，调零。用厚度为 5mm 的比色皿测定该反应溶液的吸光度 A_s，同时用蒸馏水代替反应溶液作空白试验，确定空白值。

⑤ 结果表示　甲醛溶液的浓度按式(8-3) 计算，精确至 0.1mg/L。

$$c = f \times (A_s - A_b) \tag{8-3}$$

式中　c——甲醛浓度，mg/L；

　　　f——标准曲线斜率，mg/L；

　　　A_s——反应溶液的吸光度；

　　　A_b——蒸馏水的吸光度。

(3) 气候箱法

① 原理　将 $1m^2$ 表面积的样品放入温度、相对湿度、空气流速和空气置换率控制在一定值的气候箱内。甲醛从样品中释放出来，与箱内空气混合，定期抽取箱内空气，将抽出的空气通过盛有蒸馏水的吸收瓶，空气中的甲醛全部溶入水中；测定吸收液中的甲醛量及抽取的空气体积，计算出每立方米空气中的甲醛量，以"mg/m^3"表示，抽气是周期性的，直到气候箱内的空气中甲醛浓度达到稳定状态为止。

② 设备　气候箱：容积为 $1m^3$，箱体内表面应为惰性材料，不会吸附甲醛。箱内应有空气循环系统以维持箱内空气充分混合及试样表面的空气速度为 0.1～0.3m/s。箱体上应有调节空气流量的空气入口和空气出口装置。空气置换率维持在 $1.0h^{-1} \pm 0.05h^{-1}$，要保证箱体的密封性。进入箱内的空气甲醛浓度在 $0.006mg/m^3$ 以下。

温度和相对湿度调节系统：能保持箱内温度为 23℃±0.5℃，相对湿度为 45%±3%。

空气抽样系统包括：抽样管、两个 100mL 的吸收瓶、硅胶干燥器、气体抽样泵、气体流量计、气体计量表。

③ 试样　试样表面积为 $1m^2$（双面计，长＝1000mm±2mm、宽＝500mm±2mm，1块；或长＝500mm±2mm、宽＝500mm±2mm，2块），有带榫舌的突出部分应去掉，四边用不含甲醛的铝胶带密封。

④ 试验程序　在试验全过程中，气候箱内保持下列条件：

温度：23℃±0.5℃；相对湿度：45%±3%；承载率：$1.0m^2/m^3 \pm 0.02m^2/m^3$；空气置换率：$1.0h^{-1} \pm 0.05h^{-1}$；试样表面空气流速：0.1～0.3m/s。

试样在气候箱的中心垂直放置，表面与空气流动方向平行。气候箱检测持续时间至少为10 天，第 7 天开始测定。甲醛释放量的测定每天 1 次，直至达到稳定状态。当测试次数超过 4 次，最后 2 次测定结果差异小于 5% 时，即认为已达到稳定状态。最后 2 次测定结果的平均值即为最终测定值。如果在 28 天内仍未达到稳定状态，则用第 28 天的测定值作为稳定状态时的甲醛释放量测定值。

空气取样和分析时，先将空气抽样系统与气候箱的空气出口相连接。2 个吸收瓶中各加入25mL 蒸馏水，开动抽气泵，抽气速度控制在 2L/min 左右，每次至少抽取 100L 空气。每瓶吸收液各取 10mL 移至 50mL 容量瓶中，再加入 10mL 乙酰丙酮溶液和 10mL 乙酸铵溶液，将容器瓶放至 40℃的水浴中加热 15min，然后将溶液静置暗处冷却至室温（约 1h）。在分光光度计的 412nm 处测定吸光度。与此同时，要用 10mL 蒸馏水和 10mL 乙酰丙酮溶液、10mL 乙酸铵溶液平行测定空白值。吸收液的吸光度测定值与空白吸光度测定值之差乘以校正曲线的斜率，再乘以吸收液的体积，即为每个吸收瓶中的甲醛量。2 个吸收瓶的甲醛量相加，即得甲醛的总量。甲醛总量除以抽取空气的体积，即得每立方米空气中的甲醛浓度值，以"mg/m^3"表示。由于空气计量表显示的是检测室温度下抽取的空气体积，而并非气候箱内 23℃时的空气体积。

因此，空气样品的体积应通过气体方程式校正到标准温度 23℃时的体积。

8.2.3 影响人造板甲醛释放量测定结果的因素

在实际检测中，影响人造板甲醛释放量测定结果的因素是多方面的，除了产品自身由于树种、生产工艺、胶黏剂、板种类等差别及测定操作过程中仪器、设备、人为等因素外，直接影响人造板甲醛释放量测定结果的还有试验方法的选定、测定时的温湿度、样品存放时间、制备与预处理、板材的表面处理情况等。

任务 8.3 内墙涂料的污染物质检测

8.3.1 术语和定义

（1）挥发性有机化合物（VOC） 在 101.3kPa 标准压力下，任何初沸点低于或等于250℃的有机化合物。

（2）挥发性有机化合物含量 按规定的测试方法测试产品所得到的挥发性有机化合物的含量。

注意：①墙面涂料为产品扣除水分后的挥发性有机化合物的含量，以"g/L"表示。

②墙面腻子为产品不扣除水分的挥发性有机化合物的含量，以"g/kg"表示。

8.3.2 内墙涂料中挥发性有机化合物及苯、甲苯、乙苯和二甲苯总和含量的测定

（1）范围 方法规定了水性墙面涂料和水性墙面腻子中挥发性有机化合物（VOC）及苯、甲苯、乙苯和二甲苯总和含量的测试方法。方法适用于 VOC 含量的质量分数大于等于0.1%、且小于等于15%的涂料及其原料的测试。

（2）原理 试样经稀释后，通过气相色谱分析技术使样品中各种挥发性有机化合物分离，定性鉴定被测化合物后，用内标法测试其含量。

（3）材料和试剂

① 载气：氮气，纯度≥99.995%。

② 燃气：氢气，纯度≥99.995%。

③ 助燃气：空气。

④ 辅助气体（隔垫吹扫和尾吹气）：与载气具有相同性质的氮气。

⑤ 内标物：试样中不存在的化合物，且该化合物能够与色谱图上其他成分完全分离。纯度的质量分数至少为 99%，或已知纯度。例如：异丁醇、乙二醇单丁醚、乙二醇二甲醚、二乙二醇二甲醚等。

⑥ 校准化合物：本标准中校准化合物包括甲醇、乙醇、正丙醇、异丙醇、正丁醇、异丁醇、苯、甲苯、乙苯、二甲苯、三乙胺、二甲基乙醇胺、2-氨基-2-甲基-1-丙醇、乙二醇、1,2-丙二醇、1,3-丙二醇、二乙二醇、乙二醇单丁醚、二乙二醇单丁醚、二乙二醇乙醚醋酸酯、二乙二醇丁醚醋酸酯、2,2,4-三甲基-1,3-戊二醇。纯度的质量分数至少为 99%，或已知纯度。

⑦ 稀释溶剂：用于稀释试样的有机溶剂，不含有任何干扰测试的物质。纯度的质量分

数至少为 99％，或已知纯度。例如乙腈、甲醇或四氢呋喃等溶剂。

⑧ 标记物：用于按 VOC 定义区分 VOC 组分与非 VOC 组分的化合物。本标准中为己二酸二乙酯（沸点 251℃）。

（4）仪器设备

① 气相色谱仪，具有以下配置：

分流装置的进样口，并且汽化室内衬可更换。

程序升温控制器。

检测器，可以使用下列三种检测器中的任意一种：火焰离子化检测器（FID）；已校准并调谐的质谱仪或其他质量选择检测器；已校准的傅立叶变换红外光谱仪（FT-IR 光谱仪）。

注意：如果选用已校准并调谐的质谱仪或其他质量选择检测器或已校准的傅里叶变换红外光谱仪检测器对分离出的组分进行定性鉴定，仪器应与气相色谱仪相连并根据仪器制造商的相关说明进行操作。

色谱柱：聚二甲基硅氧烷毛细管柱或 6％腈丙苯基/94％聚二甲基硅氧烷毛细管柱、聚乙二醇毛细管柱。

② 进样器：微量注射器，10μL。

③ 配样瓶：约 20mL 的玻璃瓶，具有可密封的瓶盖。

④ 天平：精度 0.1mg。

（5）气相色谱测试条件

① 色谱条件 1。

色谱柱（基本柱）：聚二甲基硅氧烷毛细管柱，30m×0.32mm×1.0μm。

进样口温度：260℃。

检测器：FID，温度：280℃。

柱温：程序升温，45℃保持 4min，然后以 8℃/min 升至 230℃保持 10min。

分流比：分流进样，分流比可调。

进样量：1.0μL。

② 色谱条件 2。

色谱柱（基本柱）：6％氰丙苯基/94％聚二甲基硅氧烷毛细管柱，60m×0.32mm×1.0μm。

进样口温度：250℃。

检测器：FID，温度：260℃。

柱温：程序升温，80℃保持 1min，然后以 10℃/min 升至 230℃保持 15min。

分流比：分流进样，分流比可调。

进样量：1.0μL。

③ 色谱条件 3。

色谱柱（确认柱）：聚乙二醇毛细管柱，30m×0.25mm×0.25μm。

进样口温度：240℃。

检测器：FID，温度：250℃。

柱温：程序升温，60℃保持 1min，然后以 20℃/min 升至 240℃保持 20min。

分流比：分流进样，分流比可调。

进样量：1.0μL。

注意：也可根据所用气相色谱仪的性能及待测试样的实际情况选择最佳的气相色谱测试条件。

（6）测试步骤

① 密度　密度的测试按《色漆和清漆　密度的测定　比重瓶法》（GB/T 6750—2007）进行。

② 水分含量　水分含量的测试按 8.3.3 水分含量的测试进行。

③ 挥发性有机化合物及苯、甲苯、乙苯和二甲苯总和含量。

色谱仪参数优化：按（5）中的色谱条件，每次都应该使用已知的校准化合物对其进行最优化处理，使仪器的灵敏度、稳定性和分离效果处于最佳状态。

定性分析：定性鉴定试样中有无（3）中的校准化合物。优先选用的方法是气相色谱仪与质量选择检测器或 FT-IR 光谱仪联用，并使用（5）中给出的气相色谱测试条件。也可利用气相色谱仪，采用火焰离子化检测器（FID）和（4）中的色谱柱，并使用（5）中给出的气相色谱测试条件，分别记录校准化合物在两根色谱柱（所选择的两根柱子的极性差别应尽可能大，例如 6% 氰丙苯基/94% 聚二甲基硅氧烷毛细管柱和聚乙二醇毛细管柱）上的色谱图；在相同的色谱测试条件下，对被测试样做出色谱图后对比定性。

校准　首先校准样品的配制：分别称取一定量（精确至 0.1mg）定性分析鉴定出的各种校准化合物于配样瓶中，称取的质量与待测试样中各自的含量应在同一数量级；再称取与待测化合物相同数量级的内标物于同一配样瓶中，用稀释溶剂稀释混合物，密封配样瓶并摇匀。其次相对校正因子的测试：在与测试试样相同的色谱测试条件下按色谱仪参数优化的规定优化仪器参数。将适当数量的校准化合物注入气相色谱仪中，记录色谱图。按式（8-4）分别计算每种化合物的相对校正因子：

$$R_i = \frac{m_{ci} \times A_{is}}{m_{is} \times A_{ci}} \tag{8-4}$$

式中　R_i——化合物 i 的相对校正因子；

m_{ci}——校准混合物中化合物 i 的质量，g；

m_{is}——校准混合物中内标物的质量，g；

A_{is}——内标物的峰面积；

A_{ci}——化合物 i 的峰面积。

R_i 值取两次测试结果的平均值，其相对偏差应小于 5%，保留三位有效数字。若出现校准化合物之外的未知化合物色谱峰，则假设其相对于异丁醇的校正因子为 1.0。

试样的测试：首先试样的配制，称取搅拌均匀后的试样 1g（精确至 0.1mg）以及与被测物质量近似相等的内标物于配样瓶中，加入 10mL 稀释溶剂稀释试样，密封配样瓶并摇匀。按校准时的最优化条件设定仪器参数。将标记物注入气相色谱仪中，记录其在聚二甲基硅氧烷毛细管柱或 6% 氰丙苯基/94% 聚二甲基硅氧烷毛细管柱上的保留时间，以便按给出的 VOC 定义确定色谱图中的积分终点。将 1μL 配制的试样注入气相色谱仪中，记录色谱图并记录各种保留时间低于标记物的化合物峰面积（除稀释溶剂外），然后按式（8-5）分别计算试样中所含的各种化合物的质量分数。

$$w_i = \frac{m_{is} \times A_i \times R_i}{m_s \times A_{is}} \tag{8-5}$$

式中　w_i——测试试样中被测化合物 i 的质量分数，g/g；

R_i——被测化合物 i 的相对校正因子；

m_{is}——内标物的质量，g；

m_s——测试试样的质量，g；

A_{is}——内标物的峰面积；

A_i——被测化合物 i 的峰面积。

平行测试两次，w_i 值取两次测试结果的平均值。

（7）计算

① 腻子产品按式(8-6) 计算 VOC 含量：

$$VOC = \sum_{i=1}^{i=n} w_i \times 1000 \tag{8-6}$$

式中　VOC——腻子产品的 VOC 含量，g/kg；

　　　w_i——测试试样中被测化合物 i 的质量分数，g/g；

　　　1000——转换因子。

测试方法检出限：1g/kg。

② 涂料产品按式(8-7) 计算 VOC 含量：

$$VOC = \frac{\sum\limits_{i=1}^{i=n} w_i}{1 - \rho_s \times \dfrac{w_w}{\rho_w}} \times \rho_s \times 1000 \tag{8-7}$$

式中　VOC——涂料产品的 VOC 含量，g/L；

　　　w_i——测试试样中被测化合物 i 的质量分数，g/g；

　　　w_w——测试试样中水的质量分数，g/g；

　　　ρ_s——试样的密度，g/mL；

　　　ρ_w——水的密度，g/mL；

　　　1000——转换因子。

测试方法检出限：2g/L。

③ 涂料和腻子产品中苯、甲苯、乙苯和二甲苯总和的计算：先按公式分别计算苯、甲苯、乙苯和二甲苯各自的质量分数 w_i，然后按式(8-8) 计算产品中苯、甲苯、乙苯和二甲苯的总和：

$$m_b = \sum_{i=1}^{i=n} w_i \times 10^6 \tag{8-8}$$

式中　m_b——产品中苯、甲苯、乙苯和二甲苯总和的含量，mg/kg；

　　　w_i——测试试样中被测组分 i（苯、甲苯、乙苯和二甲苯）的质量分数，g/g；

　　　10^6——转换因子。

测试方法检出限：四种苯系物总和 50mg/kg。

8.3.3　水分含量的测定

水分含量采用气相色谱法或卡尔·费休法测试。气相色谱法为仲裁方法。

（1）气相色谱法

① 试剂和材料。

蒸馏水：符合《分析实验室用水规格和试验方法》(GB/T 6682—2008) 中三级水的要求。

稀释溶剂：无水二甲基甲酰胺（DMF），分析纯。

内标物：无水异丙醇，分析纯。

载气：氢气或氮气，纯度不小于 99.995%。

② 仪器设备。

气相色谱仪：配有热导检测器及程序升温控制器。

色谱柱：填装高分子多孔微球的不锈钢柱。

进样器：微量注射器，$10\mu L$。

配样瓶：约 $10mL$ 的玻璃瓶，具有可密封的瓶盖。

天平：精度 $0.1mg$。

③ 气相色谱测试条件。

色谱柱：柱长 $1m$，外径 $3.2mm$，填装 $177\sim250\mu m$ 高分子多孔微球的不锈钢柱。

汽化室温度：$200℃$。

检测器：温度 $240℃$，电流 $150mA$。

柱温：对于程序升温，$80℃$ 保持 $5min$，然后以 $30℃/min$ 升至 $170℃$ 保持 $5min$；对于恒温，柱温为 $90℃$，在异丙醇完全流出后，将柱温升至 $170℃$，待 DMF 出完。若继续测试，再把柱温降到 $90℃$。

注意：也可根据所用气相色谱仪的性能及待测试样的实际情况选择最佳的气相色谱测试条件。

④ 测试步骤　测试水的相对校正因子 R，在同一配样瓶中称取 $0.2g$ 左右的蒸馏水和 $0.2g$ 左右的异丙醇，精确至 $0.1mg$，再加入 $2mL$ 的二甲基甲酰胺，密封配样瓶并摇匀。用微量注射器吸取 $1\mu L$ 配样瓶中的混合液注入色谱仪中，记录色谱图。按式(8-9) 计算水的相对校正因子 R：

$$R = \frac{W_i \times A_{H_2O}}{W_{H_2O} \times A_i} \tag{8-9}$$

式中　R——水的相对校正因子；

$\quad W_i$——异丙醇质量，g；

W_{H_2O}——水的质量，g；

$\quad A_i$——异丙醇的峰面积；

A_{H_2O}——水的峰面积。

若异丙醇和二甲基甲酰胺不是无水试剂，则以同样量的异丙醇和二甲基甲酰胺（混合液），但不加水作为空白样，记录空白样中水的峰面积 B。按式(8-10) 计算水的相对校正因子 R：

$$R = \frac{W_i \times (A_{H_2O} - B)}{W_{H_2O} \times A_i} \tag{8-10}$$

式中　R——水的相对校正因子；

$\quad W_i$——异丙醇质量，g；

W_{H_2O}——水的质量，g；

$\quad A_i$——异丙醇的峰面积；

A_{H_2O}——水的峰面积；

$\quad B$——空白样中水的峰面积。

R 值取两次测试结果的平均值，其相对偏差应小于 5%，保留三位有效数字。

⑤ 样品分析　称取搅拌均匀后的试样 $0.6g$ 以及与水含量近似相等的异丙醇于配样瓶中，精确至 $0.1mg$，再加入 $2mL$ 二甲基甲酰胺，密封配样瓶并摇匀。同时准备一个不加试样的异丙醇和二甲基甲酰胺混合液作为空白样。用力摇动装有试样的配样瓶 $15min$，放置 $5min$，使其沉淀。为使试样尽快沉淀，可在装有试样的配样瓶内加入几粒小玻璃珠，然后用力摇动；也可使用低速离心机使其沉淀。用微量注射器吸取 $1\mu L$ 配样瓶中的上层清液，注入色谱仪中，记录色谱图。按式(8-11) 计算试样中的水分含量：

$$w_{H_2O} = \frac{W_i \times (A_{H_2O} - B) \times 100\%}{W_c \times A_i \times R} \tag{8-11}$$

式中 R——水的相对校正因子；

W_i——异丙醇质量，g；

W_c——试样的质量，g；

A_i——异丙醇的峰面积；

A_{H_2O}——试样中水的峰面积；

B——空白样中水的峰面积。

平行测试两次，取两次测试结果的平均值，保留三位有效数字。

（2）卡尔·费休法

① 仪器设备 卡尔·费休水分滴定仪；天平：精度 0.1mg，1mg；微量注射器：10μL；滴瓶：30mL；磁力搅拌器；烧杯：100mL；培养皿。

② 试剂 蒸馏水：符合《分析实验室用水规格和试验方法》（GB/T 6682—2008）中三级水的要求。

卡尔·费休试剂：选用合适的试剂（对于不含醛酮化合物的试样，试剂主要成分为碘、二氧化硫、甲醇、有机碱。对于含有醛酮化合物的试样，应使用醛酮专用试剂，试剂主要成分为碘、咪唑、二氧化硫、2-甲氧基乙醇、2-氯乙醇和三氯甲烷）。

③ 实验步骤 卡尔·费休滴定剂浓度的标定：在滴定仪的滴定杯中加入新鲜卡尔·费休溶剂至液面覆盖电极端头，以卡尔·费休滴定剂滴定至终点（漂移值<10μg/min）。用微量注射器将 10μL 蒸馏水注入滴定杯中，采用减量法称得水的质量（精确至 0.1mg），并将该质量输入到滴定仪中，用卡尔·费休滴定剂滴定至终点，记录仪器显示的标定结果。

进行重复标定，直至相邻两次的标定值相差小于 0.01mg/mL，求出两次标定的平均值，将标定结果输入到滴定仪中。

当检测环境的相对湿度小于 70% 时，应每周标定一次；相对湿度大于 70% 时，应每周标定两次；必要时，随时标定。

样品处理：若待测样品黏度较大，在卡尔·费休溶剂中不能很好分散，则需要将样品进行适量稀释。在烧杯中称取经搅拌均匀后的样品 20g（精确至 1mg），然后向烧杯内加入约20% 的蒸馏水，准确记录称样量及加水量。将烧杯盖上培养皿，在磁力搅拌器上搅拌 10～15min。然后将稀释样品倒入滴瓶中备用。（注：对于在卡尔·费休溶剂中能很好分散的样品，可直接测试样品中的水分含量。对于加水 20% 后，在卡尔·费休溶剂中仍不能很好分散的样品，可逐步增加稀释水量。）

水分含量的测试：在滴定仪的滴定杯中加入新鲜卡尔·费休溶剂至液面覆盖电极端头，以卡尔·费休滴定剂滴定至终点。向滴定杯中加入 1 滴处理后的样品，采用减量法称得加入的样品质量（精确至 0.1mg），并将该样品质量输入到滴定仪中。用卡尔·费休滴定剂滴定至终点，记录仪器显示的测试结果。

平行测试两次，测试结果取平均值。两次测试结果的相对偏差小于 1.5%。

测试 3～6 次后应及时更换滴定杯中的卡尔·费休溶剂。

④ 数据处理 样品经稀释处理后测得的水分含量按式(8-12) 计算：

$$w_{H_2O} = \frac{w_{H_2O测} \times (M_样 + M_水) - M_水 \times 100\%}{M_样}$$ (8-12)

式中 w_{H_2O}——样品中实际水分的质量分数；

$w_{H_2O测}$——稀释样品测得的含水质量分数的平均值；

$M_样$——稀释时所称样品的质量，g；

$M_水$——稀释时所加水的质量，g。

计算结果保留三位有效数字。

8.3.4　内墙涂料中游离甲醛含量的测定

（1）原理　采用蒸馏的方法将样品中的游离甲醛蒸出。在 pH＝6 的乙酸-乙酸铵缓冲溶液中，馏分中的甲醛与乙酰丙酮在加热的条件下反应生成稳定的黄色络合物，冷却后在波长 412nm 处进行吸光度测试。根据标准工作曲线，计算试样中游离甲醛的含量。

（2）试剂　分析测试中仅采用已确认为分析纯的试剂，所用水符合 GB/T 6682—2008 中三级水的要求。

所用溶液除另有说明外，均应按照《化学试剂标准滴定溶液的制备》（GB/T 601—2002）中的要求进行配制。

乙酸铵。冰乙酸：$\rho＝1.055g/mL$。乙酰丙酮：$\rho＝0.975g/mL$。

乙酰丙酮溶液：0.25%（体积分数），称取 25g 乙酸铵，加适量水溶解，加 3mL 冰乙酸和 0.25mL 已蒸馏过的乙酰丙酮试剂，移入 100mL 容量瓶中，用水稀释至刻度，调整 pH＝6。此溶液于 2～5℃贮存，可稳定一个月。

碘溶液：$c(1/2I_2)＝0.1mol/L$。氢氧化钠溶液：1mol/L。盐酸溶液：1mol/L。

硫代硫酸钠标准滴定溶液：$c(Na_2S_2O_3)＝0.1mol/L$，并按照 GB/T 601—2002 进行标定。

淀粉溶液：1g/100mL，称取 1g 淀粉，用少量水调成糊状，倒入 100mL 沸水中，呈透明溶液，临用时配制。

甲醛溶液：约 37%（质量分数）。

甲醛标准溶液：1mg/mL，移取 2.8mL 甲醛溶液，置于 1000mL 容量瓶中，用水稀释至刻度。

甲醛标准溶液的标定：移取 20mL 待标定的甲醛标准溶液于碘量瓶中，准确加入 25mL 碘溶液，再加入 10mL 氢氧化钠溶液，摇匀，于暗处静置 5min 后，加 11mL 盐酸溶液，用硫代硫酸钠标准溶液滴定至淡黄色，加 1mL 淀粉溶液，继续滴定至蓝色刚刚消失为终点，记录所耗硫代硫酸钠标准滴定溶液体积 V_2（mL）。同时做空白样，记录所耗硫代硫酸钠标准溶液体积 V_1（mL）。按式（8-13）计算甲醛标准溶液的浓度。

$$c(HCHO)＝(V_1-V_2)\times15\times c(Na_2S_2O_3)\times1000/20 \tag{8-13}$$

式中　$c(HCHO)$——甲醛标准溶液的浓度，mg/L；

V_1——空白样滴定所耗的硫代硫酸钠标准滴定溶液体积，mL；

V_2——甲醛溶液标定所耗的硫代硫酸钠标准滴定溶液体积，mL；

$c(Na_2S_2O_3)$——硫代硫酸钠标准滴定溶液的浓度，mol/L；

15——$\frac{1}{2}$HCHO 的甲醛摩尔质量；

20——标定时所移取的甲醛标准溶液体积，mL。

甲醛标准稀释液：$10\mu g/mL$，移取 10mL 标定过的甲醛标准溶液，置于 1000mL 容量瓶中，用水稀释至刻度。

（3）仪器与设备

蒸馏装置：100mL 蒸馏瓶、蛇形冷凝管、馏分接收器。

具塞刻度管：50mL（与馏分接收器为同一容器）。

移液管：1mL、5mL、10mL、20mL、25mL。

加热设备：电加热套、水浴锅。

天平：精度 1mg。

紫外可见分光光度计。

（4）试验步骤

① 标准工作曲线的绘制　取数支具塞刻度管，分别移入 0.00、0.20mL、0.50mL、1.00mL、3.00mL、5.00mL、8.00mL 甲醛标准稀释液，加水稀释至刻度，加入 2.5mL 乙酰丙酮溶液，摇匀。在 60℃恒温水浴中加热 30min，取出后冷却至室温，用 10mm 比色皿（以水为参比）在紫外可见分光光度计上于 412nm 波长处测试吸光度。以具塞刻度管中的甲醛质量（μg）为横坐标，相应的吸光度（A）为纵坐标，绘制标准工作曲线。

② 游离甲醛含量的测试　称取搅拌均匀后的试样 2g（精确至 1mg），置于 50mL 的容量瓶中，加水摇匀，稀释至刻度。再用移液管移取 10mL 容量瓶中的试样水溶液，置于已预先加入 10mL 水的蒸馏瓶中，在馏分接受器中预先加入适量的水，浸没馏分出口，馏分接收器的外部用冰水浴冷却，加热蒸馏，使试样蒸至近干，取下馏分接收器，用水稀释至刻度，待测。

注意：若待测试样在水中不易分散，则直接称取搅拌均匀后的试样 0.4g（精确至 1mg），置于已预先加入 20mL 水的蒸馏瓶中，轻轻摇匀，再进行蒸馏过程操作。

在已定容的馏分接收器中加入 2.5mL 乙酰丙酮溶液，摇匀。在 60℃恒温水浴中加热 30min，取出后冷却至室温，用 10mm 比色皿（以水为参比）在紫外可见分光光度计上于 412nm 波长处测试吸光度。同时在相同条件下做空白样（水），测得空白样的吸光度。

将试样的吸光度减去空白样的吸光度，在标准工作曲线上查得相应的甲醛质量。

如果试验溶液中甲醛含量超过标准曲线最高点，需重新蒸馏试样，并适当稀释后再进行测试。

（5）结果的计算

① 游离甲醛含量按式(8-14)计算：

$$c = \frac{m}{W} f \tag{8-14}$$

式中　c——游离甲醛含量，mg/kg；

　　　m——从标准工作曲线上查得的甲醛质量，μg；

　　　W——样品质量，g；

　　　f——稀释因子。

② 测试方法检出限：5mg/kg。

8.3.5　可溶性铅、镉、铬、汞元素含量的测定

（1）原理　用 0.07mol/L 盐酸溶液处理制成的涂料干膜，用火焰原子吸收光谱法测试试验溶液中可溶性铅、镉、铬元素的含量，用氢化物发生原子吸收光谱法测试试验溶液中可溶性汞元素的含量。

（2）试剂　分析测试中仅使用确认为分析纯的试剂，所用水符合 GB/T 6682—2008 中三级水的要求。

盐酸溶液：0.07mol/L。

盐酸：约为 37%（质量分数），密度约为 1.18g/cm³。

硝酸溶液：1+1（体积比）。

铅、镉、铬、汞标准溶液：浓度为 100mg/L 或 1000mg/L。

（3）仪器　火焰原子吸收光谱仪：配备铅、镉、铬空心阴极灯，并装有可通入空气和乙炔的燃烧器。

氢化物发生原子吸收光谱仪：配备汞空心阴极灯，并能与氢化物发生器配套使用。

粉碎设备：粉碎机，剪刀等。

不锈钢金属筛：孔径 0.5mm。

天平：精度 0.1mg。

搅拌器：搅拌子外层应为聚四氟乙烯或玻璃（需用硝酸溶液浸泡 24h，然后用水清洗并干燥）。

酸度计：精度为 ±0.2pH 单位。

微孔滤膜：孔径 0.45μm。

容量瓶：25mL、50mL、100mL。

移液管：1mL、2mL、5mL、10mL、25mL。

系列化学容器：总容量为盐酸溶液提取剂体积的 1.6～5.0 倍（需用硝酸溶液浸泡 24h，然后用水清洗并干燥）。

（4）试验步骤

① 涂膜的制备　将待测样品搅拌均匀，按涂料产品规定的比例（稀释剂无须加入）混合各组分样品，搅拌均匀后，在玻璃板或聚四氟乙烯板（需用硝酸溶液浸泡 24h，然后用水清洗并干燥）上制备厚度适宜的涂膜。待完全干燥（自干漆若烘干，温度不得超过 60℃±2℃）后，取下涂膜，在室温下用粉碎设备将其粉碎，并用不锈钢金属筛过筛后待处理。

注意：a. 对不能被粉碎的涂膜（如弹性或塑性涂膜），可用干净的剪刀将涂膜尽可能剪碎，无须过筛直接进行样品处理。

b. 粉末状样品，直接进行样品处理。

② 样品处理　对制备的试样进行两次平行测试。

称取粉碎、过筛后的试样 0.5g（精确至 0.1mg）置于化学容器中，用移液管加入 25mL 盐酸溶液。在搅拌器上搅拌 1min 后，用酸度计测其酸度。如果 pH＞1.5，用盐酸调节 pH 值在 1.0～1.5 之间。再在室温下连续搅拌 1h，然后放置 1h。接着立即用微孔滤膜过滤。过滤后的滤液应避光保存并应在一天内完成元素分析测试。若滤液在进行元素分析测试前的保存时间超过 1 天，应用盐酸加以稳定，使保存的溶液浓度 c（HCl）约为 1mol/L。

注意：a. 如改变试样的称样量，则加入的盐酸溶液体积应调整为试样量的 50 倍。

b. 在整个提取期间，应调节搅拌器的速度，以保持试样始终处于悬浮状态，同时应尽量避免溅出。

③ 标准参比溶液的配制　选用合适的容量瓶和移液管，用盐酸溶液逐级稀释铅、镉、铬、汞标准溶液，配制下列系列标准参比溶液（也可根据仪器及测试样品的情况确定标准参比溶液的浓度范围）：

铅（mg/L）：0.0，2.5，5.0，10.0，20.0，30.0；

镉（mg/L）：0.0，0.1，0.2，0.5，1.0；

铬（mg/L）：0.0，1.0，2.0，3.0，5.0；

汞（μg/L）：0.0，10.0，20.0，30.0，40.0。

注意：系列标准参比溶液应在使用的当天配制。

④ 测试　用火焰原子吸收光谱仪及氢化物发生原子吸收光谱仪分别测试标准参比溶液的吸光度，仪器会以吸光度值对应浓度自动绘制出工作曲线。

同时测试试验溶液的吸光度。根据工作曲线和试验溶液的吸光度，仪器自动给出试验溶液中待测元素的浓度值。如果试验溶液中被测元素的浓度超出工作曲线最高点，则应对试验溶液用盐酸溶液进行适当稀释后再测试。

如果两次测试结果（浓度值）的相对偏差大于 10%，需按试验步骤重做。

（5）结果的计算

① 试样中可溶性铅、镉、铬、汞元素的含量，按式（8-15）计算：

$$c = \frac{(c_e - c_0) \times V \times F}{m} \tag{8-15}$$

式中　c——试样中可溶性铅、镉、铬、汞元素的含量，mg/kg；

　　　c_0——空白溶液的测试浓度，mg/L；

　　　c_e——试验溶液的测试浓度，mg/L；

　　　V——盐酸溶液的定容体积，mL；

　　　F——试验溶液的稀释倍数；

　　　m——称取的试样量，g。

② 结果的校正。由于本测试方法精确度的原因，在测试结果的基础上需经校正得出最终的分析结果。即式（8-15）中的计算结果应减去该结果乘以表 8-13 中相应元素的分析校正系数的值，作为该元素最终的分析结果报出。

示例：铅的计算结果为 120mg/kg，表 8-13 中铅的分析校正系数为 30%，则最终分析结果=120-120×30%=84（mg/kg）。

表 8-13　各元素分析校正系数

元　素	铅(Pb)	镉(Cd)	铬(Cr)	汞(Hg)
分析校正系数/%	30	30	30	50

火焰原子吸收光谱仪和氢化物发生原子吸收光谱仪工作条件见表 8-14。

表 8-14　火焰原子吸收光谱仪和氢化物发生原子吸收光谱仪工作条件

元　素	测试波长/nm	原子化方法	背景校正
铅(Pb)	283.3	空气-乙炔火焰法	氘灯
镉(Cd)	228.8	空气-乙炔火焰法	氘灯
铬(Cr)	357.9	空气-乙炔火焰法	氘灯
汞(Hg)	253.7	氢化物法	—

注：实验室可根据所用仪器的性能选择合适的工作参数（如灯电流、狭缝宽度、空气-乙炔比例、还原剂品种等），使仪器处于最佳测试状况。

任务 8.4　溶剂型木器涂料的污染物质检测

8.4.1　术语和定义

（1）聚氨酯类涂料　以由多异氰酸酯与含活性氢的化合物反应而成的聚氨（基甲酸）酯树脂为主要成膜物质的一类涂料。

（2）硝基类涂料　以由硝酸和硫酸的混合物与纤维素酯化反应制得的硝酸纤维素为主要成膜物质的一类涂料。

（3）醇酸类涂料　以由多元酸、脂肪酸（或植物油）与多元醇缩聚制得的醇酸树脂为主要成膜物质的一类涂料。

8.4.2 挥发性有机化合物的测定

（1）原理 试样经气相色谱法测试，如未检测出沸点大于250℃的有机化合物，所测试的挥发物含量即为产品的VOC含量；如检测出沸点大于250℃的有机化合物，则对试样中沸点大于250℃的有机化合物进行定性鉴定和定量分析。从挥发物含量中扣除试样中沸点大于250℃的有机化合物的含量即为产品的VOC含量。

（2）材料和试剂

载气：氮气，纯度≥99.995%。

燃气：氢气，纯度≥99.995%。

助燃气：空气。

辅助气体（隔垫吹扫和尾吹气）：与载气具有相同性质的氮气。

内标物：试样中不存在的化合物，且该化合物能够与色谱图上其他成分完全分离，纯度至少为99%（质量分数）或已知纯度。如：邻苯二甲酸二甲酯、邻苯二甲酸二乙酯。

校准化合物：用于校准的化合物，其纯度至少为99%（质量分数）或已知纯度。

稀释溶剂：用于稀释试样的有机溶剂，不含有任何干扰测试的物质，纯度至少为99%（质量分数）或已知纯度。如：乙酸乙酯。

标记物：用于按VOC定义区分VOC组分与非VOC组分的化合物。《室内装饰装修材料 溶剂型木器涂料中有害物质限量》（GB 18581—2009）规定为己二酸二乙酯（沸点251℃）。

（3）仪器设备 气相色谱仪，具有以下配置：分流装置的进样口，并且汽化室内衬可更换。程序升温控制器。检测器（火焰离子化检测器）。色谱柱（应能使被测物足够分离，如聚二甲基硅氧烷毛细管柱或相当型号）。

（4）气相色谱测试条件

色谱柱：聚二甲基硅氧烷毛细管柱，30m×0.25mm×0.25μm。

进样口温度：300℃

检测器FID温度：300℃。

柱温：初始温度160℃，保持1min，然后以10℃/min升至290℃，保持15min。

载气流速：1.2mL/min。

（5）测试步骤

① 密度：按产品明示的施工配比制备混合试样，搅拌均匀后，按（GB/T 6750—2007）测定涂料密度（ρ），试验温度为23℃±2℃。

② 挥发物含量：按产品明示的施工配比制备混合试样，搅拌均匀后，按《色漆、清漆和塑料 不挥发物含量的测定》（GB/T 1725—2007）测定试样的不挥发物含量，以1减去不挥发物含量，单位为g/g。称取试样1g±0.1g，试验条件：105℃/h±2℃/h。

③ 试样中不含沸点大于250℃的有机化合物的挥发性有机化合物含量按下式计算：

$$VOC = V \times \rho \times 1000 \tag{8-16}$$

式中 VOC——试样中挥发性有机化合物含量，g/L；

V——试样中挥发物质量分数，g/g；

ρ——试样在23℃±2℃时的密度，g/mL；

1000——转换因子。

④ 试样中含沸点大于250℃的有机化合物的挥发性有机化合物含量按下式计算：

$$VOC=(V-V_{漆})\times\rho\times1000 \tag{8-17}$$

式中　VOC——试样中沸点小于或等于 250℃挥发性有机化合物含量，g/L；

　　　　V——试样中挥发物质量分数，g/g；

　　　　$V_{漆}$——试样中沸点大于 250℃挥发性有机化合物的质量分数，g/g；

　　　　ρ——试样在 23℃±2℃时的密度，g/mL；

　　　　1000——转换因子。

8.4.3　苯、甲苯、乙苯、二甲苯和甲醇的测定

（1）原理　样品经稀释后直接注入色谱仪中，经色谱柱分离后，用氢火焰离子化检测器检测，以内标法定量。

（2）材料和试剂

载气：氮气，纯度≥99.995％。

燃气：氢气，纯度≥99.995％。

助燃气：空气。

辅助气体（隔垫吹扫和尾吹气）：与载气具有相同性质的氮气。

内标物：试样中不存在的化合物，且该化合物能够与色谱图上其他成分完全分离，纯度至少为 99％（质量分数）或已知纯度。如：正庚烷、正戊烷。

校准化合物：苯、甲苯、乙苯、二甲苯和甲醇，纯度至少为 99％（质量分数）或已知纯度。

稀释溶剂：用于稀释试样的有机溶剂，不含有任何干扰测试的物质，纯度至少为 99％（质量分数）或已知纯度。如：乙酸乙酯、正己烷等。

（3）仪器设备　气相色谱仪，具有以下配置：分流装置的进样口，并且汽化室内衬可更换；程序升温控制器；检测器：火焰离子化检测器；色谱柱：应能使被测物足够分离，如聚二甲基硅氧烷毛细管柱、聚乙二醇毛细管柱或相当型号。

（4）气相色谱测试条件

色谱柱：聚二甲基硅氧烷毛细管柱，30m×0.25mm×0.25μm。

进样口温度：240℃。

检测器 FID 温度：280℃。

柱温：初始温度 50℃，保持 5min，然后以 10℃/min 升至 280℃，保持 5min。

载气流速：1.0mL/min。

进样量：1.0μL。

注意：也可根据所用气相色谱仪的性能及样品实际情况另外选择最佳的色谱测定条件。

（5）试验步骤　所有试验进行两次平行测定。

① 色谱仪参数优化　按色谱测试条件，每次都应该使用已知的校准化合物对仪器进行最优化处理，使仪器的灵敏度、稳定性和分离效果处于最佳状态。

进样量和分流比应相匹配，以免超出色谱柱的容量，并在仪器检测器的线性范围内。

②定性分析　被测化合物保留时间的测定：将 1.0μL 含被测化合物的标准混合溶液注入色谱仪，记录各被测化合物的保留时间。

定性分析：按产品明示的施工配比制备混合试样，搅拌均匀后称取约 2g 的样品用适量的稀释剂稀释试样，用进样器取 1.0μL 混合均匀的试样注入色谱仪，记录色谱图，并与测定的标准被测化合物的保留时间对比确定是否存在被测化合物。

注意：对聚氨酯类涂料制备好混合试样后应尽快测试。

③ 校准 校准样品的配置：分别称取一定量（精确至 0.1mg）的各种校准化合物于配样瓶中，称取的质量与待测试样中所含的各种化合物的含量应在同一数量级；再称取与待测化合物相同数量级的内标物于同一配样瓶中，用适量稀释溶剂稀释混合物，密封配样瓶并摇匀。

相对校正因子的测试：在与测试试样相同的色谱测试条件下优化仪器参数。将适量的校准混合物注入气相色谱仪中，记录色谱图，按式(8-18) 分别计算每种化合物的相对校正因子：

$$R_i = \frac{m_{ci} \times A_{is}}{m_{is} \times A_{ci}}$$

(8-18)

式中 R_i——化合物 i 的相对校正因子；

m_{ci}——校准混合物中化合物 i 的质量，g；

m_{is}——校准混合物中内标物的质量，g；

A_{is}——内标物的峰面积；

A_{ci}——化合物 i 的峰面积。

测定结果保留三位有效数字。

④ 试样的测试 按产品明示的施工配比制备混合试样，称取搅拌均匀后的试样 2g（精确至 0.1mg）以及与被测化合物相同数量级的内标物于配样瓶中，加入适量稀释溶剂于同一配样瓶中稀释试样，密封配样瓶并摇匀（注：对聚氨酯类涂料制备好混合试样后应尽快测试）。按校准时的最优化条件设定仪器参数。将 1.0μL 按配制的试样注入气相色谱仪中，记录色谱图，然后按式(8-19) 分别计算试样中所含的被测化合物（苯、甲苯、乙苯、二甲苯和甲醇）的质量分数。

$$w_i = \frac{m_{is} \times A_i \times R_i}{m_s \times A_{is}} \times 100$$

(8-19)

式中 w_i——试样中被测化合物 i 的质量分数，%；

R_i——被测化合物 i 的相对校正因子；

m_{is}——内标物的质量，g；

m_s——测试试样的质量，g；

A_{is}——内标物的峰面积；

A_i——被测化合物 i 的峰面积。

平行测试两次，w_i 值取两次测试结果的平均值。

8.4.4 卤代烃含量的测定

（1）原理 试样经稀释后直接注入气相色谱仪中，二氯甲烷、二氯乙烷、三氯甲烷、三氯乙烷、四氯化碳经毛细管色谱柱与其他组分完全分离后，用电子捕获检测器检测，以内标法定量。

（2）材料和试剂

① 载气：氮气，纯度≥99.995%。

② 辅助气体（隔垫吹扫和尾吹气）：与载气具有相同性质的氮气。

③ 内标物：试样中不存在的化合物，且该化合物能够与色谱图上其他成分完全分离，

纯度至少为99％（质量分数）或已知纯度。如：溴丙烷。

④ 校准化合物：二氯甲烷；1，1-二氯乙烷；1，2-二氯乙烷；三氯甲烷；1，1，1-三氯乙烷；1，1，2-三氯乙烷；四氯化碳；纯度至少为99％（质量分数）或已知纯度。

⑤ 稀释溶剂：用于稀释试样的有机溶剂，不含有任何干扰测试的物质，纯度至少为99％（质量分数）或已知纯度。如：乙酸乙酯、正己烷等。

（3）仪器设备

① 气相色谱仪，具有以下配置：分流装置的进样口，并且汽化室内衬可更换；程序升温控制器。

② 检测器：电子捕获检测器（ECD）。

③ 色谱柱：应能使被测物足够分离，如（5％苯基）95％甲基聚硅氧烷毛细管柱或相当型号。

（4）气相色谱测试条件。

色谱柱：（5％苯基）95％甲基聚硅氧烷毛细管柱，30m×0.25mm×0.25μm。

进样口温度：250℃。

检测器温度：300℃。

柱温：初始温度40℃，保持15min，然后以10℃/min升至150℃，保持2min，然后以50℃/min升至250℃，保持2min。

载气流速：2.0mL/min。

进样量：0.2μL。

注意：也可根据所用气相色谱仪的性能及样品实际情况另外选择最佳的色谱测定条件。

（5）试验步骤 所有试验进行两次平行测定。

① 色谱仪参数优化 按色谱测试条件，每次都应该使用已知的校准化合物对仪器进行最优化处理，使仪器的灵敏度、稳定性和分离效果处于最佳状态。进样量和分流比应相匹配，以免超出色谱柱的容量，并在仪器检测器的线性范围内。

② 定性分析 被测化合物保留时间的测定：将0.2μL含被测化合物的标准混合溶液注入色谱仪，记录各被测化合物的保留时间。

定性分析：按产品明示的施工配比制备混合试样，搅拌均匀后称取约2g的样品用适量的稀释剂稀释试样，用进样器取0.2μL混合均匀的试样注入色谱仪，记录色谱图，并与测定的标准被测化合物的保留时间对比确定是否存在被测化合物。

注意：对聚氨酯类涂料制备好混合试样后应尽快测试。

③ 校准 校准样品的配置：分别称取一定量（精确至0.1mg）的校准化合物于样品瓶中，称取的质量与待测试样中所含的各种化合物的含量应在同一数量级；再称取与待测化合物相同数量级的内标物于同一配样瓶中，用适量稀释溶剂稀释混合物（其稀释浓度应在仪器检测器线性范围内，若超出应加大稀释倍数或逐级多次稀释），密封配样瓶并摇匀。

相对校正因子的测试：在与测试试样相同的色谱测试条件下优化仪器参数。将适量的校准混合物注入气相色谱仪中，记录色谱图，按式（8-20）分别计算每种化合物的相对校正因子：

$$R_i = \frac{m_{ci} \times A_{is}}{m_{is} \times A_{ci}} \tag{8-20}$$

式中　R_i——化合物 i 的相对校正因子；

　　m_{ci}——校准混合物中化合物 i 的质量，g；

　　m_{is}——校准混合物中内标物的质量，g；

A_{is}——内标物的峰面积；

A_{ci}——化合物 i 的峰面积。

测定结果保留三位有效数字。

④ 试样的测试 试样的配制：按产品明示的施工配比制备混合试样，称取搅拌均匀后的试样 2g（精确至 0.1mg）以及与被测化合物相同数量级的内标物于配样瓶中，加入适量稀释溶剂于同一配样瓶中稀释试样，密封配样瓶并摇匀（注：对聚氨酯类涂料制备好混合试样后应尽快测试）。按校准时的最优化条件设定仪器参数。将 0.2μL 按配制的试样注入气相色谱仪中，记录色谱图，然后按公式(8-21)分别计算试样中所含的被测化合物（二氯甲烷、1,1-二氯乙烷、1,2-二氯乙烷、三氯甲烷、1,1,1-三氯乙烷、1,1,2-三氯乙烷、四氯化碳）的质量分数。

$$w_i = \frac{m_{is} \times A_i \times R_i}{m_s \times A_{is}} \times 100 \tag{8-21}$$

式中 w_i——试样中被测化合物 i 的质量分数，%；

$\quad\quad R_i$——被测化合物 i 的相对校正因子；

$\quad\quad m_{is}$——内标物的质量，g；

$\quad\quad m_s$——测试试样的质量，g；

$\quad\quad A_{is}$——内标物的峰面积；

$\quad\quad A_i$——被测化合物 i 的峰面积。

平行测试两次，w_i 值取两次测试结果的平均值。

（6）计算

$$w_{卤代烃} = w_{二氯甲烷} + w_{1,1-二氯乙烷} + w_{1,2-二氯乙烷} + w_{三氯甲烷} + w_{1,1,1-三氯乙烷} +$$
$$w_{1,1,2-三氯乙烷} + w_{四氯化碳} \tag{8-22}$$

任务 8.5 胶黏剂中有害物质的测定

胶黏剂主要由胶结基料、填料、溶剂（或水）及各种配套助剂组成。由于胶黏剂使用面积大，而粘接后又被材料覆盖，有害物质散发时间长，无法通过简单的通风措施短期内排出。因此，胶黏剂对室内空气的污染危害比涂料还要大。必须严格控制胶黏剂中的有害物质含量。

室内建筑装饰装修用胶黏剂分为溶剂型、水基型、本体型三大类。

8.5.1 胶黏剂中游离甲醛含量的测定

（1）原理 水基型胶黏剂用水溶解，而溶剂型胶黏剂先用乙酸乙酯溶解后，再加水溶解。将溶解于水中的游离甲醛随水蒸出。在 pH=6 的乙酸-乙酸铵缓冲溶液中，馏出液中甲醛与乙酰丙酮作用，在沸水浴条件下迅速生成稳定的黄色化合物，冷却后在 415nm 处测其吸光度。根据标准曲线，计算试样中游离甲醛的含量。

（2）试剂

① 乙酸铵。

② 冰乙酸：$\rho = 1.055g/mL$。

③ 乙酰丙酮：$\rho = 0.975g/mL$。

④ 乙酰丙酮溶液：0.25%（体积分数）。

⑤ 盐酸溶液（1+5）。

⑥ 氢氧化钠溶液：30g/100mL。

⑦ 碘标准溶液：$c(1/2\ I_2)＝0.1mol/L$。

⑧ 硫代硫酸钠溶液：$c(Na_2S_2O_3)＝0.1mol/L$。

⑨ 淀粉溶液：1g/100mL。

⑩ 甲醛：质量分数为36%～38%。

⑪ 甲醛标准贮备液：取10mL甲醛溶液置于500mL容量瓶中，用水稀释至下列浓度。

甲醛标准贮备液的标定：吸取5.0mL甲醛标准贮备液置于250mL碘量瓶中，加0.1mol/L的碘溶液30.0mL，立即逐滴地加入30g/100mL氢氧化钠溶液至颜色退到淡黄色为止（大约0.7mL）。静置10min，加入盐酸溶液15mL，在暗处静置10min，加入100mL新煮沸但已冷却的水，用标定好的硫代硫酸钠标准滴定溶液滴定至淡黄色，加入新配制的1g/100mL的淀粉指示剂1mL，继续滴定至蓝色刚刚消失为终点。同时进行空白测定。按式（8-23）计算甲醛标准贮备液浓度$c_{甲醛}$：

$$c_{甲醛}＝\frac{(V_1－V_2)c\times15.0}{5.0} \tag{8-23}$$

式中　$c_{甲醛}$——甲醛标准贮备液浓度，mg/mL；

　　　V_1——空白溶液消耗硫代硫酸钠溶液的体积，mL；

　　　V_2——标定甲醛消耗硫代硫酸钠标准滴定溶液的体积，mL；

　　　c——硫代硫酸钠标准滴定溶液的浓度，mol/L；

　　　15.0——1/2HCHO摩尔质量；

　　　5.0——甲醛标准储备液取样体积，mL。

⑫ 甲醛标准溶液：用水将甲醛标准贮备液稀释成10.0μg/mL甲醛标准溶液，在2～5℃可稳定贮存一周。

（3）仪器

① 单口蒸馏烧瓶：500mL。

② 直形冷凝管。

③ 容量瓶：250mL、200mL、25mL。

④ 水浴锅。

⑤ 分光光度计。

（4）分析步骤

① 标准曲线的绘制　按表8-15所列甲醛标准贮备液的体积，分别加入六只25mL容量瓶，加0.25%乙酰丙酮溶液5mL，用水稀释至刻度，混匀，置于沸水中加热3min，取出冷却至室温，用1cm的吸收池，以空白溶液为参比，于波长415nm处测定吸光度，以吸光度A为纵坐标，以甲醛浓度c（μg/mL）为横坐标，绘制标准曲线，或用最小二乘法计算其回归方程。

表8-15　甲醛标准贮备溶液

甲醛标准贮备液/mL	对应的甲醛含量/(μg/mL)
10.00	4.0
7.50	3.0
5.00	2.0
2.50	1.0
1.25	0.5
0①	0①

① 空白溶液。

② 样品测定　水基型胶黏剂的测定：称取试样 2.0～3.0g（精确至 0.1mg）置于 500mL 的蒸馏瓶中，加 250mL 水将其溶解，摇匀。装好蒸馏装置，加热蒸馏，蒸至馏出液为 200mL，停止蒸馏，如蒸馏过程中发生沸溢现象，应减少称样量，重新试验。将馏出液转移到 250mL 容量瓶中，用水稀释至刻度。取 10mL 定容后的溶液于 25mL 的容量瓶中，加 5mL 乙酰丙酮溶液，用水稀释至刻度，摇匀。将其置于沸水浴中煮 3min，取出冷却至室温，然后测其吸光度。

溶剂型胶黏剂的测定：称取试样 5.0g（精确至 0.1mg）置于 500mL 的蒸馏瓶中，加 20mL 乙酸乙酯溶解样品，然后再加 250mL 水将其溶解，摇匀。装好蒸馏装置，加热蒸馏，蒸至馏出液为 200mL，停止蒸馏。将馏出液转移到 250mL 容量瓶中，用水稀释至刻度。取 10mL 馏出液于 25mL 的容量瓶中，加 5mL 乙酰丙酮溶液，用水稀释至刻度，摇匀。将其置于沸水浴中煮 3min，取出冷却至室温，然后测其吸光度。

结果按式(8-24)计算：

$$X = \frac{(c_t - c_b)Vf}{1000m} \tag{8-24}$$

式中　X——游离甲醛的含量，g/kg；

V——馏出液定容后的体积，mL；

f——试样溶液的稀释因子；

c_t——从标准曲线上读出的试样溶液中甲醛浓度，$\mu g/mL$；

c_b——从标准曲线上读出的空白溶液中甲醛浓度，$\mu g/mL$；

m——试样质量，g。

8.5.2　胶黏剂中苯含量的测定

（1）检验原理　试样用适当的溶剂稀释后，直接用微量注射器将稀释后的试样溶液注入进样装置，并被载气带入色谱柱。在色谱柱内被分离成相应的组分，用氢火焰离子化检测器检测并记录色谱图，用外标法计算试样溶液中苯的含量。

（2）仪器设备

① 气相色谱仪：带氢火焰离子化检测器。

② 进样器：微量注射器，5mL。

③ 色谱柱：大口径毛细管柱，DB-1（30m×0.53mm×1.5mm），固定液为二甲基聚硅氧烷。

（3）试剂

① 苯：色谱纯。

② 乙酸乙酯：分析纯。

（4）色谱条件　程序升温：初始温度 35℃，保持时间 25min，升温速率 8℃/min，最终温度 150℃，保持时间 10min。汽化室温度：200℃；检测室温度：250℃。氮气：纯度大于 99.9%；氢气：纯度大于 99.9%；空气：硅胶除水。

（5）分析步骤　称取 0.2～0.3g（精确至 0.1mg）的试样，置于 50mL 的容量瓶中，用乙酸乙酯溶解并稀释至刻度，摇匀。用微量注射器取 1μL 进样，测其峰面积。若试样溶液的峰面积大于表 8-16 中规定的最大浓度的峰值面积，则用移液管准确移取 V 体积的试样溶液于 50mL 容量瓶中，用乙酸乙酯稀释至刻度，摇匀后再测。

（6）标准溶液的配制

① 苯标准溶液 1.0mg/mL   称取 0.1g（精确到 0.1mg）1.0mg/mL 的苯的标准溶液，置于 100mL 容量瓶中，用乙酸乙酯稀释至刻度，摇匀。

② 系列苯标准溶液的配置   按表 8-16 中所列苯标准溶液的体积，分别加到六个 25mL 的容量瓶中，用乙酸乙酯稀释到刻度，摇匀。

表 8-16   系列苯标准溶液的体积与相应苯的质量浓度

移取的体积/mL	相应苯的质量浓度/(μg/mL)
15.00	600
10.00	400
5.00	200
2.50	100
1.00	40
0.50	20

③ 系列标准溶液峰面积的测定   开启气相色谱仪，设定色谱条件并待基线稳定后，用微量注射器取 1μL 标准溶液进样，测定峰面积，每一标准溶液进样五次，取其平均值。

④ 标准曲线的绘制   以峰面积 A 为纵坐标，相应质量浓度 μg/mL 为横坐标，即得标准曲线。

（7）结果表达   再测定试样的峰面积，根据标准曲线求得试样溶液中苯的浓度。计算公式如下：

$$w = \frac{\rho_t V f}{1000m} \tag{8-25}$$

式中 w——试样中苯的含量，g/kg；

ρ_t——从标准曲线上读出的试样溶液中苯的质量浓度，μg/mL；

V——试样溶液的体积，mL；

m——试样质量，g。

f——稀释因子。

8.5.3   胶黏剂中甲苯、二甲苯含量的测定

原理同苯，仪器、试剂、方法、计算与苯检测相仿。

8.5.4   聚氨酯胶黏剂中游离甲苯二异氰酸酯含量的测定

（1）原理   试样用适当的溶剂稀释后，加入正十四烷作内标物。将稀释后的试样溶液注入进样装置，并被载气带入色谱柱，在色谱柱内被分离成相应的组分，用氢火焰离子化检测器检测并记录色谱图，用内标法计算试样溶液中甲苯二异氰酸酯的含量。

（2）试剂

① 乙酯乙酯：加入 1000g 5A 分子筛，放置 24h 后过滤。

② 甲苯二异氰酸酯。

③ 正十四烷：色谱纯。

④ 5A 分子筛：在 500℃ 的高温炉中加热 2h，置于干燥器中冷却备用。

（3）仪器

① 进样装置：5μL 的微量注射器。

②色谱仪：带氢火焰离子化检测器。

③色谱柱：大口径毛细管柱：DB-1（30m×0.53mm×1.5μm），固定液为二甲基聚硅氧烷。

④记录装置：积分仪或色谱工作站。

⑤测定条件：汽化室温度160℃；检测室温度200℃；柱箱温度135℃。

⑥氮气：纯度大于99.9%，硅胶除水，柱前压为100kPa（135℃）。

⑦氢气：纯度大于99.9%，硅胶除水，柱前压为65kPa。

⑧空气：硅胶除水，柱前压为55kPa。

（4）分析步骤

①内标溶液的制备　称取0.2g（精确到0.1mg）正十四烷于25mL的容量瓶中，用除水乙酸乙酯稀释至刻度，摇匀。

②相对质量校正因子的测定　称取0.2～0.3g（精确到0.1mg）甲苯二异氰酸酯于50mL的容量瓶中，加入5mL内标物，用适量的乙酸乙酯稀释，取1μL进样，测定甲苯二异氰酸酯和正十四烷的色谱峰面积。根据公式计算相对质量校正因子，相对质量校正因子f'按式（8-26）的计算：

$$f' = \frac{m_i}{m_s} \times \frac{A_s}{A_i} \tag{8-26}$$

式中　m_i——甲苯二异氰酸酯的质量，g；

$\quad\quad m_s$——所加内标的质量，g；

$\quad\quad A_i$——甲苯二异氰酸酯的峰面积；

$\quad\quad A_s$——所加内标物的峰面积。

③试样溶液的制备及测定　称取2～3g（精确到0.1mg）样品于50mL容量瓶中，加入5mL内标物，用适量的乙酸乙酯稀释，取1μL进样，测定试样溶液中甲苯二异氰酸酯和正十四烷的色谱峰面积。

（5）结果表达

$$w = f' \frac{A_i}{A_s} \times \frac{m_s}{m_i} \times 1000 \tag{8-27}$$

式中　w——试样中甲苯二异氰酸酯含量，g/kg；

$\quad\quad f'$——相对质量校正因子；

$\quad\quad m_i$——待测试样的质量，g；

$\quad\quad m_s$——所加内标物的质量，g；

$\quad\quad A_i$——待测试样的峰面积；

$\quad\quad A_s$——所加内标物的峰面积。

8.5.5　胶黏剂中卤代烃含量的测定

方法采用气相色谱法，原理同胶黏剂中苯的检测。

8.5.6　胶黏剂中总挥发性有机物含量的测定

在装修过程中使用胶黏剂，会释放挥发性有机溶剂等挥发性有机化合物，超量释放的有害气体直接影响施工人员的健康。而装修后缓慢释放出的有害气体给新装修居室的人们带来长期的影响。挥发性有机化合物会对环境产生污染并加大了室内有机污染物的负荷，严重的会使人引起头痛、咽喉痛等症状，危害人体健康。所以需要对胶黏剂中总挥发性有机物的含量进行测定。

（1）原理　将适量的胶黏剂置于恒定温度的鼓风干燥箱中，在规定的时间内，测定胶黏剂总挥发物含量。用卡尔·费休法测定其中水分的含量，胶黏剂总挥发物含量扣除其中水分的量，即得胶黏剂中总挥发性有机物的含量。

（2）仪器

① 鼓风干燥箱：温度能控制在 105℃±1℃。

② 卡尔·费休滴定仪。

③ 气相色谱仪：配有热导检测器。

（3）分析步骤

① 挥发物及不挥发物测定　在 105℃±2℃ 的烘箱内，干燥玻璃棒及蒸发皿，在干燥器内冷却至室温，称量带有玻璃棒的蒸发皿，准确到 1mg，然后以同样的准确度在蒸发皿中称量受试产品 2g±0.2g，确保产品均匀地分布在蒸发皿中。若产品含高挥发性的溶剂（溶剂型木器涂料多见这种情况），则采用减量法从一带塞称量瓶称样至蒸发皿内，然后在热水浴上缓缓加热到大部分溶剂挥发完为止。把盛玻璃棒、试样的蒸发皿放入 105℃±2℃ 的烘箱内保持 3h。经短时间加热后从烘箱中取出，用玻璃棒搅拌试样，把表面结皮破碎，再烘。烘到规定的时间后，在干燥器中冷却至室温，称量，精确至 1mg。

结果计算，以被测产品的质量百分数来计算不挥发物的含量 X。

$$X = \frac{m_1}{m} \times 100 \tag{8-28}$$

式中　X——不挥发物含量，%；

$\quad\quad m$——加热前试样的质量，mg；

$\quad\quad m_1$——加热后试样的质量，mg。

同一试样至少进行两次测定，以算术平均值（精确到 1 位小数）报告结果，相对误差小于 1%。

② 密度的测定

检验原理：在 20℃ 条件下，用容量为 37.00mL 的重量杯所盛液态胶黏剂量除以 37.00mL 得到液态胶黏剂的密度。

试验步骤：准备足以进行三次试验的胶黏剂样品。用挥发性溶剂清洗重量杯并干燥之。在 25℃ 以下把搅拌均匀的胶黏剂试样装满重量杯，然后将盖子盖紧，并使溢流口保持开启，随即用挥发性溶剂擦去溢出物。将盛有胶黏剂试样的重量杯置于恒温浴或恒温室中，使试样恒温至 23℃±1℃。用溶剂擦去溢出物，然后用重量杯的配对砝码称装有试样的重量杯值，精确至 0.001g。每个胶黏剂样品测试三次，以三次数据的算术平均值作为试验结果。

③ 胶黏剂中水分含量的测定　胶黏剂中水分测定有两种方法，气相色谱法和卡尔·费休法。

胶黏剂水分测定按《化学试剂　水分测定通用方法　卡尔·费休法》（GB/T 606—2003）规定的方法进行测定。市场上有卡尔·费休法水分测定仪及商品卡尔·费休试剂出售，使用者可按仪器性能进行使用。

检验原理：当仪器的电解池中的卡氏试剂正好到达平衡时注入含水样品，水参与碘、二氧化硫的还原反应，在吡啶和甲醇存在的情况下，生成氢碘酸吡啶和甲基硫酸吡啶，消耗了的碘在阳极电解产生，从而使氧化还原反应不断进行，直到水分全部耗尽，依据法拉第定律，电解产生碘同电解时耗用的电量成正比关系的规律，测定试样中的含水量。

任务 8.6 木家具中有害物质的测定

家具是人们生活中不可缺少的物件，同时也是室内建筑装饰装修中占有很大比例的产品，与人们日常生活健康有着密切的联系。近年来，随着家具需求量的逐年递增，家具的污染问题也愈加突出。

家具产生的有害物质包括游离甲醛及其他挥发性有机化合物、重金属等，其中以游离甲醛最为突出。

8.6.1 木家具中甲醛释放量的测定

（1）原理 利用干燥器法测定甲醛释放量基于下面两个步骤。第一步，收集甲醛：在干燥器底部放置盛有蒸馏水的结晶皿，在其上方固定的金属支架上放置试件，释放出的甲醛被蒸馏水吸收，作为试样溶液。第二步，测定甲醛浓度：用分光光度计测定试样溶液的吸光度，由预先绘制的标准曲线求得甲醛的浓度。

（2）试剂

① 碘化钾（KI）：分析纯。

② 重铬酸钾（$K_2Cr_2O_7$）：优级纯。

③ 硫代硫酸钠（$Na_2S_2O_3 \cdot 5H_2O$）：分析纯。

④ 碘化汞（HgI_2）：分析纯。

⑤ 无水碳酸钠（Na_2CO_3）：分析纯。

⑥ 硫酸（H_2SO_4）：$\rho=1.84g/mL$，分析纯。

⑦ 盐酸（HCl）：$\rho=1.19g/mL$，分析纯。

⑧ 氢氧化钠（NaOH）：分析纯。

⑨ 碘（I_2）：分析纯。

⑩ 可溶性淀粉：分析纯。

⑪ 乙酰丙酮（$CH_3COCH_2COCH_3$）：优级纯。

⑫ 乙酸铵（CH_3COONH_4）：优级纯。

⑬ 甲醛（CH_2O）：浓度35%～40%。

（3）试件制备 试件取样：试件应在满足试验规定的出厂合格产品上取样。若产品中使用数种木质材料则分别在每种材料的部件上取样。试件应在距家具部件边沿50mm内制备。试件规格：长（150±1）mm，宽（50±1）mm。试件数量共10块。制备试件时应考虑每种木质材料与产品中使用面积的比例，确定每种材料部件上的试件数量。试件封边：试件锯完后其端面应立即采用熔点为65℃的石蜡或不含甲醛的胶纸条封闭，试件端面的封边数量应为部件的原实际封边数量，至少保留50mm一处不封边。试件存放：应在实验室内制备试件，试件制备后应在2h内开始试验，否则应重新制作试件。

（4）试验步骤

① 甲醛的收集 在直径为240mm、容积为9～11L的干燥器底部放置直径为120mm、高度为60mm的结晶皿，在结晶皿内加入300mL蒸馏水。在干燥器上部放置金属支架。金

属支架上固定试件，试件之间互不接触。测定装置在 20℃±2℃ 下放置 24h，蒸馏水吸收从试件释放出的甲醛，此溶液作为待测液。

② 甲醛浓度的定量方法 量取 10mL 乙酰丙酮溶液（体积分数为 0.4%）和 10mL 乙酸铵溶液（质量分数为 20%）于 50mL 带塞三角烧杯中，再从结晶皿中移取 10mL 待测液到该烧瓶中。塞上瓶塞，摇匀，再放到 40℃±2℃ 的水槽中加热 15min，然后把这种黄绿色的反应溶液静置暗处，冷却至室温 18～28℃，约 1h。在分光光度计上 412nm 处，以蒸馏水作为对比溶液，调零。用厚度为 5mm 的比色皿测定该反应溶液的吸光度 A_s。同时用蒸馏水代替反应溶液作空白试验，确定空白值为 A_b。绘制标准曲线。

③ 结果表示 甲醛溶液的浓度按式(8-29) 计算，精确至 0.1mg/L。

$$c = f \times (A_s - A_b) \tag{8-29}$$

式中 c——甲醛浓度，mg/L；

　　f——标准曲线斜率，mg/L；

　　A_s——反应溶液的吸光度；

　　A_b——蒸馏水的吸光度。

8.6.2 木家具中可溶性重金属含量的测定

(1) 原理 采用一定浓度的稀盐酸溶液处理制成的涂层粉末，用火焰原子吸收光谱法或无焰原子吸收光谱法测定该溶液中的重金属元素。

(2) 仪器

① 不锈钢金属筛：孔径 0.5mm。

② 酸度计：精确度为 ±0.2pH 单位。

③ 滤膜器：孔径为 0.45μm。

④ 磁力搅拌器：搅拌器外层应为塑料或玻璃。

⑤ 单刻度移液管：25mL。

⑥ 白色容量瓶：50mL。

⑦ 刮刀：具有锋利刀刃的刀具。

(3) 试剂 所用试剂均为分析纯，所用水均为符合《分析实验室用水规格和试验方法》(GB/T 6682—2008) 中三级水的要求。

盐酸溶液 0.07mol/L、1mol/L、2mol/L。

硝酸溶液质量分数为 65%～68%。

(4) 涂层粉末的制备 在家具产品的涂层表面上用刮刀刮取适量涂层，在室温下通过磁力搅拌器粉碎，使其能通过 0.5mm 的金属筛网待处理。

(5) 试验步骤

① 样品处理 将过筛的粉末样品称取 0.5g（精确至 0.0001g），放入白色容量瓶中，加入 25mL0.07mol/L 盐酸溶液，搅拌 1min，测定其酸度，如果 pH 值大于 1.5，应一面摇动一面滴入浓度为 2mol/L 的盐酸溶液直到 pH 值下降到 1.0～1.5 为止。在室温下连续搅拌该混合液 1h 后，再静置 1h，然后立刻用滤膜器过滤后避光保存。应在 4h 内完成样品处理。若 4h 内无法完成，则需加入 1mol/L 的盐酸溶液 25mL 对样品处理，处理方法同上。

② 可溶性重金属含量测定

可溶性铅含量的测定按 GB/T 9758.1—1988 中第 3 章的要求进行。

可溶性镉含量的测定按 GB/T 9758.4—1988 中第 3 章的要求进行。

可溶性铬含量的测定按 GB/T 9758.6—1988 进行。

可溶性汞含量的测定按 GB/T 9758.7—1988 进行。

③ 结果计算　可溶性重金属的含量用式（8-30）计算，精确至 0.1mg/kg。

$$c = \frac{(a_1 - a_0) \times 25 \times F}{m} \tag{8-30}$$

式中　c——可溶性重金属（铅、铬、镉、汞）含量，mg/kg；

　　　a_0——0.07mol/L 或 1mol/L 盐酸溶液空白浓度；

　　　a_1——从标准曲线上测得试验溶液（铅、铬、镉、汞）的浓度；

　　　F——稀释因子；

　　　25——萃取的盐酸溶液体积，mL；

　　　m——称取的样品质量，g。

任务 8.7　混凝土外加剂中释放氨的测定

混凝土外加剂是在拌制混凝土过程中掺入用以改善混凝土性能的物质。有害物质限量中要求混凝土外加剂中释放氨的量≤0.10%（质量分数）。

本方法适用于各类具有室内使用功能的建筑用且能释放氨的混凝土外加剂，不适用于桥梁、公路及其他室外工程用混凝土外加剂。

8.7.1　取样和留样

在同一编号外加剂中随机抽取 1kg 样品，混合均匀，分为两份，一份密封保存三个月，另一份作为试样样品。

8.7.2　检测方法

混凝土外加剂中释放氨的测定（蒸馏后滴定法）

（1）原理　从碱性溶液中蒸馏出氨，用过量硫酸标准溶液吸收，以甲基红-亚甲基蓝混合指示剂为指示剂，用氢氧化钠标准滴定溶液滴定过量的硫酸。

（2）试剂

① 盐酸（1+1）。

② 硫酸标准溶液：$c(1/2H_2SO_4) = 0.1mol/L$。

③ 氢氧化钠标准滴定溶液：$c(NaOH) = 0.1mol/L$。

④ 甲基红-亚甲基蓝混合指示液：将 50mL 甲基红乙醇溶液（2g/L）和 50mL 亚甲基蓝乙醇溶液（1g/L）混合。

⑤ 广泛 pH 试纸。

⑥ 氢氧化钠。

（3）仪器设备　分析天平，精度 0.001g；500mL 玻璃蒸馏器；300mL 烧杯；250mL 量筒；20mL 移液管；50mL 碱式滴定管；1000W 电炉。

（4）分析步骤　试样的处理：固体试样，需在干燥器中放置 24h 后测定，液体试样可直接称量。将试样搅拌均匀，分别称取两份各 5g 的试料，精确至 0.001g，放入两个 300mL 烧杯中，加水溶解。可水溶的试料，在盛有试料的 300mL 烧杯中加入水，移入 500mL 玻璃蒸馏器中，控制总体积 200mL，备蒸馏。含有可能保留有氨的水不溶物的试料，在盛有试料的 300mL 烧杯中加入 20mL 水和 10mL 盐酸溶液，搅拌均匀，放置 20min 后过滤，收集滤液至 500mL 玻璃蒸馏器中，控制总体积 200mL，备蒸馏。

蒸馏：在备蒸馏的溶液中加入数粒氢氧化钠，以广泛试纸试验，调整溶液 pH＞12，加入几粒防爆玻璃珠。准确移取 20mL 硫酸标准溶液于 250mL 量筒中，加入 3～4 滴混合指示剂，将蒸馏器馏出液出口玻璃管插入量筒底部硫酸溶液中。在检查蒸馏器连接无误并确保密封后，加热蒸馏。收集蒸馏液达 180mL 后停止加热，卸下蒸馏瓶，用水冲洗冷凝管，并将洗涤液收集在量筒中。

滴定：将量筒中溶液移入 300mL 烧杯中，洗涤量筒，将洗涤液并入烧杯。用氢氧化钠标准滴定溶液回滴过量的硫酸标准溶液，直至指示剂由亮紫色变为灰绿色，消耗氢氧化钠标准滴定溶液的体积为 V_1。

空白试验：在测定的同时，按同样的分析步骤、试剂和用量，不加试料进行平行操作，测定空白试验氢氧化钠标准滴定溶液消耗体积 V_2。

（5）计算 混凝土外加剂样品中释放氨的量，以氨（NH_3）质量分数表示，按式(8-31) 计算：

$$X_氨 = \frac{(V_2 - V_1)c \times 0.01703}{m} \times 100\% \tag{8-31}$$

式中 $X_氨$——混凝土外加剂中释放氨的量，%；

   c——氢氧化钠标准滴定溶液浓度的准确数值，mol/L；

   V_1——滴定试料溶液消耗氢氧化钠标准滴定溶液体积的数值，mL；

   V_2——空白试验消耗氢氧化钠标准滴定溶液体积的数值，mL；

  0.01703——与 1.00mL 氢氧化钠标准滴定溶液[$c(NaOH) = 1.000$mol/L]相当的以克表示的氨的质量；

   m——试料质量的数值，g。

取两次平行测定结果的算术平均值为测定结果。两次平行测定结果的绝对值大于 0.01% 时，需重新测定。

能力训练题

一、简答题

1. 简述人造板及其制品中甲醛释放量穿孔萃取法的方法原理。

2. 胶合板的甲醛释放量测定为何不采用穿孔萃取法？

3. 简述家具产品中产生甲醛的主要原因。

4. 简述胶黏剂中总有机挥发物含量的测定。

5. 气相色谱的内标法定量分析有哪些优点？方法的关键是什么？

6. 简述水性涂料中 VOC 测定的准确性的影响因素。

7. 涂料中重金属测定的类型及"可溶性"重金属的前处理方法是什么？

二、计算题

1. 称取两份人造板试样测定含水率，两份试样干燥前质量分别为 53.25 g 和 55.63g，干燥至恒重后分别为 50.00g 和 52.20g。两份试样的含水率分别为多少？

称取 109.58g 试件进行穿孔萃取，硫代硫酸钠标准溶液的浓度为 0.01047mol/L。萃取液稀释至 2000mL 后，用移液管取两份 100mL 的萃取液按标准规定的程序用碘量法标定，两份萃取液所耗硫代硫酸钠标准溶液分别为 42.15mL 和 42.20mL。空白试验时所耗硫代硫酸钠标准溶液为 47.35mL。计算每 100g 绝干试件萃取的甲醛毫克数。

2. 用内标法测定某涂料溶剂中的甲苯含量，以正戊烷作为内标物，已知标准样品中甲苯的质量为 0.200g，正戊烷的质量为 0.200g。试样制备如下：2.000g 涂料溶剂添加 0.100g 正戊烷。色谱分析测得：标准样品的谱图中，正戊烷的峰高为 100.00mAU，甲苯的峰高为 125.00mAU；添加内标物的涂料溶剂试样谱图中，正戊烷的峰高为 55.00mAU，甲苯的峰高为 75.00mAU。求甲苯对内标物的相对峰高校正因子 f 是多少？该涂料溶剂中甲苯的质量百分含量是多少？

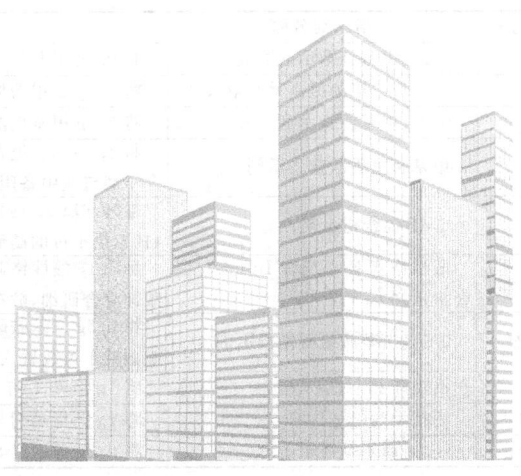

附录

附表 1　常用的缓冲溶液

序号	溶液名称	配制方法	pH 值
1	HAc-NaAc	将 8g NaAc·3H$_2$O 溶于适量水中,加 134mL 6.0moL/mL HAc,然后加水稀释至 500mL	3.6
2	HAc-NaAc	将 20g NaAc·3H$_2$O 溶于适量水中,加 134mL 6.0moL/mL HAc,然后加水稀释至 500mL	4.0
3	HAc-NaAc	将 32g NaAc·3H$_2$O 溶于适量水中,加 68mL 6.0moL/mL HAc,然后加水稀释至 500mL	4.5
4	HAc-NaAc	将 50g NaAc·3H$_2$O 溶于适量水中,加 34mL 6.0moL/mL HAc,然后加水稀释至 500mL	5.0
5	HAc-NaAc	将 100g NaAc·3H$_2$O 溶于适量水中,加 13mL 6.0moL/mL HAc,然后加水稀释至 500mL	5.7
6	NH$_4$Cl-NH$_3$·H$_2$O	将 60g NH$_4$Cl 溶于适量水中,加 1.4mL 15.0moL/mL NH$_3$·H$_2$O,然后加水稀释至 500mL	7.5
7	NH$_4$Cl-NH$_3$·H$_2$O	将 40g NH$_4$Cl 溶于适量水中,加 8.8mL 15.0moL/mL NH$_3$·H$_2$O,然后加水稀释至 500mL	8.5
8	NH$_4$Cl-NH$_3$·H$_2$O	将 35g NH$_4$Cl 溶于适量水中,加 24mL 15.0moL/mL NH$_3$·H$_2$O,然后加水稀释至 500mL	9.0
9	NH$_4$Cl-NH$_3$·H$_2$O	将 30g NH$_4$Cl 溶于适量水中,加 65mL 15.0moL/mL NH$_3$·H$_2$O,然后加水稀释至 500mL	9.5
10	NH$_4$Cl-NH$_3$·H$_2$O	将 27g NH$_4$Cl 溶于适量水中,加 147mL 15.0moL/mL NH$_3$·H$_2$O,然后加水稀释至 500mL	10.0
11	NH$_4$Cl-NH$_3$·H$_2$O	将 9g NH$_4$Cl 溶于适量水中,加 175mL15.0moL/mL NH$_3$·H$_2$O,然后加水稀释至 500mL	10.5

附表 2　常用的指示剂

序号	指示剂名称	配制方法
1	淀粉指示剂(0.5%)	称取 1g 可溶性淀粉,加入 10mL 蒸馏水中,搅拌下注入 200mL 沸水中,再微沸 2min,放置待用(此试剂使用前配置)
2	10%磺基水杨酸钠指示剂	将 10g 磺基水杨酸钠溶于 100mL 水中
3	0.1%溴酚蓝指示剂	将 0.1g 溴酚蓝溶于 100mL20%乙醇中
4	0.2%PAN 指示剂溶液	将 0.2g 1-2 吡啶偶氮-2-萘酚(简称 PAN)溶于 100mL 乙醇中
5	1%酚酞指示剂溶液	将 1g 酚酞溶解于 100mL95%乙醇中

序号	指示剂名称	配制方法
6	0.2%甲基红指示剂溶液	将 0.2g 甲基红溶于 100mL 乙醇中
7	0.50%二甲酚橙指示剂溶液	将 0.5g 二甲酚橙溶于 100mL 水中
8	0.2%甲基橙指示剂溶液	将 0.2g 甲基橙溶于 100mL 水中
9	甲基百里香酚蓝指示剂	将 1g 甲基百里香酚蓝与 20g 已于 106～110℃烘过的硝酸钾混合研细,贮存于磨口瓶中备用
10	CMP 混合指示剂	准确称取 1g 钙黄绿素,1g 甲基百里香酚蓝,0.2g 酚酞,与 50g 已在 105～110℃烘干过的硝酸钾混合研细,贮存于磨口瓶中备用
11	酸性铬蓝 K-萘酚绿 B(1+3)混合指示剂	称取 1g 酸性铬蓝 K 与 2.5g 萘酚绿 B 和 50g 已在 105～110℃烘干过的硝酸钾混合研细,贮存于磨口瓶中备用
12	0.5%二苯胺磺酸钠指示剂	将 0.5g 二苯胺磺酸钠溶于 100mL 水中,滴加 1～2 滴硫酸溶液(1+1)。此溶液不可放置太久,以免失效
13	铬黑 T 指示剂(1+50)	将 1g 铬黑 T 与 50g KCl 固体研细混匀
14	钙指示剂(1+100)	将 1g 钙指示剂与 100g KCl 固体研细混匀
15	0.2%茜素红 S 指示剂	将 0.2g 茜素红 S 溶于 100mL 水中

附表 3　常用坩埚的性能

熔剂名称	坩埚材质					
	铂	银	镍	铁	石英	瓷
无水碳酸钠(钾)	+	-	+	+	-	-
氢氧化钠	-	+	+	+	-	-
过氧化钠	-	+	+	+	-	-
焦硫酸钾	+	-	-	-	+	+
硫酸氢钾	+	-	-	-	+	+

注:+代表可以使用,-代表不可以使用,以免坩埚腐蚀或损坏。

附表 4　常用基准物质的干燥条件

基准物质		干燥后组成	干燥条件/℃
名称	化学式		
无水碳酸钠	Na_2CO_3	Na_2CO_3	270～300
二水草酸	$H_2C_2O_4 \cdot 2H_2O$	$H_2C_2O_4 \cdot 2H_2O$	室内空气干燥
硼砂	$Na_2B_4O_7 \cdot 10H_2O$	$Na_2B_4O_7 \cdot 10H_2O$	放在装有 NaCl 的饱和蔗糖溶液的干燥器中
邻苯二甲酸氢钾	$KHC_8H_4O_4$	$KHC_8H_4O_4$	105～110
重铬酸钾	$K_2Cr_2O_7$	$K_2Cr_2O_7$	140～150
草酸钠	$Na_2C_2O_4$	$Na_2C_2O_4$	130
碳酸钙	$CaCO_3$	$CaCO_3$	110
锌	Zn	Zn	室温干燥器中保存
氧化锌	ZnO	ZnO	800
氯化钠	NaCl	NaCl	500～600

附表 5　常用酸碱试剂的密度和浓度

试剂名称	化学式	Mr	密度 $\rho/(g/mL)$	质量分数 $w/\%$	物质的量浓度 $c_B/(mol/L)$
浓硫酸	H_2SO_4	98.08	1.84	96	18
浓盐酸	HCl	36.46	1.19	37	12
浓硝酸	HNO_3	63.01	1.42	70	16
浓磷酸	H_3PO_4	98.00	1.69	85	15
冰醋酸	CH_3COOH	60.05	1.05	99	17
高氯酸	$HClO_4$	100.46	1.67	70	12
浓氢氧化钠	NaOH	40.00	1.43	40	14
浓氨水	$NH_3 \cdot H_2O$	17.03	0.90	28	15

附表 6　国际原子量表

(按照原子序数排列，以 $^{12}C=12$ 为基准)

元素		原子量	元素		原子量
符号	名称		符号	名称	
H	氢	1.008	Nd	钕	144.242(3)
He	氦	4.002602(2)	Pm	钷	144.91276(2)
Li	锂	6.94	Sm	钐	150.36(2)
Be	铍	9.0121831(5)	Eu	铕	151.964(1)
B	硼	10.81	Gd	钆	157.25(3)
C	碳	12.011	Tb	铽	158.92535(2)
N	氮	14.007	Dy	镝	162.500(1)
O	氧	15.999	Ho	钬	164.93033(2)
F	氟	18.998403163(6)	Er	铒	167.259(3)
Ne	氖	20.1797(6)	Tm	铥	168.93422(2)
Na	钠	22.98976928(2)	Yb	镱	173.045(10)
Mg	镁	24.305	Lu	镥	174.9668(1)
Al	铝	26.9815385(7)	Hf	铪	178.49(2)
Si	硅	28.085	Ta	钽	180.94788(2)
P	磷	30.973761998(5)	W	钨	183.84(1)
S	硫	32.06	Re	铼	186.207(1)
Cl	氯	35.45	Os	锇	190.23(3)
Ar	氩	39.948(1)	Ir	铱	192.217(3)
K	钾	39.0983(1)	Pt	铂	195.084(9)
Ca	钙	40.078(4)	Au	金	196.966569(5)
Sc	钪	44.955908(5)	Hg	汞	200.592(3)
Ti	钛	47.867(1)	Tl	铊	204.38
V	钒	50.9415(1)	Pb	铅	207.2(1)
Cr	铬	51.9961(6)	Bi	铋	208.98040(1)
Mn	锰	54.938044(3)	Po	钋	208.98243(2)*
Fe	铁	55.845(2)	At	砹	209.98715(5)*
Co	钴	58.933194(4)	Rn	氡	222.01758(2)*
Ni	镍	58.6934(4)	Fr	钫	223.01974(2)*
Cu	铜	63.546(3)	Ra	镭	226.02541(2)*
Zn	锌	65.38(2)	Ac	锕	227.02775(2)*
Ga	镓	69.723(1)	Th	钍	232.0377(4)*
Ge	锗	72.630(8)	Pa	镤	231.03588(2)*
As	砷	74.921595(6)	U	铀	238.02891(3)*
Se	硒	78.971(8)	Np	镎	237.04817(2)*
Br	溴	79.904	Pu	钚	244.06421(4)*
Kr	氪	83.798(2)	Am	镅	243.06138(2)*
Rb	铷	85.4678(3)	Cm	锔	247.07035(3)*
Sr	锶	87.62(1)	Bk	锫	247.07031(4)*
Y	钇	88.90584(2)	Cf	锎	251.07959(3)*
Zr	锆	91.224(2)	Es	锿	252.0830(3)*
Nb	铌	92.90637(2)	Fm	镄	257.09511(5)*
Mo	钼	95.95(1)	Md	钔	258.09843(3)*
Tc	锝	97.90721(3)*	No	锘	259.1010(7)*
Ru	钌	101.07(2)	Lr	铹	262.110(2)*
Rh	铑	102.90550(2)	Rf	𬬻	267.122(4)*
Pd	钯	106.42(1)	Db	𬭊	270.131(4)*
Ag	银	107.8682(2)	Sg	𬭳	269.129(3)*
Cd	镉	112.414(4)	Bh	𬭛	270.133(2)*
In	铟	114.818(1)	Hs	𬭶	270.134(2)*
Sn	锡	118.710(7)	Mt	鿏	278.156(5)*
Sb	锑	121.760(1)	Ds	𫟼	281.165(4)*
Te	碲	127.60(3)	Rg	𬬭	281.166(6)*
I	碘	126.90447(3)	Cn	鿔	285.177(4)*
Xe	氙	131.293(6)	Nh	鿭	286.182(5)*
Cs	铯	132.90545196(6)	Fl	𫓧	289.190(4)*
Ba	钡	137.327(7)	Mc	镆	289.194(6)*
La	镧	138.90547(7)	Lv	𬭳	293.204(4)*
Ce	铈	140.116(1)	Ts	鿬	293.208(6)*
Pr	镨	140.90766(2)	Og	鿫	294.214(5)*

附表 7　一些化合物的分子量

化合物化学式	化合物分子量	化合物化学式	化合物分子量
$AgBr$	187.78	C_6H_5COOH	122.12
$AgCl$	143.32	C_6H_5COONa	144.10
$AgCN$	133.84	$C_6H_4COOHCOOK$ (邻苯二甲酸氢钾)	204.22
Ag_2CrO_4	331.73		
AgI	234.77	CH_3COONa	82.03
$AgNO_3$	169.87	C_6H_5OH	94.11
$AgSCN$	165.95	$(C_9H_7N)_3H_3(PO_4 \cdot 12MoO_2)$ (磷钼酸喹啉)	2212.74
Al_2O_3	101.96		
$Al_2(SO_4)_2$	342.15	$COOH \cdot CH_2 \cdot COOH$ (丙二酸)	104.06
As_2O_3	197.84		
As_2O_5	229.84	$COOH \cdot CH_2 \cdot COONa$	126.04
$BaCO_3$	197.34	CCl_4	153.81
BaC_2O_4	225.35	CO_2	44.01
$BaCl_2$	208.23	Cr_2O_3	151.99
$BaCl_2 \cdot 2H_2O$	244.26	$Cu(C_2H_3O_2)_2 \cdot 3Cu(AsO_2)_2$	1013.80
$BaCrO_4$	253.32	CuO	79.54
BaO	153.33	Cu_2O	143.09
$Ba(OH)_2$	171.35	$CuSCN$	121.63
$BaSO_4$	233.39	$CuSO_4$	159.61
$CaCO_3$	100.09	$CuSO_4 \cdot 5H_2O$	249.69
CaC_2O_4	128.10	$FeCl_3$	162.21
$CaCl_2$	110.98	$FeCl_3 \cdot 6H_2O$	270.30
$CaCl_2 \cdot H_2O$	129.00	FeO	71.85
CaF_2	78.07	Fe_2O_3	159.69
$Ca(NO_3)_2$	164.09	Fe_3O_4	231.54
CaO	56.08	$FeSO_4 \cdot H_2O$	169.93
$Ca(OH)_2$	74.09	$FeSO_4 \cdot 7H_2O$	278.02
$CaSO_4$	136.14	$Fe_2(SO_4)_3$	399.89
$Ca_3(PO_4)_2$	310.18	$FeSO_4 \cdot (NH_4)_2SO_4 \cdot 6H_2O$	392.14
$Ce(SO_4)_2$	332.24	H_3BO_3	61.83
$Ce(SO_4)_2 \cdot 2(NH_4)_2SO_4 \cdot 2H_2O$	632.54	HBr	80.91
CH_3COOH	60.05	$H_6C_4O_6$(酒石酸)	150.09
CH_3OH	32.04	HCN	27.03
CH_3COCH_3	58.08	H_2CO_3	62.03
$H_2C_2O_4$	90.04	$KSCN$	97.18
$H_2C_2O_4 \cdot 2H_2O$	126.07	K_2SO_4	174.26
$HCOOH$	46.03	$MgCO_3$	84.32
HCl	36.46	$MgCl_2$	95.21
$HClO_4$	100.46	$MgNH_4PO_4$	137.33
HF	20.01	MgO	40.31
HI	127.91	$Mg_2P_2O_7$	222.60
HNO_2	47.01	MnO	70.94
HNO_3	63.01	MnO_2	86.94
H_2O	18.02	$Na_2B_4O_7$	201.22
H_2O_2	34.02	$Na_2B_4O_7 \cdot 10H_2O$	381.37
H_3PO_4	98.00	$NaBiO_3$	279.97

续表

化合物化学式	化合物分子量	化合物化学式	化合物分子量
H_2S	34.08	$PbSO_4$	303.26
H_2SO_3	82.08	$NaBr$	102.90
H_2SO_4	98.08	$NaCN$	49.01
$HgCl_2$	271.50	Na_2CO_3	105.99
Hg_2Cl_2	427.09	$Na_2C_2O_4$	134.00
$KAl(SO_4)_2 \cdot 12H_2O$	474.39	$NaCl$	58.44
$KB(C_6H_5)_4$	358.33	NaF	41.99
KBr	119.01	$NaHCO_3$	84.01
$KBrO_3$	167.01	NaH_2PO_4	119.98
KCN	65.12	Na_2HPO_4	141.96
K_2CO_3	138.21	$Na_2H_2Y \cdot 2H_2O$(EDTA 二钠盐)	372.26
KCl	74.56	NaI	149.89
$KClO_3$	122.55	$NaNO_3$	69.00
$KClO_4$	138.55	Na_2O	61.98
K_2CrO_4	194.20	$NaOH$	40.01
$K_2Cr_2O_7$	294.19	Na_3PO_4	163.94
$KHC_2O_4 \cdot H_2C_2O_4 \cdot 2H_2O$	254.19	Na_2S	78.05
$KHC_2O_4 \cdot H_2O$	146.14	$Na_2S \cdot 9H_2O$	240.18
KI	166.01	Na_2SO_3	126.04
KIO_3	214.00	Na_2SO_4	142.04
$KIO_3 \cdot HIO_3$	389.92	$Na_2SO_4 \cdot 10H_2O$	322.20
$KMnO_4$	158.04	$Na_2S_2O_3$	158.11
KNO_2	85.10	$Na_2S_2O_3 \cdot 5H_2O$	248.19
K_2O	92.20	Na_2SiF_6	188.06
KOH	56.11	SO_2	64.06
NH_3	17.03	SO_3	80.06
NH_4Cl	53.49	Sb_2O_3	291.50
$(NH_4)_2C_2O_4 \cdot H_2O$	142.11	Sb_2S_3	339.70
$NH_3 \cdot H_2O$	35.05	SiF_4	104.08
$NH_4Fe(SO_4)_2 \cdot 12H_2O$	482.20	SiO_2	60.08
$(NH_4)_2HPO_4$	132.05	$SnCO_3$	178.72
$(NH_4)_3PO_4 \cdot 12MoO_3$	1876.53	$SnCl_2$	189.62
NH_4SCN	76.12	SnO_2	150.71
$(NH_4)_2SO_4$	132.14	TiO_2	79.88
$NiC_8H_{14}O_4N_4$(丁二酮肟镍)	288.91	WO_3	231.83
P_2O_5	141.95	$ZnCl_2$	136.30
$PbCrO_4$	323.18	ZnO	81.39
PbO	223.19	$Zn_2P_2O_7$	304.72
PbO_2	239.19	$ZnSO_4$	161.45
Pb_3O_4	685.57		

参 考 文 献

[1]　张绍周等 . 水泥化学分析 . 北京：化学工业出版社，2007.

[2]　刘文长等 . 水泥及其原燃料化验方法与设备 . 北京：中国建材工业出版社，2009.

[3]　张承志 . 商品混凝土 . 北京：化学工业出版社，2015.

[4]　中国建筑材料检验认证中心编著 . 水泥实验室工作手册 . 北京：中国建材工业出版社，2009.

[5]　陈艳丽等 . 浅谈水泥中氯离子含量测定方法的操作要点 . 中国水泥网，2010.

[6]　陈正树 . 浮法玻璃 . 武汉：武汉理工大学出版社，1997.

[7]　张锐，许红亮，王海龙 . 玻璃工艺学 . 北京：化学工业出版社，2015.

[8]　刘晓勇 . 玻璃生产工艺技术 . 北京：化学工业出版社，2008.

[9]　C. Th. J. Alkemade, R. Herrmann. 分析火焰光谱学原理 . 林守麟，寿曼立译 . 北京：地质出版社，1984.

[10]　徐伏秋，杨刚宾 . 硅酸盐工业分析 . 北京：化学工业出版社，2015.

[11]　李华昌，高介平，符斌 . ATC 006 原子吸收光谱分析技术 . 北京：中国质检出版社，中国标准出版社，2011.

[12]　李昌厚 . 原子吸收分光光度计仪器及应用 . 北京：科学出版社，2006.

[13]　朱明华，胡坪 . 仪器分析 . 第 5 版 . 北京：高等教育出版社，2019.

[14]　辛仁轩 . 等离子体发射光谱分析 . 第 3 版 . 北京：化学工业出版社，2018.

[15]　郑国经 . ATC 001 电感耦合等离子体原子发射光谱分析技术 . 北京：中国质检出版社，中国标准出版社，2011.

[16]　周西林，李启华，胡德声 . 实用等离子体发射光谱分析技术 . 北京：国防工业出版社，2012.

[17]　宋广生 . 装饰装修材料污染检测与控制 . 北京：化学工业出版社，2006.